Adolf Schneider

Besucher aus dem All

ADOLF SCHNEIDER

Besucher aus dem All

Das Geheimnis der unbekannten Flugobjekte

Zweite, verbesserte und ergänzte Auflage 1974

HERMANN BAUER KG · FREIBURG

Zweite, verbesserte und ergänzte Auflage 1974

Schutzumschlagentwurf: Strehlau und Hofe oHG, Freiburg
Satz und Druck: Konkordia AG für Druck und Verlag, Bühl/Baden
Bindearbeiten: Josef Spinner, Großbuchbinderei, Ottersweier
ISBN 3 - 7626 - 0165 - 8

VORWORT

Dieses Buch wendet sich an eine breite Schicht von Lesern, die sich im Zeitalter der bemannten Raumfahrt ernsthaft mit der Frage außerirdischen Lebens auseinandersetzen und auch die Möglichkeit von Kontakten zu Besuchern aus dem All in ihre Überlegungen mit einbeziehen. Besonderen Auftrieb haben diese Gedanken durch zahlreiche Pressemeldungen über unbekannte Flugobjekte erfahren, die seit Jahren in aller Welt gesichtet werden. Man findet zu diesem Thema wissenschaftliche, halbwissenschaftliche und phantastische Werke, Aufsätze und Vorträge, Zeitungsartikel und kleinere Notizen bis zu Witzen in Groschenheften. Mein Ziel war es, aus der mir zugänglichen umfangreichen Literatur die markantesten Erlebnisse, Stellungnahmen und Theorien zu einem abgerundeten Ganzen zusammenzustellen.

Die Geschichte der Wissenschaften bietet eine Fülle von Beispielen, mit denen sich zeigen läßt, daß Neuentdeckungen von größter Bedeutung oftmals über Jahrzehnte und länger völlig unbeachtet blieben. Die Ursachen hierfür sind nicht selten in einer mangelnden Kommunikation zwischen den einzelnen Wissenschaftsbereichen zu suchen. Andererseits zeigen Gelehrte zuweilen eine seltsame Unempfindlichkeit gegenüber aussichtsreichen Ideen, eine Art Widerstand gegen alles, was neu ist. Offensichtlich entstehen bei Wissenschaftlern — deren Denken und Handeln auch von Empfindungen und Wünschen beeinflußt werden — beachtliche psychologische Schwierigkeiten, wenn sie sich angesichts neuer, ihnen unbequemer Tatsachen gezwungen sehen, gewohnte Gedankengänge zum alten Eisen werfen zu müssen. Anzeichen für eine Reformbedürftigkeit mancher traditioneller Auffassungen finden sich nicht nur in den Bereichen der Mikro- und Astrophysik, sondern auch beim Problem der „Unbekannten Flugobjekte“. Bei der Behandlung dieses unorthodoxen Phänomens wurde mir deutlich bewußt, wie relativ unsere jeweilige wissenschaftliche Erkenntnis ist und wie in wenigen Jahrzehnten unser Weltbild bereits überholt sein kann.

Allen Forschern und Autoren, die durch langjährige Untersuchungen und ausführliche Recherchen wesentliche Vorarbeiten zu diesem Buch geleistet haben, möchte ich an dieser Stelle herzlich danken. Mein besonderer Dank gebührt Herrn Oberstudienrat Hubert Malthaner, Ingenieur Helmut Reiz, Ingenieur Adolf Geigenthaler,

Forschungs-Ingenieur Rho Sigma, USA, cand. phil. Wolfgang Nagel, Frau Ilse von Jacobi, Frau Anny Baguhn sowie den Verlagen Hermann Bauer, Freiburg, und Ventla, Wiesbaden-Schierstein, die mir alle wertvolle Anregungen und Hinweise gegeben haben sowie großzügigerweise Tatsachen- und Bildmaterial zur Verfügung stellten. Ebenfalls danke ich herzlich Fräulein Ulrike Reichel für die Anfertigung von Zeichnungen und Diagrammen sowie Frau Ilse von Jacobi und Herrn Dipl.-Kfm. Manfred Kothes für die freundliche Durchsicht des Manuskriptes und zahlreiche Verbesserungsvorschläge.

Ein ausführliches Quellenverzeichnis mit Hinweisen im Text und in den Bildunterschriften sowie ein Personen- und Sachregister mögen es dem interessierten Leser erleichtern, zu einzelnen Themenkreisen eigene zusätzliche Nachforschungen durchzuführen.

Inhaltsverzeichnis

EINFÜHRUNG

Eine der spannendsten Fragen unserer Zeit, mit der sich nicht nur Science-Fiction-Autoren, sondern in wachsendem Maße auch ernsthafte Wissenschaftler beschäftigen, ist die Suche nach außerirdischen Intelligenzen in den grenzenlosen Weiten des Alls. Immer deutlicher beginnen wir zu begreifen, daß eine Verbindungsaufnahme mit anderen, uns möglicherweise überlegenen kosmischen Zivilisationen ungeahnte technische und geistig-seelische Verwandlungen mit sich bringen würde. Professor Bernhard M. Oliver, Radioastronom aus Kalifornien, vertrat auf dem letzten Astronautischen Kongreß in Wien sogar die beinahe sensationelle Meinung, daß von solchen Kontakten das Überleben der Menschheit abhinge. Am Beispiel antiker Kulturkreise ließe sich zeigen, daß abgekapselte Gesellschaften nicht nur stagnierten, sondern schließlich untergingen. Heute drohe unserer Menschheit, deren Völker immer mehr zu einer Weltgesellschaft zusammenwachsen, eine ähnliche Gefahr: Ihre Kultur zeige Tendenzen der Vereinheitlichung und entwickle sich nicht mehr weiter, daher könnten sich Impulse aus außerirdischen Kulturkreisen nur vorteilhaft auswirken.

Bereits im November 1962 trafen sich in Green Bank, Westvirginia, elf Experten zu einer Konferenz über außerirdische Zivilisationen. Die Wissenschaftler — zu denen führende Astrophysiker wie Dr. Otto Struve, Dr. Carl Sagan und Nobelpreisträger Melvin Calvin gehörten — einigten sich am Ende ihrer Konferenz auf die sogenannte Green-Bank-Gleichung. Dieser Formel zufolge gibt es allein in unserer Galaxis zu jeder Zeit bis zu 50 Millionen verschiedene Zivilisationen, die entweder selbst versuchen, mit uns Verbindung aufzunehmen oder die auf ein Zeichen von anderen Planeten warten.

Unter der gemeinsamen Protektion der sowjetischen und der amerikanischen Akademie der Wissenschaften fand vom 6. bis 9. September 1971 in dem astrophysikalischen Observatorium Byurakan in Armenien ein weiteres Symposium über außerirdische Gesellschaften und die Möglichkeiten praktischer Kontaktaufnahmen statt. Wie die sowjetische Parteizeitung „Iswestija" schrieb, haben an dem Kongreß hervorragende Astrophysiker, Radioastronomen, Experten der theoretischen Physik, Biologen, Anthropologen, Historiker, Soziologen und Archäologen aus den USA, der UdSSR,

England und anderen Staaten teilgenommen. Die Zeitung berichtet weiter, daß bei diesem ungewöhnlichen wissenschaftlichen Forum sämtliche Teilnehmer ihre Reden und Diskussionsbeiträge nicht nur mit tiefem Ernst vortrugen, sondern auch auf Einzelheiten und praktische Aspekte eingingen. Der Rektor der Weißrussischen Akademie der Wissenschaften, V. F. Kuprewitch, erklärte: „Wer weiß, vielleicht besuchen uns gerade jetzt Wesen von anderen Planeten, ohne Kontakt mit uns aufzunehmen. Und warum? Ich z. B. möchte glauben, daß die jetzige Phase der Entwicklung unserer Erde von jenen Wesen so weit überschritten ist, daß wir ihnen vorkommen wie uns unsere Vorfahren aus der Steinzeit."

Schon lange vor Dänikens Erfolgsstory „Erinnerungen an die Zukunft" haben russische Forscher wie Dr. Wjatscheslaw Zaitsew die These über Besucher aus dem Kosmos aufgestellt. Zaitsew glaubt nach jahrelangen Untersuchungen mit Dokumenten belegen zu können, daß vor Zeiten Individuen aus dem Weltraum landeten und die ersten Anfänge der Zivilisation mit sich brachten. Der Astronom Thomas Gold aus Cambridge hat sogar die Vermutung geäußert, daß sich das Leben auf unseren Planeten aus „Lebensbruchstücken" entwickelt hat, die außerirdische Raumfahrer hinterlassen haben.

Die meisten Menschen beschäftigt mehr die Frage, ob wir auch heute noch oder vielleicht in naher Zukunft mit Besuchern aus dem All rechnen können. Schließlich existieren seit 1947 aus allen Ländern der Erde, sich in manchen Jahren häufend (1947, 1952, 1957, 1965), zahllose Berichte über Sichtungen unbekannter Flugobjekte, deren offensichtlich intelligent gesteuerte Flugmanöver außerhalb unserer technischen Möglichkeiten liegen und die daher als extraterrestrische Raumfahrzeuge aufgefaßt werden könnten. Professor Dr. Zigel aus Moskau meint hierzu: „Die Annahme, daß UFOs aus anderen Welten kommen und Raumschiffe außerirdischer Planeten sind, verdient ernstlich in Betracht gezogen zu werden. Wichtig ist jetzt, daß wir uns jeder vorgefaßten Meinung über die UFOs enthalten und auf weltweiter Ebene eine nüchterne, sensationsfreie und rein wissenschaftliche Erforschung dieses seltsamen Phänomens in Angriff nehmen. Der Gegenstand und die Ziele der Forschung sind so ernst, daß sie eine internationale Zusammenarbeit erfordern."

Allerdings neigt der Durchschnittswissenschaftler unserer Tage aufgrund der oft lächerlichen und einseitigen Darstellung der sogenannten „Fliegenden Untertassen“ in der Tagespresse dazu, alle derartigen Sichtungsmeldungen pauschal als Fehlinterpretationen oder Kollektivhalluzinationen religiöser Fanatiker abzutun. Diese Vorurteile werden bestärkt durch das merkwürdige Flugverhalten dieser Objekte, das mit unseren bisherigen physikalischen Kenntnissen nicht erklärt werden kann. Vor allem aber scheinen nach Meinung vieler Raketenexperten die extremen kosmischen Entfernungen zu benachbarten Sternsystemen eine interstellare Raumfahrt überhaupt auszuschließen. Da extraterrestrische, intelligent gesteuerte Flugkörper somit a priori undenkbar wären, machen sich die meisten Wissenschaftler nicht die Mühe, kritisch das Beweismaterial zu lesen, das darauf hinweist, daß es sie doch geben könnte. Und da sie derartige fundierte Berichte nicht gelesen haben, wird ihre Überzeugung von der Unmöglichkeit solcher Dinge verstärkt.

Zirkelschlüsse dieser Art durchziehen die Geschichte der Wissenschaft und Technik wie ein roter Faden. Als Galilei im Vatikan vorsprach, um die Existenz der Jupitermonde mit seinem Fernrohr zu demonstrieren, wurde er abgewiesen mit der Bemerkung, es habe ja „gar keinen Sinn, erst durch das Rohr zu gucken, da Jupitermonde in der Bibel nicht erwähnt seien“. Während der Erbauer des ersten Metallschiffes („Eisen kann doch nicht schwimmen“) sein erstes Telefongespräch führte und den Hörer aus der Hand legte, meinte er ganz ergriffen: „Der Mensch leistet Gewaltiges, nur eines wird ihm nie gelingen — zu fliegen.“ Dieses Prinzip des voreiligen Ableugnens von neuen Möglichkeiten aufgrund von gruppenkonformem Denken wurde von der modernen Sozialpsychologie als Hauptursache für menschliche Fehlentscheidungen erkannt. Danach zeigen Gruppenmitglieder ein ausgeprägtes Interesse für Fakten und Meinungen, die ihren eigenen Standpunkt bestätigen. Ideen und Tatsachen, die dazu nicht imstande sind, werden automatisch verdrängt. Auf Kosten kritischen Denkens entwickeln sich Gruppennormen, die unter einem falsch verstandenen Loyalitätsbegriff selbst dann noch aufrechterhalten werden, wenn sie sich ganz offensichtlich als unrichtig erweisen.

Als falsch muß jedenfalls die Auffassung bezeichnet werden, daß nur unintelligente und schlecht geschulte Leute UFO-Sichtungen melden. Einer der seriösesten UFO-Forscher der Welt, Professor Dr. Allen J. Hynek, kommt nach 25jähriger Untersuchung zu dem Schluß, daß viele der außergewöhnlichsten und exaktesten Berichte von wissenschaftlich ausgebildeten Personen stammen. Allerdings gelangen deren Informationen selten an die breite Öffentlichkeit, weil sie jede Publizität vermeiden und meist anonym bleiben wollen. Dennoch liegt die Zahl von Sichtungsmeldungen unbekannter Flugobjekte weit höher, als üblicherweise angenommen wird. Nach einer Befragung des Gallup-Institutes im Herbst 1973 behaupten 15 Millionen erwachsene Amerikaner, ein UFO gesehen zu haben. Der Sekretär der US-Luftwaffe, Donald Quarles, erklärte dagegen: „Aufgrund unserer Untersuchungen glauben wir, daß keine „Fliegenden Untertassen“, wie sie im Volksmund beschrieben werden, bisher die Vereinigten Staaten überflogen haben. Ich bin mir ziemlich sicher, daß selbst die unbekannten drei Prozent als normale Erscheinungen oder Täuschungen erklärt werden könnten, wenn wir mehr konkrete Beobachtungsdaten zur Verfügung hätten.“

Diese Auffassung hat sich aufgrund der Forschungsergebnisse zahlreicher UFO-Experten in aller Welt als unhaltbar erwiesen. Insbesondere zeigt sich bei den meisten „harten“ Daten eine Vielzahl übereinstimmender Merkmale, obwohl die Berichte zum Teil aus verschiedenen Erdteilen und von unabhängigen Zeugen stammen. Diese charakteristischen Eigenschaften, die sich auf die Form, Farbe und Geräusche der Objekte wie auch auf deren Auftauchen und Verschwinden bei gleichzeitig extremen Geschwindigkeits- und Richtungsänderungen beziehen, lassen sich nicht auf konventionelle Weise deuten. Manche dieser Meldungen, vor allem solche über angebliche Landungen, stellen unsere Urteilskraft auf eine harte Probe. Doch sollten wir nie vergessen, daß mögliche Besucher von fernen Planeten, auf denen das Leben etwa Milliarden Jahre älter ist als auf unserem Erdball, schon eine unvorstellbar hohe Entwicklungsstufe erreicht haben könnten. Wahrscheinlich denken und handeln diese Wesen nach ganz anderen Gesetzen als wir und verfügen über eine Technik, die uns noch als reine Magie erscheinen mag.

Der englische Astrophysiker Fred Hoyle vermutet, daß möglicherweise ein großes intragalaktisches Kommunikationsnetz existiert, aber daß wir wie ein Siedler im Urwald noch nicht einmal vom Telephon wüßten. Vielleicht erscheinen wir diesen außerirdischen Kräften aufgrund unseres niedrigen gesellschaftlichen und moralischen Standards auch noch nicht reif und würdig genug, um in dieses Informationssystem einbezogen zu werden. Trotzdem sollten wir alle Anstrengungen unternehmen, um dem Geheimnis der unbekannten Flugobjekte näher zu kommen, selbst auf die Gefahr hin, daß unser altes Weltbild revidiert werden muß und wir uns neuen überraschenden Erfahrungen gegenübersehen.

Je früher wir unseren Raum- und Zeithorizont zu erweitern beginnen und uns mit der Tatsache vertraut machen, daß der irdische Mensch nicht das Maß aller Dinge ist, sondern nur ein flüchtiger Augenblick im kosmischen Geschehen, um so eher werden wir einer möglichen Konfrontation mit einer außerirdischen Rasse gewachsen sein. Vielleicht erweist sich diese Aufgabe letztlich als die größte wissenschaftliche und gesellschaftliche Herausforderung unseres Jahrtausends.

Die Wissenschaft im Wandel der Zeiten

„Ich bekomme langsam das Gefühl, in der Wissenschaft von heute bestehe die Neigung, zu vergessen, daß es auch eine Wissenschaft des 21. Jahrhunderts und gewiß auch des 30. Jahrhunderts geben wird, von denen her gesehen unser Wissen vom Universum und seinem Leben ganz anders aussehen mag. Wir leiden an einer Art von Arroganz, welche die Nachwelt stets irritiert hat."

Prof. Dr. J. Allen Hynek
Science, 21. Oktober 1966

Während der Französischen Revolution meinte der Ankläger von Lavoisier, als man ihm entgegenhielt, Lavoisier könnte Frankreich noch viel nützen, weil er Chemiker sei: „Wir brauchen jetzt keine Gelehrten mehr. Wir wissen jetzt alles!" Der Leiter des amerikanischen Patentbüros reichte 1875 beim Handelsminister sein Rücktrittsgesuch ein. Warum soll ich noch länger auf meinem Posten bleiben? fragte er darin. Es gebe nichts mehr zu erfinden. Mit der gleichen jubelnden Selbstsicherheit seiner Zeit schrieb zwölf Jahre später, 1887, der große Chemiker Marcelin Berthelot: „Von jetzt ab gibt es keine Geheimnisse mehr im Universum." (B 65.40) In ähnlichem Sinne äußerte sich der Präsident des Verbandes französischer wissenschaftlicher Schriftsteller in einer Fernsehdiskussion im Jahre 1969: „Mein Herr, Sie glauben an tiefgründige, wunderbare Geheimnisse, weil Sie ein Amateur sind. Für einen ernsthaften Archäologen gibt es keine Rätsel." (B 66.143)

Diese Aussagen zeugen von einem Geist akademischer Überheblichkeit, wie er bei uns seit dem „Zeitalter der Aufklärung" zur Tradition geworden ist. Nach Auffassung vieler Gelehrter ist die beste Hypothese stets diejenige, für die man die geringste Phantasie aufwenden muß und die der Vorstellung, die man sich vom Lauf der Welt gemacht hat, möglichst wenig Schaden zufügt. Fast immer jedoch hat die Geschichte im nachhinein gezeigt, daß gerade die kühnsten und ausgefallensten Ideen und Theorien Wirklichkeit wurden.

So schrieb im 13. Jahrhundert der englische Philosoph und Franziskanermönch Roger Bacon (1214—1292) bereits von Fernrohren und Mikroskopen, von Schiffen ohne Ruder, rasch fahrenden Wagen ohne Pferde und Flugmaschinen mit Vogelschwingen. Daß solche Zukunftsvisionen damals als reine Phantasterei eingestuft wurden, erscheint kaum verwunderlich. Daß Bacon deswegen jedoch von der Kirche als Ketzer verfolgt, gefoltert und 14 Jahre seines Lebens im Kerker gefangengehalten wurde, ist bedauerlich und unverzeihlich (Z 12.62.2.79).

Leider blieb diese doktrinäre und inquisitorische Haltung einer eingebildeten und selbstbewußten Priester- und Gelehrtenhierarchie kein Einzelfall. Mit stupider Regelmäßigkeit wurden Jahr für Jahr korrekte Hypothesen und Voraussagen falsch bewertet — jahrhundertelang. Wahrscheinlich wäre es eine reizvolle und lohnende sozialpsychologische Aufgabe, eine Typologie der mannigfaltigen Formen von Einstellungen zu wissenschaftlichen Hypothesen aufzustellen.

Vor einigen Jahren untersuchten Moskauer Schulkinder, was aus den Voraussagen des französischen Science-Fiction-Schreibers Jules Verne geworden ist. Das Ergebnis war bemerkenswert: Insgesamt machte der Autor 108 wissenschaftliche und technische Zukunftsvoraussagen. 64 davon wurden bis heute mehr oder weniger realisiert, 30 erwiesen sich als korrekt, obwohl sie praktisch nicht ausgeführt wurden, und nur 14 sind nach dem heutigen Standpunkt der Wissenschaft prinzipiell falsch. Nach sehr vorsichtigen Schätzungen sind 70 Voraussagen des Autors rein seiner Phantasie entsprungen oder waren nach dem Urteil seiner Zeitgenossen wissenschaftliche Phantasieprodukte. Gerade diese Ideen erwiesen sich als besonders realistisch. Nur in wenigen Fällen, in denen Jules Verne seine Phantasie zügelte, machte er falsche Voraussagen: Von 14 solch falscher Voraussagen spiegeln 13 die wissenschaftlichen Gedankengänge und Ansichten um die Jahrhundertwende wider und wurden damals nicht als realistisch angesehen (B 42.188).

Ob Jules Verne die technologischen Entwicklungen der Neuzeit intuitiv erahnt oder seine Anregungen aus vergessenen Manuskripten früherer Hochkulturen geschöpft hat, ist nicht leicht zu beurteilen. Immerhin kennt die Geschichte zahlreiche Fälle, in denen eine bereits erkannte Wahrheit vorübergehend von falschen Auffassungen verdunkelt und erst Jahrhunderte später wiederentdeckt wurde. Nach Diogenes Laertios soll Bion von Abdera (3. Jahrh. v. Chr.) behauptet haben, er kenne Länder, „in denen der Tag sechs Monate und die Nacht ebenfalls sechs Monate dauert“. Diese frühe Kenntnis der klimatischen Unterschiede, die durch die Neigung der Erdachse bedingt sind, geriet zu Anfang des Mittelalters in Vergessenheit.

500 Jahre nach Bion von Abdera wurde ein Werk des Lactantius Firmianus (260—340 n. Chr.) mit dem schönen Titel „Die ketzerische Lehre von einer sphärischen Erdgestalt“ veröffentlicht. Es ist charakteristisch für den damaligen Niedergang der Wissenschaft: „Ist es möglich, daß Menschen dumm genug sind, um zu glauben, daß es auf der anderen Seite der Erde Pflanzen und Bäume gibt, die ja nach unten hängen müßten. Und obendrein lebende Geschöpfe, die die Füße über dem Kopf tragen?“ (B 87.146)

Die höchsten Autoritäten teilen manchmal die irrigen Meinungen ihrer Zeitgenossen. Die Geschichte der Entdeckung Amerikas liefert ein typisches Beispiel dafür. Als Kolumbus die für sein Unternehmen erforderlichen Mittel aufzubringen suchte, stieß er auf die Opposition der damaligen Wissenschaftler. Sein Sohn Ferdinand berichtet: „Manche argumentierten folgendermaßen: Viele tausend Jahre sind verflossen, seit Gott die Welt erschaffen hat, und die ganze Zeit hindurch sind diese Länder den zahllosen Gelehrten und Seefahrern unbekannt geblieben. Es ist demnach absolut unwahrscheinlich, daß der Admiral darüber mehr wissen könnte als alle anderen Menschen der Vergangenheit wie der Gegenwart.“ (B 17)

Diese phantasielose Geisteshaltung der an die kirchlichen Lehren gebundenen Wissenschaftler stützte sich auf das abgeschlossene Weltbild des griechischen Weisen Aristoteles. So hatten die Gelehrten beispielsweise bis 1654 auch die These verfochten, es gebe keinen leeren Raum; es könne einen solchen gar nicht geben. Die Gottheit habe eine absolute Scheu vor ihm — den „horror vacui“ — und würde ihn nicht dulden. Und wenn — natürlich mit des Teufels Hilfe — ein solcher leerer Raum entstünde, dann müßte, so meinten sie, das gesamte Universum zusammenbrechen.

Das wurde ernsthaft geglaubt, es galt als „Lehrmeinung“. Nur ein Mann mit viel Geld und Ansehen wie der Magdeburger Bürgermeister Otto von Guericke konnte es überhaupt wagen, hier zu widersprechen, — auf das Risiko hin, das überkommene „Universum“ in Gefahr zu bringen. 1654 gelang es ihm, zwei Halbkugeln aus Kupfer zu bauen und sie mit seiner Luftpumpe zu evakuieren, so daß acht schwere Rösser zu beiden Seiten die „Magdeburger Halbkugeln“ nicht auseinanderzuziehen vermochten. Kaiser Ferdinand II. und sein Hofstaat waren höchst beeindruckt von dem Spektakel, das ihnen während des damaligen Reichstages zu Regensburg geboten wurde. Es war wirklich ein leerer Raum entstanden — und das Universum bestand noch immer (B 84.34,35).

Die Scholastik war tief getroffen. Noch vier Jahre später schrieb der Doktor der Medizin August Hauptmann an Guericke, daß es keinem Engel noch Teufel möglich wäre, ein Vakuum zu Wege zu bringen . . ., es müßte alles Wasser aus aller Tiefe, ja im untersten centro herausziehen, den Himmel selbst und alles, was zu seiner Ausfüllung notwendig wäre . . . Guericke schrieb ihm darauf: „Dieses und anderes dummes Zeug solcher Art zu widerlegen, halte ich für überflüssig, denn auf Versuche ist mehr Gewicht zu legen als auf Dummheit, welche immer Vorurteile gegen die Natur zu spinnen pflegt.“ (Z 45.64.104)

Nicht viel anders erging es dem Naturforscher Jacques Boucher de Perthes (1788—1868), als er in gewissen „Steinen“ Fußspuren prähistorischer Tiere oder jahrtausendealte Waffen zu sehen glaubte. Seine Theorie wurde 1838 von der wissenschaftlichen Welt mit einem allgemeinen Gelächter aufgenommen (B 74.37). Erst 1859 erhielten seine Entdeckungen nach jahrelanger Ablehnung eine klare Bestätigung durch englische und französische Naturwissenschaftler. Sie führten zur wissenschaftlichen Erforschung der Altsteinzeit. Heute sind die Museen angefüllt mit antediluvialen Fossilien und Steinen, bearbeitet von primitiven Menschen, und niemandem fällt es ein, jetzt noch über Boucher de Perthes zu lachen (B 95.88) (B 66.170).

Als im Jahre 1880 Don Marcellino de Sautuola dem Internationalen Archäologenkongreß von Lissabon seine Entdeckung der Höhlenmalereien von Altamira mitteilte, beschuldigten die Männer der Wissenschaft ihn einer Fälschung. Auch sein Argument, daß kein einziger zeitgenössischer spanischer Maler imstande wäre, längst ausgestorbene Tiergattungen auf so realistische Weise darzustellen, machte keinen Eindruck. Heute wissen wir, wie sehr die versammelten Gelehrten irrten (B 87.148).

Am Ende des vorigen Jahrhunderts wurde im Neandertal bei Düsseldorf der Schädel des „Neandertalers“ gefunden. Ein Oberlehrer aus Elberfeld vermutete, daß es sich um einen prähistorischen Menschen handeln würde. Aber der Papst der Anatomie, Professor Virchow, Berlin, fand diese Ansicht lächerlich und meinte, es sei der Schädel eines Idioten, der vor einigen Jahrhunderten totgeschlagen und dort verscharrt worden sei. Niemand wagte dann jahrelang mehr die Ansicht zu vertreten, es könne sich um einen prähistorischen Menschenschädelfund handeln. Später wurden in aller Welt derartige „Idiotenschädel“ gefunden, so daß schließlich der Lehrer aus Elberfeld doch recht behielt (B 24.186) (B 113.72).

Im Jahre 1901 beobachteten europäische Jäger in den afrikanischen Urwäldern ein Tier, das bis dahin völlig unbekannt war. Es war eine Art Kreuzung von Antilope, Zebra und Maulesel. Die Eingeborenen hatten es oft gesehen und nannten es „Okapi“. Die Herren Universitätsprofessoren erklärten, ein solches Tier könne es nicht geben. Das war die vorherrschende wissenschaftliche Meinung der Sachverständigen über die afrikanische Fauna. Aber der Umstand, daß die Professoren die Tiere selbst nicht gesehen hatten, änderte gar nichts daran, daß es doch existierte. Heute ist es in jedem besseren Zoo der Welt zu finden (B 24.186).

Als im vergangenen Jahrhundert durch die Erforschung von Zentralafrika die Existenz schneebedeckter Berge entdeckt wurde und entsprechende Berichte der Royal Geographical Society in London unterbreitet wurden, weckten sie bei den Wissenschaftlern größte Heiterkeit. Schnee am Äquator? Reiner Unsinn (B 88.24). Heutzutage können wir über eine derart unbekümmerte Selbstsicherheit einer verkalkten Gelehrtenhierarchie nur noch mitleidig lächeln. Bedauerlicherweise hat diese notorische Engstirnigkeit jedoch viele große Erfinder und Entdecker in ihrer Forschungsarbeit stark behindert oder gar gefährdet.

Freud, der Begründer der Psychoanalyse, wußte aus eigener trüber Erfahrung, wie riskant es für einen noch am Anfang seiner akademischen Laufbahn stehenden Wissenschaftler war, mit Thesen an die Öffentlichkeit zu treten, die der herkömmlichen Lehrmeinung widersprachen. 1910 hatte auf dem Kongreß deutscher Neurologen und Psychiater in Hamburg Professor Wilhelm Weygandt bei der Ankündigung einer Diskussion über die Psychoanalyse mit der Faust auf den Tisch geschlagen und ausgerufen: „Dies ist kein Diskussionsthema für eine wissenschaftliche Versammlung, dies ist Sache der Polizei!“ Ein Sprecher der Medizinischen Gesellschaft von Budapest äußerte sich im gleichen Sinn: „Der richtige Ort für Psychoanalytiker ist nicht der Ordinationsraum, sondern das Gefängnis.“ (B 28.48) Als Freud 1924 seinem Schüler und späteren Biographen Ernest Jones anvertraute, daß er die Sache der Telepathie unterstützen wollte, riet ihm dieser dringend von jeder öffentlichen Äußerung dazu ab, wenn er nicht die ganze Psychoanalyse dadurch in Mißkredit bringen wolle (B 43.389).

Schließlich hatten schon Ende des vorigen Jahrhunderts der bekannte deutsche Physiker Hermann von Helmholtz seinem englischen Kollegen Sir William Barrett erklärt, daß ihn „weder das Zeugnis sämtlicher Mitglieder der Royal Society, noch das Zeugnis seiner eigenen Sinne selbst" jemals von der Existenz der Telepathie überzeugen könne. „Die Sache ist, wie es doch auf der Hand liegt, einfach unmöglich." (Z 66.65.3.148)

Sogar in unseren Tagen schrieb ein Psychologe in der amerikanischen Zeitschrift „Science", daß „nicht einmal tausend Experimente mit zehn Millionen Einzelversuchen, von hundert unabhängigen Forschern durchgeführt", ihn bewegen könnten, die außersinnliche Wahrnehmung zu akzeptieren (B 49.16). Dabei ist heute die ESP (Extra Sensory Perception = außersinnliche Wahrnehmung) von der größten wissenschaftlichen Körperschaft Amerikas, der renommierten „American Association for the Advancement of Science" (AAAS) als wissenschaftliche Disziplin anerkannt. Telepathie und Hellsehen betrachtet man unter den zahlreichen weiteren parapsychologischen Phänomenen längst als statistisch gesicherte Tatsache (Z 16.72.1.74). Nichtsdestoweniger erklärte Dr. O. Hebb, Professor für Psychologie und ein führender Behaviorist, freimütig, daß er den Nachweis der Telepathie — so stark er auch sein mag — nicht anerkennen könne, „weil dieser Gedanke sinnlos sei"; er gab jedoch zu, daß die Weigerung strenggenommen nichts als ein Vorurteil sei (B 49.16).

Den damaligen Koryphäen der Wissenschaft erschienen indessen auch einfachere Dinge unseres täglichen Lebens unbegreiflich. So erbrachte im Jahre 1830 das königlich-bayerische Medizinal-Kollegium den „Beweis", daß die schnelle Bewegung der geplanten Eisenbahnen die schrecklichsten Gehirnstörungen hervorrufen würde (Z 16.70. 788). Die damaligen Ingenieure bewiesen in zahlreichen Abbildungen, daß es unmöglich sei, Lasten fortzubewegen, wenn glatte Räder auf glatten Schienen laufen. Mathematiker des 19. Jahrhunderts kamen zu der — in ihrer Zeit überzeugenden — Berechnung, daß ein Eisenbahnzug nie schneller als 34 Stundenkilometer fahren könne, weil sonst die Luft aus ihm herausgepreßt würde und damit die Passagiere ersticken müßten (B 21.71) (B 118. I. 279).

Der französische Physiker Bernoulli wies sogar mathematisch begründet nach, daß überhaupt jegliche Fortbewegung mittels Dampfkraft utopisch sei. Seine ironische Denkschrift über die Ergebnisse seiner wissenschaftlichen Untersuchungen wurde zwar von der Pariser Akademie preisgekrönt, aber schon wenige Jahre später fuhren die Eisenbahnen trotz aller gelehrten theoretischen Abhandlungen.

Auch an die Erfindung des Leuchtgases knüpfen sich Erinnerungen. Während Harry Murdoch, der Erfinder dieses Gases, in England in kurzer Zeit Anerkennung fand, hatte der französische Ingenieur Lebon, der es sich in den Kopf gesetzt hatte, in Paris Gasbeleuchtung einzuführen, ein tragisches Schicksal. Die Gelehrten seiner Zeit verstanden es, die Volksmenge gegen den „Betrüger" so sehr aufzubringen, daß man ihn am 2. Dezember 1804, dem Krönungstage Napoleons, in den elsässischen Feldern erstach (Z 54.1931.16.380). In ähnlicher Weise wurde Robert Mayers Entdeckung von der Erhaltung der Energie von der Gelehrtenwelt derart verspottet, daß dieser in eine schwere Nervenkrankheit verfiel, in deren Folge er sich aus dem Fenster stürzte (B 118.I.280).

Ein ganz ungeahnter Erfolg stellte sich ein, als am 11. März 1878 Dr. de Mouzel der Pariser Akademie zum erstenmal Edisons Phonographen vorführte. Kaum war der Apparat nach einigen einleitenden Worten des Vorführenden in Betrieb gesetzt worden, als der Senior der Versammlung, der Humanist Professor Bouilland, zum Podium stürzte und de Mouzel mit seinem Apparat buchstäblich herunterwarf. Er erklärte, daß sich die illustre Versammlung nicht von einem Bauchredner zum Narren halten lasse und daß ein Betrüger wie de Mouzel der Polizei übergeben werden müsse. Es sei ganz ausgeschlossen, daß ein elendes Stück Metall den edlen Klang der menschlichen Stimme nachahmen könne. Tatsächlich wurde der Vorführer von der Akademie ausgeschlossen, bis nach einigen Monaten ein zweiter Apparat von Edison eintraf, der den gelehrten Herren dann endlich doch bewies, daß die Sache ihre Richtigkeit hatte (B 188.I.274).

Lord Kelvin, jahrzehntelang einer der führenden Mathematiker und Physiker Englands, hatte 1895 die Entdeckung der Röntgenstrahlen als Bluff bezeichnet, und ein Jahr später erklärte er eine Luftfahrt in anderen Fahrzeugen als Ballonen für utopisch. Ebenso hielt er 1897 das Radio für eine Spielerei ohne Zukunft. Ähnliche Beispiele von Fehldiagnosen prominenter Wissenschaftler in bezug auf technische Erfindungen oder phänomenale Neuentdeckungen gibt es zu Hunderten (Z 57.1/2.69).

Max Planck erhielt als Student von seinem Lehrer den Rat, nicht Physik zu studieren, „da auf diesem Gebiet nichts Neues mehr zu erforschen" sei. Im Dezember 1900, nach seinem berühmt gewordenen Vortrag über Quantentheorie in Berlin, wurde er von seinen Kollegen auf das heftigste angegriffen, von vielen verlacht und gemieden. Erst 18 Jahre später erhielt er den Nobelpreis für sein Werk (Z 16.70.9.788).

In den dreißiger Jahren meinten namhafte Wissenschaftler, daß jeder Versuch, die im Atomkern befindliche Energie freizumachen, zum Scheitern verurteilt sei (B 81.20). Poincaré, ein Meister des Denkens, schrieb sogar: „Der gesunde Menschenverstand müßte bereits ausreichen, um uns zu sagen, daß die Zerstörung einer Stadt infolge der Desintegration eines halben Kilos Metall eine offensichtliche Unmöglichkeit ist." (B 65.46)

Lord Rutherford, Altmeister der modernen Atomphysik, erklärte wenige Monate vor seinem Tode, im Oktober 1937: „Wer an die Gewinnung von Atomenergie glaubt, bellt den Mond an." Nur ein Jahr später gelang Hahn und Straßmann die entscheidende Entdekkung: die Spaltung des Urankerns (Z 25.58.10.130).

Admiral William D. Leahy gab als Chef des Stabes des amerikanischen Präsidenten folgendes Sachverständigen-Urteil über die Atombombe ab: „Dies ist die größte Narretei, die wir jemals unternommen haben. Die Bombe wird niemals losgehen, und ich sage dies als Experte für Explosivstoffe." Nur kurze Zeit später verbrannte die erste amerikanische Atombombe hunderttausend Menschen (B 81.20).

Geradezu erschütternde Beispiele von Arroganz und Intoleranz finden sich in der Geschichte der Astronomie, der Luftfahrt und der Astronautik. Die griechischen Weisen Thales, Anaxagoras und Empedokles behaupteten, daß der Mond sein Licht von der Sonne empfinge. Demokrit glaubte, die auf dem Monde wahrnehmbaren dunklen Flecken würden durch die Schatten seiner Berge und Täler erzeugt. 15 Jahrhunderte später aber präsentierten die Gelehrten und Geistlichen den Mond als eine Himmelslaterne unbestimmter Art und Größe, die Gott in seiner Gnade eigens erschaffen hätte, um das nächtliche Dunkel zu erhellen (B 87.135). Die These des Kopernikus, daß die Erde nicht der Mittelpunkt des Universums sei, werteten die „Wissenschaftler" des 16. Jahrhunderts gar als „Ketzerei". Giordano Bruno glaubte Kopernikus und behauptete in einem seiner Bücher sogar, es gebe eine unendliche Zahl von Sonnen im Universum und Planeten, die sie umkreisten. Einige dieser Welten könnten, so erklärte er, auch bewohnt sein. Als Dank für seine Erkenntnisse wurde er im Jahre 1600 auf der Piazza del Fiore in Rom verbrannt (B 88.16).

Dabei hatte bereits Aristarch von Samos (350 bis 250 v. Chr.) den Stillstand der Sonne und die Bewegung der Erde um die Sonne gelehrt. Der große Geograph Ptolemäus bezeichnete jedoch diese Hypothese als völlig lächerlich (B 118.I.16). Die Kirche teilte diese

Auffassung. Im Jahr 1615 wurde Galileo Galilei der Heiligen Inquisition als Anhänger der „ketzerischen" Lehre des Kopernikus angezeigt. Das über ihn gesprochene Urteil (Index, 1633) lautete:

„Die Behauptung, daß die Sonne unbeweglich den Mittelpunkt der Welt einnehme, ist eine absurde, philosophisch falsche und obendrein ketzerische Lehre, da sie dem Zeugnis der Heiligen Schrift widerspricht. Ebenso absurd und philosophisch falsch ist die Behauptung, daß die Erde nicht den unbeweglichen Mittelpunkt der Welt bilde. Vom theologischen Standpunkt aus bedeutet eine solche Behauptung zum mindesten Irrglauben." So wurde Galilei schließlich gezwungen, seine neuen Erkenntnisse zu widerrufen.

Den Chinesen des Altertums fiel schon auf, daß die Sonnenoberfläche nicht einheitlich ist. Durch den Schutz lichter Wolken sahen sie „schwarze Vögel" in der Sonne. Die „schwarzen Vögel" identifizierte Galilei im Jahre 1610 durch sein Fernrohr als schwarze, über die Sonne wandernde Flecken. Die Kirche fühlte sich durch diese Feststellung persönlich beleidigt und stellte ihre Verbreitung daher unter Zensur mit der Begründung: eine göttliche Erscheinung wie die Sonne sei niemals befleckt. Derartige Unterstellungen der Unvollkommenheit grenzten an Blasphemie! Galilei ließ sich jedoch trotzdem nicht davon abhalten, die Bewegung dieser schwarzen Flecken korrekt durch die Sonnenrotation zu erklären (B 10.67).

Ebenfalls 1610 fand in einem Hause in Bologna eine Gesellschaft statt, in deren Verlauf man Galilei aufforderte, die Jupitermonde in seinem Fernglas zu zeigen. Nicht einer der zahlreichen Gäste fand sich von deren Existenz überzeugt. Auch Pater Clavius, der erste Mathematiker Roms, vermochte sie nicht zu sehen. Cremonini, Lehrer der Philosophie in Padua, sein Kollege Libri wie auch der florentinische Astronom Francesco Sizzi weigerten sich sogar, durch das Teleskop zu schauen. Sizzi erklärte auch warum: „Diese Trabanten des Jupiter sind dem unbewaffneten Auge nicht wahrnehmbar und können aus diesem Grunde keinen Einfluß auf die Erde ausüben; sie sind also zwecklos und darum existieren sie für uns nicht (B 87.147). Offensichtlich schienen die Jupitermonde der nüchternen Welt der Gelehrten von damals nicht weniger bedrohlich als beispielsweise die außersinnliche Wahrnehmung im Jahre 1950.

Schon 1620 warnte Sir Francis Bacon: „Wir dürfen das Weltall nicht einengen, um es den Grenzen unseres Vorstellungsvermögens anzupassen, wie der Mensch es bisher zu tun pflegte. Wir müssen vielmehr unser Wissen immer weiter ausdehnen, so daß es das

Bild des Weltalls zu fassen vermag." (Z 16.70.9.788) Die Pariser Akademie der Wissenschaften scheute sich indessen 1790 nicht, einen Schwall von Spott und Beleidigungen über den Physiker Chladni zu ergießen, als dieser behauptete, die Meteorsteine seien kosmischen Ursprungs (B 52.11).

Lavoisier, einer der großen Gelehrten des 18. Jahrhunderts, vertrat die gleiche Ansicht: „Es ist unmöglich, daß Steine vom Himmel fallen, weil es keine Steine im Himmel gibt." Ebenso leugnete der Astronom Gassendi die Möglichkeit von Meteorfällen, obwohl ihm ein eben niedergegangener, noch heißer Meteorstein überreicht wurde, mit den Worten: „Steine können nicht vom Himmel fallen." (Z 16.70.9.788) Ein neuartiges Phänomen erschien diesen Gelehrten also auch dann unglaubwürdig, wenn sie es mit eigenen Augen beobachten konnten. Dabei hatte bereits Diogenes von Apollonia (5. Jahrhundert v. Chr.) versichert, daß sich Meteore „im Weltraum bewegen und häufig auf die Erde niederfallen". (B 88.26)

Unvergessen bleibt der berühmte Essay des amerikanischen Astronomen Prof. Simon Newcomb, der zu Beginn dieses Jahrhunderts, in Übereinstimmung mit den Kollegen seiner Epoche, ein vernichtendes Sachverständigen-Urteil über die Aussichten der Luftfahrt abgab: „Die Tatsache, daß keine nur irgend mögliche Kombination bekannter Werkstoffe, bekannter Maschinen und bekannter Antriebskräfte zu einem praktischen Fahrzeug vereinigt werden können, mit dessen Hilfe der Mensch über lange Entfernungen fliegen könnte, erscheint diesem Autor so völlig klar, wie es eine physikalische Tatsache nur sein kann." (Z 16.70.9.787)

Als 1894 auf Befehl Kaiser Wilhelms II. eine Sachverständigen-Kommission, bestehend aus den damaligen ersten Größen auf dem Gebiet der verschiedenen Wissenschaften, die Pläne des Grafen Zeppelin für ein lenkbares Luftschiff prüfen sollte, kamen die gelehrten Herren zu einem einstimmigen „unmöglich". Der berühmte Physiker Professor von Helmholtz beurteilte das Projekt als den primitivsten physikalischen Gesetzen widersprechend und daher als grundfalsch. Der ebenso berühmte Schiffsbauer Professor Busley sagte, daß von einer Fortbewegung des Zeppelinschen Luftschiffes schon wegen des Luftwiderstandes keine Rede sein könne. Der berühmte Statiker Univ.-Prof. Müller-Breslau sagte voraus, daß das Luftschiff sogleich nach Beginn seiner Fahrt in seine einzelnen Teile auseinanderfallen werde (B 97.417).

In seiner Jugend saß der berühmte Weltraumexperte Professor Hermann Oberth einmal an einem Tisch in einem Restaurant in Lindau am Bodensee. Der Ober deutete spöttisch auf einen Mann an einem anderen Tisch und erklärte Oberth: „Sehen Sie sich den mal an! Das ist der Verrückte, der fliegen will.“ Der Name des Verrückten: Graf Zeppelin (B 88.145).

Im Jahre 1902, zwei Jahre nach seinem ersten erfolgreichen Rundflug, wurde Graf Zeppelin auf dem deutschen Ingenieurtag in Kiel als Phantast verspottet und schmählich behandelt. Als Wilbur Wright 1903 bei Kitty Hawk, N. C., der erste erfolgreiche Flug auf amerikanischem Boden gelang, kabelte ein Reporter der großen Zeitung „New York World“ die Meldung als erster an seine Redaktion — und wurde fristlos entlassen, weil er „Telegraphen-Gebühren an Unsinn verschwendet“ habe (Z 16.70.9.788).

Noch in den zwanziger Jahren dieses Jahrhunderts vertraten die Astronomen den Standpunkt, es gäbe nur eine Galaxie, nämlich unsere Milchstraße. Als einige Wissenschaftler die Meinung äußerten, möglicherweise könnte es noch mehr Galaxien im Weltraum geben, wurden sie als Phantasten verschrien. Heute glaubt man, daß in unserem Kosmos Milliarden Galaxien existieren.

Im Jahre 1922 wurde dem Verleger Rudolf Oldenbourg in München ein dünnes Manuskript mit dem seltsamen Titel „Die Rakete zu den Planetenräumen“ übergeben. Der Autor, Prof. Hermann Oberth, der spätere Mentor von Dr. Wernher von Braun, hatte seine Schrift schon an 20 andere Verleger geschickt, die sie ihm aber postwendend wieder zurückschickten. Geheimrat Spieß, ein Experte seiner Zeit, der Oberths Buch später zum Gegenstand einer Buchbesprechung machte, schrieb ablehnend: „Wir sind der Meinung, daß das Zeitalter für derartige Probleme noch nicht angebrochen ist — und wahrscheinlich niemals kommen wird.“

Der Verleger in München konnte nicht wissen, daß dieser Hermann Oberth ganze 29 Jahre alt war und eben die Lehramtsprüfung für Mathematik und Physik bestanden hatte. Er konnte nicht wissen, daß das vorliegende Manuskript von der Universität Heidelberg als Dissertation abgelehnt worden war, obgleich Geheimrat Prof. Dr. Wolf es als fachlich einwandfrei bezeichnet hatte. Noch weniger konnte er ahnen, daß mit der Veröffentlichung dieses kleinen Werkes die Grundlage für eine Industrie gelegt wurde, die dreißig Jahre später schon Hunderttausende von Menschen beschäftigen würde.

In den ersten Jahren nach Erscheinen seines Buches hatte Oberth jedoch immer noch mit der Engstirnigkeit und geistigen Beschränktheit vieler gelehrter Herren zu kämpfen. So schrieb Prof. Dr. Riem in der „Umschau" unter anderem: „.. Schon in 10 bis 20 km Höhe ist die Luft so dünn, daß sie den Auspuffgasen gar keinen irgendwie nennenswerten Widerstand leisten kann. Die Gase müssen also ganz wirkungslos verpuffen." Das Erstaunliche war, daß die „Umschau" diese Kritik mit einem so elementaren Fehler überhaupt gedruckt hatte. Von einem hohen preußischen Beamten mußte sich Oberth sagen lassen, Pulver können im luftleeren Raum nicht brennen und Flüssigkeiten erst recht nicht, und die ausgestoßenen Gase würden im luftleeren Raum so dünn, daß sie ihre ganze Masse verlören. Das war ausgesprochener Unsinn, aber der Mann hatte eine respektgebietende Stellung, und Oberth war ein unbekannter Gymnasialprofessor aus Siebenbürgen (B 34.90-112).

Ähnlich erging es dem amerikanischen Raketenforscher Prof. Goddard, der zu seinen Lebzeiten als „mondverrückt" verspottet wurde. „Die irrsinnige Idee, eine Rakete auf den Mond zu schießen, ist ein Beispiel für die absurden Resultate überspezialisierter Wissenschaftler", schrieb der autoritäre Prof. A. W. Bickerton 1926. Erst vor wenigen Jahren wurde der 16. März in den USA durch Regierungsbeschluß zum „Nationalen Goddard-Tag" erklärt; zur Erinnerung an den 16. März 1926, an dem Goddard seine erste Versuchsrakete mit flüssigem Brennstoff startete (Z 16.70.9.787). Noch 1935 schrieb der bekannte amerikanische Astronom F. R. Moulton, es bestünde nicht die geringste Möglichkeit, daß die Menschen jemals den Weltraum befahren könnten (B 87.149).

Sogar Herbert George Wells, Schriftsteller utopischer Romane, glaubte nicht, daß eine 2-Mann-Kapsel vor dem Jahre 2036 um den Mond geschossen würde (Z 50.4.70). Noch 1956 bezeichnete Professor Dr. Joseph Meurers (Bonn) in Köln alle Prophezeiungen, daß Menschen eines Tages mit einem Projekt auf dem Mond landen würden, als „groben Unfug". Die kosmischen Strahlen seien für den Menschen lebensgefährlich. Wahrscheinlich machten sie einen Weltraumflug für alle Zeiten unmöglich (B 71.58). Dr. Richard van der Riet Wooley, ehemaliger Königlicher Astronom, teilte offenkundig die beschränkte Skepsis Meurers, als er im Januar 1957 bemerkte, die Raumfahrt wäre „purer Schwindel". Acht Monate später umkreiste Sputnik I die Erde (B 87.149).

In einem Leitartikel der „Los Angeles Times“ vom 8. Januar 1956 heißt es, Wooleys Vorgänger habe vorausgesagt, daß der Mensch erst „in 200 bis 300 Jahren“ in der Lage sein werde, Raumfahrten unternehmen zu können. Derselbe Artikel bringt eine Feststellung von Thomas Gold, damals Direktor des Greenwich-Observatoriums, die besagt: „Die Sternwarten-Forschung hat bewiesen, daß der Mond von einer bis zu 6000 Fuß dicken Staubschicht bedeckt ist. Dieser Mondstaub ist so locker angehäuft, daß kein Mondreisender in der Lage wäre, darauf zu gehen.“ Dr. Lee DeForest, der Erfinder der Vakuum-Röhre, soll nach der St. Louis Post Dispatch vom 25. 2. 1957 folgendes geäußert haben: „Einen Menschen in einer Mehrstufenrakete in das Gravitationsfeld des Mondes zu befördern, wo die Astronauten Beobachtungen oder sogar Landungsunternehmen durchführen und anschließend zur Erde zurückkehren können — dies alles ist die Ausgeburt einer wilden Phantasie im Stile von Jules Verne. Ich bin mutig genug, um zu sagen, daß solch eine bemannte Mondreise niemals möglich sein wird, unabhängig von allen künftigen wissenschaftlichen Fortschritten.“ (B 30.4) Zwölf Jahre später, am 21. Juli 1969 um 3 Uhr und 56 Minuten MEZ, funkte der 39jährige Neil Armstrong die historischen Worte zur Erde: „Dies ist ein kleiner Schritt für einen Mann, aber ein großer Sprung vorwärts für die Menschheit.“ Mit diesem Satz betrat der amerikanische Astronaut im Mare Tranquillitatis als erster Mensch die Oberfläche des Mondes. 528 Millionen Menschen erlebten den Sprung ins Weltraumzeitalter am Fernsehschirm (B 3.270).

Die Ursache für das mangelnde Verständnis vieler phantastischer Aspekte der Wirklichkeit liegt vor allem in der Überspezialisierung heutiger Fachwissenschaftler. Das Fehlen eines organisierten Zusammenspiels und Gedankenaustausches zwischen Forschern verschiedener Disziplinen führt zu einer Fehleinschätzung von Entwicklungen, die rechts und links von ihrem jeweiligen Arbeitsgebiet liegen. Hinzu kommt, daß unser Denken und unsere Vorstellungswelt mit dem stürmischen Tempo des technischen Fortschritts kaum mehr Schritt zu halten vermag. Nicht von ungefähr liegt das Durchschnittsalter aller Wissenschaftler heute bereits unter 30 Jahren. Neunzig Prozent aller Wissenschaftler, die die Menschheit überhaupt jemals hervorgebracht hat, leben in unserer Zeit (B 86.30). Die Entwicklungen der vergangenen zehn Jahre gleichen quantitativ denen der vergangenen 100 Jahre und diese wiederum denen der vergangenen 1000 Jahre (Z 62.11.63).

Heute verdoppelt sich die Zahl der wissenschaftlichen Publikationen wie die Industrieproduktion in den hochentwickelten Ländern alle fünfzehn Jahre. Die Regierung der Vereinigten Staaten veröffentlicht Jahr für Jahr rund 100 000 Berichte und dazu 450 000 Aufsätze, Bücher und wissenschaftliche Arbeiten.

In der ganzen Welt nimmt die wissenschaftliche und technische Literatur pro Jahr um etwa 60 Millionen Druckseiten zu (B 86.30,35). Der amerikanische Professor Richard Meier von der Universität von Michigan hält es sogar für möglich, daß sich das Wissen der Menschen bis zum Jahre 2000 verzehnfacht haben könnte (B 90.465). „Dies ist einer der großen Irrtümer in den Argumenten der ‚Ungläubigen'", sagte der amerikanische Atomphysiker Stanton D. Friedman, „sie nehmen an, daß unsere Technologie der absolute Höhepunkt ist. Wer ist in der Lage zu erfassen, was wir in den nächsten tausend Jahren erreichen werden — oder was etwa andere Zivilisationen erreicht haben könnten, die vielleicht einen Vorsprung von tausend oder Millionen oder gar Milliarden Jahren haben?" (B 85) „Wahrscheinlich ist jede genügend weit vorangeschrittene Technik von Magie nicht mehr unterscheidbar", meint der englische Schriftsteller Arthur Clarke und Autor des Filmes „Odyssee 2001" (Z 18.10.11/69).

Wie geheimnisvoll und unerforscht noch viele Bereiche unserer Welt sind, zeigt sich exemplarisch an den Erkenntnissen der modernen Kernphysik. In den letzten Jahren entdeckte man mit Hilfe der großen Beschleunigungsanlagen zahlreiche neue kurzlebige Teilchen, die zum Teil aus den noch kleineren hypothetischen „Quarks" aufgebaut sein sollen. Andererseits kann man diese Bausteine nicht mehr im klassischen Sinne als feste „Materie" bezeichnen, sondern muß sie sich vielmehr als Kraftfelder mit gewissen Wahrscheinlichkeitsamplituden vorstellen. Materieteilchen und Welle sind heute gleichberechtigte Betrachtungsweisen derselben Wirklichkeit. Diese Wellen schwingen wunderbarerweise im „Nichts", weil die moderne Physik nichts mehr übriggelassen hat, worin sie schwingen könnten. Der englische Astrophysiker Eddington sagte mit Recht: „Die Offenbarungen der modernen Physik über die Leere im Atom und in der Materie rütteln die Geister noch stärker auf als die Offenbarungen der Astronomie über die ungeheure Leere der Sternenwelt." (B 94.450)

Professor Heisenberg, einer der führenden theoretischen Physiker, äußerte sich zur gegenwärtigen Situation: „Wir können die Geheimnisse der Welt nicht lösen, wir müssen uns mit unseren Erfahrungen begraben lassen." In gleicher Weise mahnte Einstein oft zur Bescheidenheit, indem er darauf hinwies, wie wenig wir von der Welt der Erscheinungen, besonders des Lebens, zu begreifen vermögen. Dr. Carl Sagan, Prof. der Astronomie an der Cornell Universität, N. Y., USA, erklärte: „In der Physik, wie in der Wissenschaft überhaupt, gibt es eine Reihe von Annäherungen, und man muß jederzeit bereit sein, das zu revidieren, was in der Vergangenheit als absolutes Evangelium angesehen wurde." (B 94.24)

Vor wenigen Jahrzehnten noch sträubten sich die meisten Menschen dagegen, die Möglichkeit außerirdischer Intelligenzen in Betracht zu ziehen. All unsere philosophischen und weltanschaulichen Systeme gingen stets von der Voraussetzung aus, daß der irdische Mensch als Krone der Schöpfung in seinen Rechten und Pflichten durch keine andere kosmische Macht — allenfalls durch ein übernatürliches göttliches Gesetz — eingeschränkt sei.

Heute indes sind sich die meisten Gelehrten darin einig, daß dieser „Alleinvertretungsanspruch" unserer Rasse nicht mehr länger aufrechtzuerhalten ist. Karl Steinbuch betrachtet daher die Suche nach außerirdischem Leben und Wesen vergleichbarer — oder höherer — Intelligenz als eine der erregendsten Fragen unserer Zeit. Falls wir in naher Zukunft eindeutige Hinweise auf die Existenz weiterer Kulturen im All finden sollten, dürfte sich ein grundlegender Wandel in unserer Selbsterkenntnis und unseren Wertvorstellungen vollziehen. Je früher und bewußter wir uns mit dieser Möglichkeit vertraut machen, um so reibungsloser kann sich dieser Übertritt vom tellurischen ins planetarische Zeitalter vollziehen. Wie hoch heute bereits die Wahrscheinlichkeit außerirdischen Lebens eingeschätzt wird, soll uns im nächsten Kapitel beschäftigen.

Die Frage nach außerirdischem Leben

„Der Annahme einer Sonderstellung unserer Erde als dem einzigen zu irgendeiner Zeit und an irgendeinem Ort des Kosmos mit Leben bevölkerten Planeten kommt unter allen denkbaren Möglichkeiten die allergeringste mathematische Wahrscheinlichkeit im Sinne der Statistik zu."

Dr. Irene Sänger-Bredt

„Wer davon überzeugt ist, daß wir in einem Universum von Billionen Sternen etwas ‚Besonderes und Überlegenes' seien, ist einfach lächerlich, unsagbar anthropomorphisch und hoffnungslos eitel."

Prof. Harlow Shapley

Für die griechischen Philosophen war die Erde nicht der einzige Sitz der Intelligenz. So lehrte der Naturphilosoph Thales im 6. Jahrhundert v. Chr., die Sterne bestünden aus der gleichen Materie wie die Erde. Sein Schüler Anaximander behauptete, die Welten würden entstehen und vergehen. Anaxagoras sah in den überall — also auch im Kosmos — verstreuten Lebenskeimen den Ursprung alles Lebenden. Im Laufe der nächsten Jahrhunderte haben verschiedene Gelehrte und Philosophen den Gedanken der „Panspermie", demzufolge das Leben seit jeher existiert, wieder aufgegriffen.

Die materialistische Schule von Epikur lehrte, daß eine Vielzahl von Welten, ähnlich unserer Erde, existierte. Metrodot von Lampsakos (3. Jahrh. v. Chr.) glaubte, die Erde als die einzige bewohnte Welt im grenzenlosen Raum anzusehen, sei ebenso dumm wie die Behauptung, auf einem riesigen Feld könne nur eine einzige Ähre wachsen. Lukrez verteidigte leidenschaftlich die Idee, daß die Anzahl der bewohnten Welten unermeßlich sei. In seinem Lehrgedicht „Über die Natur" heißt es: „Man muß anerkennen, daß es noch andere Regionen im All gibt, andere Erden als die unsrige und unterschiedliche Menschenrassen." (B 66.123) Ebenso erklärte Teng Mu, ein Gelehrter aus der Sung-Dynastie in China (420–479 n. Chr.): „Es ist unvernünftig anzunehmen, daß es außer der Erde und dem Himmel, die wir sehen können, keine anderen Himmelsräume und keine anderen Welten gibt." (B 88.92)

Der deutsch-englische Astronom Friedrich Wilhelm Herschel hielt sogar die Sonne für bewohnt: Die Sonnenflecken deutete er als Risse in den grellen Wolken, die die dunkle Oberfläche des Gestirns umhüllen. Nach seiner Auffassung ermöglichten sie den Sonnenbewohnern, das Sternengewölbe zu bewundern. Gegen Ende des 19. Jahrhunderts behauptete der Astronom Edward Charles Pickering mit großer Überzeugungskraft, die Veränderungen der Mondlandschaft seien durch Standortwechsel großer Insektenmassen zu erklären (B 66.125).

Natürlich können derartige spekulative Ideen nicht ernst genommen werden. Sie bringen die an sich logischen Vorstellungen von extraterrestrischem Leben eher in Mißkredit und vermischen begründete Hypothesen mit phantastischer Science-Fiction. Dennoch muß es befremdend erscheinen, daß die Mehrzahl der Fachgelehrten bis in die jüngste Zeit hinein der Meinung war, daß die Erdbewohner die einzigen vernunftbegabten Schauspieler auf der Bühne des Universums seien. Dies änderte sich erst mit der systematischen Suche nach Beweisen für Leben im Weltall.

Mitte unseres Jahrhunderts wagten es einige mutige Wissenschaftler, das Innere von Meteoriten nach organischen Lebensresten zu untersuchen und über die Ergebnisse zu sprechen. So war im Jahre 1950 bei Murray in Kentucky ein körniger, Kohlenstoff enthaltender Meteorit gefunden worden, der dem Smithsonian-Institut zur Untersuchung übergeben worden war. Dort unterwarfen ihn die Wissenschaftler einer gründlichen Untersuchung und chemischen Analyse. Der Bericht darüber, von Dr. Melvin Calvin unterzeichnet, erschien 1961 in dem Buch „Chemical Evolution“ und war so abgefaßt, als ob sie sich dessen bewußt wären, eine Kritik geradezu herauszufordern. Sie bezeichneten die Resultate der in der Analyse festgestellten Bestandteile der Meteoriten als „organische Mischung einer Art, die bei primitiven Entwicklungsstadien allgemein zu finden sei“. (B 25.135)

Zur Bestätigung erhielt die amerikanische Biologische Überwachungsstelle Bruchstücke des Murray-Meteoriten zur Überprüfung. Dort wurden in einem mit besonderer Sorgfalt sterilisierten Raum winzige Bruchstücke der Meteorit-Substanz in Nährlösungen gelegt und sorgfältig beobachtet, bis man im Jahre 1961 „eine Vermehrung“ feststellte, die im Frühjahr 1965 immer noch anstieg (B 25.137).

Am 28. September 1969 ging in Murchison (Australien) ein Meteorit nieder, der zu den kohligen Chondriten gehört. In ihm wurden einwandfrei außerirdische Aminosäuren sowie komplexe organische Moleküle nachgewiesen (B 10.105).

Ein ungewöhnliches Rätsel gab ein in der Umgebung von Eaton, Colorado, aufgefundener Meteorit von merkwürdiger Form auf. Bei der Untersuchung durch H. H. Nininger, einen amerikanischen Sachverständigen für Meteoritenkunde, wurde festgestellt, daß der Meteorit aus einer Mischung von Kupfer, Blei und Zink bestand, das heißt, aus Messing. Eine solche Mischung kommt in der Natur nicht vor. Der Meteorit hat auch kein „Raumfahrtmüll" sein können, weil er bereits im Jahre 1931 auf unsere Erde stürzte (B 88.43).

Während so die Theorie von außerirdischem Leben immer mehr erhärtet wurde, widmete man sich gleichzeitig mit großem Eifer der Erforschung der grundlegenden Lebensbausteine, insbesondere ihrer künstlichen Herstellung in der Retorte. Im Jahre 1957 trafen sich auf Einladung von Alexander Oparin etwa 40 Molekularbiologen aus 16 Ländern in Moskau zu einem „Internationalen Symposium über den Ursprung des Lebens auf der Erde". 1961 konnten Sidney W. Fox und Kaora Harada an der Universität in Miami 13 verschiedene Aminosäuren und erstmals ein Pyrimidin, das in der Ribonucleinsäure enthaltene Uracil, auf künstlichem Wege herstellen. 1966 kamen zwei andere amerikanische Forscher, R. M. Kliss und C. N. Matthews, auf die Idee, zu untersuchen, ob die Entstehung des Lebens auch in Abwesenheit von Wasser möglich gewesen ist. Aus den Ausgangsstoffen Ammoniak und Methan erhielten sie zunächst nur eine teerige Masse von Blausäure-Polymeren. Als sie ihrem Reaktionsprodukt jedoch nachträglich Wasser hinzufügten, bildeten sich eiweißähnliche Stoffe. 1968 konnten G. W. Hodgson und Cjril Ponnamperuma aus einer Forschungsstation der NASA in Moffat Field in Kalifornien über die gelungene Synthese von Porphyrin-Molekülen berichten. Natürliche Porphyrine (Purpurstoffe), zu denen zwei Chlorophyl-Arten und der Farbstoffträger Häm der roten Blutkörperchen gehören, sind als Katalysatoren der Photosynthese bei Pflanzen bzw. der Zellatmung (Sauerstofftransport) bei Tieren lebenswichtige Stoffe (B 73.184).

Wenngleich die Bildung von höherorganisiertem Leben nach den Worten des britischen Biophysikers J. D. Bernal „ein schwieriges Geschäft" gewesen sein muß, sind heute Astronomie, Chemie, Physik und Biologie gemeinsam zu dem Ergebnis gekommen, daß sehr wahrscheinlich noch andere intelligente Lebewesen im Weltall existieren. Das Leben, wie wir es heute kennen, beruht auf drei Grundvoraussetzungen: einem Stern, entsprechend unserer Sonne, der für genügend lange Zeit die rechte Wärmeenergie liefert; einem Planeten von ungefähr dem Alter unserer Erde (fünf Milliarden Jahre), so daß sich Lebewesen entwickeln können, und einer Biosphäre wie unsere eigene lebenserhaltende Hydro- und Atmosphäre (Z 8.60.9.57,58).

Man hat festgestellt, daß Leben in primitivster Form bei Biosphärentemperaturen zwischen etwa —270 ° und +120 ° C existieren könne, höhere Lebewesen — auf längere Dauer und ohne künstlichen Schutz — nur in einem Umgebungstemperaturbereich zwischen 0 ° und +50 ° C. Diese Werte sind durch den Zustandsbereich der flüssigen Phase biologischer Substanzen vorgegeben, gelten also nur für Lebewesen mit einem Chemismus, der dem irdischen gleich ist (B 73.137).

Selbst mit dieser Einschränkung ergeben sich erstaunliche Werte für die Zahl möglicher außerirdischer Zivilisationen. Nach der Schätzung des Astronomen Harlow Shapley von der Harvard-Universität befinden sich in Reichweite unserer heutigen optischen Fernrohre von zwei Milliarden Lichtjahren vielleicht über 100 Trillionen Sterne (eine 1 mit 20 Nullen) (Z 8.60.9.58). Hierzu muß ein weiterer beträchtlicher Prozentsatz von Planeten gerechnet werden, da nach heutiger Ansicht die Ausbildung eines Planetensystems eine Phase des normalen Evolutionsprozesses eines Sternes ist (Z 8.67.5.190).

Im Jahrbuch für Wissenschaft und Technik („Yearbook of Science and Technology“), Ausgabe 1964, werden Wissenschaftler zitiert, die behaupten, daß etwa 67 % der Milchstraßen-Sonnen, von denen unser Sonnensystem nur ein winziger Teil ist, von Planeten umkreist werden, wegen ihrer langsamen Rotation (B 25.144). Andererseits hat eine Studie der Rand Corporation festgestellt, daß etwas mehr als 10 Prozent aller Sterne in unserer Milchstraße (Galaxie) eine Spektralklasse aufweist, die mit der unserer eigenen Sonne „im wesentlichen identisch“ ist.

Nach Dr. Irene Sänger-Bredt kann man die Gesamtzahl der zu unserer Galaxie gehörenden Sterne auf 220 Milliarden schätzen bei einer Schwankungsbreite zwischen 40 und 400 Milliarden. Nimmt man im günstigsten Fall an, daß eine einmal entwickelte technische

Zivilisation bis zur Zerstörung der Ökussphäre andauert, so ergibt sich eine Wahrscheinlichkeit für intelligentes Leben von etwa 40 Prozent auf den rund 12 Prozent „lebensfähigen" Planeten einer Galaxis. Diese vermutlich zu optimistische Schätzung führt zu einer möglichen Zahl von 10 Milliarden Zivilisationen in unserer Milchstraße. In folgendem Bild sind diese Werte tabellarisch zusammengefaßt (B 73.214,215).

Unser Weltall

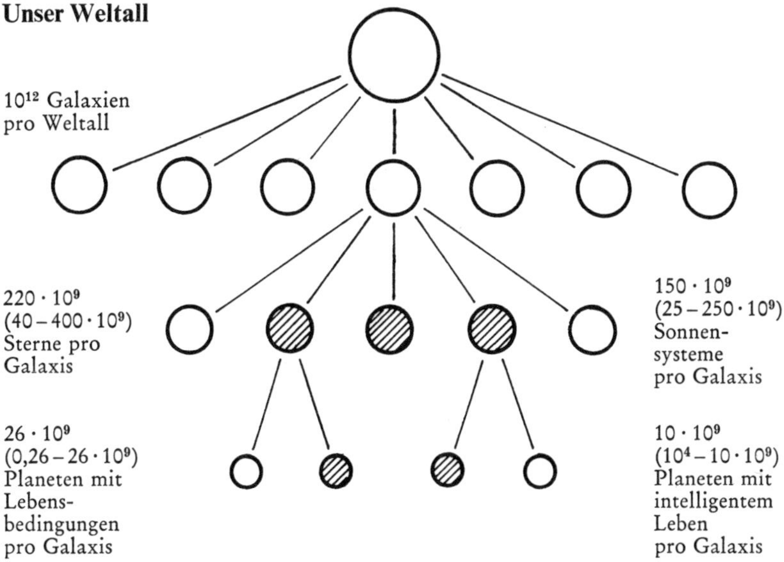

Die Zahlen in Klammern geben die Schwankungsbreiten an.

Auf einer Konferenz, die im November 1961 im Observatorium für Radioastronomie von Green Bank (West Virginia) stattfand, versuchte Frank Drake, alle für die Wahrscheinlichkeit interplanetarischer Kontakte nach seiner Ansicht maßgebenden Faktoren in einer mathematischen Gleichung zusammenzufassen. In dieser Beziehung

$$N = N_s \cdot f_p \cdot n_e \cdot f_b \cdot n_i \cdot f_c \cdot L_c/L_p$$

bedeuten

N: die Anzahl der Zivilisationen im Milchstraßensystem, die gegenwärtig zu einer Kommunikationsaufnahme mit anderen Sonnensystemen in der Lage wären;

N_s: die Geschwindigkeit, mit der sich Sterne in der gleichen Periode wie unser Sonnensystem formten;

f_p: der Anteil der Sterne mit Planeten;

n_e: die Anzahl der Planeten mit einer lebensfreundlichen Umgebung pro Sonnensystem;

f_b: der Bruchteil lebensfreundlicher Planeten, auf denen tatsächlich Leben vorkommt;

n_i: das Zahlenverhältnis lebentragender Planeten mit vorkommender Intelligenz;

f_c: das Zahlenverhältnis intelligenter Gesellschaften, die sowohl an einer Kontaktaufnahme mit anderen Zivilisationen interessiert sind als auch die Voraussetzungen bieten;

L_c: die Dauer der Kommunikationsphase einer solchen Gesellschaft;

L_p: die Lebensdauer eines Planeten (B 11.310).

Nach Meinung von A. G. W. Cameron vom Goddard Space Flight Center kann für N der Wert $2 \cdot 10^6$ ($= 4 \times 10^{10} \cdot 1 \cdot 0{,}3 \cdot 1 \cdot 1 \cdot 0{,}5 \cdot 10^6/3 \times 10^9$) angesetzt werden (B 11.314). Der absolute Minimalwert wurde zu $N = 40$ ermittelt, der nach den heutigen Erkenntnissen zulässige Höchstwert liegt bei $50 \cdot 10^6$ (B 21.135).

Zu ähnlichen Vorstellungen wie die Amerikaner in Green Bank — wenn auch mit um zwei Größenordnungen weniger optimistischen Zahlenergebnissen — kamen sowjetische Wissenschaftler, die sich im Mai 1964 auf einer Konferenz in Eriwan (Armenien) über die Möglichkeit extraterrestrischer Zivilisationen und Kontakte unterhielten (B 73.224). Professor Hans Thirring bezifferte die mathematische Wahrscheinlichkeit für die Existenz außerirdischer Lebewesen schon vor Jahren mit 99,999 % (B 10.122). Betrachtet man einen Umkreis von 100 Lichtjahren Entfernung von der Erde, so dürften etwa 3000 unter 11 000 Sternen wenigstens einen Planeten mit einer geeigneten Ökussphäre aufweisen. Im Umkreis von 12 Lichtjahren gibt es noch 19 Sterne, von denen 2 Einzelsterne in den interessierenden Spektralklassen liegen (B 73.224).

Da vorläufig Fahrten in den interstellaren Raum für uns noch nicht möglich sind, hat man versucht, über Funksignale Kontakte mit möglichen Lebewesen im Umkreis der nächsten in Frage kommenden Sterne zu bekommen. Das bekannteste Unternehmen dieser Art war das Projekt OZMA. Am 8. April 1960 begann der Wissenschaftler Frank D. Drake unter dem Protektorat Otto Struves mit seinen Versuchen. Das 28-m-Teleskop von Green Bank sollte auf der als günstig ermittelten 21-cm-Welle Funksignale aus der Richtung von Tau Ceti (12,2 Lichtjahre entfernt) und Epsilon Eridani (10,8 Lichtjahre entfernt) empfangen. Nach insgesamt 150 Stunden wurde das mit viel Aufwand begonnene Projekt jedoch abgebrochen, weil die Empfindlichkeit des Empfängers nicht ausreichte, um Störgeräusche irdischen Ursprungs hinreichend auszuschließen (B 73.232).

Dafür hatte die Abteilung für wissenschaftliche Forschung der US-Luftwaffe mit Hilfe riesiger Erdaushub-Maschinen in einem großen runden Tal bei Arecibo in den Bergen Porto Ricos eine gewaltige Raumabhör-Station errichtet. Fachleute der Cornell-Universität erbauten sie mit finanzieller und technischer Hilfe der National Science Foundation — eine über 300 Meter Durchmesser aufweisende „Schüssel", die auf der Innenseite mit Metall überzogen war, viele Male empfindlicher als ihr bewegliches Gegenstück in Green Bank. Die metallene Scheibe begann ihren Betrieb im Jahre 1964. Sie war nichts anderes als das hierher versetzte Projekt „OZMA". Nachdem die Station unmittelbar nach ihrer Fertigstellung vom US-Verteidigungsministerium übernommen wurde, wurden die dort gefundenen Resultate künftig als geheim klassifiziert und vor der Öffentlichkeit verschwiegen. Interessanterweise arbeitete im Personalstab von Arecibo auch Dr. Frank Drake, der ehemalige Leiter des Projektes OZMA. Er hatte noch kurz vor dem Ende Green Banks erklärt, daß das Radioteleskop sehr merkwürdige Signale, anscheinend aus der Richtung der Fixsternsonne Tau Ceti kommend, registriert hatte (B 25.140,141).

In der Sowjetunion laufen ähnliche Forschungsarbeiten. Unter der Leitung von Dr. V. Troitsky hat das Radiophysikalische Institut in Gorki ein umfangreiches „Lausch"-Programm ausgearbeitet, das sich auf Funksignale aus Systemen in Entfernungen von bis zu 100 Lichtjahren erstreckt (Z 55. 15. Juni 1973, S. 3). Eine ausführliche Darstellung dieser Untersuchungen findet sich in dem Buch „Außerirdische Zivilisationen" von S. A. Kaplan (B 116.).

An dieser Stelle lohnt sich ein Rückblick auf die Historie der Telegraphie. Einer ihrer Erfinder war der berühmte jugoslawische Wissenschaftler Nikola Tesla, der vielen durch die sogenannte „Tesla-Spule" bekannt ist; sein größter Beitrag für die technische Entwicklung unseres Planeten war jedoch die Erfindung des Wechselstromes, der den von Edison verteidigten Gleichstrom ablöste. Eine Lieblingsidee Teslas war es, elektromagnetische Kraft in riesigen

Mengen aus dem Magnetfeld der Erde zu beziehen, um damit Signale an andere Planeten zu senden, im Falle sie dort jemand auffangen würde. Nach langwierigen Verhandlungen mit Experten der Regierung, um die geeignetste Stelle für diese Versuche auszuwählen, ging Tesla nach Colorado Springs, wo er seine gewaltigen Apparate aufstellte. Mit Hilfe einer riesigen Spule von 22,5 Meter Durchmesser und einer Kupferkugel auf einem über 60 Meter hohen Turm konnte er künstliche Blitze produzieren, die die ganze Gegend im Umkreis von vielen Meilen erschütterten. Damit vermochte er hochfrequente regelmäßige Impulse mit vielen Millionen Volt in den Raum zu senden (B 25.127, Z. 21.72.26.26,27).

1899 erklärte Tesla, daß seine Empfangsgeräte eine Übertragung mit regelmäßigen Impulsen aufgefangen hätten, was für eine natürliche Gestirnstrahlung nicht charakteristisch ist. Tesla meinte später: „Obwohl ich die Bedeutung der Signale nicht entziffern konnte, war es mir unmöglich, sie für zufällig zu halten ... Denn da muß ein Zweck hinter diesen Signalen sein ... Es war das Ergebnis eines Versuchs von seiten einer außerirdischen Menschheit, durch Signale zu uns zu sprechen. Ich bin absolut überzeugt, daß sie nicht irgendeiner irdischen Ursache entstammten." Teslas Behauptung, daß er aus dem Weltraum kommende drahtlose Signale abgehört hatte, war wohl begründet; denn zu diesem Zeitpunkt war es Marconi gerade erst gelungen,

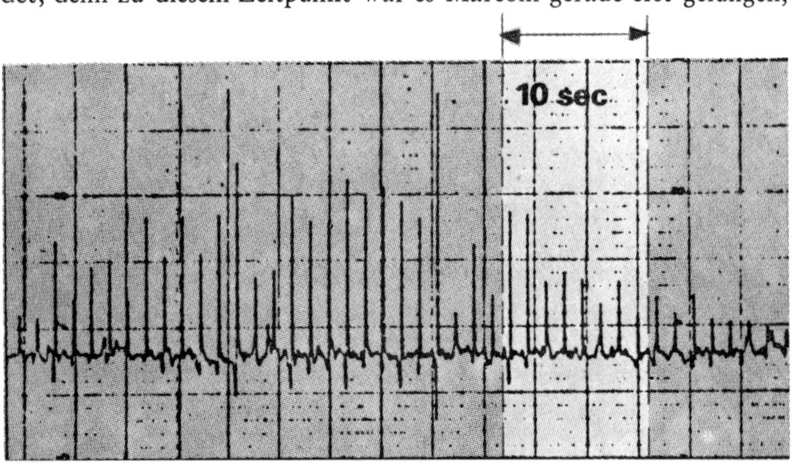

Die ersten Registrierungen des Radioteleskops in Cambridge: scharfe Radioimpulse unterschiedlicher Stärke, aber präzise im Abstand von 1,337 Sekunden aufeinanderfolgend. Die Quelle dieser Strahlungen konnte später im Sternbild Vulpecula (das Füchschen) lokalisiert werden und trägt heute den Namen CP 1919 (CP ist die Abkürzung für Cambridge Pulsar)

den Buchstaben „V“ rund 80 Kilometer weit zu senden, und erst 1901, zwei Jahre später nach Teslas Versuchen, gelang es Marconi, den Buchstaben „S“ in lesbarer Form über den Atlantik zu senden (B 25.128). Trotzdem sind Teslas Vermutungen nicht beweisbar. Denn seit 1967 weiß man, daß im All geheimnisvolle Radiosender, Pulsare, existieren, die mit einer unvergleichlichen Präzision Radoimpulse aussenden. Das obige Bild zeigt ein Impulsdiagramm des Füchschen-Pulsars, der die Periode von 1,33730113 Sekunden mit einer Genauigkeit von ± 0,00000007 einhält (Z 65.69.4.10).

Bemerkenswert bei den historischen Berichten über Teslas und Marconis Versuche ist indes, daß Guglielmo Marconi 1921 seltsame, nicht zu identifizierende Radiosignale auf seiner Yacht im Mittelmeer empfangen hat. Er ließ seinen Londoner Mitarbeiter erklären, daß die Signale sicher eine Art Code darstellten, den er nicht entziffern könne, außer den von ihm gebrauchten Buchstaben „V“, der damals in Marconis Code benutzt wurde. Konnten diese in gleichen Zeitabständen gesendeten Signale bedeuten, daß irgendwo draußen im Weltall, etwa elf Lichtjahre entfernt, irgendjemand uns wissen lassen wollte, daß sie uns hören konnten? Zeichneten sie vielleicht unsere Signale auf, um sie wieder zurückzusenden und zwar in einer 22jährigen Rundreise? Jedenfalls ist es bemerkenswert, daß gerade die rund elf Lichtjahre entfernten Sonnensysteme Tau Ceti und Epsilon Eridani für die neuen Abhörversuche im Jahre 1964 ausgewählt wurden! (B 25.132)

Eine andere Hypothese kosmischer Kommunikationsmöglichkeiten hat Roger A. MacGowan in seinem Aufsatz „Über die mögliche Existenz außerirdischer Intelligenzen“ (erschienen im 4. Bd. von Science and Technology in Space“) entwickelt. MacGowan hält es für sehr wahrscheinlich, daß automatische Vorrichtungen durch das Sonnensystem kreisen, um die Planeten zu beobachten, Informationen aufzufangen und sie zu ihrem Ursprungsplaneten zu übermitteln. Er bezieht sich auf mehrere Arbeiten des australischen Professors Bracewell, in denen erwähnt wird, daß Bruchstücke von Rundfunk- und Fernsehsendungen mehrere Tage, Wochen oder auch Monate nach ihrer Ausstrahlung empfangen werden konnten, ohne daß sich feststellen ließ, woher die elektromagnetischen Wellen stammten. Vielleicht hat irgend etwas irgendwo im All die Programme aufgenommen und sie zu Informationszwecken wieder in eine andere Welt ausgesandt ... Eine der wissenschaftlichen Arbeiten von Professor Bracewell trägt den erstaunlichen Titel „Über den Empfang von Mitteilungen aus höheren galaktischen Gemeinschaften.“ (B 67.74,83)

Im März 1973 brachte die Associated Press, London, einen ausführlichen Bericht über eine ähnliche Hypothese eines jungen schottischen Astronomen. Nach Ansicht des 27jährigen Forschers Duncan Lunan bemüht sich eine außerirdische Zivilisation, wahrscheinlich von einem Planeten des Doppelsterns Epsilon im Sternbild Bootis, schon seit 13 000 Jahren darum, in Funkkontakt mit den Erdbewohnern zu treten und hat zu diesem Zweck ein offenbar unbemanntes Raumschiff entsandt, das die Erde in der Nähe des Mondes umkreist. Lunan teilte mit, daß er beachtliches Material besitze, das seine Vermutungen stützt.

In den zwanziger Jahren hatten Wissenschaftler bereits festgestellt, daß in den Weltraum ausgesandte Funksignale in zwei verschiedenen „Echos" zu ihnen zurückkehrten. Das erste Echo, das in einer Siebtelsekunde zurückkam, stammte von der irdischen Ionosphäre und war somit „normal". Das zweite Echo aber wurde mit einer zeitlichen Verzögerung von drei bis 30 Sekunden aufgefangen. Lunan fertigte von den verschiedenen Echos graphische Aufzeichnungen an und kam nach eigenen Worten zu erstaunlichen Ergebnissen, die er in der englischen Fachzeitschrift „Spaceflight" veröffentlichte (Z 52.73.4.122 ff.).

Nach ausführlichen Analysen will ein britisches Forscherteam allerdings zu der Erkenntnis gelangt sein, daß die Echoverzögerungen das Ergebnis manchmal ungewöhnlicher Verhältnisse in der oberen Ionosphäre sind. Die Forschergruppe, die unter Leitung des Fernmeldetechnikers Tony Lawton dem Phänomen nachgegangen ist, berichtete auf einer Tagung in Kopenhagen, daß die Echoverzögerungen gewöhnlich mit einer besonderen Anordnung der Magnetfelder von Erde und Sonne zusammenträfen. Es sei möglich, daß sich die Ionosphäre zeitweise unter Umständen bis zur Mondbahn ausdehne und daß die Funkwellen, die in diesen ungewöhnlichen Ionosphärenbereich gelangten, verzögert zurückgestrahlt würden. Nach Angaben Lawtons seien in den Folgerungen des schottischen Wissenschaftlers Lunan auch noch andere schwere Fehler festgestellt worden (Z 55.19./20.Jan.1974).

Trotz der bisherigen Mißerfolge hoffen viele Forscher immer noch, eines Tages intelligente Funksignale aus dem All empfangen zu können. Eine echte wechselseitige Kommunikation mit entfernten Sonnensystemen dürfte allerdings aufgrund der großen Laufzeitunterschiede sehr mühsam und langwierig sein. Sehr viel aussichtsreicher erscheinen die Forschungsarbeiten des amerikanischen Wissenschaftlers L. George Lawrence, Direktor des ECOLA-Instituts in San Bernardino, Kalifornien. Er ging bei seinen Untersuchungen von den Entdeckungen Cleve Backsters aus dem Jahre 1966 aus, der eine neue Art biologischer

Kommunikation festgestellt hat, die ähnlich wie Telepathie und Hellsehen außerhalb des elektromagnetischen Spektrums erfolgt.

Lawrence entwickelte ein drei Tonnen schweres „Stellartron", das ein Radioteleskop und einen in einen Faradaykäfig eingeschlossenen biologischen Signalwandler enthält, der die unbekannte Strahlenart in elektrische Signale bzw. hörbare Frequenzen umsetzt. Am 29. Oktober 1971 macht Lawrence in der Wüste von Mojave Untersuchungen mit verschiedenen Pflanzen. Durch Zufall war sein Teleskop auf das Sternbild des Großen Bären ausgerichtet, als plötzlich ganz ähnliche Zeichen hereinkamen, wie er sie bei seinen Pflanzen registriert hatte. Das Radioteleskop, das in die gleiche Himmelsrichtung zeigte, nahm dagegen keinerlei Signale auf. Lawrence gelang es, 30 Minuten der etwa 33 Minuten andauernden Sendung auf Magnetband festzuhalten. Eine Kopie dieser Aufzeichnung befindet sich im Smithsonian Institut in Washington und steht zur Computeranalyse zur Verfügung. Lawrence, der im April 1972 ähnliche impulsförmige Signale mit Unterbrechungen zwischen 3 und 10 Minuten auffing, meint, daß es sich um Notruf-Signale zwischen hochentwickelten galaktischen Zivilisationen handeln könnte (Z 81.28 ff.). Tatsächlich würden sich derartige biologische Wellen für die Zwecke der Weltraumkommunikation als besonders bedeutsam erweisen, falls sie sich schneller als mit Lichtgeschwindigkeit ausbreiten. Hierauf deuten verschiedene Fernübertragungs-Experimente hin, wie sie zum Beispiel durch den Elektroingenieur und Erfinder Paul Sauvin ausgeführt wurden (B 103.173).

Man darf vermuten, daß in den kommenden Jahren noch weitere überraschende Signale aus dem All empfangen werden. Gleichzeitig stellt sich im Zeitalter der Apollo-Mondflüge die Frage, ob für uns irgendwann einmal interstellare Raumfahrten möglich werden. Sicher muß es illusorisch erscheinen, Reisen im dreidimensionalen Raum zu anderen Galaxien zu unternehmen. Jedoch denkt man heute schon an Raumflüge zu benachbarten Sonnensystemen.

Ing. Dr. E. E. Steinhoff (Air Force Flight Dynamics Laboratory, Dayton, Ohio) erklärte auf dem XX. Raumfahrtkongreß der Hermann-Oberth-Gesellschaft in Bremen im September 1971: „Es gilt als sicher, daß im nächsten Sonnensystem, der Alpha-Centauri-Gruppe, ein Planet mit Erdbedingungen existiert. Mit verbesserten, jetzt schon bekannten Antriebsmöglichkeiten für Raketen könnte dieser erdverwandte Planet in etwa acht Jahren erreicht werden (Z 4.71.3/4.83).

Nach Prof. Oberth, dem deutschen Physiker Burkhart Heim und anderen Wissenschaftlern wird die Beherrschung der Schwerkraft es Raumschiffen ermöglichen, noch höhere Geschwindigkeiten zu erreichen. Mit solchen fortschrittlichen Raumschiffen könnten wir die nächsten Sonnensysteme ein Jahrhundert oder früher vor unserem jetzigen Zeitplan erreichen.

Dies deckt sich mit den Worten Präsident Nixons, der am 23. Juli 1969 vor einer Gruppe internationaler Studenten erklärte: „Im Jahre 2000 werden wir neue Welten besucht haben, wo es Leben geben wird.“ Vizepräsident Agnew fügte hinzu, daß spätestens im letzten Jahrzehnt dieses Jahrhunderts eine bemannte Landung auf dem Mars vorgesehen sei (Z 16.70.1.80).

Nun hat gerade dieser Planet unseres Sonnensystems immer wieder zu Spekulationen Anlaß gegeben. Viele Autoren — und nicht nur Romanschriftsteller — bevölkerten ihn mit intelligenten, entwicklungsmäßig den Menschen zumindest ebenbürtigen Wesen. Eine derart extreme Ansicht wird heute zwar von den meisten Astronomen nicht mehr geteilt, doch glauben viele, daß sich auf dem Mars Leben behaupten könne. Seine Atmosphäre ist immerhin so ausgeprägt, daß es auf ihm so etwas wie Klima und Wetter gibt. Der Mars besitzt wie die Erde weiße Polkappen, und auch die Oberflächenschattierungen verändern sich mit dem Wechsel der Jahreszeiten (B 68.104).

Allerdings beschränkte sich das Wissen, das man über Details der Marsoberfläche besaß, bis vor kurzem auf das Ergebnis jahrelanger geduldiger Arbeit am Fernrohr. 1877 verkündete der italienische Astronom Giovanni Virginio Schiaparelli (1835—1910), er habe ein Netz feiner, gerader Striche auf dem Mars entdeckt. Der amerikanische Astronom Percival Lowell (1855—1916) deutete sie als Bewässerungskanäle, die hochzivilisierte Marsbewohner anlegten, damit Wasser von den schmelzenden Eiskappen der Pole herangeschafft werden könnte. Je länger Lowell den Mars studierte, desto mehr Kanäle sah er. Seine späteren Karten vom Mars überzieht ein Spinngewebe von Kanälen. Es seien mehr als Kanäle, baute er seine Theorie aus. Die Wasserläufe selbst seien zu schmal, um gesehen zu werden, aber auf beiden Seiten lägen Streifen kultivierten Landes mit Feldern, die von den Marsbewohnern künstlich bewässert würden. An Kreuzungspunkten dieser Streifen lägen große Oasen – vermutlich Hauptzentren der Marskultur (B 68.107).

Das Liniennetz auf dem Mars ist auch auf der amtlichen US-Air-Force-Marskarte verzeichnet, die durch das Aeronautical Chart and

Information Center, US-Air-Force, St. Louis 18/Missouri, herausgegeben wird. Die Oberflächenangaben über den Mars enthalten, nach einem Hinweis auf die Karte selbst, auch die jahreszeitlichen Veränderungen, sowie Staubstürme, die gelegentlich einen Großteil der Marsoberfläche bedecken. Im Hinweis heißt es auch: „Die Linien bezeichnen die Kanäle, die von vielen namhaften Marsforschern festgestellt wurden." (B 1)

W. A. Webb untersuchte in der November-Ausgabe 1966 der Zeitschrift „Scientific Monthly" eine Reihe von Erklärungsversuchen für die Marskanäle. U. a. sagt er: „Wenn man wirklich der Theorie von Lowell und Templer über das Marsnetz zustimmt, so muß man in Betracht ziehen, daß die Anordnung der Marslinien keiner natürlichen Anordnung, wie sie uns bis jetzt auf der Erde bekannt ist, gleicht. Lediglich künstliche Verkehrsnetze, wie etwa Eisenbahnen, haben eine ähnlich hohe Anzahl von Kreuzungspunkten mit fünf oder mehr Strahlungslinien, wie das beim Netzwerk auf dem Mars der Fall ist."

Allerdings stellte sich im Laufe der Jahre heraus, daß um so weniger Marskanäle zu beobachten waren, je besser die Beobachtungsvoraussetzungen waren und je größer das verwendete Instrument war. So gehört wohl die allergrößte Zahl der „beobachteten" und in Karten eingezeichneten Marskanäle in das Gebiet der Täuschungen. Dagegen erweist sich die Behauptung mancher Astronomen, daß es überhaupt keine derartigen Phänomene auf dem Planeten gibt, als falsch. Denn erst vor wenigen Jahren gelang es mit modernsten Instrumenten, „Marskanäle" — oder wenigstens ähnliche Gebilde — zu beobachten und auch zu fotografieren. Die erste exakte fotografische Erfassung von sechs Kanälen bzw. Bändern oder Streifen ermöglichte 1954 das Mount-Wilson-Observatorium in Kalifornien (B 37.189).

„Die Welt" brachte am 19. September 1965 unter der Überschrift: „Gerade Linie auf dem Mars entdeckt" folgende Meldung: Bei den Auswertungen der Marsfotos, die von dem US-Satelliten Mariner IV gemacht wurden, haben amerikanische Wissenschaftler eine überraschende Entdeckung gemacht: auf einem Foto fanden sie eine diagonal verlaufende Linie, die auf dem Mars einer Strecke von etwa 250 km entspricht. Frank Schutz vom Raumfahrtforschungszentrum in Pasadena erklärte dazu: „Wir wissen noch nicht, was diese Linie darstellt. Sie befindet sich in der südlichen Hemisphäre, wo auch die Kanäle gesichtet wurden." Dieses Gebiet sei das sogenannte Atlantis und enthalte zwei „trockene Meere", das Mare Sirenus und das Mare Cimmeriam.

„Die Aussicht, daß die gerade Linie ein auf natürliche Weise entstandener Riß oder eine Spalte sei, müsse als gering erachtet werden.“ (Z 13.19.9.65)

Der vor einigen Jahren verstorbene Astronom Dr. William Pickering, Direktor des Düsenantriebs-Laboratoriums, das die Mariner-IV-Operation der NASA kontrollierte, und Dr. Clyde W. Tombaugh, Entdecker des Planeten Pluto und Marsexperte, haben ebenfalls bestätigt, daß die Mariner-Aufnahmen in der Tat Beweise der umstrittenen Kanäle — besser Vegetationszentren — erbracht haben. In seinem Bericht an die „Amerikanische Gesellschaft für den Fortschritt der Wissenschaft“ sagte Dr. Tombaugh, daß auf sieben der 22 Mars-Fotos „Kanalstreifen oder Oasen“ (unerklärte Gebiete bei Schnittpunkten der Kanäle) gesehen werden könnten, die mit beobachteten Formen bei teleskopischen Studien und mit vielen Mars-Karten übereinstimmten. Diese Meldung steht im Gegensatz zu den im Juli 1966 veröffentlichten Zeitungsberichten, die irgendwelche Beweise für Wassererosionen, Ozeanbecken oder „Kanäle“ verneinten (Z 58.67.132.2).

Mariner IV übermittelte beim 109. Umlauf ein Bild, das einen Teil eines Systems von parallelen Rillen zeigt, die sich über mehr als 1 800 km Länge erstreckten. Der breiteste Graben mißt etwa 1,6 km und weist auf seinem Boden einen zweiten Graben auf (Abstand 1 730 km) (Z 28.72.3.213). Der sowjetische Forscher Tichow in Pulkowo hat in neuerer Zeit durch Farbfilteraufnahmen Linien im Spektrum des Mars entdeckt, die nur auf Chlorophyll zurückzuführen sind. Er meint daher, daß die dunklen Meeresflecke tatsächlich sumpfige Gegenden mit tundrenähnlicher Pflanzenwelt sein könnten (B 54.171).

Andererseits haben die amerikanischen Raumsonden Mariner IV, VI und VII ziemlich lebensfeindliche Daten sowie Bilder zur Erde gefunkt, die alle Kraterformationen und ringähnliche Gebilde — ähnlich der Mondlandschaft — zeigten. Die sehr scharfen Fotos von Mariner VII lassen auch Spuren von Erosion erkennen, so daß damit zu rechnen ist, daß die Marsoberfläche nicht ganz so zernarbt ist wie die des Mondes (B 68.114). Mariner VI übermittelte u. a. folgende Daten zur Erde: Maximale Oberflächentemperatur: 16—22° C, minimale —160° C, Druck 7 mb (≙ 7 % des atmosph. Drucks auf der Erde), 95 % CO_2 (Z 4.71.3/4.83). Die Sonde Mariner IX, die bis zum 31. 1. 72 5 174 Weitwinkel- und Teleaufnahmen zur Erde übertragen hat, ermittelte Windgeschwindigkeiten von 25—40 km/h bei ruhigem Wetter und 250 km/h bei Stürmen auf dem Mars (Z 4.72.1.24—28) (Z 63.71.5/6.161).

Heute nimmt man an, daß das Marsleben auf bestimmte Orte beschränkt sein könnte. Es erscheint sehr wohl möglich, daß es unter der Oberfläche gefrorenes Wasser gibt oder daß die roten Wüsten gefrorene, staubbedeckte Meere sind. Da das Marsinnere wärmer sein muß, dürfte das Eis in einiger Tiefe in flüssiges Wasser übergehen. In diesem Fall könnte jede heftige Störung — ein Vulkanausbruch, ein Meteoritenaufsturz oder ein stärkeres Marsbeben — Wasser oder Wasserdampf entweichen lassen, wodurch ein feuchtwarmes, für Leben besonders geeigneter Platz entstünde (B 68.122).

In der Tat entdeckte Mariner IX während 160 Umläufen neun starke Anzeichen dafür, daß aus dem Innern des Planeten Wasserdampf entweicht. Erste Messungen deuten darauf hin, daß der Rote Planet täglich rund 480 000 Liter Wasser in das All verdunstet. Man vermutet auch, daß in einem früheren Zyklus Wasser auf dem Mars bereits Ozeane und Flüsse füllte. Dies scheint ein von Mariner IX gefunktes Bild zu bestätigen, das wie die Luftaufnahme eines mäanderförmigen Flusses auf der Erde aussieht. Der gewundene, etwa 100 km lange „Marsfluß" hat zahlreiche Nebenarme, die wie kleine Zuflüsse aussehen und nach Meinung der Marsforscher eine Entstehung durch Lava oder Winderosion fast ausschließen (Z 64.4.2.72). Nähere Aufschlüsse über die Oberflächenbeschaffenheit des Mars wird die Vicking-Sonde bringen, die 1975 eine weiche Landung ausführen soll (Z 4.71.1. 26).

Jedenfalls scheint die Marsatmosphäre nicht so lebensfeindlich zu sein, wie man auf Grund der bekannten Daten annehmen sollte. So kamen zwei Wissenschaftler zu überraschenden Ergebnissen, nachdem sie in ihren Laboratorien eine Atmosphäre geschaffen hatten, die derjenigen des Mars ähnlich war. Der sowjetische Biologe Tokmatschow brachte verschiedene Pflanzen, Würmer und Insekten in diese künstlich geschaffene Atmosphäre und bemerkte, wie Ameisen und Würmer überlebten und ein Maiskorn sich bis zur Blattbildung fortentwickelte. Auch der amerikanische Physiologe Stanford M. Siegel vom Union Carbide Forschungsinstitut in Eastview bei New York schloß in seinem Marssimulator „Pflanzen und Tiere" ein. Trotz äußerst ungünstigen Bedingungen keimte der Roggen, brachte allerdings keinen Samen hervor, was Prof. Siegel zu der Folgerung führte: „Auf dem Mars müssen die Pflanzen das Problem der Vermehrung nach anderen, jenem Milieu angepaßten Grundsätzen gelöst haben." (B 51.280,281)

Die in die künstliche Atmosphäre gebrachten Wespen, Bienen und Taranteln überlebten zum größten Teil, wenn auch die geflügelten

Insekten wegen der äußerst starken Verdünnung der Luft nicht in der Lage waren zu fliegen. Die Taranteln fühlten sich besonders behaglich und zeigten sich sogar lebhafter als in ihrer sonstigen natürlichen Umgebung. Die größten Überraschungen erlebte man jedoch bei den Schildkröten: Kaum, daß sie mit „marsianischer" Atmosphäre in Berührung gekommen waren, verringerten sie plötzlich ihre Blutmenge dermaßen, daß die Beobachter es nicht glauben wollten; in diesen Bedingungen hätte nämlich, wenigstens nach den uns bekannten Kriterien, sich der Kreislauf gar nicht vollziehen dürfen! Und doch bewegten sich die Tierchen mit der größten Ungezwungenheit und zeigten keinerlei Störungen. „Wie das geschehen konnte", erklärte Siegel, „ist völlig unbegreiflich: es gibt keine stichhaltige Erklärung!" (B 51. 281)

Der amerikanische Biologe und Physiologe Prof. Salisbury ist im übrigen davon überzeugt, daß der rote Planet längst nicht so öde ist, wie andere Wissenschaftler annehmen. Er bemerkte zu Recht, daß die Natur völlig andere als die uns vertrauten Wege gewählt haben kann. „Bei uns stirbt man, wenn der Sauerstoff fehlt; aber es ist nicht gesagt, daß das überall so ist: Man kann sich vorstellen, daß er vom Stickstoff in seinen zahlreichen Oxydationsstadien ersetzt wird, oder daß die auf dem Mars vorkommenden Organismen den Eisenoxyden auf eine Weise Sauerstoff entziehen können, die derjenigen analog ist, mit der er von den irdischen Pflanzen dem Wasser bei der Photosynthese entzogen wird." (B 51.285,286)

Die Erforschung des Mars wird sicher auch eine Untersuchung seiner außergewöhnlichen Satelliten, Deimos und Phobos, einschließen. Wegen ihrer geringen Größe und ihrer Nähe zum Planeten sind sie im Sonnensystem einmalig. Merkwürdigerweise waren diese beiden Marsmonde schon lange vor ihrer Entdeckung bekannt. Im 15. Buch der Ilias wird auf die Tatsache hingewiesen, daß der Gott Mars zwei Begleiter hatte, Phobos und Deimos. Auch Cyrano de Bergerac (1619—1655) erwähnte in seinem Werk „Autre Monde" die beiden Marsmonde (B 88.107).

In einem kleinen Buch aus dem Jahre 1893, betitelt „Das Sternenzelt", ist wörtlich zu lesen: „Mars besitzt zwei Monde, deren Dasein eigentümlicherweise schon Kepler vermutete; man weiß heute noch nicht aus welchem Grund. In einem Brief an Galilei schreibt er 1610 (!): „Ich wünsche, ich hätte schon ein Fernrohr bereit, mit dem ich Dir in der Entdeckung der zwei um den Mars und der sechs bis acht (in Wahrheit 10) um den Saturn kreisenden Trabanten zuvorkommen könnte." (Z 16.71.7.639)

Wiederholt ist in der späteren Literatur von der Vermutung zweier Marsmonde die Rede, z. B. bei dem Theologen Derham, dem Philosophen Wolf, dem Pfarrer Schmidt, dem englischen Schriftsteller Swift, bei Voltaire und vielen anderen. Swift, der Verfasser von Gullivers Reisen, spricht 1726 in seiner „Reise nach Laputa" nicht nur von den beiden Marssatelliten Phobos und Deimos, sondern gibt sogar deren ungefähre Entfernungen und Rotationszeit an. Merkwürdigerweise „weiß" Swift auch, daß die beiden Mars-Satelliten den Planeten schneller umkreisen, als dieser sich um seine eigene Achse dreht. Dies ist ein unter den 29 Satelliten unseres Sonnensystems einzigartiges Verhalten. Man kann sich den Gemütszustand des Astronomen Asaph Hall vorstellen, als er 1877 mittels des großen Refraktors der Washingtoner Sternwarte die beiden Himmelskörper entdeckte und feststellen mußte, daß Swifts „erdichtete" Daten weitgehend den realen entsprachen (B 51.345). Der amerikanische Astronom Dr. I. M. Levitt bemerkte dazu: „Die Übereinstimmung zwischen den angenommenen Satelliten und den wirklichen war so groß, daß dies eine der erstaunlichsten Leistungen spekulativen Denkens darstellt." (B 51.108)

Nach neuesten Berechnungen hat Phobos eine ellipsoidenförmige Gestalt mit einer Höhe von 22,5 km und einer Breite von 18 km und umkreist den Mars in einer Entfernung von 5950 km. Der kleinere Planet Deimos (Durchmesser 13,5:12 km) ist dagegen 20 030 km von der Marsoberfläche entfernt.

Früher glaubte man eine Beschleunigung der Bahngeschwindigkeit von Phobos zu erkennen, was bei der extrem dünnen Marsatmosphäre nur möglich erscheint, wenn die Dichte des Mondes etwa tausendmal geringer als die des Wassers ist. Der russische Astronom Joseph Schklowskij vermutete daher vor einigen Jahren, daß Phobos ein hohler künstlicher Satellit einer unbekannten intelligenten Rasse ist (B 51.291).

Das von Mariner IX am 30. November 1971 zur Erde gefunkte Bild von Phobos aus einer Entfernung von 5 400 km widerlegt jedoch diese Hohlkörper-Theorie. Nach dieser Aufnahme scheint Phobos wegen der vielen Krater ein sehr alter Körper zu sein, der einen erheblichen Grad an Festigkeit besitzt. Möglicherweise stammt Phobos ursprünglich aus dem Asteroidengürtel, wie der Astronom B. A.

Smith in der Zeitschrift „Science“ vom 15. Mai 1970 berichtet. Außerdem scheint Phobos auch keine Beschleunigung in Richtung auf den roten Planeten zu erfahren, wie neuere Messungen ergaben (Z 18. 70.3/4.30).

Nicht weniger geheimnisvoll als der Mars zeigt sich auch unser nächster Planet im All, die Venus. Sie kann in vielen Beziehungen als Spiegelbild der Erde betrachtet werden. Ihr Äquatordurchmesser ist kaum kleiner als derjenige der Erde (12 400 km gegenüber 12 757 km). Ihre mittlere Dichte beträgt 5,16 gr/cm^3 (Erde: 5,5 gr/cm^3). Die Gravitationsbeschleunigung auf der Venusoberfläche hat den Wert 8,77 m/sec^2 (Erde: 9,81 m/sec^2). Die Rotationsdauer (ein Venustag) dürfte etwa 243 Tage betragen, während ein Venusjahr 224,7 Erdentage dauert (B 68.87) (Z 46.130).

Trotz der geringen Entfernung des Planeten Venus von der Erde wissen wir über seinen Aufbau und vor allem über seine Struktur weniger als über den weiter entfernten Mars. Eine dichte, sich nirgendwo öffnende Wolkendecke verwehrt uns den direkten Blick auf die Oberfläche. Daher erwartete man besondere Aufschlüsse durch die Sonden Mariner II und V (USA) und Venera IV, V und VI (ÜdSSR). Aus den vergleichenden Messungen ergab sich eine mittlere Oberflächentemperatur von 475° C bei einem atmosphärischen Druck von 100 atm. Die Atmosphäre besteht zu etwa 93—97⁰/₀ aus Kohlendioxyd, aus höchstens 0,4⁰/₀ Sauerstoff und einem Rest chemisch reaktionsfähiger Gase, sowie vermutlich 1-1,6 % Wasser (Z 63.71.5/6.162) (Z 61.4.132). Weitere Untersuchungen der John-Hopkins-Universität haben den Wasserdampfgehalt im Wolkenmaterial der Venus bestätigt. „Das läßt uns zu dem Schluß kommen, daß auch auf der Venusoberfläche reichlich Wasser vorhanden sein muß, vielleicht in größerer Menge als auf der Erde“, bemerkten die Wissenschaftler. Die hohe Temperatur der Oberfläche beruht wahrscheinlich auf der direkten Aufheizung durch die Sonnenstrahlung. Die starke Anreicherung der Atmosphäre mit Kohlendioxyd verhindert ein Zurückstrahlen der Strahlungsenergie im Infrarotbereich (Wärmestrahlung) in das All (Z 46.4.132). Die Physiker William Plummer und John Strong glauben allerdings, daß es auf der Venus weite Zonen gibt, in denen eine erträgliche Temperatur herrscht, die dem Menschen Lebensmöglichkeiten bieten würde. Diese Regionen könnten sogar größer sein als die auf der Erde (B 12.207). Genaueres über die Beschaffenheit unseres Nachbarplaneten werden wir wohl erst bei der Entsendung bemannter Raumstationen erfahren.

Nach unseren derzeitigen Kenntnissen muß intelligentes Leben in unserem Sonnensystem ausgeschlossen werden. In einer früheren Epoche allerdings könnten durchaus günstigere Lebensbedingungen vorhanden gewesen sein. Vielleicht gab es auch vor Millionen von Jahren zwischen Mars und Jupiter noch einen zehnten Planeten, dessen Trümmerstücke heute als Asteroidenschwärme bekannt sind. Schon 1766 stellte der Wittenberger Professor Titius in seiner Zahlenreihe – für die sich vor allem der Astronom Bode einsetzte — fest, daß im Abstand von 2,8 Erdradien von der Sonne eigentlich ein weiterer Planet vorhanden sein müßte. Erst 1801 gelang es Piazzi in Palermo, in diesem Himmelsabschnitt einen planetenähnlichen Weltkörper („Ceres" mit 768 km Durchmesser) zu entdecken. Die Gesamtzahl der größeren Objekte, von etwa 100 m im Durchmesser an, schätzte der Astronom W. Baade auf zirka 44 000, mit einer Gesamtmasse von 0,4 bis 0,6 Erdmassen. Außer diesen müssen im Planetoidengürtel aber auch noch kleinere Objekte existieren, die durch Kollision und Zerbröckelung entstanden. Ihre mutmaßliche Zahl wird auf weit über 500 000 geschätzt (B 10.96). Der japanische Professor Shinichi Seike errechnete den wahrscheinlichen Durchmesser des einstigen Planeten mit 6000 km, also etwa gleich dem Erdradius (B 78.244). Um die Jahrhundertwende hat ein Hellsehmedium anhand eines Bruchstückes dieses Planeten, von ihm Mallona genannt, in psychometrischer Rückschau seine Geschichte bis zur angeblichen Zerstörung durch das eigene Menschengeschlecht aufgezeichnet (B 26).

Der Astronom J. L. Brady glaubt aufgrund einer detaillierten rechnergestützten Bahnuntersuchung des „Halleyschen Kometen" einen weiteren Planeten entdeckt zu haben. Er soll in einem Abstand von 9,6 Milliarden Kilometer die Sonne in 464 Jahren einmal umkreisen und die dreifache Masse des Saturns besitzen (Z 65.72.8.79). Der 14-jährige englische Schüler Graham Conroy hat unabhängig von Brady den Durchmesser des von ihm „Poseidon" genannten Planeten zu 110 000 Kilometer (= 9 Erddurchmesser) errechnet. Seine Umlaufzeit ermittelte er zu 512 Erdjahren bei einer Entfernung von fast 10 Milliarden Kilometern von der Sonne. Fachleute bewundern die Genialität der mathematischen Berechnungen Conroys. Graham selbst sagt, als er aus Amerika bestätigt wurde: „Ich wußte, daß ich recht habe." (Z 58.72.190.4) Einen etwas größeren Abstand des Transpluto von der Sonne ermittelte dagegen Professor Shinichi Seike. Sein nach einer anderen Methode gefundener Wert liegt bei 12,57 Milliarden Kilometer (B 78.220). Nach Meinung des Astronomen Henry Giclas vom Lowell Observatorium scheint allerdings die tatsächliche Existenz des Transpluto-Planeten wieder in Frage gestellt zu sein. In dem Bericht zweier Astronomen des California Institute of Technology wird nachgewiesen, daß dieser Planet in weniger als 10^7 Jahren alle übrigen neun Planeten unseres Sonnensystems auf seine Bahnebene hätte zwingen müssen. Die Unregelmäßigkeit der Kometenbahn sei daher nicht durch den Einfluß einer Gravitation zu deuten, sondern durch den sporadisch auftretenden Rückstoßeffekt, den der Kometenkern erleidet, wenn er leicht flüssiges Material verliert (Z 17.73.9.14) (Z 61.73.11.321).

Weitere planetare Objekte vermutete man dagegen innerhalb der Merkurbahn. 1966 konnte der Astronom Henry Courten während einer Sonnenfinsternis von Südbrasilien aus gleich 15 derartige sonnennahe Objekte beobachten, von denen jedoch nur acht auf sämtlichen Aufnahmen auftauchten. Eines der lichtstärksten Objekte erwies sich als ein kleiner Himmelskörper von über 40 Kilometer Durchmesser, der eine nahezu kreisförmige Bahn mit etwa 12 Grad Neigung gegen die Erdbahn durchläuft. Die bisherigen Untersuchungen lassen erkennen, daß es sich um keinen Kometen handeln kann. Diese Auffassung vertrat auch der sowjetische Astronom Sawelij Gamburg in einem Vortrag vor der Leningrader Bergbauhochschule (Z 76.71.11. 346) (Z 25.73.13.102).

Auf Überraschungen dieser und ähnlicher Art werden wir beim weiteren Vorstoß in den Kosmos stets gefaßt sein müssen. Früher oder später wird sich vielleicht auch bestätigen, daß wir nicht die einzigen vernunftbegabten Wesen sind, die das Weltall zu erforschen beginnen. Bereits 1961 prophezeite Harold Lasswell auf dem 12. Astronautischen Kongreß in Washington: „Es ist möglich, daß Lebewesen anderer Sterne uns weit überlegen sind. Es kann durchaus sein, daß die ‚Außerirdischen' versuchen werden, uns auf das Niveau kultivierter Lebewesen im Universum zu bringen." (B 95.44)

Abbildung 1 rechts oben, Abbildung 2 rechts unten

Höhlenzeichnungen aus Brasilien

Hernani Ebecken de Araújo, Professor für Chemie und Verfasser des Buches „Fliegende Untertassen und Einsteins Relativitätstheorie", entdeckte im brasilianischen Hinterland mehrere Höhlengemälde. Bild 1 zeigt eine Zeichnung, die auffallende Ähnlichkeit mit den in neuerer Zeit gesichteten untertassenförmigen Flugobjekten aufweist. In Bild 2 erkennt man links unten den aufgehenden sichelförmigen Mond, oben die Sonne mit einem Strahlenkranz und rechts ein längliches Flugobjekt, das an ein zylinderförmiges Raumschiff erinnert.

1

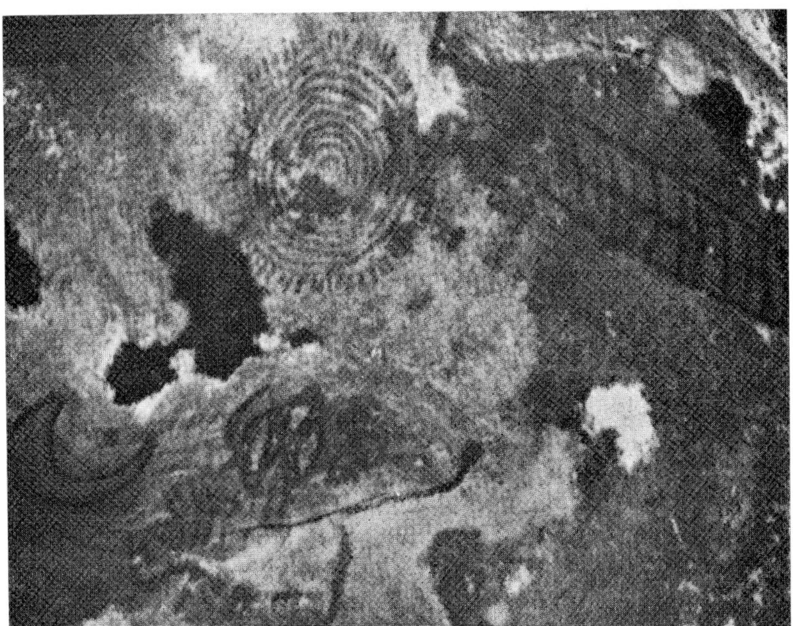
2

3

Der „göttliche“ Ursprung unserer Kultur

„Die Sternenwelt ist mit Wesen übersät, die uns dermaßen überlegen sind, daß wir sie im Hinblick auf die von der Göttlichkeit gehegte Vorstellung als Götter bezeichnen können.“

Voltaire
Philosophisches Tagebuch

Noch vor wenigen Jahrzehnten wurde von einem bewährten Historiker alter Schule der Mythos als ein „Gebilde uralter Volksphantasie, das keinen Gegenstand geschichtlicher Forschung darstellen kann“, abgetan. Man hielt die Mythen ganz einfach für Märchen und verkannte völlig ihren verborgenen Symbolgehalt. In naiver, aufklärerischer Manier versuchten die Gelehrten aller Schattierungen, das Geschichtsbild unserer Vorfahren zu entmythologisieren, vermeintlich Rationales vom vermeintlich Irrationalen scheidend. Die mythischen Sagen und Dichtungen reduzierten sich in eine religiöse Aussage, die in freier, phantasievoller Gestaltung — ähnlich den Träumen —, ungehemmt um ein Wissen um die Grenzen des Möglichen, von einer numinosen Wirklichkeit kündet.

Abbildung 3

Start eines Raumschiffes der „Götter“

nachgezeichnet nach den Angaben einer alten indischen Handschrift und veröffentlicht in „Horizonte der Technik“, Polen, Heft 5, 1958. Der ins Deutsche übersetzte Originaltext lautet: „Mitten im Schiff befindet sich ein schwerer Metallbehälter, der die Kraftquelle darstellt. Von diesem Kasten strömte die Kraft in zwei große bewegliche Zylinder an den entgegengesetzten Enden des Schiffes. Außerdem ging die Kraft in acht Zylinder, die vor und hinter diesen Hauptzylindern angebracht waren. Sie hatten zwei Reihen von Öffnungen, die senkrecht von oben nach unten führten. Zu Beginn der Reise wurden die Klappen der acht Zylinder geöffnet. Sie gaben die nach unten führenden Öffnungen frei, während die nach oben führenden geschlossen blieben. In diesem Augenblick entwich die Kraft, traf auf die Erde und bewirkte den Aufstieg des Schiffes. War die nötige Höhe erreicht, so wurden die unteren Öffnungen zur Hälfte verschlossen, um diese Höhe zu halten. Dann wurde ein großer Teil des Stroms in einen der Hauptzylinder geleitet, und zwar in den, der sich am hinteren Ende befand. Das Schiff wurde von dem Rückstoß vorwärtsbewegt, den die freigesetzte Kraft hervorrief ...“ (Aus dem Artikel „Ankömmlinge aus dem Kosmos“ von Alexander Kasanzew in Heft 1—7/1962 der Zeitschrift „Sowjetunion heute“.)

Einer der ersten mutigen Forscher, die sich nicht durch die wissenschaftliche Lehrmeinung ihrer Zeit beirren ließen, war der Amateur-Archäologe Heinrich Schliemann. In den sechziger Jahren des vorigen Jahrhunderts widmete er sich ganz seinem Lieblingsthema, der Forschung versunkener Städte der griechischen Antike, wie sie in den Sagen Homers beschrieben wurden. „Man muß die alten Schriftsteller lesen, als seien sie Berichterstatter gewesen", erklärte Schliemann einer Gruppe von Archäologiestudenten. „Die Alten hatten keinen Grund, Lügen zu erzählen. Ihre Geschichten sind häufig die reine Wahrheit."

Den überzeugenden Beweis für seine These lieferte dieser außergewöhnliche Mann in den Jahren 1870 bis 1895, in denen er neben dem sagenumwobenen Troja noch zahlreiche andere Städte ausgraben konnte. Seit Schliemanns epochemachenden Entdeckungen beginnen ernsthafte Archäologen die mythischen Texte mehr und mehr als eine Art historische Kurzschrift, als komprimierte Geschichte zu sehen. Nicht von ungefähr sagt daher einer der bedeutendsten Ethnologen unserer Tage: „Für die Rekonstruktion historischer Vorgänge haben wir keine anderen Mittel so direkt zur Verfügung wie die Mythen, einen äußerst wichtigen Typ von Informationen, die ... nicht außer acht gelassen werden dürfen." (B 50.22)

Im Zeitalter der Weltraumfahrt scheint es nun modern zu werden, die oft rätselhaften und kaum verstandenen Mythen der Völker nach kosmologischen Gesichtspunkten zu interpretieren. Nicht umsonst finden die Bücher eines Däniken, Charroux, Pauwels, Bergier, Kolosimo, Khuon, Pahl und Kohlenberg reißenden Absatz. Diese moderne „Entmythologisierung" verweist die Berichte unserer Vorfahren nicht mehr ins Reich der dichterischen Phantasie, sondern betrachtet die Göttersöhne mit ihren himmlischen Wagen, die von „geflügelten Blitzen" getrieben werden, als Sendboten aus dem Kosmos, die den irdischen Eingeborenen entscheidende Impulse zur kulturellen Entwicklung gegeben haben. Gehen diese Spekulationen zu weit?

In Rußland haben diese Ideen jedenfalls ein lebhaftes Echo gefunden und werden von namhaften Forschern untersucht. Exobiologen haben Tausende alter Volkssagen über Himmelsleute gesammelt und die Daten in einen Computer gefüttert. Sie hoffen, in der Unmasse von Sagen und Legenden aus der ganzen Welt einen Fingerzeig, einen Anhaltspunkt oder sogar eine Botschaft zu entdecken (B 61.46). Dr. Wjatscheslaw Zaitsew, Philologe an der Weißrussischen Akademie der Wissenschaften, glaubt nach jahrelangen Forschungen mit Dokumenten belegen zu können, daß vor Zeiten Individuen aus dem Weltraum auf der Erde landeten und die ersten Anfänge der Zivilisation mit sich brachten. Dr. Zaitsew sagte, daß der Mensch, wenn weitere Forschungen diese Theorien beweisen würden, seine Ideen über den Ursprung der Zivilisation und der Religionen ändern müsse ebenso wie unsere Vorstellungen vom messianischen Glauben. „Wenn wir wirklich vor Jahrhunderten besucht wurden, stehen wir vielleicht an der Schwelle einer Wiederkunft intelligenter Wesen aus dem All.“ (Z 38.72.16.5)

Carl Sagan, Professor der Astronomie an der Harvard-Universität und Direktor des Astrophysikalischen Observatoriums von Cambridge, Massachusetts, sieht es als wahrscheinlich an, daß die Erde viele Male Besuche von galaktischen Zivilisationen erhalten hat, und zwar möglicherweise 10 000 mal im Laufe der geologischen Zeitalter (B 66.132).

Einer der ersten Raumfahrtexperten der Neuzeit, die eine vorgeschichtliche Begegnung mit außerirdischen Wesen vermuteten, war Dr. Eugen Sänger, der Erfinder der Photonenrakete. In seinem Buch „Raumfahrt - heute-morgen-übermorgen“ schrieb er: „Es mag gut sein, daß unsere hypothetischen, schon etwas früher raumfahrenden Sternenbrüder die Menschheit in ihrer frühen Jugend schon einmal besuchten und ihr einen hohen Olymp in die Herzen pflanzten sowie den Glauben an die Möglichkeit, selbst dorthin zu gelangen.“

Wie immer eine solche hypothetische Begegnung zwischen vorgeschichtlichen ersten Menschenrassen und zur interstellaren Raumfahrt befähigten Sternenbewohnern auch stattgefunden haben könnte, wäre der Unterschied der Zivilisation wahrscheinlich weitaus größer gewesen als bei der Begegnung der spanischen Konquistadoren mit den Inka. Der Eindruck der Gäste mit ihren außerordentlichen technischen Mitteln auf die wahrscheinlich noch im verzweifelten Kampf mit ihrer Umgebung stehenden frühen Erdenmenschen müßte ungeheuer gewesen sein. So ungeheuer, daß er sich noch heute in der Sagen-, Märchen- und Mythenwelt aller gegenwärtigen Menschenrassen widerspiegelt in Form der vom Himmel niedersteigenden Götter, die in irdische Angelegenheiten eingreifen, in Form der Entführung gefallener Helden nach Walhall, der Götterdämmerung usw. Die Mythologie der primitiven Naturvölker ebenso wie jene der Chinesen, Ägypter, Babylonier, Germanen, Griechen, Römer, Inder, Perser, Japaner, Juden, Isländer, Indianer und Neger ist erfüllt von Gedanken über Raumfahrtvorgänge, über himmlische Wesen mit außerordentlichen Flugfähigkeiten, von feurigen Wagen, die gen Himmel fahren, und diese „mythischen Bilder durchdringen auch weitgehend religiöse Vorstellungen.“ (B 72)

Professor Modest Agrest, Doktor der physikalischen Mathematik, rief geradezu eine Sensation hervor, als er in der einflußreichen Literaturnaja Gazeta (Februar 1966), Moskau, die These vertrat, daß die Erde seit einer Million Jahre, also seit den Anfängen der Menschheit, von Wesen aus dem Weltraum besucht werde (Z 38.72.16.5).

Im übrigen neigt man heute zu der Ansicht, daß der erste Auftritt des „homo sapiens“ viel früher angesetzt werden muß. So wurde 1965 bei Kanopoi am Rudolf-See in Nord-Kenya ein Stück Oberarmknochen von einem Geschöpf entdeckt, das nach Meinung einiger Paläontologen schon zur Spezies Mensch gehört; der Kalium-Argon-Test ergab ein Alter von 2,5 Millionen Jahren (B 50.94). Indessen lassen Ausgrabungen im Tschad (nördliches Zentralafrika) auf eine sechs Millionen Jahre alte Menschheit schließen. Dr. Leakey, der seit über vierzig Jahren in Ostafrika Ausgrabungen macht, meint, daß der 1962 entdeckte Kenyapithecus, der auf etwa fünfzig Millionen Jahre zurückgeht, vermutlich ebenfalls in die Ahnenreihe der Hominiden gehört (B 66.34.36).

Ein Schweizer Wissenschaftler fand in norditalienischen Kohlenlagern die ersten Spuren von Skelettresten dort begrabener menschlicher Wesen, seit Millionen Jahren daselbst eingebettet und konserviert. Er behauptet offen, daß hier Beweise für menschliches Leben aus der Tertiär-Zeit vorlägen, also vor rund 10 Millionen Jahren (B 88.105).

Im Fisher Canyon, Pershon County, Nevada, fand man in einem Kohlenflöz den Abdruck eines Schuhs. Der Abdruck der Sohle ist so deutlich, daß sogar Spuren eines starken Zwirns zu sehen sind. Das Alter dieses Abdrucks wurde auf 15 Millionen Jahre geschätzt. Dr. Tschou Ming Tschen machte 1959 in der Wüste Gobi eine ähnliche Entdeckung. Es handelte sich dabei um einen hervorragenden deutlichen Abdruck einer gerippten Sohle in Sandstein, und sein Alter wurde ebenfalls auf Millionen Jahre geschätzt. Die Expedition konnte keine Erklärung dafür finden (B 88.38).

Funde dieser Art passen nicht in das heutige wissenschaftliche Weltbild, das dem zivilisierten Menschen höchstens ein Alter von 7000 Jahren zubilligt. Wenn daher etwas auftaucht, das dieser

Theorie widerspricht, nennt man es „erratische Artefakte" — nicht erklärbare Gegenstände unbekannter Herkunft (B 61.16).

Ein solcher „Artefakt" scheint auch eine Metallkugel zu sein, die im Urwald-Dschungel im Innern Chiles gefunden wurde. Sie hat einen Durchmesser von etwa einem Meter, wiegt mehr als drei Tonnen und besteht aus einem Metall oder einer Legierung, die niemand kennt. Ihre völlig glatte Oberfläche konnte weder durch Feuer, Säure oder Diamantschneider beschädigt werden. Dr. Ramos Tiertez, Direktor des Chilenischen Nationalinstitutes für wissenschaftliche Forschung, glaubt, daß die Kugel ein Artefakt einer extraterrestrischen Zivilisation ist, die früher einmal — und vielleicht auch jetzt noch — unseren Planeten besuchte (Z 16.70.3.174 f.). Im Tal des Sacramento (Kalifornien) besitzt ein Ingenieur einen seltsamen behauenen Felsen mit eingravierten Zeichen oder Buchstaben. Diesen und auch andere Steine von fast 300 Kilo Gewicht fand man bei Baggerarbeiten in einem benachbarten Bergwerk, und zwar hundert Meter unter der Erdoberfläche am Ufer eines Flußbettes, das man der Voreiszeit zuschreibt (vor mehr als 10 000 Jahren) (B 55.192).

Falls in Zukunft weitere derartige Entdeckungen bekannt werden sollten, muß unsere bisherige Zeitskala über die Entwicklungsgeschichte der Menschheit vielleicht völlig neu geschrieben werden. Vergleichende Untersuchungen der Mythen der Völker lassen schon heute vermuten, daß der Beginn menschlicher Kulturen wesentlich über die Zeit der Sumerer zurückgeht. Die Priester in Babylon und Ägypten glaubten sogar, daß der Mensch bereits vor einer halben Million Jahre zivilisiert gewesen sei.

Chinesische Überlieferungen bezeugen ebenfalls, daß die irdische Kultur mehrere hunderttausend Jahre vor der Jetztzeit ihren Ursprung hat (B 15.23). Prof. Tschi Pen Lao von der Universität Peking bzw. die Agence Chine Nouvelle behaupten, im Hunan-Gebirge sowie auf einer Insel im Tungting-See Flachreliefs gefunden zu haben, die nichtmenschliche Wesen oder vielmehr Menschen in Taucher- oder Raumfahrtanzügen mit Elefantenrüsseln darstellen. Diese Wesen sind entweder auf der Erde stehend oder auf der Oberfläche von zylindrischen Objekten, die ebenfalls am Himmel schweben, dargestellt. Die Flachreliefs sollen — nach diesen Quellen — 45 000 Jahre alt sein (B 120.115).

Eine andere aus Japan stammende Information wurde von der deutschen Zeitschrift „Das vegetarische Universum" und der belgischen Zeitschrift Bufoi wiedergegeben: Im Jahre 1965 hat ein chinesischer Archäologe, Prof. Tsum-Um-Nui, in Peking einen Artikel mit dem Titel „Raumschiffe vor 12 000 Jahren" veröffentlicht. Danach haben Archäologen in den Höhlen von Bajan-Kara-Ula (zwischen Tibet und China) vor 25 Jahren 716 Schrifttafeln gefunden, flache runde Scheiben, die nach einem unbekannten Verfahren aus dem Granitfelsen geschnitten waren. Diese Teller weisen wie unsere Schallplatten ein Loch in der Mitte auf, von wo eine doppelte Rille spiralförmig zum Rand führt. Die prähistorische Akademie von Peking hat nach langwierigen Forschungsarbeiten das Geheimnis der Teller erhellen können, aber die Ergebnisse waren so bedeutend, daß Prof. Tsum-Um-Nui erst vor kurzem die Erlaubnis erhielt, einen summarischen Bericht zu veröffentlichen.

Es war eine geritzte Schrift, die das Abenteuer von Raumfahrern erzählte, das zu einer Zeit stattgefunden hat, in der es nach Meinung der klassischen Geschichtslehre unmöglich Raketen gegeben haben konnte. Hier die von Prof. Tsum-Um-Nui veröffentlichte Übersetzung:

„Die Dropas stiegen auf ihren Luftgleitern vom Himmel herab. Zehnmal bis zum Sonnenaufgang flüchteten Männer, Frauen und Kinder in die Höhlen. Endlich begriffen sie durch Zeichen, daß die Besucher vom Himmel friedliche Absichten hatten, und die Dropas konnten sich ihnen nähern ..." Andere Texte, die den Khams zugeschrieben werden, geben eine Art Klage wieder, in der von „Luftschiffen, die im Verlauf einer Landung in feindlichen Gebirgen" zerstört wurden, die Rede war. Weiter, daß die Astronauten nicht in der Lage waren, neue zu bauen, da weder das notwendige Material noch die erforderlichen Straßen vorhanden waren.

Doch die Botschaft der steinernen Teller beschränkt sich nicht auf diese Aussagen. Um die Scheiben gründlicher zu erforschen, übersandte man einige davon zur Analyse nach Moskau. Hier wurde eine erstaunliche Entdeckung gemacht. Die Scheiben enthielten viel Kobalt und ein anderes Metall. Weitere Untersuchungen ergaben einen ungewöhnlichen Vibrationsrhythmus, als seien die Scheiben elektrisch geladen oder an eine elektrische Leitung angeschlossen worden. Eine andere Entdeckung stützt die These einer Interplanetarreise: An den Wänden der Höhlen von Bajan-Kara-Ula hat man gravierte Zeichnungen gefunden, auf denen die aufgehende Sonne, der Mond und die Sterne mit einer Darstellung der Erde durch kleine Pünktchen verbunden sind und so den Weg zeigen, den die Astronauten vor 12 000 Jahren benützten (B 12.215.217).

Neben den Höhlen fand man exakt ausgerichtete Gräber. Die Prähistoriker identifizierten die Skelette als zur Rasse der Dropas und der Khams gehörig, deren Vertreter ungefähr 1,30 groß waren und mit keiner existierenden Menschengruppe verglichen werden können. Diese Rasse ist auch grundlegend von jener der Chinesen, Mongolen und Tibeter verschieden.

Alte chinesische Legenden sprechen von kleinen gelben, mageren Menschen, „die von den Wolken kamen" und auf Grund ihrer außergewöhnlichen Häßlichkeit — sie hatten auffallend große Köpfe auf spindeldürren Leibern — zunächst ausgestoßen und später von „Männern auf schnellen Pferden" (wahrscheinlich Mongolen) umgebracht wurden. Die Analyse der Skelette von Bajan-Kara-Ula ergab ein Alter von 12 000 Jahren. Die ersten archäologischen Berichte sprechen von einer „ausgestorbenen Affenart". Diese Behauptung erschien angesichts der Tatsache, daß die rätselhaften Wesen ihre Gräber gegraben und zahlreiche Gegenstände aus Stein hinterlassen hatten, so unwahrscheinlich, daß einer der Autoren des Berichts, der Archäologe Tschi-Pou-Tei, von der Presse heftig angegriffen wurde.

Eine weitere Bestätigung für die außerirdische Hypothese scheinen die bizarren japanischen Dogu-Statuetten zu liefern. Ursprünglich hatten die erstaunten Fachgelehrten den ganzen Fragenkomplex mit der Erklärung abgetan, die Statuetten stellten alte Rüstungen dar. Doch die Forscher Matsumura und Zeissig waren überzeugt, daß der „Jomon-Anzug" (aus der Jomon-Zeit) die getreue Nachbildung einer bestimmten Sorte von Raumanzügen sei, den von anderen Planeten kommende Besucher getragen haben. Um ihre These zu stützen, erinnern die beiden Gelehrten an eine Abbildung des Weisheitsgottes Hitikotonusi, der, wie eine alte japanische Sage erzählt, auf die Erde herabgekommen sei, um den Menschen die Weisheit zu lehren und sich von ihnen alle Waffen, die sie besaßen, aushändigen zu lassen. Bemerkenswerterweise trägt diese anthropomorphe Gestalt mit europäischen Gesichtszügen einen „Jomon-Anzug", bei dem nur der Helm fehlt.

Die Kontakte der Dogu-Künstler mit den Geschöpfen aus dem Weltraum dürften weder sporadisch noch kurzfristig gewesen sein; denn die Statuetten befinden sich in beträchtlicher Anzahl in den Bezirken von Kamegaoka, Aomori und Miyagi, bei den Ruinen im Gebiet von Tohoku und Kanto und an wer weiß wie vielen anderen

Orten. Der japanische Experte Isao Washio hat sich über diese Raumanzüge folgendermaßen geäußert: „Die Handschuhe sind mit einem kugelförmig gerundeten Verschluß am Unterarm befestigt; die Augenovale können entweder geöffnet oder bis auf einen Schlitz geschlossen werden; zu beiden Seiten sind kleine Hebel sichtbar, mit denen man wahrscheinlich die Öffnungsweite einstellen konnte; die „Krone" auf dem Helm ist wahrscheinlich eine Antenne . . . die Zeichnungen auf den Anzügen sind keine Ornamente, sondern Vorrichtungen zur automatischen Druckregulierung."

Der Wissenschaftler Zeissig sandte ausführliche Dokumente der Dogus an die amerikanische Weltraumbehörde. In einer Mitteilung der NASA heißt es: „Unsere Beobachter sind der Ansicht, daß die Hypothese über den Anzug, der auf den von Ihnen übersandten Dokumenten abgebildet ist, großes Interesse verdient. Derselbe Anzug wurde nun angefertigt (von der „Litten Industry" in Los Angeles) und an die NASA-Generaldirektion für astronautische Ausrüstung geschickt; er soll jetzt weiter perfektioniert werden. Wir teilen Ihnen ferner mit, daß die Verbindungsvorrichtungen, die Spezialfassungen der Augenlöcher, die beweglichen Gelenke, die Kugelverschlüsse sowie die Kunstgriffe für die Aufrechterhaltung des Drucks, also alles, was Sie uns aufgezählt haben und was auf den Fotografien angegeben ist, auf Anregung der oben erwähnten Direktion bei der steifen Ausführung des Astronautenanzugs berücksichtigt wurde." Nachdem also sogar die NASA von derartigen archäologischen Funden, die man im „technischen Sinn" zu deuten beginnt, wertvolle Anregungen gewinnt, dürfte es sich hier kaum um Science Fiction handeln (B 52.56,57).

Nach Meinung der russischen Forscher Kasanow, Tschirow und anderer sollen auch die Zeichnungen auf dem „Sonnentor" in Tiahuanaco Roboter in Raumanzügen und Raketenmotoren mit Sonnenionenantrieb darstellen. Die genaueste und verblüffendste Abbildung befindet sich jedoch in der Pyramide von Palenque aus der Mayazeit: wir stehen vor einem Bild, das sich allen Interpretationen außer der kosmischen entzieht. Die Turiner Zeitschrift Clypeus, die von einer Gruppe ernsthaft an Ektobiologie und Weltraumerscheinungen interessierter Leute herausgegeben wird, brachte im Oktober 1966 auf ihrem Titelblatt ein Foto des berühmten Sargdeckels von Palenque.

„Wenn ein Volk eine unzerstörbare Botschaft hinterlassen will, die der Zeit standzuhalten vermag, dann vertraut es diese dem Stein an, dem einzigen Material, das es mit der Ewigkeit aufnehmen kann", so lautet der Kommentar von G. Tarade und A. Millou, der französischen Mitarbeiter von Clypeus. „Genau das haben in unserem Fall die Wissenschaftler der Mayas getan. Die dargestellte Person trägt einen Helm und schaut in Richtung des Schiffsbugs; ihre Hände scheinen Hebel zu betätigen; der Kopf liegt auf einer Stütze. Der Vogel auf dem Bug ist ein Papagei; das Sonnensymbol der Mayas! Ebenfalls dort befinden sich drei Energiespeicher; andere sieht man in Dreiergruppen rund um das Fahrzeug angeordnet. Der Motor besteht aus vier Teilen; der Antrieb liegt hinter dem Piloten ... im rückwärtigen Teil ist ganz deutlich der Feuerstrahl zu erkennen." (B 52.54.55) Nach Meinung von Prof. A. Kasanzew, UdSSR, gleicht die dargestellte Person, deren Nasenwurzel über den Augenbrauen beginnt, keiner bekannten menschlichen Rasse (Z 16.73.8.731).

Genauso berühmt wie der Sargdeckel von Palenque wurden die Felsbilder in der schweigenden Öde des Tassili-Aijer, eines Hochlandes zwischen dem südalgerischen Ahaggar- und dem libyschen Fessan-Plateau. Im Jahre 1965 untersuchte eine russische Expedition unter der Leitung des sowjetischen Physikers Kasanzew eingehend die geheimnisvollen Felszeichnungen. Neben Tierbildern und Jagdszenen fanden sich da seltsame Figuren mit skaphanderartigen Anzügen und runden Helmen. Unter den Tausenden unheimlicher Menschen- und Tierdarstellungen in riesiger Größe ragt eine Gestalt ganz besonders hervor. Fast sechs Meter hoch zeigt dieses Bild ein Wesen mit einem schildkrötenähnlichen Kopf. Auf seinen plumpen Schultern ruht ein Helm, der durch ein Gelenk mit dem Rumpf verbunden ist; wo Nase und Augen hingehören, sind Schlitze im Helm angebracht. Betrachtet man heute die in Zeitschriften veröffentlichten Abbildungen moderner Raumfahrer, so staunt man über die unglaubliche Ähnlichkeit. Schätzungsweise haben diese Felszeichnungen ein Alter von mehr als 10 000 Jahren (B 97.406).

Auch auf den prähistorischen Zeichnungen in den Steinzeithöhlen Frankreichs und Spaniens finden sich merkwürdige Symbole, deren Formen in frappanter Weise jenen Erscheinungen an unserem Himmel ähneln, die in den letzten zwanzig Jahren als UFOs (Unidentifizierte Flugobjekte) deklariert worden sind. Die Fachwelt kennt die Namen Lascaux, Altamira, Les Eyzies und viele andere, wo über 2 000 Meisterwerke der Malerei und Skulptur aus der älteren Steinzeit (30 000 bis 10 000 v. Chr.) entdeckt wurden. Eine der berühmtesten der französisch-spanischen Höhlen ist Altamira, S-förmig und über 200 Meter lang. Hier findet man die drei Typen F 6, G 6, P 6, die beiden letzteren vorzugsweise an den Decken. Die Figuren erscheinen in jeder denkbaren Position und an mehreren Stellen in Gruppen zu zweien, dreien oder mehreren. Ebenso berühmt ist die Höhle Les Trois Frères wegen ihres bekannten Zauberers oder tanzenden Gottes, der lange Zeit als die einzige menschliche Darstellung aus jener Epoche galt. In ihr entdeckte man die Symbole F-10, G-10 und L-10. Von F-10 gibt es mehrere in der „Galerie Hemione"; mit der dazu gehörigen Leiter stellt es eines der bemerkenswertesten Symbole jener Zeit dar. Ebenso seltsam erscheint der Typ L-10. Sollte der Maler von damals eine umgekehrte Rasierschale gemalt haben oder den flachen Helm eines britischen Soldaten? (Z 18.69.11/12.3-11) (Z 16.70.9.785) Zweifellos öffnet sich hier ein weites Feld für gewagte Spekulationen. Üblicherweise werden diese Figuren als magische Kult- oder Sexualsymbole des Cro-Magnon-Menschen oder gar als Schriftzeichen interpretiert. Merkwürdig erscheint allerdings, daß man sowohl auf der Mondinsel des Titicacasees als auch in der sagenhaften Stadt Manoa ganz ähnliche Symbole vorfindet. Könnte es sich nicht doch um das Ideogramm der Fahrzeuge der Himmelsgötter handeln, die unserer Vorstellung von „Fliegenden Untertassen" recht nahe kommen? Die alten Römer betrachteten die „Ancilla", die heiligen Schilde, als das Symbol gesichteter Himmelsfahrzeuge, und beim Tempelorden, der das ganze Mittelalter hindurch als Hort uralten Wissens galt, wurde die „Ancilla" als gleichbedeutend mit der „Argha", der „Arche" oder dem „Mystischen Boot" der Hindu betrachtet. Es gab verschiedene Formen, die mystische Boote oder Archen darstellen: das Tamburin, der Teller, der Halbmond, der Granatapfel usw. (Z 12.62.3.153) (B 41.46.50).

Im Juli 1961 stieß der Archäologe Tschi Pen-Lao, Professor für Altertumsforschung an der Universität Peking, im „Tal der Steine" bei Ausgrabungen auf Teile eines unterirdischen Höhlensystems. Die Wände einer Halle, Kreuzungspunkt mehrerer Gänge, sind von Zeichnungen übersät. Sie stellen Tiere dar, die alle in eine Richtung fliehen, von Menschen getrieben, die „Blasrohre" an den Lippen haben. Über den fliehenden Tieren — und das ist der sensationelle Kern des Berichts — fliegt ein Schild, auf dem Menschen stehen, die gewehrähnliche Geräte in den Händen halten, mit denen sie auf die Tiere zielen. Die Menschen auf dem „fliegenden Schild", berichtet Prof. Tschi Pen-Lao, tragen moderne Jacken und lange Hosen. Bekanntlich ist im Museum für Paläontologie in Moskau das Skelett eines urzeitlichen Bisons ausgestellt, dessen Stirnplatte von einem glatten Durchschuß getroffen wurde. Das Alter des Bisons wird in die Jungsteinzeit datiert (8 000 bis 2 700 v. d. Z.). Ein Schlag mit dem damals gebräuchlichen Steinbeil

„UFOs" in Felsmalereien

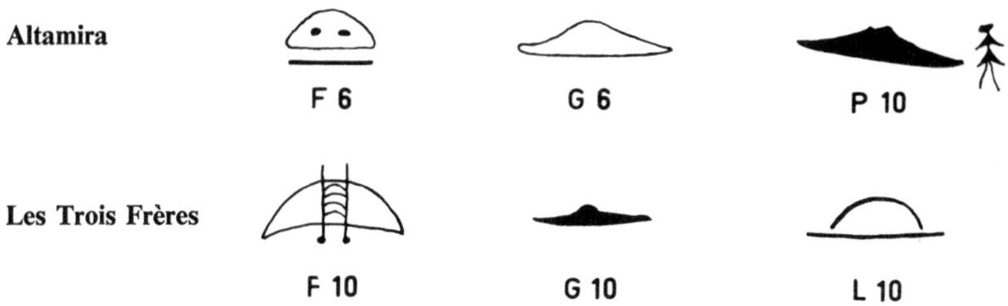

Prähistorisches Symbol vom Titicaca-See und von Manoa.

Zum Vergleich: Oben das sogenannte „Hindu-ARGHA" oder „Mystische Boot", links ein altrömisches „Ancilla" oder „Heiliges Schild".

hätte allenfalls die Stirnplatte zertrümmert, in keinem Fall ein Durchschußloch hervorgebracht (B 20.124,125). In dem 40 000 Jahre alten Schädel eines in Broken Hill, Rhodesien, aufgefundenen Urmenschen sieht man ebenfalls eine typische Einschußöffnung, wie sie nur von einer Gewehrkugel herrühren kann. Heute befindet sich dieser Schädel im Naturhistorischen Museum von London. Wer hat damals wohl mit dieser Feuerwaffe geschossen, wenn doch der Mensch sich zu jener Zeit noch nicht vom Affen unterschied? (B 87.69)

Sehr nachdenklich muß es uns auch stimmen, daß man in alten Zeiten sogar das Phänomen der Zeitdilation kannte, wie es nach der Einsteinschen Relativitätstheorie in der Nähe der Lichtgeschwindigkeit auftritt. Im Nihongi, einer der ältesten japanischen Chroniken, heißt es, daß Kaiser Kami Yamato Iharo Biko 667 v. Chr. mit seinen himmlischen Vorfahren gesprochen habe, die an Bord eines „funkelnden Himmelsschiffes" wieder zu ihren Wohnstätten zurückgekehrt seien, wobei sie 1 792 470 Jahre in der Zeit zurückschritten (d. h. wohl, sie selbst haben diese Zahl von irdischen Jahren übersprungen). Eine andere japanische Sage erzählt, daß ein Mann noch jung von einer Reise in den Himmel zurückkam und keinen Sproß seiner Familie mehr vorfand (B 52.235).

Auf ähnliche Begebenheiten stoßen wir in einem russischen Märchen aus der Sammlung von A. N. Afansiew und in einem ukrainischen Märchen aus der Anthologie von Lewtschenko, in dem es heißt, was für uns drei Jahre sind, seien für Gott dreißig Jahre. Russische Wissenschaftler haben auch darauf hingewiesen, daß das aprokryphische Buch der Geheimnisse des Henoch durchaus als der Bericht einer früheren Kontaktperson, die mit einem unbekannten fliegenden Objekt zusammentraf, deuten ließe. Henoch behauptet darin, zu einem „Rundflug" zu den 6 Himmeln (Planeten?) mitgenommen worden zu sein. Seine Beschreibungen dieser Welten gingen bis in die Details. In den 366 Kapiteln seines Buches erzählt er sogar, wie ihm schließlich auch der siebte Himmel gezeigt und alle Geheimnisse des Universums und der Natur erklärt worden seien. Als er sich über die kurze Dauer seines Ausflugs beklagte, entgegnete ihm einer der Engelsbotschafter: „Unsere Zeit ist nicht wie die, die du kennst. Seit du die Erde verlassen hast, ist dort eine ganz andere Generation geboren worden." Henoch verstand diese Worte erst, als er zur Erde zurückkam. Auf seiner Reise war er nicht mehr als eine Woche gealtert; seine Freunde und Gefährten auf der Erde aber waren inzwischen zu Greisen geworden, und sie sprachen von vierzig Jahren, die seit dem Verschwinden Henochs vergangen waren (B 61.53,54).

Das gleiche Thema ist in der apokryphen Geschichte der sogenannten „Vision des Jesajas" aufgenommen. Der Prophet Jesajas, so heißt es dort, fing an, an seinem Glauben und an der Größe des Allmächtigen zu zweifeln und wurde von Gott in den Himmel entführt, wo er wieder gläubig wurde. Als Jesajas schließlich erfuhr, er würde wieder zur Erde zurückgebracht, äußerte er seine Überraschung mit folgendem Ausruf: „Aber warum so bald schon? Ich bin doch erst zwei Stunden hier." „Nicht zwei Stunden, sondern zweiunddreißig Jahre", klärte ihn der Himmelsbote auf. Diese Worte klangen dem Propheten nicht gerade erfreulich, denn er war überzeugt, daß er bei seiner Rückkehr sofort den Tod finden oder zumindest sehr alt sein würde. „Warum muß ich zu meinem alten Fleisch und zu meinen alten Knochen zurückkehren?" Der Engel ermutigte ihn mit folgenden Worten: „Sei nicht traurig, du wirst nicht als alter Mann auf die Erde zurückkommen." (B 52.207). Henochs und Jesajas' Erfahrungen decken sich erstaunlicherweise genau mit den Voraussagen Albert Einsteins über die relativistische Zeitverkürzung, die bei Bewegungsvorgängen in der Nähe der Lichtgeschwindigkeit auftritt. Dies legt den Schluß nahe, daß die beiden Propheten mit Raumfahrzeugen entführt wurden, die nahezu mit Lichtgeschwindigkeit reisten.

Bis vor wenigen Jahren konnte man noch glauben, daß die Geschichte des Menschen relativ glatt und folgerichtig verlaufen ist, wie es dem evolutionären Weltbild entspricht. So scheinen sich die meisten Anthropologen heute noch darüber einig zu sein, daß unsere Ahnen, mit Blättern und Fellen bekleidet, jahrtausendelang Steine aneinandergerieben und darauf gewartet haben, daß Funken sprühten. In diesen ersten 500 000 Jahren sei den Menschen nichts wesentlich Neues eingefallen. Erst im letzten Jahrtausend habe eine plötzliche Erleuchtung den homo sapiens auf die Höhe heutiger Zivilisation emporgeschleudert. Es drängt sich jedoch mehr und mehr die Vermutung auf, daß die menschliche Intelligenz und Geschicklichkeit zeitweise von außerirdischen „Göttern“ inspiriert wurde und mehrmals Gipfel und Talsohlen erreicht hatte. „Möglicherweise sind wir das Eigentum einer kosmischen Superzivilisation, die Götter aus Affen züchtet“, grübelte Charles Fort (B 88.100).

Einer der ersten Geschichtsschreiber, die von alten Hochkulturen vor der Steinzeit erzählten, war der griechische Philosoph Plato. In seinem sagenhaften Bericht über das versunkene Atlantis im „Timaios“ (387 v. Chr. erschienen) erzählt er von einem Kontinent im Atlantik, größer als (Klein)-Asien und Libyen zusammen. Diese Insel soll sich in der Form eines langgestreckten S — im Norden ungefähr auf der geographischen Breite von Lissabon — bis etwa auf die geographische Breite von Bahia Blanca (Argentinien) im Süden erstreckt haben. Eine bewundernswerte Königsgewalt herrschte über Atlantis, wie auch auf vielen anderen Inseln und Teilen des Festlandes. Ihre Macht reichte zeitweise über Libyen und in Europa bis nach Tyrrhenien hinaus (B 97.122). Plato bezeichnete seinen Bericht ausdrücklich als wahr, da er ihn von seinem Vater Kritias erfahren habe. Der Großvater des Kritias soll ihn wiederum über seinen Vater Dropides von dem berühmten Philosophen und Gesetzgeber Solon (640—559 v. Chr.) übernommen haben, der ihn seinerseits von einem ägyptischen Priester in Sais erfahren haben will (B 74.397).

Offensichtlich konnten die Atlanter sowohl nach Amerika als auch nach Europa und Afrika fahren und dort Kolonien gründen. Dies würde auch die zahlreichen altamerikanisch-ägyptischen Übereinstimmungen bei archäologischen Funden erklären. Vor allem fällt auf, daß die präinkaischen Peruaner in Mittelamerika ihre Toten genauso mumifizierten wie die alten Ägypter. Südamerikanische Goldplastiken, wie sie von Däniken in seinem Buch „Aussaat und Kosmos" beschreibt und in Farbfotos wiedergibt, zeigen dieselben Pyramidenformen wie in Ägypten. Bisher behaupten die Archäologen, die Pyramiden in Südamerika seien wie die zentralamerikanischen Pyramiden der Maya ohne jeden Konnex zu den ägyptischen Pyramiden entstanden (B 20. 41). Dagegen ist auch der spanische Biologe Garcia Beltran davon überzeugt, daß die ägyptischen Pyramiden denen in den Anden genau entsprechen. Beispielsweise hat die älteste ägyptische Pyramide des Königs Djoser sechs Stufen – genau wie die im Lande der Vorfahren der Inka gebauten. Sie liegt bei Sakkara, 30 km von Kairo entfernt. Der ursprüngliche Name der Andenkultur Tiahuanaco lautet phonetisch ganz ähnlich — Chucara (B 13.64).

Derartig verblüffende Übereinstimmungen von Ortsnamen fand man auch bei anderen Städten. So hießen beispielsweise zur Zeit Christi fünf Städte in Kleinasien: Chol, Colua, Zuivana, Cholima, Zalissa. Als in Mittelamerika die ersten Forscher dort landeten, fanden sie Städte mit den Namen: Chol-ula, Colua-can, Zuivan, Colima und Xalisco (B 82.246.247).

Der brasilianische Inka-Sprachforscher Lubomir Zaphyroff hat festgestellt, daß noch heute von den Tschuwaschen — ein tatarisch-finnisches Volk in Rußland, das rechts und links der Wolga lebt — rund 120 zusammengesetzte inkaische Wörter gesprochen werden! Sie finden ihre präzise Erklärung durch etwa 170 einfache tschuwaschische Wörter. Vor allem, sagt Zaphyroff, sind Wörter der inkaischen Mythologie erhalten geblieben (B 20.234). Le Plongeon konnte sogar nachweisen, daß ein Drittel aller Maya-Worte den synonymen altgriechischen Worten entsprechen, und die Chiapaneken in Yukatan gebrauchten viele dem Hebräischen ähnliche Wörter (B 7.17). Das griechische Alphabet selbst geht auf einen alten Maya-Text zurück (Z 12.61.11.643).

Diese bemerkenswerten Sprachverwandtschaften weisen eindeutig daraufhin, daß frühere Hochkulturen bereits Schiffe besessen haben, die die Ozeane zu überqueren vermochten. Plato betont im „Kritias" sogar ausdrücklich, daß Atlantis Handelsbeziehungen mit anderen Ländern der Welt unterhielt und stolz auf seine zahlreichen Häfen, Kanäle und Waffen war. Im Heer und in der Flotte sollen 1 210 000 Männer gedient haben, was auf eine Millionen-Bevölkerung schließen läßt. Die Insel, auf der damals Industrie, Gewerbe und Wissenschaft eine Blütezeit erlebten, war reich an landwirtschaftlichen Produkten wie auch an Erzen und Metallen. Besonders das Oreichalkos, das man an vielen Stellen der Insel förderte, schätzten die damaligen Menschen nebst dem Golde am meisten (B 87.18). Wahrscheinlich handelte es sich hier um Kupferkies ($CuFeS_2$). Bemerkenswert ist, daß die reichhaltigsten Kupferkieslager der Erde sich ausgerechnet bei der spanischen Stadt Huelva am Golf von Cádiz befinden (B 74.398).

Bis heute sind rund 40 000 Sachbücher und Romane über das Atlantis-Problem geschrieben worden, seit Plato jenen sagenhaften Inselkontinent in seinen Dialogen erwähnte (B 50.93). Viele Wissenschaftler lehnen diese Art von Literatur mit überlegenem Lächeln als „Phantasterei" ab, weil „sich stichhaltige Beweise für die Existenz eines solchen Erdteiles nicht erbringen lassen". Nun wurde aber durch Echo-Lotungen ein riesiges Landmassiv im Azorenraum entdeckt, das etwa 400 000 Quadratkilometer umfaßt. Dieser „Atlantische Rücken" überragt den Tiefseeboden um durchschnittlich 2 750 Meter. Er verbreitert sich bei 40° nördlicher Breite und 30° westlicher Länge zu einer merkwürdigen Gebirgsbildung, die wie ein ungeheures unterseeisches Hochland anmutet. Nach Platos Angaben soll im Süden der Insel eine große Ebene gelegen haben, welche 3 000 x 2 000 Stadien umfaßte, also 6 000 000 Quadratstadien, das sind 200 000 Quadratkilometer. Nimmt man an, daß die Ebene nicht mehr als die Hälfte der Insel ausmachte, kommt man auf die oben gefundene Fläche von 400 000 Quadratkilometer.

Ein weiteres Indiz dafür, daß der „Atlantische Rücken" einst über dem Meeresspiegel lag, ist der Fund eines französischen Kabelschiffes im Jahre 1898. Aus einer Tiefe von 3 160 Meter, 900 Kilometer nördlich der Azoren, brachte es ein vulkanisches Felsstück empor, das von den französischen Geologen als Tachylit erkannt wurde, als eine glasartige Lava, die immer dann eine kolloidale, also nicht-kristalline Struktur aufweist, wenn sie in der Atmosphäre ausgeworfen wird, hingegen eine verworfene kristalline Form, wenn sie unter hohem Druck steht. Das aufgefundene Lavastück war von erster Art und erwies damit, daß es einstens ausgeworfen wurde, als das Land noch hoch über der See lag. Aus der Art der Zersetzung schätzten die Geologen das Alter des Stückes auf ungefähr 15 000 Jahre. Dieses Lavastück vom Grunde des Atlantischen Ozeans wird im „Musée de l'Ecole des Mines" zu Paris aufbewahrt (B 7.62). 1949 begann Prof. M. Ewing von der Columbia-Universität, die mitten im Atlantik gelegenen unterirdischen Gebirgsketten näher zu erforschen. In einer Tiefe von

3 000 bis 5 500 Meter stieß er auf prähistorischen Küstensand. Auch diese Feststellung bestätigt von neuem: an dieser Stelle muß Land im Ozean versunken sein (B 87.16). 1963 berichtete eine führende russische Geologin, Dr. Maria Klionova, von der sowjetischen Akademie der Wissenschaften, daß knapp hundert Kilometer nördlich der Azoren Gestein aus einer Tiefe von zweitausend Metern emporgehoben worden sei, das ungefähr 15 000 v. Chr. der Atmosphäre ausgesetzt war (B 82.241).

So verdichtet sich mehr und mehr die Vermutung, daß Atlantis nicht mehr einfach als Mythos betrachtet werden kann. Zu dieser Auffassung ist jedenfalls der Moskauer Physiker und Mathematiker Prof. N. Lednew nach zwanzigjähriger Forschungsarbeit gekommen (B 88.19). Ein Mitglied der Sowjetrussischen Akademie der Wissenschaften, W. A. Obrutschew, vertritt sogar die Meinung, daß die Überlebenden von Atlantis sämtlichen Kontinenten das Licht ihrer Weisheit brachten (B 88.60). Dionysos, ein Nachkomme von Poseidon, dem König von Atlantis, durchzog die ganze Welt, um den barbarischen Völkern die Grundlagen der Landwirtschaft und der Moral beizubringen. Im Jahr 9850 v. Chr. soll in Ägypten eine Dynastie von Halbgöttern den Thron bestiegen haben, wie es im Turiner Papyrus heißt (B 88.61).

In seinem Buch „Un roman de Tanger — la guerre nouvelle“ liefert der Archäologe und Schriftsteller René Gau einen weiteren Beitrag zur Theorie von Atlantis und zum außerplanetarischen Ursprung der Atlantiden. Er begründet ihn mit dem in Ur gemachten Fund von gravierten Plaketten, die heute im Besitz amerikanischer Geheimdienste sein sollen. Er schreibt in bezug auf die in die Goldplaketten eingravierten kryptographischen Zeichen: „Die Erzählung berichtet von einem Kästchen, in dem sich zwei Pläne befunden haben sollen. Der eine davon gab an, wie man von Oberägypten zur Totengruft

---

Abbildung 4 rechts unten

Japanische Dogu-Statuette von Tokomai

Nach Auffassung verschiedener Wissenschaftler könnte es sich um die Darstellung von Lebewesen in Raumanzügen handeln, die in uralten Zeiten auf die Erde kamen.

Abbildung 5 rechts oben

„Astronaut vom Valle del Cauca“, West-Kolumbien

Der merkwürdige platte Kopf scheint von einem durchsichtigen Helm umschlossen zu sein. Auffallend sind die Spiralzepter, die auch andere Völker kannten.

4

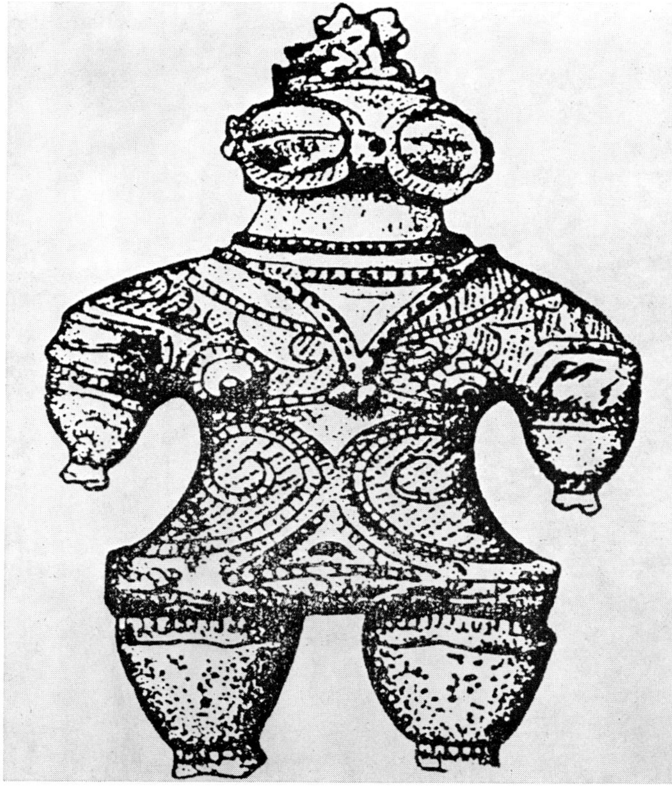

5

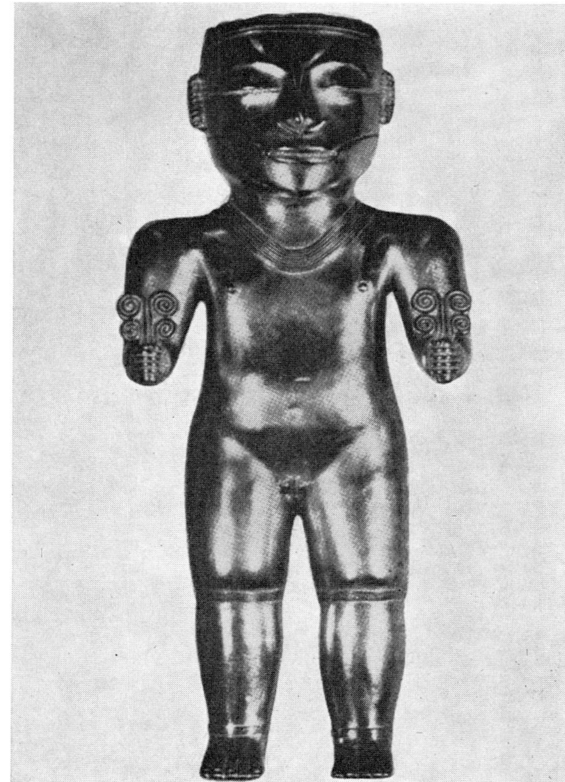

6

7

der atlantischen Könige gelangen könnte. Der andere bezeichnete die Lage der in Sternform gruppierten Gräber der letzten 30 atlantischen Könige, von denen die Gräber des ersten und des letzten sehr deutlich in der Mitte des Sterns eingezeichnet waren. Der Begräbnisplatz selbst scheint nur ungefähr festgelegt zu sein. Die Anweisungen gingen nur dahin, daß er zwanzig bis dreißig Tagereisen vom Nil entfernt lag. Es wird indessen genauer erwähnt, daß sich die Gräber auf halbem Weg zwischen Assuan und der Wüstenoase im Westen befänden. Die Goldplaketten bestätigen überdies, daß vor ungefähr 15 000 Jahren aus dem Weltraum kommende, sehr weit fortgeschrittene menschliche Wesen mit einem fliegenden Schiff in Atlantis gelandet waren (B 13.41,42).

Der UNESCO-Kurier berichtete 1972 über sensationelle Entdekkungen, die der amerikanische Archäologe Manson Valentine und der Unterwasserforscher Dimitri Rebikoff machten. Sie kamen 1969 vor der Küste der Bahama-Inseln Bimini und Andros versunkenen Unter-

---

Abbildung 7 links oben

Felsmalerei aus Neuseeland

Wurde die Erde von geheimnisvollen Raummenschen besucht? Bemerkenswert erscheinen die strahlenförmigen Stäbe an den Kopfbedeckungen der „Astronauten".

Abbildung 6 links unten

Darstellung des geheimnisvollen „Kappa"

Dieses vor 1200 Jahren in Japan entstandene Bild zeigt ein Wesen, das dort etwa zwischen 700 und 850 n. Chr. vielfach gesehen wurde. Nach in ganz Japan bekannten Überlieferungen handelt es sich um einen Menschen, der im Fluß oder Sumpf hauste, aufrecht ging, aber an den Extremitäten flossenartige Schwimmhäute trug, aus denen lange, hakenähnliche Krallen herausragten. An dem kleinen Kopf fiel vor allem eine schnabel- oder rüsselförmige Nase auf. Die großen Ohren waren beweglich. Die Augen sahen aus wie Dreiecke und waren langgezogen. Auf dem Kopf trug der „Kappa" eine runde Scheibe, aus der vier Nadeln herausragten. In einem seiner Ohren war eine Muschel oder Kapsel befestigt, und auf dem Rücken trug er ein „muschelartiges" Ding mit sich herum, von dem ein „gedrehter Strick" zum Munde führte. Der japanische Gelehrte Prof. Komatsu Kitamura vertrat in Radiointerviews und in einem Artikel der Illustrierten „Mainichi Graphic" die Auffassung, daß die bekannten Schilfmenschen Besucher von einem anderen Stern gewesen seien. Er weist auf die Ähnlichkeit mit unseren Froschmännern hin und ganz besonders auf die klar abgebildete Atemmaske mit dem Verbindungsschlauch zum Lufttank auf dem Rücken. Die tellerförmige Kopfbedeckung scheint nichts anderes als vier Antennen zu tragen. Nach alten japanischen Erzählungen sollen die „Kappas" in großen „Muscheln" gewohnt haben, die auf dem Wasser schwimmen konnten, aber auch aufstiegen und mit bedeutender Geschwindigkeit durch die Luft flogen.

wassersiedlungen auf die Spur. Riesige, behauene Steinblöcke — der größte ist 5 Meter lang und muß nach Berechnungen etwa 25 Tonnen wiegen — bilden gigantische Mauerreste zwischen 70 und 250 Metern Länge. Sie ziehen sich über ein Gebiet von über 100 Quadratkilometer hin! Die höchste Stelle ragt bis zu 6 Meter unter der Wasseroberfläche auf. Wissenschaftler der Universität Miami geben den Anlagen ein Alter von 7 000 bis 10 000 Jahren v. d. Z. — allerdings nach der Methode C 14 gemessen. Diese Methode gibt bekanntlich zu früheren Zeiten als 1 000 Jahren v. d. Z. ein zu junges Alter an, weil sie auf der Annahme basiert, daß der C-14-Anteil im Kohlenstoff zu allen Zeiten konstant war — was sich als falsch erwiesen hatte. Aufnahmen der Bahamafunde wurden in Europa erstmalig im „Musée de l'Homme", Paris, gezeigt (B 20.236, B 10.40) (B 105.27).

Vielleicht tauchen in Zukunft noch weitere Hinweise über die Existenz dieser sagenumwobenen Kultur auf. Andererseits scheint es sogar noch vor der Blütezeit von Atlantis um 13 000 v. Chr. eine weitere Hochkultur von einzigartiger Größe und Schönheit gegeben zu haben, die vor 25 000 Jahren, ohne irgendein Anzeichen einer allmählichen Entwicklung entstanden war. Es ist dies das Anden-Asyl „Andina", die Zufluchtsstätte eines Teiles der damaligen Menschheit im bolivianischen Anden-Hochlande. Die im Gebiet von Tiahuanaco aufgefundenen wunderbaren und geheimnisvollen Tempel und Terrassenbauten lassen an eine Stadt von beträchtlichen Ausmaßen denken (B 97.71). Die Aymara, das älteste Volk der Anden, sagten, diese Stadt sei die der ersten Menschen der Erde, und sie sei von dem Gott Huirakotscha sogar vor der Entstehung der Sonne und der Sterne erschaffen worden. Die Fachgelehrten stellten indessen fest, daß Tiahuanaco keine eigentliche Gebirgsstadt, sondern eine Meeresstadt mit wundervollen Hafenanlagen war. Der Titicacasee enthält heute noch Salzwasser und Meeresfauna, obwohl er 3 800 m hoch über dem Ozean liegt. Oberhalb des Sees zieht sich ein 700 km langes Kalkband aus Meeresmuscheln an den Hängen der Anden entlang. Entweder wurde das bolivianische Hochland in einer gigantischen Kontinentalverwerfung auf fast viertausend Meter Höhe hochgehoben oder eine gewaltige Gürtelflut hat damals das Andenasyl erfaßt. Nach der Theorie von Hanns Hörbiger könnte die Anziehungskraft eines früheren Erdsatelliten durchaus die Spiegel aller Wasser in jener Zone, wo seine Umlaufbahn die der Erdkugel schnitt, gewaltig angehoben haben. Dies steht jedoch in krassem Widerspruch zur offiziellen Lehrmeinung, nach der das Niveau des Weltmeeres immer nahezu konstant auf heutiger Höhe gewesen sein soll (B 53.169) (B 97.84) (Z 35.63.2).

Garcia Beltran, ein spanischer Biologe, der in direkter Linie von Garcilaso de la Vega, dem großen Historiker der Eroberung des Inkareiches, abstammt, gibt einen erstaunlichen Bericht über die Kultur von Tiahuanaco (B 13.44). Er übersetzte und kommentierte die ungedruckten Dokumente seines Ahnherrn, die sich mit den Traditionen der Anden befaßten. Nach einer Legende sollen zur Zeit der Riesentapire (vor etwa 5 Millionen Jahren) sehr hochentwickelte, menschenähnliche Wesen, deren Hände Schwimmhäute hatten und deren Blut von unserem verschieden war, von einem anderen Planeten gekommen sein und den höchsten See der Erde für eine Ansiedlung passend gefunden haben. In Tiahuanaco existieren Zeichnungen von diesen Wesen mit Flossenfüßen und vier Fingern, die von blitzenden runden Scheiben umgeben sind (B 61.84).

Übrigens versichern alle Überlieferungen, daß sich vor der Zeit der Inka eine hochstehende Rasse weißer Menschen in den Anden angesiedelt habe. Garcilaso de la Vega schreibt dazu: „Der Sonnengott, der Ahnherr der Inka, sandte ihnen vor sehr langer Zeit einen seiner Söhne und eine seiner Töchter, um ihnen das Wissen zu übermitteln. Die Menschen erkannten die göttliche Herkunft dieser Abgesandten an ihren Worten und an ihrer hellen Hautfarbe." Pedro Pizarro, ein Vetter des Conquistadors, berichtet: „Die vornehmen Frauen sind reizend anzusehen. Sie wissen, daß sie schön sind, und sie sind es auch wirklich. Die Haare der Männer und Frauen sind blond wie Korn, und manche unter ihnen haben eine hellere Hautfarbe als die Spanier. In diesem Lande habe ich eine Frau und ein Kind gesehen, deren Hautfarbe ganz außergewöhnlich hell war. Die Indianer behaupten, sie seien Abkömmlinge der ‚idolos' (Götter)." (B 13.45,46,48)

Sowjetische Forscher identifizierten jene „idolos" mit den geheimnisvollen blaublütigen Menschen, die in vergangenen Zeiten eine Art Elite bildeten. Im Jahre 1960 brachte eine russische Zeitschrift einen Beitrag, der sich auf die Erzählungen des ägyptischen Historikers Manethon, auf Herodot, auf die Inschriften des Papyrus von Turin und des Steins von Palermo stützte und gleichzeitig für die Lösung des Rätsels von Atlantis und für die Ankunft von Bewohnern anderer Planeten auf der Erde bedeutungsvoll ist. Nach gewissen Überlieferungen dürften die Atlantiden auch die Gründer der ägyptischen Kultur gewesen sein. 12 000 Jahre vor unserer Zeitrechnung waren die ältesten Herrscher der göttlichen Dynastien — reinrassige Atlantiden. In den alt-ägyptischen Fresken wurden die Götter Ammon und Schu ausgesprochen blau gemalt.

Möglicherweise waren diese also Nachkommen eines Volkes mit blauer Hautfarbe oder wurden als solche betrachtet. In der Umgebung von Goulémine, südlich von Agadir, leben „blaue Menschen", und die Pikten im alten Schottland pflegten sich die Haut blau zu färben. Plato berichtet, daß bei den nächtlichen Opferfeiern und Gerichtsverhandlungen die Atlantiden aus einem unbekannten Grunde dunkelblaue Gewänder trugen. In seiner Analyse der sowjetischen Darstellung erwähnt der Archäologe Henry Bac in der Zeitschrift „Atlantis" vom Dezember 1960, daß die Bezeichnung „blaues Blut" heute noch in Südamerika gebräuchlich ist. In Europa schreibt man „blaues Blut" den Menschen zu, die sich darauf berufen, aus sehr altem Adel zu stammen. Ebenso wurden in Rußland und in der Mongolei die Adligen als Menschen „blauen Blutes" bezeichnet, womit unstreitig ihre überragende Stellung gekennzeichnet wird (B 13.49).

Eine Analyse der Blutgruppen alter Inka-Herrscher bietet einen verblüffenden Beweis für ihre Einmaligkeit. Nach ihrem Tod thronten sie auf goldenen Sesseln im Sonnentempel von Cuzco. 1952 nahmen Gilbey und Lubran eine Blutuntersuchung von fünf Mumien mit folgenden Ergebnissen vor: Mumie Nr. 3 hatte Blutgruppen C, E, und c in Abwesenheit von D — ein Fall, für den es auf der ganzen Welt fast keine Parallele gibt, während Mumie Nr. 4 D und c aufwies, aber C und E fehlten — eine sehr seltene Kombination bei den amerikanischen Indianern. Die Wissenschaftler mußten zugeben, daß das Problem ihres Ursprungs ungeklärt blieb (B 88.178).

Auf Schelfinseln im Titicacasee, Bolivien, leben die Uros, die von sich behaupten, daß ihr Volk älter sei als das der Inka, ja, daß sie schon vor To-Ti-Tu, dem Vater des Himmels, der die weißen Menschen schuf, existiert hätten. Felsenfest behaupten die Uros auch, sie wären keine Menschen, denn sie hätten schwarzes Blut und sie hätten schon gelebt, als die Erde noch im Dunkel lag; „wir sind nicht wie die anderen Menschen, denn wir kamen von einem anderen Planeten" (B 20.228).

Neben den Kulturen von Tiahuanaco und Atlantis soll es im Stillen Ozean noch eine weitere Urkultur gegeben haben, die damals von der Beringstraße bis nach Australien, von Kalifornien bis zur Wüste Gobi und zum Teil bis nach Indien hinein reichte. Die Sagen vieler Völker rund um den Pazifik, vor allem aber die der Inder, erzählen von Rutas Mu oder Lemuria, einem Erdteil, bedeckt mit Urwäldern und gärenden Sümpfen, die von Riesenschlangen und saurierähnlichen Ungeheuern nur so wimmelten, bewohnt von schwarzen, affenartigen Giganten, denen die Menschen Kinder opferten (B 13.94). Manche dieser Überlieferungen sind zweifellos durch die Phantasie der Erzähler angereichert und ausgeschmückt. Doch fand man auf sumerischen Rollsiegeln und nicht zuletzt auch auf der ägyptischen Schminktafel im Ashmole Art Museum zu Oxford Geschöpfe abgebildet, die gar nichts anderes sein können als Saurier. Der Mensch muß die Riesen der Tierwelt erlebt oder doch eine deutliche Erinnerung an sie bewahrt haben (B 50.93.94).

Nach den Behauptungen des englischen Oberst Churchward, der vor etwa 100 Jahren alte indische Geheimtexte fand und sie mit ähnlichen aus Mexiko verglich, soll das Volk Mu, das sich Uigur nannte, einst den ganzen Erdball kolonisiert haben. Sein Reich — auch Lemurien genannt — bildete einen riesigen Land- und Inselkomplex inmitten des Stillen Ozeans und war an Größe dem heutigen Nordamerika, einschließlich Kanadas, vergleichbar. Von den heutigen Inseln Saipan und Guam im Westen bedeckte es ein Gebiet bis etwa 1500 km östlich der Osterinseln, mit seinen südlichen Ausläufern die Inselgruppen der Marquezas, Samoa, Fidschi und Tahiti umfassend (Z 12.61.11.641). Auf den im Jahre 1925 in Glozel gefundenen prähistorischen Töpfereien sollen Schriftzeichen der Uiguren eingeritzt sein. Dieses Reich soll etwa 150 000 Jahre bestanden und eine Blütezeit von 75 000 Jahren erlebt haben. Seine Hauptstadt lag in Asien, dort, wo Professor Koslow in der Wüste Gobi in fünfzig Fuß Tiefe unter den Ruinen von Khara-Khota ein ungefähr 18 000 Jahre altes bemaltes Grab entdeckte. Der Sarkophag enthielt die sterblichen Hüllen einer Königin und eines Königs, die — nach Churchwards Ansichten — mit dem Emblem von Mu geschmückt waren: ein M, ein T und einen durch einen Durchmesser in vier Sektoren geteilten Kreis (B 13.94.95) (B 53.57).

Der Historiker Jean Roy schreibt über die Primhistorie der Wüste Gobi: „Im Hindustan entfaltete sich vor 3500 Jahren die Hochkultur der Drawida-Völker, die sich einige Jahrhunderte später mit den hellhäutigen Weddiden und den dunkelhäutigen Melaniden vermischten. Die Melaniden stammten ursprünglich aus dem Tarim-Becken im Seen- und Sumpfgebiet von Lob-Nor (heute Provinz Sinkiang). Die drawidischen Inder gaben den Melaniden den Namen Naachals, ein Wort, das ‚hohe Brüder‘ bedeutet. Wahrscheinlich läßt sich dieser Begriff dadurch erklären, daß die Melaniden aus den Gebirgsgegenden von Karakorum kamen, wo nicht wenige Gipfel eine Höhe von 7 000 bis 8 600 m erreichen. Die Melaniden brachten den Drawida-Völkern die Kenntnis des sogenannten ‚arabischen' dezimalen Ziffernsystems (das erst sehr viel später im Laufe der arabischen Einfälle den Europäern überliefert wurde). In alten Legenden wird behauptet, daß den Melaniden ihr Wissen von Menschen offenbart worden sei, die vom Himmel in Raumfahrzeugen gekommen und auf der Weißen Insel des Gobi-Meeres gelandet seien. Diese Insel existiert noch heute. Es dürfte sich um den Berg Atis handeln, der 600 Kilometer nordöstlich von Lob-Nor liegt. Sowjetische Piloten, die die Wüste Gobi überflogen, photographierten größere Ruinenstädte, deren Fundamente noch erkennbar sind. Sowjetische Archäologen haben inzwischen mehrere gewaltige Grundbauten, die in den Dünen zum Vorschein kamen, freigelegt und wiederhergestellt." (B 15.68)

In einer Aufzeichnung über die Abstammung der tibetanischen Könige heißt es, daß die ersten sieben Könige von den Sternen kamen. Sie waren imstande, „im Himmel zu gehen", wohin sie zurückkehrten. Daraus geht deutlich hervor, daß die alten Tibetaner von Besuchern aus dem Weltraum wußten (B 88.152). Ein slawisches Märchen aus Podoli erzählt: „Vor langer, langer Zeit wurde der Mensch irgendwo in einer anderen Welt erschaffen — nicht auf dieser Erde —, und als diese Welt unterging, befahl Gott den Engeln: nehmt einige Menschenpaare und bringt sie zur Erde, auf daß sie sich dort vermehren, um das Andenken des Menschengeschlechts zu erhalten!" Nach einer peruanischen Sage soll die Stammmutter der Menschheit, Orejona, in einem Raumschiff von einem anderen Planeten gekommen sein und sich auf der Sonneninsel im Titicaca-See niedergelassen haben, um das Menschengeschlecht zu begründen. Uralte Legenden berichten sogar von dreimal fünfunddreißig Menschen idealster Gestalt, die in einem schimmernden, riesigen Schiff von überwältigender Schönheit gelandet sein sollen (B 10.32,33).

Warum nun verlieren sich fast alle Berichte über diese Urkulturen im Legendären und weshalb finden wir nur recht spärliche Überreste aus dieser Zeit? Heute glauben Geologen, Ethnologen, Archäologen und Gelehrte anderer Disziplinen, daß mehrere große Erdbeben und Flutkatastrophen in Zeitabständen von 4 000, 10 000, 16 000 Jahren usw. vor unserer Zeitrechnung die Erde verwüstet und ihre Bevölkerung zum größten Teil ausgerottet haben. Schon der berühmte Mathematiker Laplace schrieb in seiner Exposition du Système du Monde: „Große Völker, deren Namen man in der Geschichte kaum kennt, sind von dem Erdboden, den sie bewohnten, verschwunden; ihre Sprache, ihre Städte, alles wurde vernichtet; von den Denkmälern ihrer Wissenschaft und ihrer Industrie blieb nichts als eine dunkle Überlieferung und einige Bruchstücke, deren Herkunft ungewiß ist.“ (B 15.24)

In der Tat erzählen die Überlieferungen aller fünf Erdteile, sowohl im europäischen Abendland als auch bei den Hebräern, Chaldäern, Indern, Irokesen, Sioux, Mayas, Inkas, den Schwarzen Afrikas und Eingeborenen Ozeaniens, ausführlich von einer großen Sintflut (B 12.4). Prof. Riem allein berichtet über 827 Sintflutsagen, welche über die ganze Erde verstreut aufgefunden wurden und von mehr als 250 verschiedenen Völkern und Stämmen herrühren (B 97.233).

Im Britischen Museum befindet sich ein altes Maya-Manuskript, das Bestandteil der berühmten Sammlung Le Plongeon ist: das Troano-Manuskript. Die Übersetzung lautet: Im Jahre 6 Kaan, am 11. Muluk des Monats Zak, begannen schreckliche Erdbeben, die ohne Unterbrechung bis zum 13. Chuen dauerten. Die Länder der Berge aus Lehm, oder das Land Mu, waren die Opfer. Nachdem es zweimal aufgehoben wurde, ist Mu in der Nacht versunken, nachdem es ununterbrochen von unterirdischen Vulkanen untergraben worden war. Der Kontinent wurde mehrmals aufgehoben und niedergesenkt. Schließlich gab die Erde nach, und zehn Nationen wurden ausgerottet und vernichtet. Sie gingen mit ihren 64 Millionen Bewohnern unter, 8 000 Jahre vor der Zeit, da dieses Dokument verfaßt wurde (B 12.190). Möglicherweise konnten einige wenige Auserwählte sich noch rechtzeitig in Sicherheit bringen. Der schwedische Forscher Björn Ortenheimer, Autor einer umfassenden Studie über das mysteriöse Volk Mu, vertritt hierzu eine gewagte Hypothese. Danach soll das technisch und kulturell hochstehende Volk Mu vor etwa 12 000 Jahren eine Elite von Raumschiffen in den Kosmos geschickt haben, um dort den Ablauf der Erdkatastrophe zu überleben und dann zur Erde zurückzukehren (Z 38.67.23.4).

Ortenheimers These findet ihre Parallele in den Sagen über den Untergang des Inselreiches Atlantis. So enthält die „Enzyklopädie der interplanetaren Reisen“, die in der Sowjetunion von Professor N. A. Rynin herausgegeben wurde, eine Illustration, auf der man die atlantischen Hohenpriester ihre Flugzeuge besteigen sieht, während im

Hintergrund Atlantis in den Fluten versinkt. Im Buch von Dzyan, das der Theosophin Helene Blavatsky vor jetzt ungefähr 100 Jahren in einer Einsiedelei des Himalaya offenbart wurde, heißt es über den Untergang zu Atlantis: „Als die Stunde kam, bestiegen die Fürsten die Vimanas (Luftschiffe) und folgten ihren Völkern in die Länder des Ostens und Nordens, nach Afrika und Europa. Mittlerweile fielen gewaltige Massen von Meteoriten auf Atlantis, wo die ‚Unreinen' im Schlaf lagen." (B 87.41)

Der amerikanische Seher Edgar Cayce nannte drei Untergangsperioden des Kontinents Atlantis, der sich vom Gebiet des heutigen Sargassomeeres im Westen bis zu den Azoren im Osten erstreckte. Die ersten beiden waren etwa 15 600 v. Chr., als sich das Hauptland in fünf Inseln spaltete, und die letzte 10 000 v. Chr., als eine Gruppe von drei großen Inseln zusammen mit mehreren kleinen über Nacht vom Meer verschlungen wurde, wie auch Plato andeutete (B 82.238).

Am 28. Juni 1940 prophezeite der amerikanische Seher Edgar Cayce (1877—1945): „Die Bimini-Inseln, fünfzig Meilen ostwärts der Küste von Miami, waren einst Teil der atlantischen Insel Poseidia. Sie wird unter den ersten Teilen von Atlantis sein, die wieder auftauchen. Erwartet es Achtundsechzig und Neunundsechzig."

Tatsächlich fand die Voraussage Cayces inzwischen eine eklatante Bestätigung. Der bekannte Archäologe Dr. Manson Valentine, ehemals Professor der Zoologie in Yale, berichtete, er habe 1968, 1969 und 1970 in den Bahama-Gewässern vor der Küste von Florida aufsehenerregende Entdeckungen von Maya-Tempeln ähnlichen Bauwerken gemacht. So einen Marktplatz, umgeben von schräg abfallenden Stufenwänden. Das Material beschreibt er als eine Art Mauerwerk, das zweifellos von Menschenhand stamme. Er glaubt, daß es sich bei diesen pyramidenförmigen Bauwerken um Teile von Atlantis handeln könne.

„Es war Mittwoch, der 26. Februar (1969), als wir erkannten, was wir entdeckt hatten", berichten Robert Ferro und Michael Grumley, zwei andere Forscher, die zeitweilig mit Dr. Valentine zusammengearbeitet hatten, in ihrem 1973 erschienenen Buch „Atlantis, the Autobiographie of a Search". „... ob Kaimauern oder Straßenbettung ... was auch immer ... von Menschenhand war es gebaut, und das nicht als Unterwasserbauwerk."

Eine ähnliche Entdeckung machten zwei Mitglieder der Forschungs-Expedition Prof. Maxine Ashers, als sie Ende Juli 1973 vor der südspanischen Küste bei Cadiz in 23 Meter Wassertiefe „von Menschenhand geschaffene Straßen und Säulen“ fanden. Prof. Asher, Anthropologin der Pepperdine-Universität in Los Angeles, befaßt sich seit zwölf Jahren mit einschlägigen Studien zum Atlantis-Problem (Z 16. 73.9.842).

Uralte Berichte liefern zum Teil genaue Einzelheiten über die Katastrophe, welche die Vorfahren der Mexikaner vernichtete. So heißt es im Popol Vuh, dem heiligen Buch der Quiché-Indianer, das nach Ansicht der Ethnologen das älteste Dokument zur Geschichte der Menschheit darstellen dürfte, also älter ist als die Bibel der Hebräer, der Rigweda der Inder, das Zendawesta der alten Inder: Eine große Feuerflut und Ströme von Harz (von Flammen) ergossen sich vom Himmel. Schließlich vollendeten heftige Orkane die Zerstörung der hölzernen Geschöpfe (symbolische Bezeichnung der Völker des dritten Zeitalters).

Merkwürdigerweise hat diese Katastrophe, die eine Sintflut, vom Himmel fallendes Feuer und Erdbeben in sich vereinigte, seltsame Berührungspunkte mit einem Atomkrieg, von dem die heiligen Schriften (Ramayana, Dronaparvan) der Inder berichten: Das Feuer der furchtbaren Waffe zerstörte die Städte, indem sie ein Licht verbreitete, das heller war als hunderttausend Sonnen ... Dieses Feuer bewirkte, daß den Menschen die Nägel und die Haare ausfielen. Es bleichte das Gefieder der Vögel und färbte ihre verkrampften Krallen rot. Um diesem Feuer zu entfliehen, warfen sich die Soldaten in die Flüsse, um sich selbst darin zu waschen und alles, was sie berühren mußten ... Die in den Sanskrit-Schriften eindeutig beschriebenen Strahlenwirkungen finden sich fast gleichlautend in den oben erwähnten heiligen Büchern der Mexikaner: das Feuer, das vom Himmel kommt, zerfrißt Fleisch und Eingeweide. Schließlich erleiden die Menschen des dritten Zeitalters körperliche Veränderungen oder Mutationen, als hätten sie durch eine Atomexplosion Strahlenschädigungen davongetragen. (B 15.56).

Auf Grund der Forschungsergebnisse bedeutender Glaziologen, wie zum Beispiel S. Jelgersma, V. Romanowsky und André Cailleux, kann man heute folgende grundlegenden Feststellungen treffen:

1. Die letzte Eisschmelze (nach dem letzten Eismaximum) hat vor ungefähr 12 000 Jahren (auf 2 000 Jahre genau) stattgefunden.

2. Sie war sehr plötzlich und wurde wahrscheinlich durch das Vorbeiziehen eines Planeten oder gar den Aufprall eines Asteroiden auf der

Erde ausgelöst. Diese Ansicht vertritt der sowjetische Wissenschaftler N. S. Wetschkin (B 87.29).

3. Das Phänomen war ein weltweites, da alle Gletscher der Pole gleichzeitig schmolzen. Die Erde wurde von einer riesigen Springflut überrollt (B 12.52).

Das vergleichende Studium der alten Zeitrechnungen erlaubt uns, das ungefähre Datum der atlantischen Katastrophe zu bestimmen. Das erste Jahr der Zeitrechnung von Zoroaster, das Jahr, in dem „die Zeit begann", entspricht dem Jahr 9600 v. Chr., nähert sich also stark dem Jahr 9560, in welches die ägyptischen Priester anläßlich ihrer Gespräche mit Solon den Untergang von Atlantis verlegten. Dieses Datum wird auch durch die Arbeit des bolivianischen Archäologen Arthur Posnansky bestätigt. Nach ihm soll der Bau des unvollendeten Sonnentempels von Tiahuanaco um das Jahr 9550 v. Chr. ganz plötzlich aufgegeben worden sein (B 87.35.36).

Nach der Schätzung von Robert Charroux brandeten die Wellen während der großen Sintflut bis in die Höhen zwischen 2 000 und 4 000 Meter. Danach könnten folgende Hochplateaus von der Katastrophe verschont geblieben sein: das mexikanische Hochland — der peruanische Altoplano — das abessinische Hochland — das iranische Hochland und das Himalaya-Massiv. Interessanterweise lassen die Geologen und Archäologen die menschlichen Rassen aus eben diesen Gebieten ausgehen (B 12.63):

die Roten (Atlanter) von den Rocky Mountains und den Anden
die Schwarzen (Ureinwohner) vom äthiopischen Hochland
die Gelben (Mu) vom Himalaya
die Weißen vom iranischen Hochland

Vor etwa 5 000 Jahren, also 3 000 Jahre vor unserer Zeitrechnung, scheint eine zweite kosmische Katastrophe eingetreten zu sein. Robert Charroux meint, daß zu jener Zeit die Venus in ihre heutige Bahn einschwenkte und dabei an der Erde so dicht vorbeizog, daß die Menschheit ausgelöscht wurde. Es gibt in der Tat mehrere Indizien, die diese Vermutung bestätigen. So heißt es in den „Tabellen von Tiruvallur" aus Indien, daß die Ära Kaliyuga am 16. Februar 3102 v. Chr. um 2 Uhr morgens, 27 Minuten und 30 Sekunden, begann. Die Inder behaupten, schreibt der französische Astronom Jean Sylvain Bailly (1736—1793), daß es in der Ära Kaliyuga eine Konjunktion sämtlicher Planeten gegeben habe; nach Bailly konnte eine solche Konjunktion tatsächlich stattgefunden haben. In den indischen

Dokumenten heißt es weiter: „Damals sahen die Inder vier Planeten nacheinander aus den Strahlen der Sonne hervortreten, zunächst Saturn, dann Mars, dann Jupiter, dann Merkur; diese Planeten zeigten sich vereinigt auf einem ziemlich kleinen Raum ...“ Die mathematisch exakte Angabe der Konjunktionszeit läßt nun vermuten, daß der Planet Venus weder bei der Beobachtung noch in dem Bericht vergessen worden sein konnte, zumal er der hellste und am besten sichtbare Planet ist. Andererseits erklären die als sehr gewissenhaft bekannten indischen Astronomen: Es handelt sich um eine Konjunktion aller Planeten. Daraus kann man schließen, daß das Sonnensystem vor fünftausend Jahren ein Vierplanetensystem war. Die indischen astronomischen Tabellen, die jüngeren Datums sind als die Tabellen von Tiruvallur, basieren dagegen eindeutig auf einem Fünfplanetensystem, in dem Venus enthalten ist. Auch in der alten babylonischen Astronomie des Jahres 3000 v. Chr. war der Planet Venus unbekannt. So erwähnt ein bei Boghazköi in Kleinasien gefundener Kalender zwar die Sterne und die Planeten, doch Venus fehlt auf der Liste. Auch in ihren Gebeten riefen die Babylonier Saturn, Jupiter, Mars und Merkur an, niemals aber Venus.

Der griechische Philosoph Demokrit, der sich in der Astronomie durch besondere Kenntnisse auszeichnete, vertrat die Ansicht, jedoch ohne sie zu begründen, daß Venus kein Planet sei. Der heilige Augustinus berichtet nach Marcus Terentius Varro, daß der Rhodier Kastrop die schriftliche Aufzeichnung eines erstaunlichen Wunders, das sich auf der Venus ereignete, hinterlassen habe; dieser Stern soll seine Farbe, Größe und Gestalt verändert haben. Das Ereignis fand wahrscheinlich zur Zeit des Königs Ogyges statt, wie es Adrastus, Cyzicenus und Dion, rühmliche Mathematiker der Stadt Neapel, bezeugen (B 15.150—152). Ogyges gilt als der älteste König von Attika; während seiner Regierung wurde das Land durch eine Sintflut verwüstet.

Merkwürdigerweise erfolgt die Rotation der Venus, wie die Radarastronomie bewiesen hat, retrograd, d. h. rückläufig — ein einmaliger Fall in unserem Sonnensystem. Sie durchläuft also ihre Bahn um die Sonne — wie die anderen Planeten — entgegen dem Uhrzeigersinn, während ihre Rotation im Uhrzeigersinn erfolgt. Nach Ansicht von Robert Charroux könnte die Venus ein von der Sonne eingefangener Komet sein (B 12.63).

Viele Religionen der Erde standen nach dem Jahre 3000 vor unserer Zeitrechnung im Zeichen der Venus. Quetzalcoatl und Kukulkan, die beiden wichtigsten Götter im Pantheon der Mayas, sind Personifizierungen des strahlenden Planeten. Robert Charroux meint gar, daß der Stier, Symbol der Zeugungskraft, bei den Mayas, Phöniziern, Assyrern, Babyloniern und Inkas die von der Venus gekommenen Stammväter versinnbildliche (B 14.76). Es ist schwer zu beurteilen, inwieweit diese Vermutungen zutreffen. Auf jeden Fall scheinen nach diesem bedeutenden kosmischen Ereignis in Phönizien, Assyrien, Babylonien, Peru und Mexiko plötzlich hochentwickelte Zivilisationen aufzutreten. Wenn wir annehmen, daß das antike Mexiko von Außerirdischen kolonisiert wurde, wird uns eher verständlich, wie die damaligen Wissenschaftler der Mayas die exakte Dauer des Sonnenjahres so genau kalkulieren konnten: 365,242129 gegen 365,242198 der modernen astronomischen Berechnung. Das heißt, die Mayas hatten die Dauer eines Sonnenjahres um 0,00002% zu klein angegeben, wobei durchaus denkbar ist, daß sich seit jener Zeit die Umlaufzeit unserer Erde um die Sonne um diesen Betrag verlangsamt hat. Bezeichnenderweise bestimmten die Mayas auch das siderische Venusjahr mit 583,926 Tagen gegenüber dem modernen Wert von 583,923 Tagen (B 74.334). In den Datumsinschriften des „Alten Reiches" findet man sogar astronomische Berechnungen mit Werten von 8000 (pictún), über 160 000 (calabtún) bis zu 64 Millionen (alautún) Jahren, ja sogar bis zu 400 Millionen Jahre sind keine Seltenheit. Die Mayas kannten auch die Planeten Uranus und Neptun, die von uns erst 1771 bzw. 1846 entdeckt wurden (B 88.88) (B 50.330) (Z 7.66.4/5).

Auch die Kugelgestalt der Erde war unseren früheren Vorfahren bereits geläufig. Im Popol Vuh der Mayas heißt es: „Sie kannten jegliches Ding; sie durchforschen die vier Ecken, die vier Punkte des Himmels und das runde Antlitz der Erde!" (B 21.60) Ebenso wußten die Phrygier, die um 1200 v. Chr. von Kleinasien nach Europa einwanderten, daß die Erde eine Kugel ist und frei im Raum schwebt. Erathosthenes von Alexandria (ungefähr 276 bis 194 v. Chr.) errechnete den polaren Umfang auf 80 Kilometer genau (B 88.83). In dem astronomischen Lehrbuch „Surya Siddanta" des alten Indien wird der Erddurchmesser mit 12 617 Kilometern angegeben und die Entfernung zwischen Erde und Mond auf 407 198 Kilometer geschätzt. Die moderne Wissenschaft nimmt für den Durchmesser unserer Erde (am Äquator) die Zahl von 12 756,7 Kilometern an und setzt die größte Entfernung zwischen Mond und Erde auf annähernd 406 731 Kilometer fest. Wie konnten die alten indischen Astronomen diese unglaubliche Genauigkeit erreichen, und dies zu einer Zeit, als die Europäer noch sehr weit davon entfernt waren, sich von dem Konzept der „platten Erdscheibe“ zu trennen? (B 87.87)

Erstaunlicherweise existierten damals auch schon Karten, die Teile von Nord- und Südamerika und sogar der Antarktis zeigten. Admiral Piri Reis, türkischer Kartograph des 16. Jahrhunderts, stellte einen Atlas zusammen, den er Bahriye oder das Buch der Meere nannte, das insgesamt 210 gut gezeichnete Karten enthielt. Wie Dr. C. H. Hapgood in seinem Buch „Earth's Shifting Crust“ feststellte, wurde die „kartographische Erfassung der Antarktis zu einer Zeit durchgeführt, als das Land noch eisfrei war. Somit müssen die Karten von Piri Reis Kopien von Karten sein, die Tausende von Jahren alt sind. Arlington Mallery, der Sachverständige der USA für Kartographie, läßt die ganze Angelegenheit noch geheimnisvoller erscheinen, wenn er erklärt: „Wir wissen nicht, wie sie ohne ein Flugzeug so genaue Karten anfertigen konnten.“ (B 88.116.119) (Z 17.73.4.98 ff.)

Wahrscheinlich besaßen auch die Ägypter außerordentliche astronomische Kenntnisse. Eine Mumiendecke aus der Zeit zwischen 2900 und 2700 v. Chr. zeigt die Erde beispielsweise als ein Sphäroid mit fünf Kontinenten. Sogar ihre blaue Farbe, die erst den Astronauten unserer Zeit deutlich wurde, wird in uralten Sagen und Mythen erwähnt (B 84.140). Wer hätte je gedacht, daß dieses Volk sogar den lichtlosen Begleitstern des Sirius kannte, wie sowjetische Forscher an Hand alter ägyptischer Himmelskarten entdeckten? Merkwürdigerweise ist er auch den Dogons, einem Stamm in Zentralafrika, bekannt (B 53.103).

Einen besonderen Platz räumt der amerikanische Wissenschaftler Sagan der sumerischen Heldensage ein, nach der in den Gewässern des Persischen Golfes regelmäßig seltsame Geschöpfe auftauchten, die den Menschen Wissen beibrachten. Es ist möglich, daß sich dies unweit der sumerischen Hauptstadt Eridu etwa in der ersten Hälfte des 4. Jahrtausends v. Chr. ereignet hat. Sagan verweist darauf, daß die sumerische Kultur plötzlich aus einem Zustand dumpfer Unkultur einen glänzenden Aufschwung genommen hat (B 66.133). Auch hier finden wir erstaunliche astronomische Angaben. Die Sumerer kannten beispielsweise die Umlaufbahnen und -zeiten des Mondes derart genau, daß sie nur um 0,4 Prozent von unseren modernen Messungen abweichen. Während bis zur Zeit des griechischen Imperiums niemand weiter als bis zu der Zahl 10 000 zählen konnte, fand man auf einer sumerischen Tafel sogar eine fünfzehnstellige Zahl. Woher nahmen die Sumerer das Wissen von solch „höherer Mathematik"? (B 61.49)

Der Schriftsteller Peter Kolosimo meint, daß tatsächlich die „Weißen von den Sternen" vom Himmel gekommen und über alle Kontinente geflitzt sein müssen, da sie mitten in vorgeschichtlicher Zeit alle irdischen Rassen ausgezeichnet kannten. Sollten wir in der Umgebung von Nasca vielleicht Signale für diese interplanetarischen Besucher gefunden haben? Auf jener Hochebene in Peru wechseln nämlich rätselhafte Linien, die an die Zeichnung der Marskanäle denken lassen, mit riesenhaften Darstellungen bekannter und unbekannter Tiere (unter ihnen auch der sagenumwobene „Feuervogel") ab; das gesamte Zeichennetz, das sich daraus ergibt, wurde 1941 von Dr. Paul Kosok bei der Auswertung von ein paar Luftaufnahmen ganz zufällig entdeckt (B 52.60). Die komplizierten Muster von Tierfiguren, geometrischen Linien, Straßen und Plätzen bedecken ein Gebiet von sechzig Kilometer Länge und acht bis fünfzehn Kilometer Breite, das zu den wasserärmsten der Erde gehört (B 50.193). John A. Mason, Professor an der Universität von Pennsylvania, muß zugeben – obwohl er ein strenger Traditionalist ist –, daß es nahezu unmöglich sei, ein solches Werk ohne den Einsatz von Luftfahrzeugen auszuführen, und er sieht sich gezwungen, an die Mythen der Vor-Inkazeit zu erinnern, in denen Hinweise auf die Herabkunft von „Gottheiten" aus den Plejaden häufig zu finden sind (B 52.60).

Im Mississippital bei Ohio gibt es zahlreiche künstliche Erdhügel von oft beträchtlicher Höhe wie etwa die Great Serpent Mounts, deren wahre Gestalt auch wieder nur von der Luft aus erkennbar ist. Auch diese Berge stellen ähnlich wie in Nasca Pflanzen, Vögel, Schlangen, Kröten und Spinnen dar. Amerikanische Archäologen haben beim Nachgraben in diesen Bergen Körbe gefunden, aus denen sich schließen läßt, daß ein Riesenheer von Arbeitern jahrzehnte-, ja generationenlang die für diese Bauten benötigte Erde von weit her geschleppt haben muß. Zu welchem Zweck? Wer hat diese Menschen über lange Zeiträume hin beköstigt, bekleidet, beherbergt? Welcher mächtige Impuls oder welche Macht haben sie zu einer solch langwierigen, mühevollen Tätigkeit gezwungen? Keine dieser Fragen wurde bislang beantwortet (B 50.196).

Viele der damaligen Bauleistungen sind mit unseren heutigen technischen Kenntnissen nicht zu erklären. Wie kommt es z. B., daß der Eckstein in Cuzco, der über 2 400 000 Pfund wiegt, in den hohen Anden, 12 000 Fuß über dem Meeresspiegel, dort in der Wand sitzt, in einem Gebiet, wo Erdbeben etwas Alltägliches sind? Dennoch kann man nicht einmal mit einer dünnen Rasierklinge zwischen die Steine kommen. Es gibt heute tatsächlich kein hydraulisches System, das einen Stein dieses Gewichtes heben und an einer Stelle — 12 000 Fuß hoch — einsetzen kann, derweilen darunter im selben Raum der Schwesterstein, in dem Steinbruch dort ungehauen, ungehoben liegt (Z 58.70. 172.3).

„Doch die Kolossalmonolithe von Peru", schreibt der französische Archäologe und Journalist Robert Charroux, „haben verglichen mit den Steinen von Baalbek nur mittelmäßige Ausmaße. Die Ruinen der gigantischen Heiligtümer in der alten libanesischen Stadt sind das geheimnisvolle Werk eines Volkes, das imstande war, Blöcke von 750 000 kg zu transportieren, zu schneiden und hochzuheben, als die Welt weder den Wagen noch den Beton kannte. Einige Steinblöcke der Grundmauern sind 25 m lang, 4,60 m breit und 4,60 m hoch. In dem Steinbruch, aus dem sie kommen (er liegt etwa einen Kilometer vor der Stadt), kann man noch heute den größten behauenen Stein der Welt bewundern. Er heißt Hadjar el Houbla (‚der Stein des Südens') und wiegt 2 Millionen Kilogramm. Es erscheint unmöglich, daß irdische Menschen in uralten Zeiten diese kolossalen Steine transportieren und hochheben konnten." (B 53.37.38) Der russische Professor Dr. M. M. Agrest, der die Baalbek-Plattformen selbst aufsuchte, legte seine Schlußfolgerungen in der Moskauer Literaturnaya Gazeta von 1959 dar: „Ich bin überzeugt, daß diese gewaltigen Felsenplattformen, die den Archäologen und Geologen seit langem Rätsel aufgeben, von intelligenten Wesen als Startplattform für Raumschiffe errichtet worden sind." (B 61.91/92) (B 117.69)

Ähnliche Bauleistungen müssen die Erbauer der alten Pyramiden zustande gebracht haben. Einer der größten Bauunternehmer der USA hat festgestellt, daß wir heutzutage noch keine Maschinen haben, die zwei Oberflächen herstellen könnten, die so vollkommen aufeinander passen wie die Steine der Großen Pyramide. Diese gigantischen Blöcke von je fünfzehn Tonnen sind auf einen zehntel Millimeter genau bearbeitet und nahtlos aneinander gefügt. Unsere heutigen Baumeister sind froh, wenn sie bei Präzisionskonstruktionen „nur" Schwankungen von ein oder zwei Millimeter Genauigkeit zu verzeichnen haben (B 61.67). Der gesamte Bau wiegt insgesamt ca. 600 000 Tonnen. Man brauchte also, um ihn zu transportieren, 600 Lokomotiven, von denen jede 1 000 Tonnen ziehen könnte. Die gegenwärtigen Finanzen Ägyptens würden nicht dazu ausreichen, die Arbeiter für die Abtragung zu bezahlen. Am plausibelsten erscheint daher die Hypothese, daß die alten Völker oder jedenfalls einige „Eingeweihte“ eine bis heute unbekannte Technik der Anti- oder besser A-Gravitation beherrschten, die sie auch bei ihren Flugmaschinen einsetzten (B 52.256).

Das Geheimnis der fliegenden Schiffe

„Das Privileg vom Fliegen ist eine unserer ältesten Erbschaften, eine Gabe von jenen Hoch-Droben. Wir erhielten sie von ihnen als Mittel, viele Leben zu retten.“

Aus der Gesetzestafel Halkatha
des alten Babylon

Professor Frederick Soddy, einer der Begründer der Kernphysik, erhebt im Zusammenhang mit den überlieferten Mythen der Antike die Frage, ob sie nicht „auf die Existenz einer gänzlich unbekannten, nicht einmal vermuteten alten Kultur hindeuten, von der jede andere Spur verschwunden ist“ (B 87.103). Gerade die erstaunlich präzisen Sagen über Raumfahrten im Altertum scheinen das Echo einer uralten Zivilisation zu bilden, der Aviatik und Astronautik bereits bekannt waren. Die Mehrzahl der Wissenschaftler unserer Tage wird sich jedoch der Theorie einer hochentwickelten Technik in grauer Vorzeit zwar noch widersetzen, trifft diese Behauptung doch zu sehr ihr im Evolutionsdenken befangenes Selbstbewußtsein. Dennoch kann der vorurteilsfrei arbeitende Forscher nicht mehr über die zahlreichen, sich gegenseitig ergänzenden Belege für eine uralte, vergessene Flugtechnik hinwegsehen. Vor allem aber bieten die mythischen Berichte wertvolles Vergleichsmaterial zur Beurteilung der in neuerer Zeit so zahlreich gesichteten „Unbekannten Flugobjekte“ (UFOs).

In peruanischen Mythen findet sich die Erzählung, daß die Götter vor langer Zeit in gold-, silber- oder bronzeglänzenden metallischen „Eiern“ geboren wurden, die vom Himmel herabgeschwebt seien. So soll Eros aus dem silbernen Ei der Thetis entschlüpft sein, die aus dem Okeanos, dem Nachtmeer des Weltenraumes, gekommen sei. In Tahiti soll ein Riesenvogel ein metallenes Ei auf das Wasser gelegt haben, ebenso bei den Fidschi-Insulanern. Offensichtlich bereitete den Göttern im Anfangsstadium ihrer Kolonisation eine Landung auf dem Erdboden noch Schwierigkeiten, denn sie suchten sich für solche Manöver geschützte Gewässer aus — den Euphrat, das Gobi-Meer, eine stille Bucht an der Küste Tahitis, die Lagune von Tunja oder den Titicacasee. Auch das Ei des sogenannten „knochenlosen“ Königs von Hsü sei, so wissen es in China die Thai, vom Monde herab ins Meer gefallen und das Ei des Donnergottes gar unter Rauch und Flammen auf dem Erdboden zerschellt. Plutarch behauptet, ein Menschenalter vor seinem Besuch in Ägypten habe man noch Trümmer aus rotgoldenem Metall von jenem Schiff auf einer der oberen Nilinseln liegen sehen, mit dem Osiris einst aus dem Nachtmeer herabgekommen sei (B 50.24,28,167). Andere Völker, denen der Vergleich der Raumfahrzeuge mit Eiern oder Muscheln ferner lag, sprechen von Wiegen, Gondeln, Körben, Wolkenschiffen, hohlen Bäumen, Säulen oder Steinen, Adler oder Schlangen, was nach aller Unterschiedlichkeit des Bildes dem Prinzip nach stets das gleiche meint (B 50.30).

Im gesamten „rothäutigen" Amerika wimmelt es von Geschichten über außerirdische Besucher. Bei den auf den Königin-Charlotte-Inseln (Britisch-Kolumbien, Kanada) ansässigen Haida-Indianern ist die Erinnerung an „große Weise" lebendig, die „auf Feuertellern von den Sternen kamen", während die Navajos von Wesen erzählen, die „vom Himmel kamen, lange auf der Erde blieben und schließlich in ihre Welt zurückkehrten", wobei sie einige Vorfahren der Ogibway-Stämme auf deren eigenen Wunsch mitnahmen (B 12. 202).

Eine Legende der Mayas erzählt von einem riesigen Adler, der mit dem Brüllen eines Löwen vom Himmel herabstieß. Der Schnabel des Adlers öffnete sich, und „vier Wesen, die unserem Stamm fremd waren und nicht die Luft atmeten, die wir atmeten", traten aus dem fliegenden Objekt heraus (B 61.52). Die Eskimos kennen eine ähnliche, merkwürdige Sage, nach welcher sie von riesenhaften eisernen Vögeln in den eisigen Norden gebracht wurden (B 87.40).

Dr. George H. Williamson berichtet von den Indianern in Minnesota und Kanada, die sagten: „Vor Ankunft der Europäer verkehrten hier runde und geräuschlose Fahrzeuge, die auf den Seen landen konnten. Bei Ankunft der Europäer verschwanden die Flieger mit ihren Flugkörpern, versicherten jedoch, sie würden wiederkommen." Haargenau die gleiche Legende gibt es in Japan: Der „Kappa", ein Wesen, das dem unserer Raumfahrer ähnlich war, bestieg ein rundes Luftfahrzeug und landete auf den Seen (Z 12. 63.6.412).

Auch in der Bibel finden sich Berichte über ungewöhnliche Himmelswagen. Der Prophet Hesekiel schreibt im 6. Jahrhundert vor unserer Zeitrechnung: „Ich sah aber, wie ein Sturmwind daher kam, vom Norden her, und eine große Wolke, umgeben von strahlendem Licht und einem unaufhörlichen Feuer, aus dessen Mitte es blinkte wie Glanzerz." Dann berichtet er von merkwürdigen lebenden Wesen, die hin und her liefen, daß es aussah wie Blitze. „Weiter sah ich neben jedem der vier lebenden Wesen ein Rad auf dem Boden. Das Aussehen der Räder war wie der Schimmer eines Tharsis-Steines (chrysoliths), und die vier Räder waren alle von gleicher Gestalt, und sie waren so gearbeitet, als wäre je ein Rad mitten in dem anderen. Sie konnten nach allen vier Seiten gehen, ohne sich im Gehen zu wenden (B 15.261—266). Ihre Felgen waren von einer schrecklichen Höhe, und die Felgen der vier Räder waren voller Augen ringsherum. Wohin jene der Geist zu gehen trieb, dahin gingen auch die Räder, und sie erhoben sich zugleich mit jenen; denn der Geist der lebenden Wesen war in den Rädern." Interessanterweise bedeutet das hebräische Wort für Augen dasselbe wie das Wort für Fenster! (B 15.66) (B 50.91)

Während der Philosoph Karl Jaspers die Berichte Hesekiels noch als Halluzinationen eines schizophren veranlagten Paranoikers deutete, finden sich neuerdings Schriftsteller, die den Propheten sehr wörtlich nehmen. So hat Joseph F. Blumrich, Mitkonstrukteur der Saturn V, Leiter der Abteilung „Projektkonstruktion" der amerikanischen Raumfahrtbehörde, ein Manuskript geschrieben, nach dem Hesekiels Gotteswagen die Landefähre eines außerirdischen Raumfahrzeuges gewesen sein soll. Blumrichs Buch „Da tat sich der Himmel auf" mit dem Untertitel „Die Raumschiffe des Propheten Hesekiel und ihre Bestätigung durch modernste Technik" will die phantastischen Bibel-Interpretationen Erich von Dänikens mit präzisen technischen Berechnungen unterstützen (B 6).

Sicher klingt manches, was die alten Geschichtsschreiber und Propheten berichten, in unseren Ohren zunächst recht merkwürdig und oft unverständlich. Im Buch Hiob, Kapitel 40/41 des Alten Testamentes, heißt es beispielsweise über den Leviathan: „Seine Knochen sind wie eherne Röhren, seine Gebeine wie eiserne Stäbe. Aus seinem Munde fahren Fackeln, und feurige Funken schießen hervor ... aus seiner Nase geht Rauch wie von heißen Töpfen und Kesseln ... und sein Odem ist wie lichte Lohe ..." (Z 16.73.3.214) Wir sollten uns immer bewußt bleiben, daß die Menschen des Altertums möglicherweise mit einer Technik konfrontiert wurden, die mehr als 5 000 Jahre voraus war und die sie unmöglich richtig erfassen und schildern konnten.

Nehmen wir einmal an, daß ein schreibkundiger Erdenmensch etwa 3000 v. Chr. auf einem heutigen internationalen Flughafen gestanden und die Landung eines Jumbo-Jets miterlebt hätte. Wahrscheinlich wäre sein Bericht folgendermaßen gewesen: „Der Herr führte mich auf einen großen Platz, auf dem riesige Vögel standen. Ihr Gefieder glänzte wie Gold und Silber. Ein gewaltiger Vogel kam vom Himmel hernieder. Er machte ein Getöse, als wenn Tausende von Stieren wild geworden wären. Dann streckte er seine gewaltigen Fänge aus und krallte sich damit in die Erde. Auf einmal sah ich, daß sich der Bauch öffnete und mindestens 350 Menschen, die er verspeist hatte, herauskamen. Der Vogelleib, der auf seinen mächtigen Füßen stand, war so hoch, daß man eine riesige Leiter heranschieben mußte, auf der die vielen Menschen herunterstiegen. Nachdem sie den Riesenvogel Gottes verlassen hatten, gab man ihm durch einen Schlauch einen ganzen Brunnen voll Wasser zu trinken. Der Vogel hatte riesige glänzende Augen, aus denen hin und wieder ein göttliches Licht erstrahlte. Ich bezeuge, daß ich das mit eigenen Augen gesehen habe. Einen so großen Vogel gibt es nicht auf dieser Welt, folglich muß es ein Vogel des Herrn gewesen sein." (B 79.4,5) Wie aktuell eine derartige Interpretation auch heute noch sein kann, zeigt eine Geschichte aus Tibet. Als dort im Jahre 1948 das erste Flugzeug in Ladakh landete, schleppten die Tibeter Heu herbei, um das fliegende Ungeheuer zu füttern (B 87.108).

In vielen Mythen wird auch recht genau das Aussehen der Götter und ihre Kleidung beschrieben. So heißt es bei den Maya: Bei dem Orte Tamoanhan an der Küste Yukatans landeten „vor langer Zeit" hellhäutige Männer mit Schiffen, die „gleich den Schuppen einer Schlangenhaut" glitzerten. Die Fremdlinge waren hochgewachsen, blondhaarig, blauäugig, trugen sonderbare Kleider und um die Stirn „Schlangen". Im Popol Vuh wird die Kleidung der Götter Hun Camé und Unc Camé beschrieben: Sie trugen Schenkelschützer aus Leder, Halsringe, Handschuhe, Helme und Gesichtsmasken. Im Buch Henoch heißt es, große Männer, deren Angesicht gleich der Sonne leuchtet, mit Augen wie brennende Fackeln und an den Armen goldene Fittiche, seien vom Himmel auf die Erde herabgestiegen, Feuer habe aus ihrem Munde gesprüht und ihre Kleider wären wie Schaum gewesen (B 50.37.39).

Am Indian Creek bei Moab im Staate Utah, USA, sieht man auf vorzeitlichen Felsmalereien neben Tieren und Jägern zwar menschenähnliche, jedoch überlebensgroße, springend oder schwebend erscheinende Gestalten, die hier gekrümmte Hörner, dort an Antennen erinnernde Geräte auf den Köpfen tragen (B 50.40). Der

Umstand, daß die Götter Masken trugen, kann durchaus als ein Indiz dafür gelten, daß sie nicht von dieser Erde stammten; auch bietet sich hier eine Erklärung dafür an, weshalb sie die dünnere Luft hoher Berge der dichteren Atmosphäre des Tieflandes vorzogen. Im übrigen hatte Plato im Phaidon — wer weiß, woher ihm die Kenntnis kam — klar und deutlich gesagt, auf dem Gestirn der Götter sei die Atemluft gleich der unseres Äthers, der Äther dort oben aber um vieles dünner, als wir es uns vorzustellen vermögen. Wenn es sich so verhält — andere Völker, die Polynesier zum Beispiel sagen ein Gleiches aus —, dann erklären sich hieraus nicht nur die Verschiedenheiten des menschlichen Blutes von dem der Götter, sondern auch andere Eigenheiten, durch die sie sich von den Irdischen unterschieden: ihre größere Kraft, der leichtere, schwebende Gang, die ein wenig hastigen, unbeherrschten Bewegungen der Füße und Schenkel, an denen sie manchmal erkannt wurden, ihre weiten Sprünge, möglicherweise auch ihre Fliegerei (B 50.164).

Nach verschiedenen Berichten scheinen nicht nur die Außerirdischen, sondern auch die Eingeborenen fliegende Schiffe besessen zu haben. Die Sif'ala, eine etwa 7 000 Jahre alte Sammlung chaldäischer Schriften, enthält geradezu detaillierte Bauanweisungen für eine „Fliegende Untertasse". Der Text umfaßt Informationen über „Gleitwinkel, Kupferdrahtspulen, Luftstabilität, Schwingkreise, Kristallindikatoren und Gleichgewicht". Ebenso wird erwähnt, daß die „Kristallflächen" während des Fluges die Farben wechselten, ein von heutigen UFO-Beobachtern übereinstimmend berichtetes Phänomen (B 61.102/103).

Kaiser Tschun, der vor 4 200 Jahren über China herrschte, soll einen fliegenden Wagen konstruiert haben und zugleich der erste Fallschirmspringer gewesen sein. In dem Buch „Reise in die Unendlichkeit" berichtet der große chinesische Denker Tschuang Tzu im 3. Jahrhundert v. Chr., wie er auf dem Rücken eines märchenhaften, ungeheuer großen Vogels 52 300 Kilometer weit in den Weltraum hineinflog (B 87.104,105).

Im uralten Sanskrit-Manuskript „Samarangana Sutradhara" findet man 230 Strophen allein über Anweisungen und Prinzipien zum Bau von Luftschiffen, den sogenannten „Vimanas". Die eigentlichen Baupläne wurden jedoch geheimgehalten, um ihren Mißbrauch durch die Öffentlichkeit zu verhindern. Eindeutig heißt es in diesem Manuskript: „Mit Hilfe dieser Maschinen können Menschen in die Lüfte fliegen, und himmlische Wesen können auf die Erde kommen." An anderer Stelle steht, daß einige Vimanas sich bis in ferne Sternenregionen (Naksatramandala) erheben könnten (Z 16.70.9. 784).

Im Auftrag der US-Weltraumbehörde verfaßte Frau Professor Ruth Reyna einen Bericht, der die indischen Sanskrit-Texte zu deuten versuchte. Nach Angaben von Frau Dr. Reyna starteten die Inder um 3 000 v. d. Z. zu regelrechten Weltraumflügen, um sich vor einer drohenden Sintflut auf die Venus zu retten (B 20.234). Weitere Beschreibungen der Vimanas finden sich auch in den brahmanischen Veden-Schriften. Im Ramayana werden die „Vimanas" als doppeldeckige runde Luftfahrzeuge mit Bullaugen und einer Kuppel geschildert. Sie flogen mit der „Geschwindigkeit des Windes" und gaben einen „melodischen Laut" von sich. Ihre Konstruktion bestand aus insgesamt 16 Leichtmetallen. Angetrieben wurden sie von einer gelblich-weißen Flüssigkeit, u. a. auch durch Quecksilber (B 88.144) (B 10.43). Anscheinend konnten die Luftfahrzeuge am Himmel aufgehalten, ja sogar unsichtbar gemacht werden und waren mit Instrumenten ausgerüstet, mit denen man auch schon aus großer Entfernung die Anwesenheit feindlicher Maschinen feststellen konnte. Zu dieser Feststellung gelangt die Internationale Akademie für Sanskritforschung in Mysore (B 52.42).

Auch im Samar, einem anderen indischen Text, werden wohlgefügte, glatte eiserne Maschinen mit einer Quecksilberladung erwähnt, die mit Brausen und rückwärts Flammen speiend entwichen. Vielleicht lieferten russische Forscher hierzu einen ersten konkreten Hinweis, als sie in den Höhlen Turkestans und der Wüste Gobi Halbkugeln aus Keramik oder Glas entdeckten. Diese laufen jeweils in einen Kegel aus, in dem ein Tropfen Quecksilber enthalten ist (B 53.68). Daß dieses Metall durchaus als Treibstoff für Raumschiffe zu verwenden ist, zeigen die neuesten Forschungsergebnisse. So werden schon seit Jahren in amerikanischen wie auch europäischen Raumfahrtzentren sogenannte Quecksilber-Ionen-Motore getestet. Diese elektrostatischen Triebwerke erscheinen heute als wirtschaftlichste Lösung für interplanetare Missionen.

Offenbar gab es zu alten Zeiten jedoch auch einfachere, propellergetriebene Flugzeuge. In einem Fragment der Geschichte Phöniziens wird eine Schlange mit folgenden Eigenschaften geschildert: „Sie hat eine Geschwindigkeit, die auf Grund ihres Atems nichts übertreffen kann. Sie verleiht den Spiralen, die sie bei ihrer Fortbewegung beschreibt, jede beliebige Geschwindigkeit ... Ihre Energie ist außergewöhnlich. Sie wird mit einem Sperberkopf dargestellt ... Mit ihrem Glanz hat sie alles beleuchtet ..." (B 12.37)

Aus dem brasilianischen Dschungel können wir Geschichten hören, deren Protagonisten „fliegende Fremdlinge" und „Zauberer auf fliegenden Booten" sind. Oberst A. Braghine, Verfasser einer hervorragenden Studie über Atlantis, schreibt: „Ich habe im Staate San Salvador, in Mittelamerika, in einer privaten Sammlung eine Tonschale mit eingekratzten Zeichnungen gesehen. Diese stellen eine Gruppe von Palmen dar und darüber Menschen, die in merkwürdigen Maschinen fliegen, welche einen Schweif von Flammen und Rauch nach sich ziehen. Die angesehene Amerikanistin Osborne glaubt, daß diese Schale aus einer sehr frühen Zeit stammt, als Mittelamerika eine hohe Kultur besaß und daß die Zeichnungen tatsächlich den Gebrauch von Flugmaschinen darstellen." (B 7.214)

In Homers Odyssee (Übersetzung von J. H. Voss) heißt es von den Schiffen der „Phäaken", daß sie aus glänzendem Metall waren, ohne Segel und pfeilschnell gegen den Wind fuhren und auch bei Nacht und Nebel ihr Ziel fanden. Mit einem solchen Schiff brachten die Phäaken angeblich den an ihrer Insel gestrandeten Odysseus in einer einzigen Nacht und über Hunderte von Kilometern nach Ithaka (Z 16.73.3.216).

In späteren Zeiten scheint das Geheimnis der Vimanas, die sich zu Luft, Wasser und Land aus eigener Antriebskraft bewegen konnten, wieder in Vergessenheit geraten zu sein. Daher löste ein plötzliches Auftauchen ähnlicher Flugapparate unbekannter Mächte stets ziemliche Bestürzung aus. So beschreibt ein Historiker Alexanders des Großen (356—323 v. Chr.) u. a. zwei seltsame Flugapparate, die mehrmals auf die Armee des Königs herunterstießen, bis sowohl die Soldaten als auch die Kriegselefanten und Pferde so in Panik gerieten, daß sie sich weigerten, einen Fluß zu überqueren. Die Apparate werden als „große, glänzende silberne Schilde beschrieben, aus denen Feuer sprühte, die vom Himmel kamen und zu ihm zurückkehrten ...". Auch aus der Römerzeit gibt es eine Vielzahl von Berichten über merkwürdige Objekte am Himmel. So schreibt Cicero in „De Divinatione": „Wie oft hat unser Senat den Dezemvirn empfohlen, das Buch der Sibyllen zu befragen, als die zwei Sonnen erschienen oder die drei Monde und als man Feuerflammen am Himmel sah. Oder damals, als die Sonne in der Nacht schien und man Lärm am Himmel hörte und der Himmel auseinanderzubrechen schien, während man merkwürdige Kugeln sah." Lycosthenes schreibt in Obsequens, Prodigorium Libellus, Kap. 31. bzw. Livius, Buch 21, Kap. 62 und Buch 22, Kap. 1 — 218 v. Chr.: „Im Bezirk Amiterno wurden an vielen Stellen Männer in weißen Gewändern, von weither gekommen, gesehen. Der Strahlkreis der Sonne wurde kleiner. Bei Praeneste kamen glühende Lampen vom Himmel, bei Arpi hing ein Schild am Himmel, der Mond mit der Sonne, und während der Nacht sah man zwei Monde. Phantomschiffe erschienen am Himmel." (Z 16.70.8.715)

175 v. Chr.: „Drei Sonnen schienen gleichzeitig. In jener Nacht glitten Sterne über den Himmel von Lanuvium." (Obsequens, Kap. 66)

91 v. Chr.: „Bei Spoleti fiel ein goldener Feuerball auf die Erde und wurde größer. Er schien sich dann wieder vom Boden in östlicher Richtung zu erheben und war groß genug, um die Sonnen zu verdunkeln." (Obsequens, Kap. 114)

85 v. Chr.: „Während Lucius Valerius und Gaius Marius Konsuln waren, flog ein brennender Schild, der Funken ausstieß, über den Himmel." (Plinius, Naturgeschichte, Buch II, Kap. 34)

Julius Obsequens berichtet insgesamt über 63 himmlische Phänomene, Livius von 30, Plinius 26, Dio Cassius 14, Cicero 9. Der Historiker Lycosthenes schrieb 1552 in einer Zusammenstellung von 59 Himmelserscheinungen zu römischen Zeiten (Z 18.63.1/2) (Z 17. 64.12.62 ff.).

Als Zeugnis für die große Bedeutung, die man derlei Beobachtungen beimaß, sei nur darauf hingewiesen, daß der Kaiser Pertinax während seiner nur dreimonatigen Regierungszeit verschiedene Münzen prägen ließ, auf denen nicht irgendein Stern dargestellt war (das war ein Motiv, dessen man sich häufig bediente, wenn es übernatürliche Ereignisse zu verewigen galt), sondern eine richtige Kugel mit Antennen, die denen unserer ersten künstlichen Satelliten glichen. Zahlreiche Experten kamen nach sorgfältiger Untersuchung der Münze übereinstimmend zu dem Ergebnis, der dargestellte Gegenstand könne weder die Sonne noch der Mond noch irgendein anderer Himmelskörper sein. Diese Sicherheit ist darauf zurückzuführen, daß die vier Strahlen der Kugel ganz anders verteilt sind, als es bei den gewöhnlichen Darstellungen von Gestirnen zu sein pflegt. Die fragliche Münze kann man im historisch-archäologischen Museum „Federico Eusebio" in Alba, Provinz Cuneo (Italien), besichtigen (B 52.68).

Beda Venerabilis, der Benediktinermönch von Wearmouth und „Vater der englischen Geschichte", der von 672 (oder 673) bis 735 lebte, berichtete in seiner Historia Ecclesiastica Gentis Anglorum über fünf verschiedene Erscheinungen von Flugobjekten. Gregor von Tours schrieb in der Historia Francorum: „Eine ziemlich hell leuchtende Kugel flog im Jahr 583 über das französische Gebiet"; in den Annales Laurissenses heißt es: „776 schienen fliegende Schilde die Sachsen zu führen, während sie die Ritter Karls des Großen in Sigiburg belagerten." In den Flores Historiarum des Benediktinermönchs Roger von Wendover steht: „Im Jahr 796 sah man in verschiedenen Teilen Englands kleine Kugeln um die Sonne kreisen." (B 52.72)

Der Abt Montfaucon de Villars erzählt eine merkwürdige Geschichte zur Zeit Karls des Großen in seinem Buch „Le Comte de Gabalis": „Da den Luftwesen klar geworden war, welche Erregung in das niedere Volk gefahren und welche Feindseligkeit aufgekommen war, gerieten sie dergestalt aus der Fassung, daß sie mit ihrem größten Schiff landeten, einige von den besten Frauen und Männern an Bord holten, um sie zu belehren und die böse Meinung der Leute zu widerlegen ... als jedoch diese Frauen und Männer wieder auf die Erde zurückkamen, wurden sie als dämonische Wesen betrachtet, die gekommen waren, um Gift auf die Saaten zu streuen; man nahm sie daher eiligst gefangen, und nach den gräßlichsten Folterungen, die für die teuflische Künste Ausübenden vorgesehen waren, richtete man sie hin ... Die Zahl der Unglückseligen, die durch Feuer und Wasser hingerichtet wurden, war sehr hoch ..." (B 52.73)

Gervase von Tilbury berichtet in Otto Imperalia, Buch I, Kap. III, von einem Luftschiff, das 1270 über einer Kirche in Bristol, England, geschwebt haben soll. Von diesem Flugobjekt hing ein langes Seil herunter, an dessen Ende ein Anker befestigt war, der sich im Gebälk des Kirchturmes verfangen hatte. Plötzlich schrie die erstaunte Menge auf, als ein kleines Männchen aus dem Luftschiff herauskam, sich an dem Seil herunterließ und unsanft auf dem Boden landete. Die Menge stürzte sich sofort auf das nach Luft japsende Wesen und glaubte, es mit einem Dämon des Teufels zu tun zu haben. Seine Gefährten im Flugobjekt kappten daraufhin das Seil und schwebten, ohne länger zu warten, in den Himmel davon. Gervase von Tilbury erwähnt in seinem Bericht weiter, daß der winzige Mann schließlich erstickt sei, weil er unsere Luft nicht atmen konnte (B 61.106 ff.).

Lycosthenes berichtet, daß 1105, vor der Zerstörung und Eroberung Nürnbergs durch Heinrich IV., am Himmel zwei Bälle erschienen, die, in Gestalt und Leuchtkraft der Sonne ähnlich, in sämtlichen Farben strahlten. Über eine merkwürdige Formveränderung berichtet der gleiche Chronist aus dem Jahre 1250: „Ein wundervoller heißer Lichtstrahl von großem Ausmaß fällt bei Erfurt plötzlich vom Himmel herab zum Boden und verwüstet manche Stellen. Dann dreht er sich und steigt himmelwärts, worauf er eine runde Form annimmt." (Z 58.65.112.3)

1548 scheint über Thüringen eine flammende Kugel explodiert zu sein, wobei sie eine geronnenem Blut ähnliche Substanz fallen ließ; 1557 wurde Wien von seltsam leuchtenden Gegenständen überflogen, und im gleichen Jahr erschienen über Polen Objekte, die man „Grüne Sonnen" und „Rote Sonnen" genannt hat; „fliegende Drachen" und „glühende Scheiben" brachten ganz Nürnberg aus der Fassung. 1558 muß nichts Geringeres als ein Kampf zwischen zwei runden Gebilden stattgefunden haben, die über dem heutigen Österreich kreisten; über Zürich zogen „drei Sonnen" vorbei, nach anderen Zeugenberichten waren es „drei leuchtende Kreise". Im Rathaus der Stadt sind einige Drucke des Kupferstechers Wieck aufbewahrt, auf denen die Erscheinungen zahlreicher „fliegender Teller", die von 1547 bis 1558 gesichtet wurden, abgebildet sind. Zusammenstöße und Brände seltsamer Maschinen scheinen am 14. April 1561 abermals bei Nürnberg passiert zu sein (die Chroniken sprechen von „schwarzen, weißen, roten und blauen Scheiben" und von zwei spindelförmigen Gegenständen); am 7. August 1566 erlebte Basel den Durchflug eines ganzen Schwarmes schwarzer rundlicher Gebilde, die sich mit unglaublicher Geschwindigkeit auf die Sonne zu bewegten; und 1967 sprach man ohne Zaudern von einer „hell leuchtenden, kreisförmigen Maschine mit einer Kugel in der Mitte", die langsam über Hamburg und verschiedene andere norddeutsche Städte flog (B 52.75). Am 9. 8. 1762 beobachteten die Astronomen de Rostan und Croste, wie ein ungeheurer spindelförmiger Gegenstand, umgeben von einem glühenden Außenring, die Sonnenscheibe passierte (B 56.28). Am 17. 6. 1777 entdeckte der französische Astronom Charles Messier eine große Anzahl dunkler, runder Scheiben am Himmel. „Das war noch vor dem Aufstieg der ersten Ballons der Brüder Montgolfier 1783." (Z 61.5.76)

Ebenfalls im 18. Jahrhundert schrieb der Graf von St. Germain „La très sainte trinosophie", die in der Bibliothek von Troyes liegt. Dieses Dokument enthält symbolische Illustrationen und einen rätselhaften Text. Im 5. Abschnitt stehen die merkwürdigen Sätze: „Die Geschwindigkeit, mit der wir durch den Raum jagten, läßt sich mit nichts anderem als sich selber vergleichen. In einem Augenblick hatte ich die Sicht auf die unten liegenden Ebenen verloren. Die Erde schien mir nur noch wie eine verschwommene Wolke. Man hatte mich zu riesiger Höhe emporgehoben. Eine ganze Weile zog ich durch den Weltraum dahin. Ich sah Himmelskörper um mich herum sich drehen und Erdkugeln zu meinen Füßen versinken." Man braucht nicht viel Phantasie, um in diesem Abschnitt einen Bericht über einen langen Raumflug zu erkennen, bei dem die Erde so klein wird, wie sie auch den Leuten der Apollo-Raumschiffe erschien. Aber St. Germain muß über den Mond hinaus vorgestoßen sein, da er die Planeten erreicht zu haben scheint (B 88. 197).

Anfang des 19. Jahrhunderts, am 18. 4. 1808 wird Herr Simondi, der Sekretär des Friedensrichters von Torre Pellice in Piemont, von einem scharfen Summen, das keine Anstalten macht aufzuhören, aus dem Schlaf geweckt. Er schaut zum Fenster hinaus und sieht, wie sich auf der gegenüberliegenden Wiese eine leuchtende Scheibe erhebt, die sich mit phantastischer Geschwindigkeit in den Himmel entfernt (B 52.76).

Am 7. 9. 1820 werden in Embrun, Südostfrankreich, Flugobjekte beobachtet, die in bewundernswert geschlossener Formation über der Stadt kreuzen. Sie fliegen erst in gerader Linie, drehen dann im rechten Winkel ab, wobei sie ihre Formation genau beibehalten. Am 12. Januar 1836 schwebt ein großes, leuchtendes Schiff über der Stadt Cherbourg, Frankreich. Es dreht sich um seine eigene Achse, hat scheinbar ein Loch in der Mitte und gleicht einem Pfannkuchen. Am 4. 10. 1844 berichtet der Astronom Glaisher von leuchtenden Scheiben, „die schnell-flimmernde Lichtwellen aussenden". (B 56.29. 30)

Am 18. 6. 1845 wird ein merkwürdiger Vorfall auf hoher See berichtet: Drei leuchtende Scheiben steigen aus der See auf und sind zehn Minuten lang sichtbar, eine halbe Meile von dem Dampfer „Victoria" entfernt (36° 40' nördlicher Breite, 13° 44' östlicher Länge). Sie seien fünfmal so groß gewesen wie der Mond, und es habe ausgesehen, als seien sie durch Lichtstrahlen miteinander verbunden gewesen. Dieses Phänomen ist von verschiedenen Beobachtern zu gleicher Zeit in einem Umkreis von etwa 1 500 Kilometern beobachtet worden. 1846 wird aus Lowell, USA, von einer leuchtenden fliegenden Scheibe berichtet, von der ein Klumpen stinkender gallertartiger Masse niederfiel, der einen Durchmesser von etwa 1 1/2 Meter hatte und 442 Pfund wog (B 56.31).

Am 15. August 1854 stand die kleine polnische Stadt Jaroslau ganz im Zeichen einer merkwürdigen UFO-Erscheinung, wie es folgende Zeitungsmeldung beweist: „Der aufgehende Mond neigte sich einmal nach rechts, dann wieder nach links, und er schaukelte weiter, mit ungeheurer Geschwindigkeit bis zum Horizont herab, um bald mit derselben Geschwindigkeit wieder bis zur zuvor erreichten Höhe aufzusteigen." (B 12.20). Am 6. 4. 1856 sichtet Dr. Dussort einen schwarzen fliegenden „Torpedo", an dem einen Ende rundlich, an dem andern spitz. Beim Überfliegen ist ein tiefer melodischer pfeifender Klang hörbar (B 56.33).

Am 14. 8. 1863 erschien in der Gaceta de Madrid folgende Notiz: „Eine Art leuchtender Scheiben von rötlicher Färbung mit einer Flammenkugel darüber wurde vorgestern abend gen Osten über Madrid erblickt. Anfangs glaubte man, es handele sich um einen Kometen. Nachdem die Scheibe lange Zeit unbeweglich gestanden hatte, bewegte sie sich schnell waagrecht und senkrecht nach verschiedenen Richtungen." Am 26. September 1870 schilderte die Londoner Times ihren Lesern den Vorbeiflug eines seltsamen Objektes vor dem Mond: eine Art „elliptisches Schiff", das mit etwas, das wie ein Schwanz aussah, ausgestattet und 30 Sekunden lang vor dem Hintergrund der Mondscheibe zu erkennen war (B 14.366).

Am 1. 8. 1871 schwebt eine gewaltige Scheibe über Marseille um 22.43 Uhr; bis 22.52 Uhr steht sie still, sie bewegt sich dann sieben Minuten lang in nördlicher Richtung, um 23.03 ist sie verschwunden. Zu jener Zeit steht der Planet Venus in Erdnähe. Am 29. 8. 1871 berichtet der Astronom Trouvelet von einer Formation ganz verschiedenartiger Flugobjekte; einige seien dreieckig, andere rund, wieder andere vieleckig. Manche bewegen sich langsam, manche schneller. Eines der Objekte schien manövrierunfähig zu sein, es stürzte zu Boden und zerschellte. Beim Sturz schwenkte es hin und her wie eine Scheibe, die durch Wasser in die Tiefe fällt oder wie eine sich drehende Scheibe, die plötzlich ihre Antriebskraft verliert. Am 6. 7. 1874 wird über Oaxaca in Mexico ein ungeheures „trompetenförmiges" Objekt gesehen. Seine Länge wird von Beobachtern auf 130 Meter geschätzt. Es verharrt sechs Minuten lang, leicht hin- und herschwingend am Himmel. Im Januar 1878 tauchte zum ersten Mal das Wort „Untertasse“ auf, als der Farmer John Martin ein Objekt beschrieb, das über seinem Grundstück in Denison/Texas erschienen war (B 56.34 ff.) (B 117.33).

Am 13. April 1879 berichtet das Kriegsschiff „Vulture“ aus dem Persischen Golf an die Admiralität: „Es wurden zwei gewaltige, leuchtende, sich drehende Räder beobachtet, die sich knapp über der Wasseroberfläche bewegten, dann langsam ins Wasser versanken und in der Tiefe verschwanden.“ Am 30. September 1886 bewegt sich in Yloilo eine riesige leuchtende Scheibe in der Größe des Vollmondes gemessen nordwärts, begleitet von einer Formation ähnlicher oder kleinerer Gebilde. Am 12. November 1887 erhebt sich eine gewaltige feurige, kreisrunde Scheibe aus der See in der Nähe von Cap Rayce; sie bewegt sich gegen den Wind, nahe dem britischen Schiff „Siberian“; dann verschwindet sie wieder. Fünf Minuten lang bleibt sie sichtbar. Der Kapitän sagt aus, daß er eine ähnliche Begebenheit schon einmal an derselben Stelle sah (B 56. 37,39).

Am 25. Mai 1893 sichtet man auf dem Schiff „Caroline“ zwischen Schanghai und Japan Formationen langsam in nördlicher Richtung fliegender Scheiben. Sie fliegen zwischen dem Schiff und einem 2000 Meter hohen Berg hindurch. Beobachter mit Teleskop stellen fest, daß sie rot gefärbt sind und braune Rauchspuren hinterlassen. Dauer der Beobachtung: Zwei Stunden (B 56.40).

Im April 1897 meldeten Tausende aufgeregter Bürger in ganz Amerika, sie hätten über ihren Städten große Luftschiffe gesichtet, die teilweise mit mächtigen Scheinwerfern den Boden taghell erleuchteten. Einige wollen sogar deren Piloten getroffen und gesprochen haben. Der Journalist John Keel prüfte 126 dieser Presse-Berichte, die aus 14 verschiedenen US-Staaten stammten und bis heute keine Erklärung fanden. Denn derartige Luftschiffe wurden erst um die Jahrhundertwende in Europa durch Graf Zeppelin eingeführt (B 117.33.91.102 f.).

Im Jahre 1908 befand sich das englische Schiff „Le Mohican“ unter dem Kommando des Kapitäns Urghart in der Nähe der Küste von Delaware auf der Fahrt nach Philadelphia, als es von einer leuchtenden Wolke eingehüllt wurde, die alles an Bord magnetisierte. Man stellte fest, daß die Magnetnadel vollkommen gestört war. Als die Matrosen versuchten, die Ketten auf der metallischen Brücke zu bewegen, haftete diese fest an. Die Wolke erhob sich wieder und wurde einige Zeit über dem Meer beobachtet. Am 12.

August 1910 meldet der holländische Dampfer „Valentijn“ aus den chinesischen Gewässern: „Waagrecht liegendes glühendes Rad in raschen Drehbewegungen knapp oberhalb des Wassers.“ (B 56.45)

Während des Ersten Weltkrieges hat Oswald Eifler, oberschlesischer Heimatdichter, ein untertassenähnliches Objekt beobachtet. Er schreibt: „Im Sommer 1915 war ich als Angehöriger des deutschen Feldlazaretts Nr. 1 in der Knabenschule Lunéville untergebracht, als mich ein leichtverletzter Offizier unerwartet herausrief und mir eine Scheibe zeigte, die dauernd am selben Ort am Himmel stand. Auch hohe Offiziere kamen hinzu und drückten ihr Staunen und ihre Bewunderung aus. Mit dem Feldstecher konnten Kugeln in dem tellerförmigen Objekt wahrgenommen werden. Wir hatten den Eindruck, von den Piloten des unerklärlichen Dings auf das genaueste beobachtet zu werden (Z 11.57.16/17,21).

Bei einer Expedition in Innerasien im Juli 1922 sahen die Expeditionsteilnehmer einen Diskus am Himmel fliegen, der eigenartige Manöver ausführte. Prof. Roerich, Leiter der Expedition, sowie sein Sohn betrachteten dieses Objekt mit Ferngläsern und beschrieben es als glänzende metallische Scheibe (B 87.48).

Die Fülle derartiger Berichte, die bis in die Neuzeit hineinreichen, scheint in überraschender Weise die alten Sagen und Mythen von den fliegenden Schiffen zu bestätigen. Viele Erzählungen deuten sogar daraufhin, daß die ersten Hochkulturen dieser Erde bereits verschiedene Arten von Flugmaschinen kannten, deren Konstruktionstechnik später in Vergessenheit geriet. Ob unsere Vorfahren allerdings das gesamte technische „know how“ zum Bau dieser Luft- und Raumfahrzeuge selbst entwickelt haben, erscheint uns sehr fraglich. Dr. Adrian Clark, eine anerkannte Autorität auf dem Gebiet des Raumschiffs- und Raketenantriebs, vertritt in seinem Buch „Kosmische Mysterien des Universums“ die Ansicht, daß die frühgeschichtliche Menschheit unter Anleitung exterritorialer Wesen von unübertroffener Intelligenz gewesen sein könnte. Sollte sich diese Vermutung in Zukunft weiter erhärten lassen, dann müssen wir die geschichtliche Entwicklung unserer Kulturen völlig neu überdenken. Vor allem aber drängt sich uns die neugierige Frage auf, ob die in den letzten zweieinhalb Jahrzehnten in aller Welt gesichteten unbekannten Flugobjekte auf ein erneutes Auftauchen außerirdischer Zivilisationen hindeuten. Eine wachsende Zahl ernst zu nehmender Wissenschaftler in Ost und West scheint heute bereits glaubhafte Argumente für diese Annahme gefunden zu haben.

Die Erforschung unbekannter Flugobjekte

„Wir Menschen des 20. Jahrhunderts sind angesichts der fliegenden Untertassen vielleicht in der psychologischen Situation der südamerikanischen Indianer, die zum ersten Male Gewehre sahen, oder in der Situation der ersten Schwarzen Afrikas, die Flugzeuge erblickten."

Henry Daniels-Rops
Ouest-France, 19. 9. 1963

„Wichtig ist es für uns, daß wir uns jeder vorgefaßten Meinung über die UFOs enthalten und auf weltweiter Ebene eine nüchterne, sensationsfreie und rein wissenschaftliche Erforschung dieses seltsamen Phänomens in Angriff nehmen. Der Gegenstand und die Ziele der Forschung sind so wichtig, daß sie jegliche Anstrengung rechtfertigen. Es bedarf keiner Erläuterung, daß eine internationale Zusammenarbeit notwendig ist."

Dr. Felix Zigel, Professor am Moskauer Luftfahrtinstitut, in „Soviet Life" Nr. 2, Febr. 68

Die auf zahllose historische und mythische Berichte gestützte These, daß Astronauten fremder Planeten einst die Erde besucht haben, ist vor allem durch die internationalen Bestseller „Erinnerungen an die Zukunft" und „Zurück zu den Sternen" des Autors Erich von Däniken verbreitet worden. Wenngleich Däniken in seinen Spekulationen zuweilen etwas voreilig ist und als „Sonntagsforscher" keine wissenschaftliche Anerkennung zu erwarten hat, haben seine Thesen doch viele Denkanstöße vermittelt und auch in gelehrten Kreisen lebhafte Resonanz ausgelöst. Nach einer repräsentativen Umfrage kennen zwei von drei Deutschen die Ansichten Erich von Dänikens. Fast jeder vierte Deutsche hält sie für wahrscheinlich (Z 58.71.174.6).

Dieser verhältnismäßig große Prozentsatz positiver Stellungnahmen ist wohl auch darauf zurückzuführen, daß Dänikens These spätestens seit der Landung der Amerikaner auf dem Mond zumindest „denkbar" geworden ist. Hinzu kommt, daß seit Ende des letzten Weltkrieges eine Flut von Pressemeldungen aus aller Welt über angeblich intelligent gesteuerte außerirdische Flugobjekte erschienen ist. Der erste im Jahr 1947 veröffentlichte Bericht stammt aus der Los Angeles Times:

Ein Amateurpilot, Kenneth Arnold, berichtete am 24. 6. 47, daß er über dem westlichen Washington neun riesige glühende Scheiben beobachtet habe, die mit einer Geschwindigkeit von etwa 1 500 km in der Stunde und einer Höhe von 3 000 m flogen. Er beschrieb sie als leuchtend und „saucer-like". Von diesem Vergleich stammt der Name „Flying Saucers" = „Fliegende Untertassen", der seither diesen umstrittenen Erscheinungen als ein etwas lächerliches Etikett anhaftet (Z 66.59.1.32).

Das Allensbacher Institut für Demoskopie hat in einer repräsentativen Umfrage 1954 ermittelt, daß 89 % der westdeutschen Bevölkerung schon etwas von den „Fliegenden Untertassen" gehört haben; 39 % der Befragten waren der Meinung, die UFOs kämen von der Erde, 19 % glaubten, sie kämen aus dem Weltraum, während 12 % erklärten, es gäbe keine Fliegenden Untertassen, und 11 % nichts von ihnen gehört hatten. Dabei glaubt (im Jahre 1954) ein erheblicher Teil der Bevölkerung (42 %), daß es auf anderen Sternen auch Menschen oder denkende Lebewesen gibt (Z 66.59.1.39).

Eine 1959 vom Institut für Grenzgebiete der Psychologie und Psychohygiene in Freiburg durchgeführte kleinere Umfrage unter 85 Personen (Studenten und Nicht-Akademikern, männliche und weibliche je zur Hälfte) zeigte folgendes Ergebnis: Sämtliche Versuchspersonen hatten schon einmal etwas von UFOs gehört, und zwar waren sie zu 92 % durch Berichte aus der Tagespresse informiert worden. Jeder zweite hatte mit Bekannten schon über diese Frage gesprochen und jeder zehnte ein Buch über UFOs gelesen. Nur ein Viertel der Befragten fand diese Berichte belanglos oder lächerlich, zwei Drittel fand sie interessant und der Rest „geheimnisvoll". Daß es sich bei den UFOs möglicherweise um reale unbekannte Flugobjekte handeln könnte, räumen drei Viertel der Befragten ein, nur jeder fünfte hält ihre Existenz für ausgeschlossen (Z 66.59.1.39,40).

Eine im Herbst 1973 in den USA neuerlich durchgeführte Umfrage des amerikanischen Gallup-Institutes erbrachte folgende Resultate:

Abbildung 8 rechts oben, Abbildung 9 rechts unten

Abstieg vom Faulhorn bei Grindelwald

aufgenommen von Frau A. Hellmann, Basel, am 3. 9. 1961 um 14.30 Uhr in 2000 Meter Höhe.

Am oberen Bildrand sind drei undeutliche Punkte zu erkennen, deren Vergrößerung sich als kreisförmige Objekte erweisen. Handelt es sich um eine unbekannte Raumstation?

8

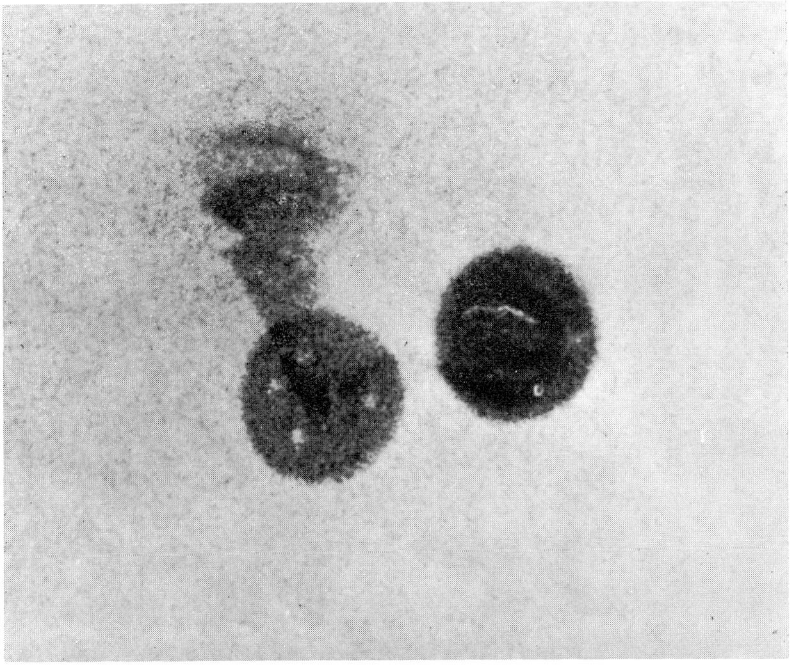
9

95 Prozent aller Befragten erklärten, schon von UFOs gehört zu haben;

52 Prozent aller Befragten gaben ihrer Überzeugung Ausdruck, daß UFOs wirklich existieren und nicht nur eine Fiktion menschlicher Phantasie sind;

11 Prozent aller Befragten behaupteten, selbst bereits ein UFO gesehen zu haben.

Bei einer gleichen Umfrage im Jahre 1966 betrug der entsprechende Wert bei Punkt 3 weniger als die Hälfte, nämlich 5 Prozent aller Befragten (Z 16.74.4.337).

Besonders viele UFO-Beobachtungen wurden auch aus Lateinamerika gemeldet. Hunderte von Argentiniern — darunter ein Astronomie-Professor, ein Ex-Gouverneur, Ärzte, Ingenieure und Lehrer — erspähten fliegende Untertassen über ihrem etwa 4000 Kilometer langgestreckten Land. Eine Meinungsumfrage im Auftrage der Medizinischen Fakultät in Buenos Aires ergab, daß 90 Prozent der Befragten eines repräsentativen Bevölkerungsquerschnitts „UFOs" für eine Realität halten. 70 Prozent aller Befragten erklärten, sie würden aus Neugier jede Gelegenheit wahrnehmen, um mit Besatzungen von „UFOs" Kontakt aufzunehmen (Z 10.68.42.180) (Z 83.7. Sept. 1968).

Der große Bekanntheitsgrad der „Fliegenden Untertassen" geht zweifellos auf die starke publizistische Beachtung dieses Themas in den letzten 25 Jahren zurück. So brachten die führenden Zeitungen der USA allein im Jahre 1952 insgesamt mehr als 16 000 Artikel über UFOs. Im Auftrag des Forschungsinstitutes der US-Luftwaffe und des Bundesamtes für Weltraumfahrt hat die Chefbibliothekarin des US-Kongresses inzwischen eine Bibliographie zum Thema der UFOs veröffentlicht, in der auf 390 Seiten in 39 Abteilungen über 1 000 Titel genannt werden. „Ufos and Related Subjects: An Annotated Bibliography" von Lynn E. Catoe, Kongreß-Bibliothek, Abt. Wissenschaft und Technik, 412 S., 3,50 Dollar.

Abbildung 10

Fliegende Zigarre in Peru

Ein peruanischer Farmer schoß 1952 diese Aufnahme mit einem „zigarrenförmigen Objekt" über den Dschungeln des Madro de Dios-Flusses. Er schätzte die Geschwindigkeit des Objektes auf 600 Stundenkilometer. Es scheint sich um kein bekanntes Flugzeug zu handeln, zumal sich in der ziemlich niedrigen Höhe keine Kondensstreifen bilden würden. Das Bild wurde von dem Herausgeber der Zeitschrift „Saucers", James Moseley, in Südamerika erworben und soll authentisch sein.

Das amerikanische „Industrial Research Magazine", das mit einer Auflage von 90 000 von ungefähr 360 000 Wissenschaftlern und Ingenieuren gelesen wird (mehr als 27 % besitzen den Doktortitel), veröffentlichte in seiner Ausgabe vom April 1971 das Ergebnis einer Meinungsumfrage über UFOs. Darin wird unter der Überschrift „Es ist wahrscheinlich, daß UFOs existieren" folgendes festgestellt:

„Unidentifizierte Flugobjekte werden von den technisch Gebildeten nicht so auf die leichte Schulter genommen wie von Regierungsstellen und Studien-Ausschüssen. 54 % vertraten die Meinung, daß UFOs existieren. Lediglich 31 % waren der Ansicht, daß sie nicht existieren. Die weitaus meisten Teilnehmer an der Meinungsbefragung nehmen an, daß die Regierung Informationen über UFOs zurückhält, und 80 % behaupten, daß der Condon-Bericht nicht endgültig sei. Ein überraschend hoher Prozentsatz, nämlich 32 % der Teilnehmer, nehmen an, daß UFOs aus dem Weltraum kommen, 27 % geben natürliche Phänomene als Ursache an, und lediglich 0,6 % betrachten UFOs als technische Entwicklung von Ländern hinter dem Eisernen Vorhang.

Die Ergebnisse der Meinungsbefragung vom Januar 1971, zu der 2700 Antworten eingegangen sind, zeigt die nachstehende Tabelle.

Frage 1: „Sind Sie der Meinung, daß UFOs existieren?"

Ganz bestimmt, ja	20 %
Wahrscheinlich	34 %
Unschlüssig	15 %
Wahrscheinlich nicht	23 %
Ganz bestimmt nicht	8 %

Frage 2: „Kennen Sie jemand, der behauptet, ein UFO gesehen zu haben?"

Ja	36 %
Nein	64 %

Frage 3: „Haben Sie selbst jemals ein UFO beobachtet?"

Ja	8 %
Nein	78 %
Vielleicht	14 %

Frage 4: „Sind Sie der Ansicht, daß die meisten Personen, die ein UFO sichten, diese Beobachtung an Behörden melden?"

Die meisten erstatten Meldung	15 %
Einige erstatten Meldung	49 %
Nur wenige erstatten Meldung	36 %

Frage 5: „Sind Sie der Ansicht, daß die Regierung alle Informationen in bezug auf UFOs bekanntgegeben hat?"

Ja	24 %
Nein	76 %

Frage 6: „Sind Ihrer Meinung nach die Schlußfolgerungen des Condon-Berichtes über UFOs endgültig?"

Ja	20 %
Nein	80 %

Frage 7: „Sind Sie der Meinung, daß die Regierung weitere Forschungen unterstützen sollte, um die Realität oder Nicht-Existenz von UFOs zu beweisen?"

Ja	49 %
Nein	51 %

Frage 8: „Falls Sie die Möglichkeit der Existenz von UFOs in Betracht ziehen, was meinen Sie, welchen Ursprung sie haben?"

Weltraum	32 %
Natürliche Phänomene	27 %
USA	5 %
Kommunistische Nationen	0,6 %
Unbestimmt	35,4 %

Die vermutliche Dunkelziffer von UFO-Berichten (siehe Frage 4) entspricht auch den Erfahrungen von Prof. Dr. Allen Hynek, der 21 Jahre lang Berater der US-Luftwaffe für UFOs war. Er meint, daß auf jedes offiziell gemeldete UFO-Erlebnis Dutzende kommen, die nicht gemeldet wurden (B 81.21 ff.) (B 30.1).

Die ersten Forschungsprogramme begannen in den USA, dem „klassischen" Land der UFO-Phänomene. Ein Jahr vor der Sichtung Kenneth Arnolds im Jahre 1947, aus welcher der Begriff „Fliegende Untertasse" hervorging, meldete Schweden einen ganzen „Schwarm" von unidentifizierten Flugobjekten. Da Schweden nahe der Sowjetunion liegt, befürchteten die amtlichen Stellen, daß UFOs eine neue militärische Erfindung sein könnten. Die Untersuchung wurde zunächst dem Air Technical Intelligence Center (ATIC), später der Foreign Technology Division (FTD) an der Wright Patterson Air Force Basis in Dayton/Ohio übertragen (B 40.1).

Am 23. 9. 1947 nahm das erste offiziell benannte Team unter der Bezeichnung Projekt „Sign" (=Zeichen) seine Arbeit auf. Ende 1948 verfaßten Offiziere des ATIC ein Aktenstück mit einer „streng geheimen Situationsbeurteilung". Ihre Schlußfolgerung war, daß diese fliegenden Phänomene wegen der extremen Veränderungen ihres Verhaltens keine von den USA oder anderen Nationen entwickelten geheimen Waffen oder Flugkörper sein können. Dieses detaillierte Dokument wurde dem damaligen Stabschef General Hoyt S. Vandenberg vorgelegt, der es aber zu ATICs Enttäuschung mit der Erklärung zurückwies, daß die Air Force der Öffentlichkeit eine solche Schlußfolgerung nicht anbieten könne, ohne einen soliden physikalischen Beweis als Rückendeckung zu haben (Z 50.67.10).

Daraufhin stellte die Air Force am 11. 2. 1949 ein völlig neues Untersuchungsteam, Projekt „Grudge" (= Groll) genannt, zusammen. Diese Gruppe sollte eine bessere Methode der Klassifizierung und Bewertung von UFO-Sichtungen erarbeiten. In ihrem Kernreport finden sich 244 Berichte, von denen 32 % auf astronomische Wahrnehmungen, 12 % auf Ballonsichtungen und 23 % auf falsch identifizierte Flugzeuge und ähnliches zurückgeführt wurden. Fast ein Viertel aller Fälle jedoch konnte nicht aufgeklärt werden. Trotzdem heißt es im Abschlußbericht des Projektes „Grudge":

„Die uns berichteten Sichtungen enthalten keinerlei Hinweise auf eine wissenschaftlich weit fortgeschrittene Entwicklung einer fremden Nation. Darum stellen diese unbekannten Flugobjekte auch keine direkte Gefahr für unsere nationale Sicherheit dar. Weitere Untersuchungen sollten daher unter einer wesentlich niedrigeren Prioritätsstufe durchgeführt werden." (B 38.93)

Ab 1951 setzte eine Gruppe beunruhigter Wissenschaftler und Industrieller, außer Fassung gebracht durch das fortgesetzte Erscheinen „Fliegender Untertassen" über ihren Anlagen und Fabriken, die Air Force unter Druck und veranlaßte sie, das Projekt „Blue Book" (Blaubuch) einzurichten. Projektleiter war der damalige Geheimdienstoffizier Edward Ruppelt. In jenen frühen Tagen wurden öfter Einzelheiten von interessanten, „unerklärlichen" Fällen an die private UFO-Forschung und die Presse herausgegeben.

Eine weltweite Welle von Sichtungen fliegender Untertassen im Jahr 1952 rief ein lautstarkes Echo hervor, vom Weißen Haus bis auf die Straße. Telegramme, Ferngespräche, Tausende von Briefen ergossen sich ins Pentagon. Schließlich versammelte sich vom 14. bis 18. Januar 1953 ein streng geheimer Ausschuß von führenden Wissenschaftlern, Offizieren der Luftwaffe und CIA-Agenten in Washington.

Vor dieser Konferenz arbeitete ein Ingenieur und Offizier des Geheimdienstes, Major Dewey Fournet, mehrere Monate lang an der Vorbereitung einer umfassenden Darstellung, welche einen Überblick über die besten UFO-Sichtungen, Radarortungen, Air-Force-Zwischenfällen usw. gab. Er unterbreitete diese Beweissammlung dem CIA-Ausschuß, zusammen mit einer Beglaubigung seines Vorgesetzten bei ATIC.

„Er hatte jede der bekannten und wahrscheinlichen Erklärungen für die Sichtungen ausgeschaltet", stellte der Schlußbericht dieses Ausschusses fest, „so daß in vielen Fällen als einzige Erklärung nur außerirdisch übrigblieb." Sein Werdegang als Ingenieur für Weltraumfahrt und technischer Offizier des Nachrichtenwesens konnte nicht unberücksichtigt bleiben. Dennoch konnte der Ausschuß keine der von ihm genannten Fälle akzeptieren, weil es sich um unbearbeitete, nicht ausgewertete Berichte handelte. Sie erklärten nicht, warum sie Major Fournet's Sammlung harter Daten als „unbearbeitet" und „nicht ausgewertet" betrachteten.

Ein anderes Team, eine Gruppe aus dem Marine Photo Interpretation Laboratory (P.I.L.), verbrachte über tausend Stunden mit der Analyse eines Farbfilms von fliegenden Untertassen, die von jedermann als authentisch angesehen wurden. Sie fertigten graphische Darstellungen an von jedem der 1 600 Teilbilder des Films, welche die relative Bewegung der Objekte und die Abweichung in ihrer Lichtintensität zeigten. Als das P.I.L.-Team vor dem Ausschuß erschien, erlebte es die gleiche Reaktion, welche Major Fournet so enttäuscht hatte. Man schob die Karten und Grafiken beiseite und verwarf ganz einfach die Schlußfolgerungen des Teams, daß Objekte in dem Film „selbstleuchtend", „intelligent gesteuert" und natürlich unbekannten Ursprungs wären. Offenbar schien sich der CIA-Ausschuß für die Nichtexistenz der UFOs entschieden zu haben, ehe er Beweise hörte (Z 58.68.145.4).

Nichtsdestoweniger versuchte die Air Force, das UFO-Phänomen weiterhin intensiv zu erforschen. So übertrug ATIC das Problem dem nahegelegenen „Battelle Memorial Institute" in Columbus, Ohio. Dies ist ein anerkanntes, nicht gewinnerzielendes, auf Vertragsbasis arbeitendes Forschungs- und Entwicklungsinstitut, das einen großen Stab von Technikern beschäftigt. Obwohl Battelle meist aufgrund der Entwicklung von Xerox erwähnt wird, arbeitet es in erster Linie für die Industrie. Es hatte Erfahrung darin, Mengen von Daten und verschiedenartige Probleme zu bearbeiten; die Zusammenarbeit zwischen Battelle und ATIC war also ganz natürlich.

Das Ergebnis dieser Studie unter der Bezeichnung „Project Blue Book Special Report Nr. 14", Mai 1955, war ein Überblick und eine Zusammenfassung aller vorausgegangenen klassifizierten Berichte des Projektes mit anderen Air-Force-Daten über UFOs. Bei der Analyse der Air-Force-Sichtungen zwischen 1947 und 1952 (insgesamt 2 199 Fälle) mittels IBM-Computer wurden präzise Identifizierungsmerkmale aufgestellt, wobei die „Unbekannten" ausgesiebt wurden. Die Kriterien waren: astronomisch — Flugzeug – Ballon — Sonstige — unbekannt — ungenügende Information. In die Kategorie „Sonstige" fielen auch Vögel, Wolken, Papierdrachen, Raketen, psychologische Ursachen usw. Außerdem wurden die Sichtungen klassifiziert nach der Erfahrung des Beobachters und hinsichtlich der Folgerichtigkeit, Vollständigkeit und Qualität des Berichtes. Hinsichtlich der Zuverlässigkeit wurde klassifiziert in: ausgezeichnet, gut, mäßig und zweifelhaft. Eine als „ausgezeichnet" eingestufte Sichtung bezog sich auf einen guten Beobachter, der unter optimalen Bedingungen etwas mehr sah als lediglich ein helles Blitzen am Himmel.

Nach einer Vorentscheidung wurde eine zweite Identifizierung vorgenommen durch ein anderes Mitglied des Ausschusses, der sich aus je zwei Beratern von Battelle und ATIC zusammensetzte. Sowie zwei Mitarbeiter ein Objekt als „bekannt" einstuften, wurde die IBM-Karte mit dem Code der bestimmten Kategorie versehen. Es war aber das Einverständnis aller vier Mitglieder erforderlich, um ein Objekt in die Kategorie „unbekannt" einzuordnen, „Ungenügende Information" war dabei — wie schon erwähnt — eine besondere Kategorie.

Anhand von Tabelle 2 der Verteilungsstatistik, die eine exakte Wiedergabe von Report Nr. 14 darstellt, kann man feststellen, daß unter der Rubrik „ausgezeichnet" von insgesamt 213 Sichtungsberichten 71 „unbekannt" aufgeführt sind: 33,3 Prozent der besten Sichtungen. In der Rubrik „gut" machen „Unbekannte" insgesamt 24,8 Prozent aus. Je besser die Qualität der Sichtung, desto eher wurde die Rubrik „unbekannt" betroffen. Zur Veranschaulichung seien nachfolgend beide Tabellen aufgeführt (B 30.2).

Die vom Computer ausgewerteten Ergebnisse setzten die Fachleute in Erstaunen. So wurden schließlich weitere Übersichten angefertigt, welche die Häufigkeit aufzeigten, mit der gesichtete Objekte mit der Sonne in Verbindung gebracht wurden. Man hoffte, einige der „Un-

Tabelle 1: Zuordnung der UFO-Sichtungsberichte (insgesamt 2199)

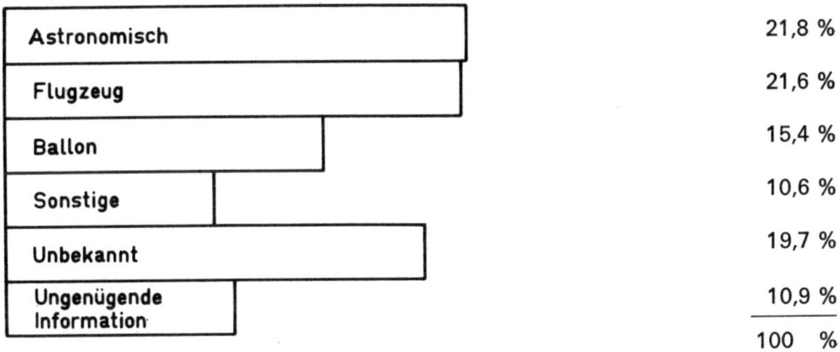

Tabelle 2: Aufschlüsselung der Berichte nach der Qualität

Alle Berichte (insgesamt 2199)

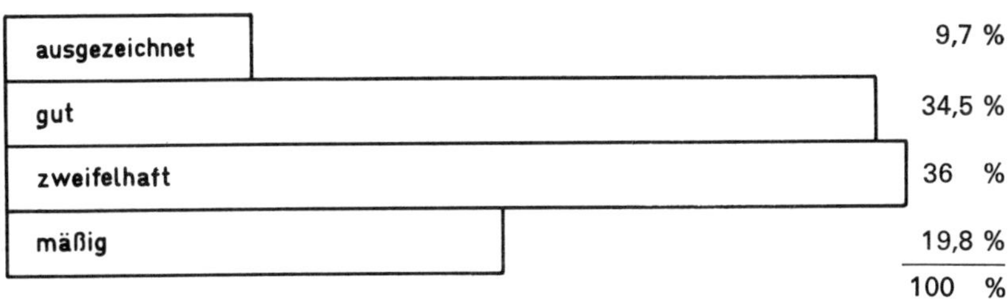

Unbekannte (insgesamt 434 ≙ 19.7%)

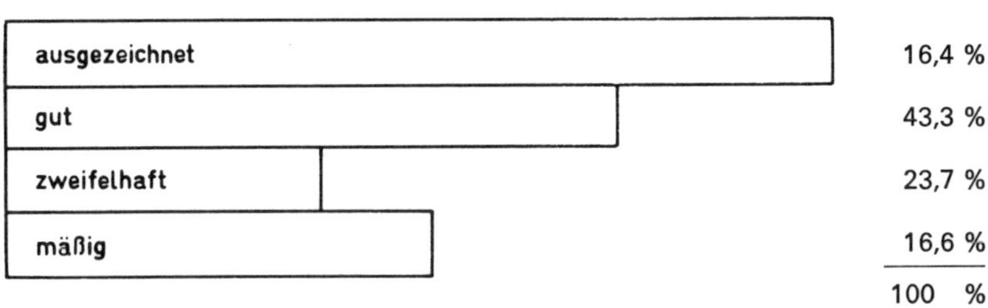

bekannten“ könnten auf ein atmosphärisches Phänomen zurückzuführen sein, bekannt als „reflektierte Sonne“. Aber die Auswertung ergab keinerlei Abnahme der „Unbekannten“ zugunsten der „Bekannten“ in Verbindung mit Sonnenauf- und -untergang; somit wurde diese Möglichkeit auch ausgeschieden.

Der Untersuchungsausschuß beschloß, noch weiter zu gehen und die statistische Methode des „Chi Square Tests“ anzuwenden in der Überlegung, daß, wenn einige Merkmale der „Unbekannten“ dieselben wären wie bei den „Bekannten“, man gefahrlos sagen könnte, daß die „Unbekannten“ im wesentlichen dieselben Objekte seien wie die „Bekannten“. Die Kontroll-Untersuchung umfaßte daher folgende zusätzliche Kriterien: Farbe — Form — Anzahl — Beobachtungsdauer — Geschwindigkeit — Lichteinstrahlung. Blue-Book-Report Nr. 14 lautet: In fünf von sechs Fällen beträgt die Wahrscheinlichkeit, daß der Verteilungsschlüssel gleich bleibt, weniger als ein Prozent.

Das heißt, daß es höchst unwahrscheinlich war, daß die als „unbekannt“ eingestuften Sichtungsberichte von denselben Beobachtern stammten wie die „bekannten“. Die „unbekannten“ trotzten somit weiterhin einer konventionellen Erklärung. Die Fertigstellung von Report Nr. 14, der im übrigen die größte und umfassendste wissenschaftliche und amtliche Studie über Untertassen bildet, stellte die Air Force vor ein Problem. Der CIA hatte bereits Jahre früher empfohlen, UFO-Berichte soweit wie möglich „offiziell“ zu ignorieren, weil eine Gefahr der Blockierung der offiziellen Kommunikationsmittel mit UFO-Berichten und -Daten bestünde. So entschloß man sich — obwohl der Stichtag für den Abschluß der Untersuchung ursprünglich der 31. Dezember 1952 war —, Sichtungsberichte der Jahre 1953, 1954 und der ersten sechs Monate von 1955 auch noch zu bearbeiten. In dieser letzten sechsmonatigen Periode lagen die „Unbekannten“ bei drei Prozent und eben diese drei Prozent (gegenüber 19,7 Prozent zwischen 1947—1952) waren die einzige Zahl, die von der US-Air Force im Zusammenhang mit der gesamten Studie damals offiziell verbreitet wurde. Die ausführliche Analyse war dagegen nur auf Anfrage beim Pentagon zu erhalten (Z 58.71.181.4).

Peter Kolosimo berichtet in seinem Buch „Schatten auf den Sternen“, daß sich die direkt bei ATIC eingegangenen Meldungen von 1947 bis 1964 auf 6 708 belaufen. Hiervon sind 2 773 mit größter Sorgfalt geprüft worden, wobei man feststellte, daß es sich bei 18,51 % der „Untertassen“ in Wirklichkeit um Sondierballons handelte, bei 11,76 % um Flugzeuge, bei 14,21 % um Sterne oder Meteoriten, bei 4,21 % um Refraktionserscheinungen und bei 1,66 % um Täuschungen und versuchte Mystifikationen, aber bei 26,49 % um Objekte, deren Herkunft und Beschaffenheit sich absolut nicht erklären lassen. Diese Zahlen beziehen sich im übrigen nicht auf die von rein militärischen Stellen durchgeführten Beobachtungen, über die keine zuverlässigen Zahlen zu erfahren waren (B 51.354).

Prof. Dr. J. Allen Hynek, Berater der US-Luftwaffe über UFOs, schrieb laut Spiegel Nr. 17/67: „Von den 15 000 Berichten, die mir bekannt wurden, sind einige 100 Berichte sehr seltsam; und einige dieser rätselhaften Vorgänge wiederum, rund einer von 25, sind beunruhigend. Diese besonderen Fälle sind Beobachtungen, die von qualifizierten intelligenten Menschen, häufig solchen mit großer technischer Erfahrung, gemacht worden — etwa Astronomen, Flugsicherungsbeamten, Anthropologen, Luftwaffenoffizieren, FBI-Beamten, Meteorologen, Radarspezialisten, Testpiloten und Professoren ..." Bald wurde offenkundig, daß die Militärs dazu neigten, bei der Zusammenstellung der UFO-Jahresberichte die Deutungen zu frisieren. Im übrigen hat die US Air Force dem UFO-Problem niemals genug Interesse entgegengebracht, um den wirklich verblüffenden Vorfällen auf den Grund zu gehen. Für das UFO-Auswertungsprogramm, als Projekt „Blaubuch" bekannt, stand ein einziger Raum des Wright-Patterson-Stützpunktes zur Verfügung (Z 10.67.17.166—168).

Von 1947 bis 1967 wurden durch Projekt Blaubuch insgesamt 11 107 Fälle untersucht. Nach den Kriterien der Luftwaffe gelten davon 10 431 Fälle als aufgeklärt. Es bleiben immerhin noch 676 Berichte, die nicht interpretiert werden konnten (B 38.118). Im Laufe der Jahre wurde immer deutlicher, daß die UFO-Beobachtungen ein weltweites Phänomen sind. So trafen mit der Zeit Zeugenberichte aus 70 Ländern der Erde bei Prof. Dr. Hynek ein.

Die Theorie, „Ufos sind nichts als purer Blödsinn, beruhend auf Schwindel oder Wahnvorstellungen", ist die Meinung meiner wissenschaftlichen Kollegen. Ich glaube aber, daß jetzt genügend Material gesammelt wurde, um die Beweislast für die Behauptung „alles Betrug" den Kritikern aufzubürden. Soweit Prof. Allen Hynek. Seiner Ansicht nach sollten all die wertvollen Informationen, die sich im Laufe der Zeit angesammelt haben — authentische Berichte aus der ganzen Welt —, modernen Datenverarbeitungsanlagen eingegeben werden, damit wir neue Beobachtungen mit alten vergleichen und Gemeinsamkeiten der UFOs erkennen können. Hierzu müßte ein internationales Forschungsprogramm — etwa unter Leitung der Vereinten Nationen — gestartet werden.

Dies wäre zweifellos die beste und fairste Lösung — zumal nationale Dienststellen meist nur einen kleinen Querschnitt aller UFO-Berichte erhalten. John A. Keel, ein Redakteur der Zeitschrift „SAGA", schätzt, daß nur etwa 10 % aller Sichtungen der Air Force übermittelt werden. So behauptet die US-Luftwaffe, im Jahre 1966 genau 1 060 Fälle erhalten zu haben, während J. Keel in seinen Akten über 10 000 Notizen und Zeitungsausschnitte gesammelt hat. Dabei glaubt Keel, daß es ihm nur gelungen sei, einen kleinen Prozentsatz der totalen Sichtungen 1966 zu erfassen (Z 50.67.10). Eine Übersicht über die der US Air Force bekannten Sichtungsfälle gibt das folgende Diagramm.

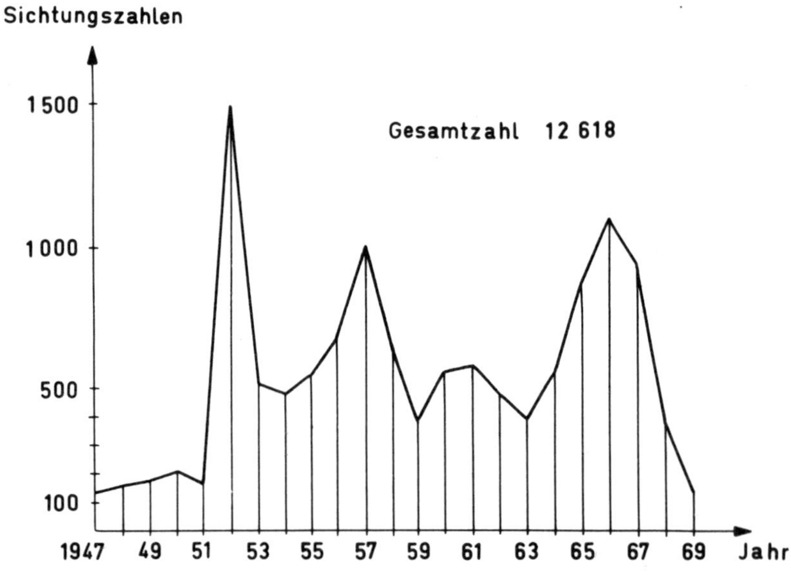

Statistik der von der US-Luftwaffe untersuchten Sichtungsfälle in Amerika nach APRO-Bulletin 7/8, 1970, S. 1.

In den Vereinigten Staaten wurden die meisten Sichtungen in den Spitzenjahren 1952, 1957 und 1965–1967 gemeldet. In Frankreich dagegen erreichte die UFO-Welle 1954 einen Höhepunkt, während in Südamerika im Jahr 1963 ein eindeutiges Maximum an Sichtungsberichten zu verzeichnen war. Wahrscheinlich wäre es eine lohnenswerte

Aufgabe, diese Spitzenjahre auf irgendwelche Korrelationen mit anderen meteorologischen oder astronomischen Daten hin zu untersuchen.

Neben der zeitlichen Verteilung von UFO-Berichten könnte auch die geographische Anordnung von Sichtungsgebieten zu einem bestimmten Zeitpunkt von Interesse sein. Eine der ersten statistischen Untersuchungen dieser Art unternahm der französische Ingenieur und UFO-Forscher Aimé Michel. Als er Sichtungsberichte von irgendeinem speziellen Tag in der besonders konzentrierten UFO-„Welle" im Jahr 1954 in Frankreich verglich, stellte er zu seinem Erstaunen fest, daß sie alle in geraden Linien aufeinander ausgerichtet waren und Zentren an diesen bildeten. Er nannte diese linienförmige Anordnung „Orthotenie", ein aus dem Griechischen abgeleitetes Wort mit der Bedeutung „Sich in einer geraden Linie erstrecken". Wie ein solches Liniennetz beispielsweise am 7. Oktober 1954 in Frankreich aussah, zeigt die Karte auf S. 108. In ihr ist auch die sogenannte BAVIC-Linie (Bayonne-Vichy) eingezeichnet. Aus den sechs Orten, die auf dieser Linie liegen, wurden am 24. 9. 1954 gut dokumentierte UFO-Sichtungen gemeldet (B 38.245) (B 123.141,146 f.).

Ähnliche Orthotenie-Fälle wurden auch in anderen Ländern wie etwa in Belgien, Spanien und Brasilien registriert. Der französische UFO-Forscher Aimé Michel errechnete für die BAVIC-Linie eine Anti-Zufallswahrscheinlichkeit von 1 : 500 000. Allerdings nimmt die Wahrscheinlichkeit für ein zufälliges Zustandekommen derartiger Liniennetze schnell zu, wenn die Gesamtzahl der Beobachtungen und die Breite des Flugkorridors steigt bzw. weniger Punkte auf einer Linie betrachtet werden. Hierauf wiesen vor allem Prof. Menzel und Jacques Vallée in ausführlichen Untersuchungen hin (Z 18.64. 2.1 ff.). Auf jeden Fall vermitteln derartige Karten eine gute Übersicht über die Verteilung der UFO-Meldungen in einem bestimmten Gebiet.

Eine rein psychologische Erklärung solcher Sichtungs-Häufungen an einem einzigen Tag erscheint sicherlich abwegig. Auch kann es sich kaum um Meteoritenschauer handeln. Diese weisen bekanntermaßen meist elliptisch begrenzte Einschlaggebiete auf mit relativ geringer Ausdehnung und statistisch verteilten Einschlagorten. Ein Beispiel hierfür zeigt das Bild vom Fallgebiet des Meteoritenschauers von Homestead (s. S. 110).

Die geometrischen Flugrouten der UFOs lassen eher an eine Art kartographische Erfassung eines bestimmten Gebietes denken, was

UFO-Sichtungen in Frankreich am 7. Oktober 1954

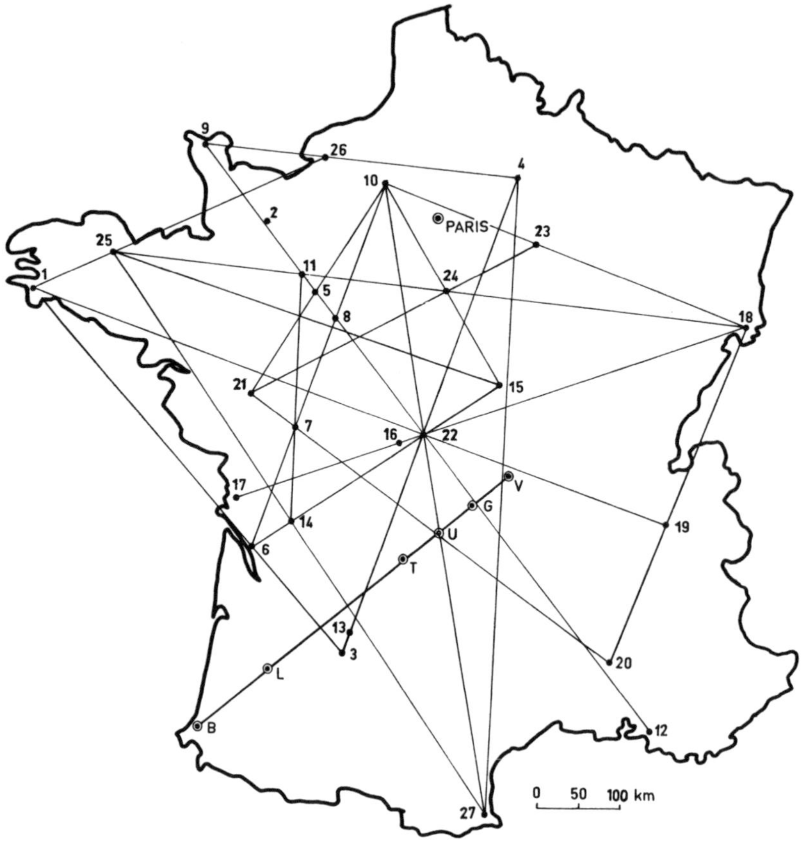

1 Plozévet, 2 La Ferté-Macé, 3 Montpézat, 4 Isles-sur-Suippes, 5 Ballon, 6 Marcillac, 7 Béruges, 8 Lavenay, 9 Cherbourg, 10 Hennezis, 11 Saint-Jean-d'Assé, 12 Cassis, 13 Bournel, 14 Puymoyen, 15 Corbigny, 16 Saint-Plantaire, 17 Saint-Savinien, 18 Jettingen, 19 Beauvoir, 20 Monteux, 21 Les Aubiers, 22 Montlevic, 23 St.-Etienne, 24 Chalette-Dordives, 25 St.-Bihy, 26 Duclair, 27 Bompas

UFO-Sichtungen in Frankreich am 24. September 1954 (BAVIC-Linie)

B Bayonne, L Lencouacq, T Tulle, U Ussel, G Gelles, V Vichy

wiederum auf eine intelligente Steuerung der unbekannten Flugobjekte hindeuten würde. Der UFO-Forscher Dr. Olavo T. Fontes spricht sogar von einer systematischen Überwachung von Luftwaffen- und Heeresbasen, von Rüstungsfabriken und Kraftwerken sowie von

UFO-Sichtungen in Nordost-Brasilien am 13. Mai 1960

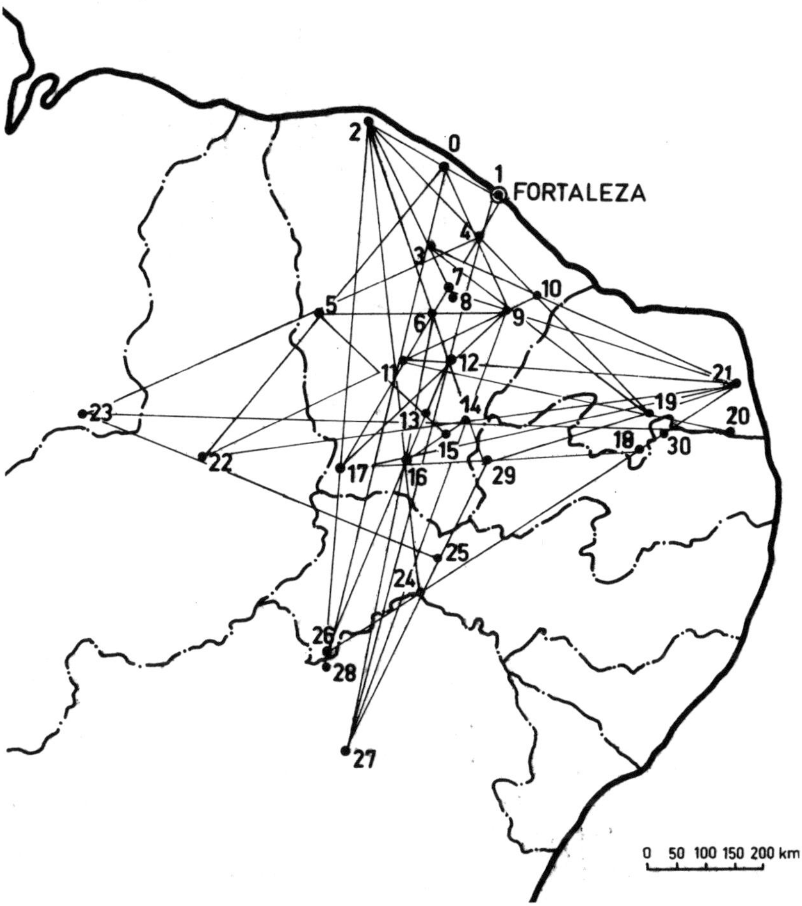

Staat Ceará: 0 Paracuru, 1 Fortaleza, 2 Acarau, 3 Caninde, 4 Redenção, 5 Crateus, 6 Quixeramobim, 7 Choro, 8 Quixada, 9 Morada Nova, 10 Russas, 11 Mombaca, 12 Solonopole, 13 Iguatu, 14 Icó, 15 Cedro, 16 Farias Brito, 17 Campos Sales

Staat Rio Grande do Norte: 18 Parelhas, 19 Currais Novos, 20 Nova Cruz, 21 Macaiba

Staat Piaui: 22 Oeiras

Staat Maranhaõ: 23 São João dos Patos

Staat Pernambuco: 24 Cabrobo, 25 Salgueiro, 26 Petronlina

Staat Bahia: 27 Senhor do Bonfim, 28 Juazeiro

Staat Paraiba: 29 Cajazeiras, 30 Picui

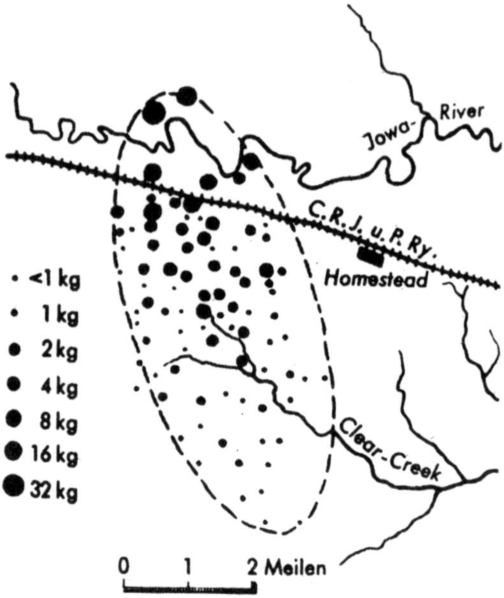

Fallgebiet des Meteoritenschauers von Homestead (nach Brockhaus Enzyklopädie, Band 12, 1971)

Eisenbahnlinien und Autostraßen. Bereits am 2. 12. 1954 wurde vor den wichtigsten militärischen und zivilen Persönlichkeiten ein offizieller Bericht der brasilianischen Luftwaffe durch Oberst Adil de Olivers verlesen. In ihm heißt es u. a.: „Die Beweise zeigen, daß die UFOs Realitäten sind. Keine Regierung der Welt kann es sich leisten, an den Berichten vorbeizugehen, und zu einer Identifizierung sollten alle Anstrengungen unternommen werden.“ (Z 9.57.17.578) Die Tageszeitung „O Cruzeiro“ meldete am 5. Juni 1969, daß die IV. Zone der brasilianischen Luftwaffe (FAB/IV) bereits eine speziell für UFO-Forschung ausgebildete Einheit besitzt. Diese Gruppe ist ausgerüstet mit hervorragenden Fernrohren, Kameras usw. Sie halten Ausschau nach Augenzeugen, und wenn sie Material von solchen erhalten, wird dieses einem eingehenden Studium unterzogen (Z 58.69.160.12.2).

Eine ähnliche Untersuchung hat die australische Luftwaffe eingeleitet. Ihre pralle Akte mit der Aufschrift „UFOs“ enthält bereits nahezu 600 Meldungen verschiedener mysteriöser Flugobjekte, und sie hat einen besonderen „UFO-Beobachtungsoffizier“ dafür eingesetzt, fliegende Untertassen nach Möglichkeit zu beobachten und eventuell auch ihre Herkunft festzustellen.

Inzwischen haben außer Süd- und Nordamerika auch europäische Staaten Untersuchungskommissionen über „Fliegende Untertassen“ eingesetzt. So konnte eine Sonderabteilung des britischen Luftfahrtministeriums bis 1959 bereits über 45 000 Einzelangaben über die rätselhaften Flugkörper sammeln und auswerten (Z 47.59.4.17). Allerdings war es jeder Militärperson strengstens verboten, über etwaige Sichtungen von UFOs öffentlich zu sprechen.

In Frankreich hat schon General de Gaulle seinen Armeeminister Guillaumat innerhalb des Ministeriums für nationale Verteidigung beauftragt, einen Spezialdienst für UFOs zu schaffen. Seine Aufgabe lautete: Zentralisierung aller Beobachtungen, die sich auf UFOs beziehen (Z 9.59.508).

Im Jahr 1971 berichtete die französische Zeitschrift „L'Aurore“ unter der Überschrift „Jagd auf Fliegende Untertassen“, daß nun auch die gesamte französische Polizei Meldungen über UFOs registrieren und untersuchen soll. L'Aurore zitiert einen Artikel von Gendarmerie-Hauptmann Kervendal in der I. Trimester-Ausgabe der seriösen Zeitschrift „Revue d'études et d'informations de la Gendarmerie nationale“, dem offiziellen Fach- und Studienblatt der 61 000 französischen Gesetzeshüter, die als spezielle Waffengattung der Armee direkt dem Pariser Verteidigungsministerium unterstehen. Nach Hauptmann Kervendal wäre es eine Ehrensache für das gaullistische Gendarmerie-Korps, das Unverständliche endlich aufzuklären. Denn „durch ihre Verteilung auf das gesamte Staatsgebiet, durch ihre Orts- und Personenkenntnis, ihre Integrität und intellektuelle Aufrichtigkeit, aber auch durch ihre Schnelligkeit im Einsatz ist die Gendarmerie ein besonders gut placierter Helfer bei der Suche nach der Wahrheit auf diesem Gebiet“. (Z 32.71.27. April)

Auf Seite 61 veröffentlicht das Fachblatt auch ein „Fragebogenmuster für den untersuchenden Beamten“ — eine Art Handfibel für den amtlichen Jäger fliegender Untertassen in Frankreich. Danach hat der Gendarm nicht nur präzise auf den Standort des UFO-Zeugen, auf das Wetter, auf Ort und Zeit des Geschehens zu achten. Er soll 1) das Weltraumschiff scharf ins Auge fassen: Genaue Größenangaben, Farbe, Farbveränderungen, Fahrwerkkonstruktion u. a. angeben; 2) auf Geräusche achten: Verbreitete das Objekt Lärm, wenn ja, wie stark? Was fühlte der Zeuge dabei? Hitze, Prickeln, Windstöße? Litt der Zeuge später an ungewöhnlicher Schlaflosigkeit oder an anderen

Beschwerden? 3) nach möglichen Weltraumbesuchern Ausschau halten: Für den Fall, daß an Bord oder in der Nähe des Flugkörpers Wesen bemerkt werden, hat sich der Gendarm über Größe und Statur, das Aussehen ihres Kopfes, ihrer Arme und Beine, ihrer Frisur und ihrer Kleidung zu informieren. Doch damit ist der Gendarm noch lange nicht am Ende seiner Erkundungsarbeit. Er muß — wenn möglich — die Radioaktivität des Landeplatzes messen, Erdproben sammeln und die Tierwelt genau in Augenschein nehmen: „Beobachten Sie Insekten oder andere Gliederfüßler, ob sie sich anormal verhalten!" Außerdem sollte das Landegebiet aus einer Höhe von zehn Metern gefilmt werden (mit Infrarot-Film), wobei die Anforderung von Hubschraubern empfohlen wird (Z 16.72.2.164 ff.).

Nach einem Bericht der Zeitschrift „The Sun" im Herbst 1969 jagt auch die spanische Luftwaffe gemäß dem Befehl „Scramble" Untertassen, da Spanien entschlossen sei, das Geheimnis der UFOs zu klären. In einem Kommuniqué forderte das Luftwaffenministerium auf, einschlägige Berichte sofort der nächsten Luftwaffenstation zu übermitteln (Z 58.70.162.1).

Die Bundesrepublik Deutschland dagegen sieht keine Notwendigkeit, derartige Forschungen aufzunehmen — wahrscheinlich, weil das Ausmaß von UFO-Zwischenfällen hierzulande sehr gering ist. Jedenfalls wurde dem Autor amtlich bestätigt, daß weder das Bundesamt für Flugsicherung in Frankfurt noch das Luftfahrtbundesamt in Braunschweig noch der Bundesnachrichtendienst in München oder das Bundesverteidigungsministerium in Bonn — auch nicht die Bundesluftwaffe, etwa im Rahmen der NATO — mit einer systematischen Registrierung und Auswertung von UFO-Sichtungsberichten beauftragt ist.

Eine Gruppe amerikanischer Wissenschaftler unter Leitung von Prof. A. Hynek hatte auf dem internationalen Kongreß für Astro-Physik in Prag 1967 einen langen Informationsaustausch mit sowjetischen Kollegen. Über diese Aussprache — an der auch Militärexperten beider Seiten teilnahmen — wurde von der amerikanischen

---

Abbildung 11

Eine Aufnahme aus den Schweizer Alpen

Dieses Bild knipste Herr Franz Hlawa Ende Juli 1959 am Monte Rosa (3400 m). Weder er selbst noch seine Urlaubskollegen hatten das schnell vorbeiziehende Objekt bemerkt. Handelt es sich um einen Reflex im Aufnahmefeld oder um einen unbekannten Flugkörper? Auffallend erscheint die nebelförmige Kontur um das Objekt.

11

12

13

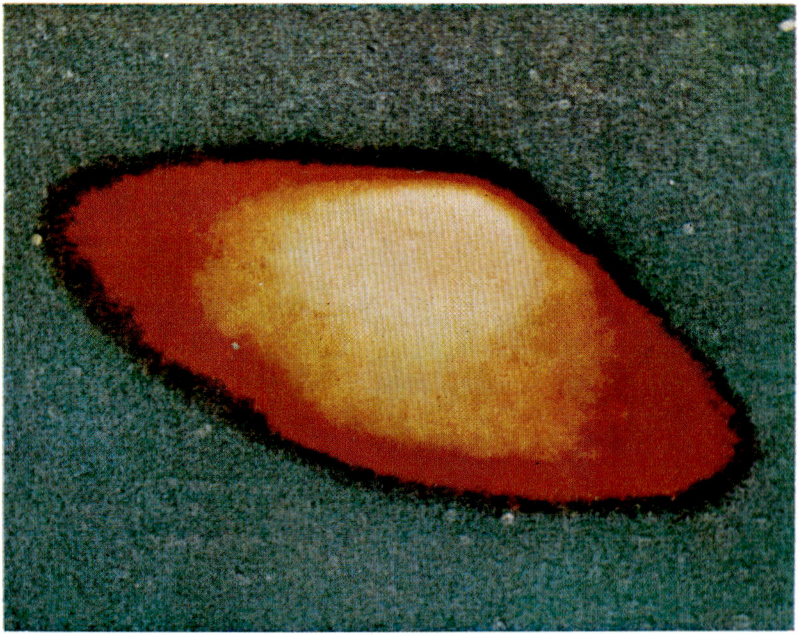

Regierung immer strengstes Stillschweigen bewahrt. Sie kam nur durch einen Zufall an die Öffentlichkeit. Jedenfalls wurden kurz darauf eine kanadische, im November/Dezember 1967 eine sowjetische halboffizielle Regierungsstelle für UFO-Forschung gegründet. Der sowjetische Luftwaffengeneral Anatolij Stoljakow, der einer Kommission von 18 Wissenschaftlern zur Erforschung der UFOs vorstand, sagte: „Immerhin kann man annehmen, daß die ‚Fliegenden Teller' keineswegs ein Erzeugnis der Massenpsychose sind, sondern ein wirklich bestehendes ‚unerforschtes Phänomen'." (B 24.201) (Z 70.17.Nov.67)

Die Londoner TIMES schreibt am 13. 11. 67: „Ob UFOs nun die Produkte kollektiver Halluzinationen sind, ob sie von Venus-Besuchern herrühren oder als göttliche Offenbarung zu verstehen sind — es muß eine Erklärung für sie geben, sonst würden die Russen nie einen Untersuchungsausschuß ins Leben rufen." (B 34.97) Kurz nach Gründung der russischen Kommission kündigte die polnische Regierung an, daß ihre sämtlichen meteorologischen Stationen in Verbindung mit denen anderer Ostblockstaaten sämtliche UFO-Sichtungen dieser sowjetischen Zentrale melden würden (B 24.245).

Offenbar besteht bei den größeren Militärnationen der Erde ein gesteigertes Interesse an einer gezielten Erforschung der unbekannten Flugobjekte. Folgt man allerdings den offiziellen Pressemeldungen unserer Tage, dann scheinen die UFOs heute kein ernst zu nehmendes Problem mehr zu bilden. Diese Auffassung stützt sich vor allem auf das Ergebnis des „Condon-Reports", einer angeblich objektiven wissenschaftlichen Studie des UFO-Problems. Sie trägt die Bezeich-

---

Abbildung 12 links oben

Leuchtobjekt über Oklahoma

Einem 14jährigen Zeitungsjungen des Oklahoma City Journal, Alan Smith, gelang am 2. August 1965 über Tulsa, Oklahoma, diese Nachtaufnahme eines in verschiedenen Farben blinkenden Flugobjektes. Eine Reihe weiterer Personen bestätigten die Sichtung.

Abbildung 13 links unten

UFO über Minnesota

Arthur Strauch, Sheriff in Sibley County, Minn., fotografierte dieses unbekannte Flugobjekt in der Nähe von St. George, Minn., am 21. Oktober 1965 um 18.10 Uhr. Vier weitere Zeugen, die mit ihm auf einem Jagdausflug waren, sahen ebenfalls den hell strahlenden Diskus. Aufnahmedaten: Belichtungszeit: 1/60 Sekunde. Entfernung: unendlich (Z 68.66.9.26).

nung „Non Fiction“ und kam im Januar 1969 als gedruckte, 965 Seiten starke Broschüre „Scientific Study of Unidentified Flying Objects“ von Prof. E. U. Condon bei David G. Gillmore/New York heraus. Bei allem Fleiß, den das Forschungskomitee aufgebracht hat, kann man den führenden Wissenschaftlern den Vorwurf nicht ersparen, daß sie diese in der Geschichte härtest debattierten Phänomene nicht mit der erforderlichen Objektivität und wissenschaftlichen Neutralität behandelt haben. Obwohl versichert wird, dieses Buch vermittle auf die Vermutungen und Spekulationen der letzten Jahre eine endgültige wissenschaftliche Antwort auf ein die Welt faszinierendes Thema, werden beim Studium des Textes und bei kritischer Durchsicht des Fotomaterials erhebliche Zweifel wach.

Zunächst fallen die mehrmals betonten Hinweise auf, daß das ganze Schriftwerk von „hochqualifizierten Wissenschaftlern“ zusammengestellt ist. Liest man jedoch die Seiten 938—941, so kann man feststellen, daß bei dem Mitarbeiter-Stab Condons 5 Wissenschaftler keine Diplome hatten, wahrscheinlich nur das Maturum, 7 das College besuchten, 9 die Universität, 15 Doktor der Philosophie und einer Facharzt für Psychiatrie waren. Trotz eines Etats von 500 000 Dollar und einer Zeit von 2 Jahren, fand es Condon gerade der Mühe wert, in seinem Bericht, der 1 438 Maschinenschreibseiten umfaßt, ganze 117 Berichte von UFO-Sichtungen zu analysieren. Dabei verzichtete er auch auf die Untersuchungen von neueren Meldungen aus den Jahren 1966—67. Diese merkwürdige Bescheidenheit läßt sich nicht durch mangelnde Informationsunterlagen erklären, denn Condon hatte Zugang zu den Geheimakten der US Air Force, die Sichtungsberichte von über 12 000 Personen in ihrem Besitz hat (Z 58.69.151.1/2, 153.172) (Z 46.5.85) (B 10.155).

Die in diesem akademischen Report „ausgewerteten“ Fälle umfassen somit nur 1 % der der amerikanischen Luftwaffe bekannten Fälle. Condon gelangt trotzdem zu dem sicheren Schluß: „Es gibt keine Beweise dafür, um den Glauben zu rechtfertigen, daß außerirdische Besucher (oder irgendwelche andere) in unseren Himmel eingedrungen sind, und nicht genügend Beweise, um weitere wissenschaftliche Untersuchungen zu rechtfertigen.“ (Z 58.70.162.3) (Z 46.5.85)

Dennoch scheut sich dieser akademische Report nicht, zahlreiche Fälle als unerklärbar zu bezeichnen. So heißt es in einem Kommentar zum Lakenheath-Fall vom 17. Juli 1957, bei dem zwei Meldungen durch Bodenradar, eine aus dem Kontroll-Turm sowie ein optischer Sichtungsbericht eines Piloten vorlagen: „Das Übermaß an Beweisen deutet in diesem Fall auf die Möglichkeit hin, daß es sich um ein echtes UFO handelt." Oder: „Das scheinbar vernünftige, intelligente Verhalten des UFOs (das einen Piloten durch geschicktes Manövrieren überlistete) läßt auf ein mechanisches Gerät unbekannten Ursprungs als mögliche Erklärung schließen." Gleich danach heißt es jedoch zur Abschwächung: „Indessen angesichts der unvermeidlichen Fehlbarkeit von Zeugen können konventionelle Erklärungen ihrer Berichte nicht ganz ausgeschlossen werden." Offenbar ist für das Condon-Team jede Zeugenaussage a priori unzuverlässig, selbst wenn sie von hochtrainierten Radaroperateuren oder Jet-Piloten stammen (B 40.79).

Neben vielen anderen Widersprüchen werden auch Sätze formuliert wie: „Diese ungewöhnliche Sichtung sollte man daher in die Kategorie eines beinahe bestimmt natürlichen Phänomens einordnen, das so selten vorkommt, daß es anscheinend noch nie vorher oder seither gemeldet worden ist." Vielleicht liegt die Ursache für die voreingenommene Haltung des Condon-Ausschusses in der Angst vor schädlichen Auswirkungen auf die junge Generation, falls die außerirdische Hypothese nicht ausgeschlossen würde. So erklärt der Report, daß Schulkinder bildungsmäßig geschädigt würden, wenn sie ungesunde und unrichtige Erzählungen über UFOs absorbieren und rät, daß die Lehrer es aufgeben sollten, den Schülern Anerkennung zu zollen, wenn sie Bücher und Artikel über dieses Thema lesen (Z 58.69.151,2) (Z 58.71. 184.4). Ganz ähnlich hatte schon 1898 Edward Branley der Gouvernante seiner Kinder erklärt, sie dürfe diesen keinesfalls die Bücher Jules Vernes zu lesen geben, da die falschen Ideen dieses Autors in den jugendlichen Köpfen Unheil anrichten könnten (B 65.43).

Inzwischen ist die Condon-Analyse von zahlreichen Seiten angegriffen worden. So schreibt die New York Times vom 8. 1. und 10. 1. 69 über „unsachgemäße Untersuchungsmethoden" des Condon-Teams, indem sie das Buch der Condon-Report-Gegner Dr. David Saunders & Roger Harkins „UFOs? — Yes!" zitiert und auch die Richtigkeit hinzugezogener Spezialberatung bezweifelt. Der Physiker und Astronom Dr. J. Allen Hynek, der rund 20 Jahre UFO-Berater der US-Luftwaffe war und anfangs die Colorado-Studie begrüßte, äußert sich in seinem Buch „The UFO-Experience" völlig negativ über das Machwerk (B 40).

Auch das amerikanische Institut für Aeronautik und Astronautik (AIAA) zeigte sich in hohem Maße beunruhigt durch die mangelnde wissenschaftliche und technologische Analyse, die praktisch bei allen Beobachtungen von dem Condon-Team angewendet wurde. Zu den

Offizielle UFO-Forschungsprogramme der Vereinigten Staaten

Name	Datum	Ergebnis
Project Sign	23. 9. 1947– 11. 2. 1949	UFOs sind außerirdischen Ursprungs; diese Schlußfolgerung wurde vom Pentagon zurückgewiesen.
Project Grudge I	11. 2. 1949– 27. 12. 1949	1. UFOs = konventionelle Objekte 2. UFOs = Massenhysterie 3. UFOs = Witzberichte 4. UFOs = Psychopathologie
Project Grudge II	27. 10. 1951– 16. 3. 1952	Kapitän Edward J. Ruppelt leitete das Projekt bis 30. September 1953. Sein Vorschlag: UFO-Untersuchungen sollten intensiviert werden.
Project Blue Book	16. 3. 1952– 27. 12. 1969	Robertson Panel (Januar 1953) Gefordert wurde: 1. Aufklärung 2. Entlarvung 3. Ausbau des Beobachtungsnetzes Ad Hoc Committee to Review Project Blue Book (3. 2. 1966), auch Brian-Komitee genannt Gefordert wurde: 1. Tiefergehende Studien 2. UFO-Forschungen sollten einer Universität übertragen werden. House Armed Services Committee: Hearing unter Leitung von H. Mendel Rivera (5. April 1966): Es bekräftigte die Forderungen des Brian-Komitees.
Colorado-Studie Leiter: Edward E. Condon	19. 9. 1966– 31. 10. 1968	Weitere ausgebreitete UFO-Forschungsprogramme seien nicht zu rechtfertigen, weil sie wahrscheinlich keine neuen wissenschaftlichen Erkenntnisse bringen werden.
Hearing vor dem Committee on Science and Astronautics im U.S. House of Representatives	28. 7. 1968	UFOs sind ein internationales wissenschaftliches Problem; weitere UFO-Hearings gefordert.
Symposium der American Association for the Advancement of Science	26. 12. 1969– 31. 12. 1969	Eine große Universität sollte mit neuen UFO-Untersuchungen beauftragt werden.

32 000 Mitgliedern der AIAA — der größten wissenschaftlichen Organisation der Welt für Weltraumforschung — gehören u. a. Wernher von Braun, der Sekretär der US-Luftwaffe Robert Seamans und der Astronaut Neil Armstrong. Ein Komitee aus elf Ingenieuren und Wissenschaftlern kam nach dreijähriger Untersuchung des Condon-Reports zu dem Schluß, daß 30 % (!) der 117 in Einzelheiten untersuchten UFO-Fälle nicht identifiziert werden konnten. In der November-Ausgabe 1970 der „Astronautics und Aeronautics", einer AIAA-Publikation, heißt es: „Die einzige Möglichkeit, das UFO-Problem zu ergründen, ist das stete Bemühen, auf Grund ständig verbesserter Unterlagen durch objektive Mittel eine hochqualifizierte wissenschaftliche Analyse zu erstellen. Es ist unannehmbar, die beträchtlich hohe Zahl ungeklärter Beobachtungen einfach zu ignorieren und die Akten auf Basis vorgefaßter Meinungen zu schließen." (B 10.154)

Es bleibt nun zu hoffen, daß von staatlicher Seite ein neuer objektiver Versuch unternommen wird, die etwa 250 000 Sichtungsberichte aus aller Welt auszuwerten, die bis 1967 von internationalen UFO-Forschungsgruppen zusammengetragen wurden. Außerdem sollen allein in den USA etwa 12 000 UFO-Aufnahmen existieren (Z 16. 72.3.208). Unter den Zeugen ist eine große Zahl von Berufsbeobachtern, Militär- und Zivilpiloten, Schiffskapitänen, Offizieren der Küstenwache, Wissenschaftlern von Wetterwarten u. a. Nicht von ungefähr schreibt Prof. Hynek im „Yale Scientific Magazine" im April 1963: „Das Überraschende bei den Beobachtern, die über UFO-Sichtungen berichten, ist ihr überdurchschnittliches geistiges Niveau, das in einigen Fällen außergewöhnlich hoch liegt. Der typische UFO-Augenzeuge ist ehrlich und verläßlich." (B 25.225)

Allerdings erscheinen Sichtungsberichte von wissenschaftlich geschulten Personen selten in populären Zeitschriften, weil sie meist jede Publizität vermeiden und oft anonym bleiben wollen. Häufig melden UFO-Zeugen ihre Sichtungen privaten UFO-Forschungsorganisationen, die z. T. über ein sehr großes Netz an Mitarbeitern verfügen. So nennt der Herausgeber der kanadischen UFO-Zeitschrift „Saucer, Space & Science", Willowdale/Ontario, 294 Forschungsstellen, ohne die amtlichen Dienststellen, die fast alle den jeweiligen Luftwaffenministerien unterstellt sind. Darunter finden sich in Kanada 24, in den USA 131, in Mexiko 2, in Japan 4, in Australien und Neuseeland 23, in Südafrika 1, in Südamerika 18, in Großbritannien 55 und im übrigen Europa 37. Die ungezählten kleinen Forschungsvereinigungen, die zum Beispiel den Zentralen von NICAP, APRO, Understanding oder

ICUFON als Unterzentralen angeschlossen sind, werden auf mehr als 15 000 geschätzt (Z 58.70.169.2).

Die größte private UFO-Forschungsgruppe der Welt mit 11 000 Mitgliedern (1967) ist die NICAP (National Investigations Committee on Aerial Phenomena). Ihr langjähriger Direktor war Major Donald Keyhoe, ein Absolvent der amerikanischen Marineakademie. Keyhoe nahm an der historischen Expedition mit Bennett und Byrd zum Nordpol teil und war Assistent Oberst Lindberghs und Chef des Handelsministeriums. Er begann seine Untersuchungen über fliegende Untertassen mit Skepsis, sah sich aber später auf Grund des vorhandenen Beobachtungsmaterials gezwungen, der außerirdischen Hypothese den Vorrang einzuräumen (Z 12.67.12.1066).

Zu den Mitgliedern von NICAP zählen ehemalige Offiziere aller Waffengattungen, darunter zahlreiche von den geheimen Nachrichtendienstabteilungen, ferner Piloten, Astronomen, Weltraum- und Raketenfachleute und Wissenschaftler. Viele erstrangige wissenschaftliche Köpfe sind im Gremium von NICAP, andere wirken als Berater in der Organisation. Im Gegensatz zu manchen Vereinigungen, die im Stil gewisser Sekten wie die „Church of Jesus the Saucerian" primitive Heilserwartungen kultivieren, versuchen die NICAP-Mitglieder, alle Verwechslungen, Sinnestäuschungen und Falschmeldungen systematisch auszuschließen. Bis heute hat NICAP mehr als 12 000 Fälle gesammelt.

Eine ähnliche Gruppe, die „Aerial Phenomena Research Organization (APRO)" gilt als die älteste private Forschungsorganisation in den USA und wird seit 1952 geleitet von Coral and Jim Lorenzen in Tucson/Arizona. Sie hat offizielle Mitarbeiter und Korrespondenten in über 50 Ländern der Erde und gibt ein zweimonatlich erscheinendes Informationsorgan heraus.

Die derzeit wohl seriöseste Forschungsgruppe in den USA wurde am 31. Mai 1969 unter dem Namen „Mutal UFO Network (MUFON)" = gemeinsames UFO-Netz gegründet. Eine umfangreiche Datensammelstelle unter Leitung von Dr. David R. Saunders, Universität von Colorado in Boulder, wertet alle Berichte, die über das weltweite Korrespondentennetz per Post, Fernschreiber und Amateurfunk hereinkommen, mit Computerunterstützung aus. In diesem UFOCAT-Projekt waren Anfang 1974 bereits 55 000 Fälle systematisch erfaßt.

Ein ehemaliger Mitarbeiter in der Verwaltung der Vereinten Nationen und gebürtiger Ungar, Colman VonKeviczky, setzt sich seit 1967 für eine UFO-Forschung unter Aufsicht der UNO ein. Hierzu erarbeitete er einen Plan, das „Project Globus“, dessen Verwirklichung er durch das von ihm geleitete „Intercontinental UFO Research and Analytic Network (ICUFON)“ in Jackson Heights anstrebt. Die deutschsprachige Repräsentation dieser Gruppe nennt sich „Deutsche UFO/IFO-Studiengesellschaft (DUIST) e. V.“ und wird von Karl L. Veit geleitet. Der zugehörige VENTLA-Verlag publiziert neben den monatlich erscheinenden UFO-Nachrichten eine reichhaltige Literatur, die sich vor allem auch mit der esoterischen Seite des UFO-Problems befaßt.

In Frankreich existieren mehrere, teilweise miteinander konkurrierende Forschungsgruppen mit jeweils eigenen Fachpublikationen. Die wichtigsten sind die UFO-Organe „Lumières dans la nuit“, „Phénomènes Spatiaux“ und „Ouranos“, dessen Leiter Jimmy Guieu durch viele Rundfunksendungen und UFO-Bücher bekannt geworden ist. Auch in Belgien, Holland, Dänemark, Schweden, Finnland, Italien und Spanien arbeiten zahlreiche UFO-Gruppen mit zum Teil eigenen Fachblättern. Die wohl seriöseste und international bekannteste Zeitschrift „Flying Saucer Review“ mit sehr ausführlichen Fall-Studien aus aller Welt erscheint seit 1954 in England. Viele ihrer Berichte stammen auch aus Lateinamerika, insbesondere von der „Brasilianischen Studiengesellschaft für Fliegende Scheiben (SBEDV)“ unter Leitung von Dr. Walter Buhler, Rio de Janeiro, und vom „Kosmobiophysikalischen Institut“ von Pedro Romaniuk in Buenos Aires.

Wenngleich diese privaten Forschungsgruppen in den letzten Jahren ein beachtliches Beweismaterial zusammengetragen haben, finden sie von offizieller Seite nur wenig Anerkennung. Der verstorbene Prof. Dr. McDonald vom Institut für atmosphärische Physik der Universität von Arizona führte am 29. 7. 1968 vor dem Komitee für Luft- und Raumschiffahrt im Repräsentantenhaus der USA folgendes aus:

„Ich habe mich überzeugt, daß die wissenschaftlichen Vereinigungen nicht nur dieses Landes, sondern der ganzen Welt, fallsweise einen Gegenstand von ungeheurer wissenschaftlicher Bedeutung, als ‚dummes Zeug‘ ignoriert haben … Ich verstehe diese Haltung nur zu gut. Ich war einer mehr von jenen Wissenschaftlern, der glaubte, so etwas könnte nicht existieren, ein Staatsbürger, der beinahe überzeugt war, daß die staatlichen Bestätigungen über die Nichtexistenz eines handgreiflichen Nachweises für die Realität der UFOs stimmen.

Das UFO-Problem ist so unkonventionell, birgt derart unvoraussehbare Phänomene, daß es Erklärungen an Hand unseres technischen Wissens einfach unmöglich macht ... Wir Wissenschaftler dagegen, als ein Ganzes betrachtet, sind nicht geneigt, Probleme aufzugreifen, die dicht an den Grenzen unseres heutigen Wissens liegen." (Z 12.69. 748 f.)

So ist es jedenfalls verständlich, daß von offizieller Seite aus alle UFO-Erscheinungen eine natürliche Erklärung finden mußten. Während Prof. Kukarkin aus Moskau von einer Art „Kriegspsychose" sprach, sahen einige fortschrittliche Psychiater die Ursachen der Sichtungswellen in verdrängten Sexualkomplexen. „Vielleicht auch Massenhysterie", meinte dagegen ein amerikanischer Psychiater. „Nicht so sehr Massenhysterie als vielmehr Kollektivillusion", sagte das australische Institut für angewandte Psychologie. Weitere denkbare und oft genannte Erklärungen sind: Halluzinationen, Reflexerscheinungen, Flecken vor den Augen, hochfliegende Spinngewebe, Kristallisationen, Staubpartikel, hochgewirbelte Papierfetzen, Baumwollflocken, ionisierte Luft, entfernte Scheinwerferlichter, Wetterleuchten, Wolkenspiegelungen, Reklameluftschiffe, Wetterballons, Kugelblitze, Meteore, die Venus, die Perseiden, Satelliten, Zugvögel u. ä. Professor Dr. Donald Menzel, einer der schärfsten Gegner der außerirdischen UFO-Version, versuchte als Dozent der Astrophysik an der Harvard-Universität in zahlreichen Schriften und Vorträgen zu beweisen, daß es sich bei den Sichtungen um Luftspiegelungen (Theorie der Lichtreflexion in Temperaturumkehrschichten) handele (B 123.189 ff.). Leider weisen seine Erklärungsversuche viele Ungereimtheiten auf und passen nur auf einen geringen Bruchteil der UFO-Phänomene.

Die mit Abstand am weitesten verbreitete Theorie der UFO-Gegner geht von einer psychischen Störung der UFO-Zeugen aus, sofern sich die berichteten Erscheinungen nicht in unser derzeitiges physikalisches Weltbild einordnen lassen. Im allgemeinen hält dieses Vorurteil jedoch einer wissenschaftlichen Überprüfung nicht stand. So untersuchte der Psychiater Berthold Schwarz im Jahre 1969, ob die Erlebnisberichte von insgesamt 3400 geisteskranken Patienten irgendwelche Assoziationen zu UFOs zeigen. Weder er noch viele seiner Kollegen konnten jedoch irgendwelche Ähnlichkeiten zu den klassischen UFO-Schilderungen finden. Im übrigen äußerten die Patienten wenig oder überhaupt kein Interesse an dem UFO-Phänomen (Z 31.69.8.460 ff.).

Bei einer gewissenhaften Untersuchung von Sichtungsberichten müssen jedoch die zahlreichen Möglichkeiten von Mißdeutungen und

Schwindeleien berücksichtigt werden. Prof. Dr. Hynek stellte in seiner langjährigen UFO-Forschungstätigkeit fest, daß viele Berichte vor allem zu ungenau und subjektiv gefärbt sind. Daher muß ein UFO-Bericht durch ein enges Filter, bevor er reif ist, als Material für eine wissenschaftliche Studie Verwendung zu finden. Die von Prof. Hynek gebrauchten Kriterien sind:

1. **Grad der Ausgefallenheit**
   Wie viele Daten enthält der Bericht, die mit den bestehenden physikalischen Begriffen nicht erklärbar sind?
2. **Grad der Zuverlässigkeit**
   Was ist bei mehreren Zeugen über ihre kollektive Objektivität zu sagen? Wie reagieren sie bei Tests auf ihre Fähigkeit, Winkelgrößen und Geschwindigkeiten zu schätzen? Wie gut sind ihre Augen? Wie sieht ihre Anamnese aus? Welche technische Ausbildung haben sie? Wie ist ihr Ruf? Suchen sie Publicity? Sind sie ehrlich? Wieviel Verantwortung haben sie in ihrem Beruf?

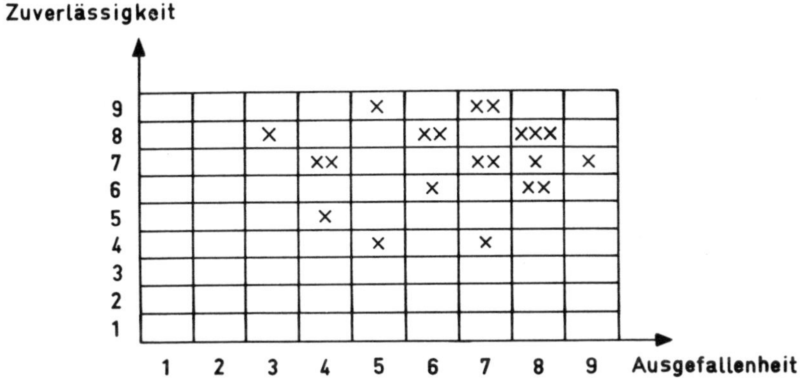

Bewertungsnetz für UFO-Sichtungen

Grundsätzlich gelten Ein-Mann-Zeugen nur zur Hälfte als glaubwürdig. Wägt man die Zuverlässigkeit oder Wahrscheinlichkeit für Echtheit eines Erlebnisses gegen die Ausgefallenheit des Berichtes ab, so erhält man ein ZA-Diagramm (Zuverlässigkeit-Ausgefallenheit).

Die auffallendsten und wissenschaftlich wichtigsten UFO-Berichte erscheinen dann rechts oben auf der Zeichnung, wo viele Informationselemente mit hoher Wahrscheinlichkeitsbewertung gekoppelt sind, so daß es praktisch unmöglich ist, einen solchen Bericht unbeachtet zu lassen. Beispiele für solche Informationselemente sind Beschreibungen des Objekts, Beachtung der Trägheitsgesetze, die Fähigkeit,

Tiere zu beeindrucken, Zündsysteme bei Autos zu beeinflussen und sichtbare Spuren auf dem Boden und bebautem Feld zu hinterlassen. Auch der Condon-Report enthält solche Fälle. Prof. Hynek entwikkelte ein weiteres, sehr einfaches System der Klassifizierung von UFO-Fällen nach der Art der Beobachtung. Es handelt sich um folgende Einteilung:

1. Nächtliche Lichterscheinungen

Einzellichter oder Kombination von Lichtern. Sie bieten für wissenschaftliche Studien meist einen zu geringen Grad an Ausgefallenheit.

2. Am Tage beobachtete Scheiben

Ein typischer Bericht lautete etwa so: Während einer Fahrt auf der Landstraße kreuzte vor mir eine glänzende metallische Scheibe die Fahrbahn. Sie kam fast bis auf den Boden herunter, hielt an und schwebte leicht hin und her, um nach wenigen Sekunden mit ungeheurer Geschwindigkeit wegzufliegen. Sie war vollkommen geräuschlos. Die veröffentlichte UFO-Literatur kennt viele Fotos von derartigen Sichtungen. Einige erwiesen sich als gefälscht, aber viele sind niemals gründlich geprüft worden.

3. UFOs auf Radarschirmen, gekoppelt mit optischen Sichtungen

In dieser Kategorie gibt es zahllose Berichte von kompetenten Beobachtern — Piloten und Radartechnikern. In einem solchen Fall schreibt sogar der Condon-Report: Dies ist einer der merkwürdigsten Radarfälle, der keinen Schluß zuläßt. Es scheint unfaßbar, daß ein unregelmäßiges Radarecho sich so auswirkt . . .

4. Nahsichtungen

Nahsichtungen bieten die besten Möglichkeiten für wissenschaftliche Studien. Hier ist die Gefahr gering, daß bekannte Objekte als UFOs bezeichnet werden, wenn solche UFOs in 30 Meter Entfernung landen, sichtbare Markierungen auf dem Boden hinterlassen, bei Tieren und Menschen physische Wirkungen hervorrufen und Automobile auf den Straßen anhalten. Hier gibt es nur die Möglichkeit, daß die betreffenden Zeugen geistig gestört waren oder daß wirklich etwas

Ungewöhnliches passierte. Es empfiehlt sich hier folgende Unterteilung:

a) einfache Nahsichtungen ohne Nebenerscheinungen
b) Nahsichtungen mit physischen Wirkungen
c) Nahsichtungen mit menschlichen Wesen oder Insassen solcher Objekte.

Natürlich hat die letzte Gruppe den höchsten Ausgefallenheitsindex und schreckt die hartgesottenen Prüfer ab. Prof. Hynek kennt bis jetzt 1200 Nahsichtungsberichte, wovon etwa die Hälfte mit Insassen der gesehenen Objekte zu tun haben. Es gibt diese Berichte seit Jahren, doch die US-Luftwaffe hat nur wenige, da sie diese im Projekt Blue Book ohne Nachprüfung als „verrückt" bezeichnete und ad acta legte.

Gerade diese Berichte aber müssen besonders interessieren, weil UFO-Wirkungen auf Pflanzen, Tiere und Menschen meßbar sind. Ein typischer Fall ist folgender: Plötzlich erscheint — wie aus dem Nichts — ein helles Licht über dem Wagen des Zeugen. Wenn es über dem Auto stehenbleibt, gehen die Scheinwerfer langsam aus, während der Motor gleichzeitig aussetzt. Oft klagen die Wageninsassen über Hitze und ein gewisses Prickeln am Körper. Nach wenigen Minuten verschwindet das Licht, und der Wagen funktioniert wieder, aber die Zeugen haben ihr seelisches Gleichgewicht — wenigstens zeitweise — verloren. Zeugen solcher Ereignisse lassen sich nicht gern verhören. Meist sprechen sie zu niemandem über ihr Erlebnis, höchstens zu engen Verwandten oder Vertrauten. Erst wenn ein UFO-Untersucher zufällig davon hört, wird die Sache bekannt. Wenn die Zeugen das Erlebnis jedoch wahllos erzählen, werden sie meist der Lächerlichkeit — auch von sogenannten Freunden — preisgegeben. Neben solchen physiologischen und elektromagnetischen Effekten werden zuweilen auch Veränderungen des lokalen Gravitationsfeldes berichtet. Insbesondere scheinen sich manche Zeugen bei UFO-Zwischenfällen gewichtslos zu fühlen, als ob die bekannten Trägheitsgesetze außer Kraft gesetzt wären (B 40.110).

Es existiert schon eine beträchtliche Sammlung von UFO-Beweisen. Aber das Problem ist, daß weder Wissenschaftler noch die breite Öffentlichkeit Zugang zu den Unterlagen haben. Wer etwas über UFOs wissen will, findet dieses Thema (außer in Fachkreisen) gewissermaßen im Hinterhof der Literatur — in Illustrierten, die sich mit Abenteuern, Okkultismus oder Sex befassen. Prof. Hynek hat bisher noch in keiner wissenschaftlichen Zeitschrift einen bestens dokumentierten Fall veröffentlichen können, obwohl die kürzlich erschienene Bibliographie über UFOs über 400 Seiten aufweist.

Zusammengefaßt ist das Resultat der mehr als 20jährigen UFO-Forschungstätigkeit Prof. Hyneks folgendes:

1. Nach Ausmerzung der Berichte von Phantasten, religiösen Fanatikern u. a. bleiben echte Berichte über UFO-Beobachtungen zu klären.
2. Eine große Anzahl von UFO-Berichten läßt sich von geschulten Beobachtern leicht als Mißdeutung bekannter Objekte und Ereignisse klären.
3. Ein Rest von UFO-Berichten ist nicht identifizierbar.

   Diese kommen

   a) aus allen Teilen der Welt, von Nordkanada, Europa, Asien, Australien, Südamerika bis zur Antarktis.
   b) Sie sind von kompetenten, zuverlässigen und geistig normalen Menschen gemacht, d. h. glaubwürdigen Zeugen.
   c) Sie enthalten Beschreibungen, die nicht mit irgendwelchen bekannten physikalischen Erscheinungen übereinstimmen, sei es nun ein Objekt oder ein Ereignis oder ein psychologischer Vorfall.
   d) Sie können nicht in den gebräuchlichen Begriffen der bekannten physikalischen und psychologischen Vorgänge ausgedrückt werden, denn diese würden — nach Grudge — die Bedeutung des Originalberichtes verändern und die Methoden für den Fortschritt der Wissenschaft störend beeinflussen.

Die gegenwärtige Wissenschaft darf deshalb nicht ausschließen, daß solche neuen empirischen Erfahrungen existieren, und sie muß für diese neuen Daten auch neue Konzepte, Prinzipien, Gesetze usw. finden, die diese neuen Erfahrungen interpretieren und erklären. Anschließend betont Prof. Hynek, daß er keine Hypothese kennt, die das gewaltige Unterlagenmaterial umfaßt. Diese Tatsache sollte uns jedoch nicht daran hindern, dem Rat Schrödingers zu folgen: neugierig zu sein, noch über Neues staunen zu können und vor allem bereit zu sein, die Wahrheit herauszufinden! (B 40.22 ff.)

Die Politik der Geheimhaltung

„Gestützt auf unzuverlässige und unwissenschaftliche Unterlagen, legt die Luftwaffe Statistiken über unbekannte Flugobjekte vor, die die in die Fallstricke der Statistik uneingeweihte Öffentlichkeit beeindrucken müssen. Man muß deshalb daraus schließen, daß die weit verbreiteten, periodisch erscheinenden und auf fehlerhaften Statistiken beruhenden Erklärungen der Luftwaffe lediglich dazu dienen sollen, die Wahrheit über die Erscheinungen der UFOs zu verschweigen."

Yale Scientific Magazine, Universität
Yale, Jahrg. 37, Nr. 7, April 1963

„Die Beschuldigung der US-Luftwaffe, Informationen über einen außerirdischen Ursprung der UFOs zurückzuhalten, ist absurd. Die Bedeutung einer Anerkennung der Existenz extraterrestrischer Wesen würde so groß sein, daß kein Wissenschaftler, Journalist, Politiker und keine Regierung — seien es die Vereinigten Staaten, England, Frankreich, die UdSSR oder China — nur einen Augenblick bereit wären, diese Nachrichten zu unterdrücken."

Prof. William Markowitz
Science 15. 9. 1967

In einer Demokratie wie der unseren gibt es nur einen stichhaltigen Grund, wichtige Fakten vor der Öffentlichkeit geheimzuhalten: wenn die Enthüllung solcher Tatsachen die nationale Sicherheit gefährden würde. So könnten unbedachte Äußerungen offizieller Stellen zur falschen Zeit das komplizierte und sensible Gefüge unseres politischen und wirtschaftlichen Lebens sehr leicht aus dem Gleichgewicht bringen.

Dies zeigt auch ein Bericht des Brooking Instituts aus Washington vom Jahre 1960. Die NASA erbat von dieser Gesellschaft eine größere Studie über verschiedene Aspekte der Raumfahrttechnologie. Darin heißt es u. a.: „Die Entdeckung einer Rasse überlegener Wesen im Universum könnte einen Umsturz der irdischen Zivilisation herbeiführen. Selbst Gesellschaften haben sich schon aufgelöst angesichts einer höheren Kultur, und andere haben weiter bestanden, wiewohl in veränderter Form. Diese Gefahr könnte besonders dann auftreten, wenn die Bevölkerung jener Zivilisation sich zu einer Landung und Kontaktaufnahme mit uns entschließen würde. Der Schwierigkeit kann nur vorgebeugt werden, wenn wir Erdbewohner von vornherein darauf vorbereitet werden, das Bestehen einer älteren und höheren Zivilisation anzuerkennen.“ (Z 18.62.5)

Dies scheinen die Sowjets in den letzten Jahren durch eine verstärkte Aufklärung ihrer Bürger über Astronomie, Kosmologie und UFOs zu beabsichtigen. So erschien in der sowjetischen Presse, und zwar in der Kasachstaner Ausgabe der „Prawda“ vom 10. September 1965, ein bedeutsamer Artikel mit dem Titel „Fliegende Untertassen“, der von dem sowjetischen Gelehrten Dr. Mitrovan Zwereff für die sowjetische Regierung erstellt wurde. Der Dozent und Schriftsteller Woroneff sagt hierzu: „Dies (Kasachstan) ist eine Gegend, in der Berichte und Gerüchte über fliegende Untertassen als Objekte aus dem Weltraum in großer Zahl umgehen und Geschichten über eine von dort kommende Invasion erzählt werden. Solche Dinge werden nie gedruckt, aber von Mund zu Mund verbreitet und erreichten ein solches Ausmaß, daß die ganze Gegend damit durchsetzt war und fast eine Panik auslöste. Erst kürzlich sandte die sowjetische Regierung eine ganze kleine Armee von Beamten in das Gebiet, um es zu beruhigen. Denn diese fliegenden Untertassen hatten eine Rückkehr zum Glauben an Gott und die Religion bewirkt, gewiß das letzte, was der Kommunismus wünscht. Das Erscheinen der fliegenden Untertassen wurde von den Menschen jener Gegend als Warnung übernatürlicher Wesen vor einer drohenden Katastrophe betrachtet. Breschnew selbst besuchte die Hauptstadt Alma-Ata, wo er vor dem dortigen Obersten Sowjet sprach und außerdem vor den Führern der Kommunistischen Partei eine geheimgehaltene Rede über den Zusammenbruch der kommunistischen Moral und die unerwarteten Folgen auf Grund der Sichtungen fliegender Untertassen und das steigende Interesse an ihnen hielt.“ (B 25.251 ff.)

Eine ähnliche Furcht vor unvorhergesehenen und unkontrollierbaren Reaktionen des Publikums scheint auch die amerikanische Regierung zu haben. Eine positive „offizielle“ Erklärung zur UFO-Frage — in dem Sinne, daß das Problem als solches überhaupt existiert — würde die Weltöffentlichkeit mit Sicherheit auf das nachhaltigste beeindrucken. Vor allem aber könnten gewisse Volksteile derart beunruhigt werden, daß Staatsautorität und Gesetz in Frage gestellt würden.

Ein beredtes Beispiel für eine derartige Massenhysterie zeigt die Schockwirkung eines Science-Fiction-Romans über eine Invasion vom Mars. Unter dem Titel „Krieg der Welten“ inszenierte Orson Welles eine Hörspielsendung, die am 30. Oktober 1938 von der Columbia Broadcasting Company ausgestrahlt wurde. Durch ein Gemurmel aufgeregter Stimmen und empörter Proteste drang aus den Radioapparaten die atemlose Frage eines Reporters: „Was, zum Teufel, geht in dem Zylinder vor? Wo kommt das Ding her? Was sagen Sie? Ein Raumschiff? Vom Mars? Alter Freund, Sie sind wohl ...“ und dann schrie er plötzlich: „Mein Gott, das Oberteil dreht sich ... Es hebt ab ...“ Von neuem ertönte die schrille Stimme des Reporters: „Liebe Hörer, ein schrecklicher Moment ... Ein furchtbares Wesen kriecht aus der Öffnung. Zwei leuchtende Scheiben sind zu erkennen; vielleicht sind's Augen ...! Um Himmels willen! Es kriecht aus dem Schatten, eine riesige, graue Schlange, darunter ein Körper so groß wie ein Bär ...“ Man hört das Kreischen und Trampeln einer flüchtenden Volksmenge, das Heulen von Polizeisirenen. Der Reporter keuchte: „Da, da, es richtet sich auf ... ein Flammenstrahl ... Der Polizist ist zu Asche geworden ... Es kommt, es kommt ... Wo bleibt die Miliz? Aus anderen Landesteilen hören wir ...“ Ein gewisser Mr. Jones hört die Sendung und stürzt zum Telefon: Leitung blockiert. Er rennt in den Garten zum Nachbarn. Der holt schon den Wagen aus der Garage. Und so wie hier geschieht es überall in den Vereinigten Staaten. Unbeschreibliche Szenen spielen sich ab. Zu Fuß, per Auto, mit Kind und Kegel verlassen Familienväter ihre Häuser, laufen oder fahren in kopfloser Flucht durch das Land. Alle Straßen sind verstopft. Es kommt zu Krawallen, Plünderungen. Es gibt Verletzte. Am Morgen erst stellt sich heraus: Keine Invasion von Marsmenschen, ein Hörspiel nur, von Orson Welles realistisch inszeniert — so geschehen in unserem Zeitalter in den Vereinigten Staaten (B 50.36).

Es bleibt natürlich fraglich, ob heutzutage eine ähnliche Sendung bei einem Science Fiction gewohnten Fernseh- und Hörerpublikum noch irgendwelche Angst- oder Panikreaktionen auszulösen vermag. Wahrscheinlich gibt es — neben der Furcht vor einer Massenpsychose — noch eine ganze Reihe anderer, gewichtiger Gründe, wenn Informationen über unbekannte Flugobjekte von offizieller Seite zurückgehalten werden.

Laut Konsul Dr. Alberto Perego, Rom, sollen die USA, die Sowjetunion, England und Frankreich anläßlich der Genfer Konferenz von 1955 vereinbart haben, die Existenz der UFOs zu verheimlichen und die Propaganda auf die Astronautik ihrer Länder zu konzentrieren (Z 58.61.60.3). George Langelaan, Romanschriftsteller, Journalist und Ex-Offizier des Intelligent Service, äußerte am 17. Februar 1965 bei einem Referat in Moureux, Frankreich: „Was die fliegenden Untertassen betrifft, so kann ich bestätigen, daß die russischen und amerikanischen Geheimdienste zusammenarbeiten und zu dem staunenswerten Schluß gekommen sind: die ‚fliegenden Untertassen' existieren, ihr Ursprung ist außerirdisch, und in Zukunft, in verhältnismäßig kurzer Zeit, wird sich diese Versicherung bewahrheiten." (Z 34.65.5/6) Langelaan hat unter anderem das Buch „Die unheimlichen Wirklichkeiten" (Scherz-Verlag) herausgebracht.

Verschiedene Äußerungen von amtlicher Seite erhärten den Verdacht, daß hohe Regierungskreise und militärische Dienststellen recht gut über UFOs informiert sind. So erwiderte Mr. Watkinson, der bei der Kabinettsumbildung im Jahre 1963 als Verteidigungsminister zurückgetreten war: „Ehe ich das Ministerium verließ, mußte ich eine große Anzahl Erklärungen unterschreiben, in denen ich versprechen mußte, niemals gewisse Tatsachen zu enthüllen, von denen ich

---

Abbildung 14 rechts, Abbildung 15 rechts oben, Abbildung 16 rechts unten

Unbekannte Raumstation über Alberton, Australien

Der Bauunternehmer Ellis E. Matthews machte im Jahr 1967 einige Aufnahmen des nächtlichen Himmels, wobei er seine Filmkamera auf ein hell strahlendes bläuliches Licht richtete. Monate später erst drehte er den restlichen Film zu Ende und ließ ihn am 8. 1. 1968 entwickeln. Die ringförmigen Objekte auf dem Filmstreifen hielt er zunächst für eine Fehlentwicklung, wandte sich dann jedoch zwecks näherer Überprüfung an den Piloten und UFO-Experten Bruce L. Cathie in Neu-Seeland. Dieser prüfte 20 der 52 Negative, die Herr Matthews aufgenommen hatte, und kam zu dem Schluß, daß es sich bei dem Objekt weder um einen Meteor, noch um einen Wetterballon oder einen Satelliten gehandelt haben könne.

Der Leiter der amerikanischen ICUFON-Forschungs-Gruppe, Maj. Colman Von-Keviczky, ließ bei der Firma Zeiss in New York Mikrovergrößerungen einiger Matthews-Negative anfertigen. Seiner Ansicht nach handelt es sich bei dem Objekt um ein künstlich gebautes, ringförmiges Luftfahrzeug ohne Propeller- oder Turbinenantrieb. Es scheint während der 10 Aufnahmen im Raum zu schweben, wobei jede Aufnahme 1/18 Sekunde dauerte. Der Oberteil des Objektes war etwa 45° gegen die Kameraachse geneigt, die für die Bilder etwa 15—20° über dem Horizont eingestellt war. Offensichtlich ist das ganze Objekt – bis auf einen kleinen dunklen Teil – selbstleuchtend. Einige Fotos haben einen Fleck 10° rechts von seiner Vertikalachse, was ein Oberflächenreflex sein kann. Dies deutet darauf hin, daß sich im Innern des Rings eine flache konvexe Kuppel befand. Die Entfernung des Objektes schätzte Matthews auf etwa eine Meile: Kamera: Paillard Bolex, Modell P 1; Objektiv: Som Berthiot: PAN-CINOR 1 :1,9; 43 mm, 8–40 Zoom. Aufnahmedaten: Blende 1,9, Zoom 40, 18 Aufnahmen/Sekunde, Entfernung: unendlich.

14

15

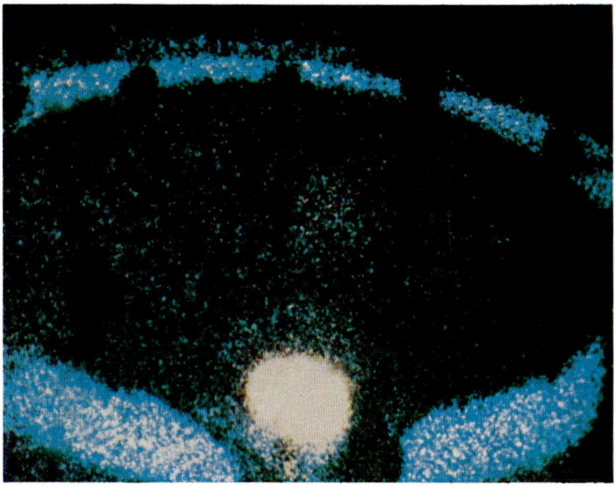

16

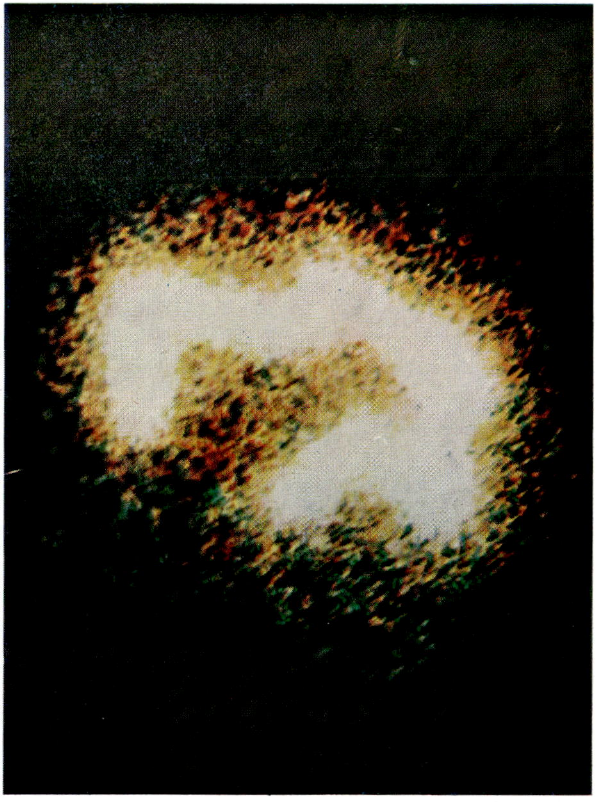

17

18

als Verteidigungsminister Kenntnis erhielt. Das Gebiet „Fliegende Untertassen“ mag dabei gewesen sein.“ (Z 18.63.5/6)

Ein hoher Beamter der US-Regierung sandte am 10. 1. 1968 ein bemerkenswertes Schreiben an den Direktor des ICUFON. Aus Sicherheitsgründen für ihn wurden Teile des Textes verdeckt. Der Brief beginnt: „Sehr geehrter Herr VonKeviczky! Ich bin ... im Ausschuß zur Untersuchung von Phänomenen der äußeren Atmosphäre ... Ich wurde mit einem Exemplar Ihres an den Herrn Generalsekretär der UN gerichteten Memorandums beschenkt — ein Dokument, von dem ich sagen kann, daß es nüchtern und angemessen zu sein scheint im Verhältnis zu diesem entscheidenden „Problem“ unserer Zeit ... Ausschuß akzeptierte kürzlich aufgrund der überwältigenden, greifbaren Beweise die Existenz „außerirdischer Fahrzeuge“ und ihre bemannten Besuche auf unserem Planeten. Unsere Regierung wurde voll informiert; sie hat es abgelehnt, diese Tatsache der Öffentlichkeit zu enthüllen aus Furcht vor verschiedenen, hauptsächlichen Rückschlägen ... fantastisches Material ... Leider darf ich Ihnen nicht einmal erlauben, sich mit mir postwendend in Verbindung zu setzen, aus „Sicherheitsgründen“. Seien Sie aber versichert, mein Freund: obgleich Sie ein Pionier in der Wildnis des Unglaubens und des Spottes sind — Sie sind bei weitem nicht allein. Ich schließe mich an ... und aufrichtig viel Glück für Ihre fortgesetzten Bemühungen wünschend ... Mit Gratulationen Ihr ...“ (B 24.232)

Am 30. Juni 1965 bereits schlug Colman VonKeviczky, damals noch Angestellter des UN-Sekretariates, die Kontrolle der UFO-Aktivität durch die Vereinten Nationen vor. Sein Vorschlag wurde völlig ignoriert. Am 1. 2. 66 wiederholte er seinen Vorschlag, adressiert an den

---

Abbildung 17 links oben, Abbildung 18 links unten

Fliegende Untertasse bei Deutschlandsberg, Österreich

Am 23. Mai 1971 befand sich der Münchner Musiker Rudi Nagora auf Urlaubsreise in der Steiermark, als er zusammen mit seiner Familie dieses Objekt sichtete. Ihm gelangen insgesamt 12 Aufnahmen mit einer Agfa-Click-I-Kamera. Das untere Bild ist eine Ausschnittsvergrößerung der obigen Aufnahme. Eine ausführliche Beschreibung der Sichtung enthält der Textteil auf Seite 199 ff.

Aufnahmedaten: Meniskus 1:11/72,5 mm, Blende 16, Verschluß 1/50 s, Film: Agfacolor CN 17.

Generalsekretär, mit der Bitte, daß ein Sonderausschuß seine globale UFO-Analyse überprüfe. Dieser Ausschuß wurde niemals nominiert. Dafür hatte er am 7. Februar einen scharfen Disput mit einem Geheimagenten, der versuchte, ihn zur Rücknahme seiner Pressemitteilungen zu zwingen, die die internationale Kontrolle der UFO-Aufklärungsarbeit betrafen. Wenige Tage später wurde die sofortige Entlassung Colman VonKeviczkys aus dem Sekretariat angeordnet (B 24.99). U Thant und sein Kabinett waren allerdings von der UFO-Dokumentation so beeindruckt, daß sie wenigstens eine kleine Analytiker-Gruppe des Sekretariats aufstellen wollten. Doch die USA vereitelten diesen Plan, nannten die Dokumentation „Unsinn" — um dann drei Monate später genau das gleiche Projekt auf nationaler Basis durch die Colorado-Universität zu verwirklichen (B 27.176).

Die Münchner UFO-Forscherin Ilse von Jacobi hatte anläßlich des Internationalen Kongresses der Weltföderalisten vom 23. bis 27. August 1970 in Ottawa, Kanada, Gelegenheit, den damaligen Generalsekretär der Vereinten Nationen, U Thant, zu sprechen. „Exzellenz", fragte sie, nachdem sie die Erlaubnis erhalten hatte, einige Fragen an ihn zu richten, „die UFO-Forscher in der Welt wissen, daß Sie sehr gut über die Einflüge außerirdischer Piloten informiert sind. Sie wissen auch wie wir, daß außerirdische Piloten Kontakt mit den Regierungen aufgenommen haben, daß diese aber alle Fakten und Unterlagen geheimhalten. Ist das richtig?" U Thant nickte ein zögerndes Ja. „Es gibt Dinge, über die ich nicht sprechen kann und darf." (Z 58. 70.171.6)

Als Begründung für die Nichteinmischung der UN in die UFO-Forschung schrieb A. H. Abdel Ghani, Chef der Outer Space Affairs Group der UNO in einem Brief an C. VonKeviczky/ICUFON unter Nr. PO 141/1/4: „. . . Das UFO-Weltproblem kann nur offiziell auf die Tagesordnung gesetzt werden, wenn ein Mitgliedstaat der Vereinten Nationen den Antrag stellt, daß dies ein Thema ist, das offiziell vor den Ausschuß gebracht werden sollte."

Vier Jahre später, am 8. November 1971, gelang es Grace S. K. Ibingira, dem Botschafter von Uganda, das Thema UFO mit seinem Referat „Galaktische Raumschiff-Probleme und ihre Piloten" offiziell auf die Tagesordnung zu bringen. Darin heißt es unter anderem: „Ich schlage vor, daß der Ausschuß die Möglichkeit der Aufnahme einer Klausel oder einer Präambel in die Haftungs-Konvention in Erwägung zieht, in der alle in der Weltraum-Erkundung tätigen Staaten gehalten sind, dafür Sorge zu tragen, daß ihre Raumschiffe und sonstigen Raumobjekte sich bei Begegnungen mit anderen Raumobjekten, die anscheinend intelligent kontrolliert werden, nicht provozierend oder feindlich verhalten. Ich habe bereits erklärt, daß dies keine Anerkennung außerirdischen Lebens ist. Es ist nur — so denke ich — eine Frage der Vorsicht."

Wenige Monate später äußerte der Botschafter in einem Schreiben an VonKeviczky sein Bedauern über die Reaktion der UNO auf seine Anregungen. Es scheine ihm, daß innerhalb der Weltorganisation ein starker Druck ausgeübt werde, der verhindert, daß diese Angelegenheit die Aufmerksamkeit erhält, die sie verdient (Z 58.72.189. 1.3,192.2).

Im allgemeinen wehren wir uns aus psychologisch verständlichen Gründen, derartige geheime Machenschaften ernst zu nehmen. Das Überangebot an Kommunikationsmitteln läßt uns in dem naiven Glauben, über die Weltpolitik — und auch über UFOs — bestens informiert zu werden. Leider ist es aber eine Tatsache, daß die wirklichen Entscheidungen meist von geheimen Organisationen — sei es in der Wirtschaft, der Politik oder auf militärischer Ebene — vorbereitet oder gar erzwungen werden. Wenige Zeitgenossen wissen beispielsweise, daß es neben der „offiziellen" wissenschaftlichen Forschung unzählige Geheimaufträge gibt, deren Ergebnisse nicht oder erst nach vielen Jahren öffentlich publiziert werden dürfen. Die geheimen Fachzeitschriften und Berichte sollen nach Jacques Bergier zuweilen eine Auflagenhöhe von 10 000 Exemplaren erreichen. Die NSA (National Security Agency) zum Beispiel — neben dem Pentagon und dem US-Finanzministerium der drittgrößte Verwaltungskomplex der USA – beschäftigt 15 000 Wissenschaftler und Angestellte sowie eine Vielzahl ehrenamtlicher Korrespondenten. Das Arbeitsgebiet dieses wissenschaftlichen Geheimdienstes umfaßt Mathematik, Elektronik, Allgemeine Fernmeldetheorie und sogar Philosophie. Das Budget der NSA beträgt jährlich eine Milliarde Dollar. Fachleute glauben, daß die NSA auf dem Gebiet der Computer maßgebender ist als selbst die größten Computerfirmen, wie z. B. IBM. Dabei erfuhr die Welt erst vor kurzem durch den Bericht des Agenten Percy Fellwock im US-Nachrichtenmagazin „Ramparts" überhaupt von der Existenz dieser Super-Organisation. Selbst Hubert Humphrey, ehemaliger amerikanischer Vizepräsident, hatte nicht die Spur einer Ahnung von der tatsächlichen Arbeit der NSA — ein Beweis, wie dicht das Netz dieser am 4. 11. 1952 von Präsident Truman mit einem Startkapital von 2,5 Milliarden Dollar gegründeten Organisation ist. Jedem ihrer

Mitarbeiter wird in gewissen Zeitabständen das Bundesgesetz 513 über den Hochverrat vorgelesen. Daher flüstert man sich in Washington zu, NSA bedeute in Wirklichkeit: Never saying anything! (Sage niemals etwas!) (B 4.181.210.211) (Z 49.72. Nr. 32. S. 22)

Welche enormen Geldmittel für geheime militärische Aufträge zur Verfügung stehen, zeigt auch das amerikanische Programm für Spionagesatelliten. Während die US-Raumfahrtbehörde NASA trotz der bemannten Mondlandungen ständig um ihre finanzielle Existenz zu kämpfen hat, erhielt das US-Verteidigungsministerium im Jahre 1971 für Weltraumspionage 16 Milliarden DM — 4 Milliarden mehr als die zivile NASA. Insgesamt standen dem Pentagon und den amerikanischen Geheimdiensten für die ca. 300 US-Spionage Satelliten bisher etwa das gleiche Budget zur Verfügung wie der NASA, nämlich rund 200 Milliarden DM, wie der US-Raumfahrtexperte Charles S. Sheldon schätzt. Technische Informationen über diese Aufklärungssatelliten gelangen praktisch nicht an die Öffentlichkeit. Die Geheimhaltung, unter der beispielsweise das Projekt SAMOS (Satellite and Missile Observer) stand, wurde nur noch von der während der Entwicklung der Atombombe übertroffen (Z 65.72.8.57/59).

Inwieweit die bisher gebauten Spionage-Satelliten auch zur Registrierung unbekannter Flugobjekte eingesetzt werden können, ist unbekannt. Auf jeden Fall versucht die experimentelle Wissenschaft mit allen Mitteln das Geheimnis zu lüften, das uns umgibt. Dies deutete Prof. Hermann Oberth in einem Interview mit der italienischen Illustrierten „EPOCA" vom 12. 11. 1967 an. Danach werden in Omaha (Nebrasca) in den unterirdischen Arbeitsräumen des Strategic Air Command Tausende Fotos und Filmaufnahmen von UFOs geprüft, studiert und diskutiert. Die Besprechungen sind geheim, und die von den Wissenschaftlern abgegebenen Gutachten sind der Öffentlichkeit nie zugänglich gemacht worden. Dies deckt sich mit einer Information, die dem NICAP von einer hochgestellten Regierungsstelle der USA zugegangen ist. Danach werden besonders wichtige UFO-Informationen als „above top secret" — das bedeutet „übergeheim" behandelt. Solche Nachrichten sind sogar vielen höchsten Offizieren und Staatsbeamten unzugänglich, die nicht ein erstes Vorzugsrecht für genaueste Informierung besitzen, wie die Amerikaner sagen, ein „high priority need to know" (Z 57.63.9). Man darf annehmen, daß selbst die Sachbearbeiter des Projektes „Blaubuch" wie auch das Condon-Komitee keinen Zugang zu derartigen Informationsquellen hatten.

Schon 1966 bestätigte Leonard Marks, Leiter des US-Informationsbüros (US Information Agency), einem Reporter aus Los Angeles, daß bereits beträchtlich mehr wissenschaftliche Forschungen über UFOs im Gange sind, als die Öffentlichkeit im allgemeinen erfährt (Z 57.65.11/12). Dr. Garry C. Henderson von der General Dynamics Corporation erklärte bei einem Vortrag am Planetarium in Calgary, Kanada, daß fast alle Astronauten UFOs gesehen haben und von der Regierung die Auflage erhielten, über diese Sichtungen nicht zu sprechen. Außerdem bestätigte dieser Weltraumwissenschaftler die vielen Gerüchte, daß die NASA Filme und Fotos der Astronauten besitze, die diese von UFOs im Weltraum aufgenommen haben (Z 19.70/3). Nicht von ungefähr vertrat Albert Chop, damals stellvertretender Pressechef der NASA, in der Zeitschrift „True" vom Januar 1965 die Ansicht: „Ich bin schon lange überzeugt, daß die ‚Fliegenden Untertassen' interplanetarischer Herkunft sind. Wir werden von Wesen aus dem Weltraum überwacht." (Z 11.58.5/6.20)

Dieser Meinung war auch die Presseabteilung der US-Luftwaffe im Verteidigungsministerium. In der Nacht vom 21. zum 22. Februar 1960 gab das Pentagon in einer Dokumentarsendung im Fernsehen einen Überblick über die Geschichte der UFO-Forschung seit 1947 und über die UFO-Überflüge über die Verbotszone der Landeshauptstadt Washington im Jahre 1952. Die Sendung endete mit der bemerkenswerten Schlußfolgerung, es sei eine offizielle Information des Verteidigungsministeriums, daß fliegende Untertassen außerhalb jeden Zweifels real seien, mit intelligenten Wesen besetzt und nicht von dieser Erde stammend (Z 19.60.11).

Diese Aussage steht jedoch in offensichtlichem Widerspruch zu zahlreichen anderslautenden Äußerungen der US-Luftwaffe. Der ehrliche Staatsbürger dürfte daher mehr oder weniger Schwierigkeiten haben, eine derart doppelzüngige Informationspolitik zu durchschauen. Carl Gustav Jung sagte einmal in diesem Zusammenhang: „Der beste Weg, Furcht vor etwas Unbekanntem zu bannen, ist der, das Dunkel darum zu lüften." Soll man hier dem großen Psychoanalytiker recht geben oder mehr den Warnungen der Sozialwissenschaften vertrauen?

Wie wir wissen, enthalten die anthropologischen Akten viele Beispiele dafür, daß abgekapselte, autonome Gesellschaften zerfielen, wenn sie plötzlich mit neuen Völkern in Berührung kamen, die andere soziale Formen und Verhaltensweisen kannten. Genauso dürfte der Beweis, daß der Mensch im Weltall nicht allein ist, die Einbuße an dem, was Harlow Shapley unsere „kosmische Einsamkeit" nennt, gewiß tiefgreifende Wirkungen auf das Bewußtsein der Menschheit ausüben. Ein kalifornischer Kongreßabgeordneter sagte dem Ufologen Dr. Frank Stranges ganz unmißverständlich: „Wenn jemand aus einer anderen Welt hierher käme und uns zeigte, wie wir ohne Krieg weiterleben könnten, ohne Krankheit und ohne Tod, würde ein wirtschaftliches Chaos in den Vereinigten Staaten entstehen." (B 24.93)

Progressive Wissenschaftler und Vollblut-Techniker unterschätzen im allgemeinen diese Gefahren. Sie gehen davon aus, daß neue Entdeckungen und wichtige Erkenntnisse sofort und ohne Schwierigkeiten der breiten Öffentlichkeit mitgeteilt werden können. Leider sind die führenden Kreise in unseren Wirtschaftssystemen (sowohl in Ost als auch in West) keine Wahrheitsfanatiker, sondern harte Realisten, die jede Neuerung ausschließlich nach ihrer Auswirkung auf das Finanz-Establishment beurteilen. Viele revolutionäre Erfindungen, die bei ihrer Bekanntgabe plötzlich ganze Industriezweige überflüssig gemacht hätten, sind im Laufe der Geschichte — auch in unseren Tagen — mit teilweise brutalen Methoden unterdrückt worden.

Professor Charles A. Maney vom Defiance-College in Ohio, ist einer der wenigen Forscher, der diese Tatsachen klar auszusprechen wagt. In seinem überaus aufschlußreichen Artikel „Warum die US-Luftwaffe keine UFOs erforschen kann" (1963) heißt es u. a.: „... Man muß sich einmal die enormen Kapitalinvestitionen der bestehenden Geschäftsunternehmen vor Augen führen, um das Potential des riesigen wirtschaftlichen Einflusses der amerikanischen Industrie zu begreifen. Damit ist automatisch ein äußerst mächtiger ‚status quo' hergestellt, um mit der Produktion von Rüstungsmaterial und Geräten nach gegenwärtig bestehenden wissenschaftlichen Richtlinien fortzufahren. Eine Wissenschaft, die nicht am Gängelband gehalten wird, kann schnell die Entdeckung neuer Gesetze und Prinzipien entwickeln, die im Augenblick des ‚Durchbruchs' über Nacht orthodoxe Vorstellungen völlig über den Haufen werfen können. Allerdings würden kontrollierende Interessengruppen den fast völligen Verlust ihrer Kapital-Investitionen erleiden, wenn die Wissenschaft in ihren Bemühungen nicht behindert wäre... Aus Rücksicht auf die Sicherheit von Kapital-Investitionen werden daher wissenschaftlicher Fortschritt und die Verbreitung der Wahrheit zum Stillstand gebracht." (B 81.234.237)

In der Tat könnte der Kapitalismus ernstlich in Frage gestellt werden, wenn höher entwickelte Gesellschaften im Weltall sich etwa auf das sozialistische Prinzip stützen würden. Andererseits mag sich der marxistische Materialismus unbehaglich fühlen, wenn sich herausstellt, daß die Planetarier Gott anerkennen. Auf jeden Fall wäre die ganze politische Struktur der Erde ad absurdum geführt, wenn ein führender Staatsmann eines Tages öffentlich erklären würde: „Jawohl, es gibt Wesen außerhalb unserer Erde, welche uns technisch um Jahrhunderte überlegen sind, denen die Aufhebung der Gravitation längst gelungen ist und deren uns vollkommen rätselhafte Antriebskraft erlaubt, sich ohne jedes Geräusch in jeder beliebigen Lage und Fluggeschwindigkeit zu bewegen, die mit unseren modernsten und schnellsten Abfangjägern nach Belieben Fangen spielen und deren technische Überlegenheit keinen Zweifel darüber lassen kann, daß sie auch über Waffen verfügen dürften, deren eventuellem Einsatz wir vollkommen hilflos gegenüberstehen würden." (Z 9.58.1.30)

Nicht zuletzt deshalb betrachten hohe militärische Stellen alle Informationen über UFOs als lebenswichtiges „militärisches Geheimnis". Der „Merint Report Procedure Nr. OPNAV 94-P-3B", herausgegeben vom Generalstabschef der US-Marine, zeigt den nordamerikanischen Kontinent mit den Alarmsystemen gegen „unbekannte feindliche" Schiffe, U-Boote, Flugzeuge, Raketen und UNBEKANNTE FLUGOBJEKTE (UFO). Zum schnellen Gebrauch wurden auf den meisten amerikanischen Kriegsschiffen Erkennungskarten für 2 Typen von UFOs eingeführt. Diese Karten für Frühwarnung zeigen zwei Skizzen von UFOs — die eine eine typisch runde „Fliegende Untertasse", die andere ein fledermausähnliches Raumfahrzeug mit Luken an den Seiten (Z 19.63.5).

Die Luftwaffenakademie in Colorado Springs unterrichtet ihre künftigen Offiziere anhand des Physik-Buches von Major Donald G. Carpenter sehr detailliert über UFOs. In Band II „Introductury Space Science" (Einführung in die Weltraumwissenschaft) heißt es u. a.: „Die verständlichste Theorie für uns ist, daß UFOs materielle Objekte sind, die entweder bemannt sind oder von Wesen ferngelenkt werden, die für unseren Planeten als außerirdisch anzusehen sind. Das Beste ist, wach und skeptisch aufmerksam zu sein — und keine extreme Stellung in irgendwelcher Richtung einzunehmen." In einem 14 Seiten langen Kapitel, das ausschließlich UFOs gewidmet ist, macht das Lehrbuch auch darauf aufmerksam, daß sich die wissenschaftlichen Studien des UFO-Mysteriums lediglich auf die begrenzten

Kenntnisse des Menschen in der Physik stützen und daß unser heutiges Wissen für UFOs nicht anwendbar sein könnte. Wir sollten auch nicht die Möglichkeit einer außerirdischen Kontrolle durch UFOs auf Grund vorgefaßter Meinungen bestreiten. Weiter heißt es: Falls solche Wesen, „Außerirdische", unsere Erde besuchen, ergeben sich zwei Fragen:

1. Warum versuchten sie nicht, offiziell mit uns Kontakt aufzunehmen?
2. Warum gab es noch keine Unfälle, die uns ihre Anwesenheit bewiesen hätten?

Die erste Frage ist sehr leicht auf verschiedene Weise zu beantworten.

1. Wir könnten für sie Gegenstand ausgedehnter soziologischer und psychologischer Studien sein. Bei solchen Studien wird allgemein vermieden, die Umgebung des Test-Objektes zu stören.

2. Man nimmt wohl kaum Kontakt zu einer Art Ameisen-Kolonie auf; wir Menschen könnten für Außerirdische derartig erscheinen.

3. Ein solcher Kontakt könnte bereits auf einer anderen Bewußtseinsebene im geheimen stattgefunden haben. Wir Menschen aber sind allgemein noch nicht empfindsam genug für die Verbindung auf einer solchen Ebene.

Die zweite Frage über die Wahrscheinlichkeit von Unfällen wird sich vielleicht in Zukunft beantworten lassen.

Der amerikanische UFO-Forscher Earl J. Neff, Cleveland, erklärte, daß es sehr schwierig war, ein Exemplar dieses Lehrbuches zu erhalten. Die Luftwaffe wünscht offenbar nicht, daß dieses Buch bekannt wird. Es wäre ihr peinlich, denn es steht im Gegensatz zu dem, was sie dem amerikanischen Volk sagt (Z 58.71.177.1,2).

Seit 1951 gibt es verschiedene Geheimbefehle der Air Force über die Handhabung von UFO-Sichtungen innerhalb der Armee und hinsichtlich der Handhabung von UFO-Fällen nach außen. Die vom Department of Air Force, Washington, am 14. 9. 1959 herausgegebene Air Force Regulation (Luftwaffen-Vorschrift) enthält u. a. folgende Richtlinien:

A. Auf Seite 301 steht der Befehl JANAP 146 (B) (Joint Army Navy Air Publication) vom September 1951 und 12. Dezember 1953, worin jedem Piloten der Air Force, der einen echten UFO-Bericht veröffentlicht, 10 000 Dollar Geldstrafe und Gefängnis angedroht wird. Heute gilt dieser Befehl in abgewandelter Form.

B. Der Befehl AFR 200-2 vom 26. 8. 1953 beinhaltet u. a., daß an die Öffentlichkeit nur Scherze (Hoaxes) und irrige Berichte über UFOs gegeben werden dürfen. Alle echten Berichte sind geheim an die vorgesetzten Dienststellen weiterzuleiten. Greifbare Beweisstücke müssen, wenn möglich, sofort per Flugzeug an ATIC in Dayton eingeflogen werden. Dies können sein:

1. „Teile von fliegenden Untertassen" — solche, von denen man weiß, daß es solche sind, oder Teile, bei denen es möglich ist.

2. Fotografien aus dem Radarbereich, die Untertassenmanöver und Geschwindigkeiten zeigen.

3. Echte Bilder von „Fliegenden Untertassen".

AFR 200-2 beschränkt die tatsächliche UFO-Forschung auf drei äußerst geheime Gruppen (Super-secret groups): auf das Direktorium des Luftwaffen-Nachrichtendienstes im Pentagon, auf die 4602d Air Intelligence Service Squadron, die auf allen Luftwaffen-Verteidigungsbasen besondere Forscher hat und auf ATIC (Air Technical Intelligence Center) in Dayton, Ohio. Selbst die rangobersten Luftwaffen-Offiziere werden gewarnt, nicht über das erste Stadium hinaus zu sondieren, um sich UFO-Berichte aus diesen drei Gruppen zu verschaffen.

Am 5. 2. 1958 wurden neue Instruktionen für alle Luftwaffen-Kommandos herausgegeben, um die Geheimhaltung der Entwicklung der UFO-Forschung sicherzustellen. Die Befehle sind enthalten in einer revidierten sieben Seiten langen Ausgabe der AF-Statuten 200-2, der offiziellen „Bibel" über UFO. Seite 4, Absatz 9, heißt es: „Auskunft in bezug auf eine Sichtung kann der Presse oder der allgemeinen Öffentlichkeit vom betreffenden Befehlshaber der Luftwaffen-Basis nur dann freigegeben werden, wenn das Objekt positiv als ein wohlbekanntes Objekt identifiziert worden ist. Wenn die Sichtung nicht erklärbar oder schwer zu identifizieren ist, darf als einzige Erklärung die Tatsache abgegeben werden, daß die Sichtung geprüft werde und daß Auskunft über die Sichtung zu späterer Zeit gegeben wird."

Am 19. 9. 1966 wurde die Dienstanweisung AFR 200-2 abgewandelt und heißt nun 80-17. Immerhin war 200-2 für einen Zeitraum von 15 Jahren eine höchst wirksame Barrikade gegen die freie Verbreitung von UFO-Meldungen. Die fünfte Fassung des Befehles JANAP 146 (E) von 1971 stellt unumwunden fest, daß „Unbekannte Flugobjekte" als „feindliche" Ziele anzusehen seien, die sich dem nordamerikanischen Kontinent, dem Fernen Osten und den NATO-Ländern nähern (B 24.76) (B 81.179,182) (Z 58.59.38.2/3).

Wie erfolgreich die Air Force ihre offizielle Verschleierungstaktik durchzusetzen versuchte, mögen zwei typische Beispiele demonstrieren:

1. Mr. Waldo Harris, Geschäftsmann und Sportflieger, startete gegen 12 Uhr mittags im Oktober 1961 von einem Flugplatz am Stadtrand von Salt Lake City. Die Sicht betrug ungefähr 30 Meilen (48 km). Sechs Männer auf dem Flugfeld, alle mit zahlreichen Stunden Flugerfahrung, sahen durch Ferngläser ein fremdes Flugobjekt, als Harris, der es ebenfalls bemerkte, auf gleicher Höhe in Richtung des UFOs flog. Die runde metallische Tellerform bewegte sich vertikal, horizontal und hielt dann schwebend. Die sieben Augenzeugen beobachteten diese Manöver gut 10 Minuten lang. In einem späteren Bericht erklärten sie alle, daß dies — was auch immer es war — gänzlich außerhalb ihres Erfahrungsbereiches lag! Als der Atomphysiker Stanton Friedman, der auf Grund elfjähriger UFO-Forschungen über eine große Erfahrung auf diesem Gebiet verfügt, von der Sichtung erfuhr, telefonierte er mit Waldo Harris, um aus erster Hand einen Bericht und eine Beschreibung zu erhalten. Danach besorgte er sich den vollständigen Untersuchungsbericht der Air Force und war entsetzt über die Vertuschung der realen Fakten. „Die offizielle Erklärung des Pentagons war absoluter Unsinn!" meinte Friedmann. „Die Air Force erklärte, daß das Objekt eine ‚Sonnen-Reflexion' war oder — wie der Fachausdruck hierfür lautet — ein Pharhelion. Dies ist ein eigentümliches atmosphärisches Phänomen, das entsteht, wenn Sonnenlicht durch Eiskristalle reflektiert wird. Aus einem gewissen Winkel heraus sieht das wie eine zweite Sonne oder ein heller Lichtball aus." „Eine Sonnenreflexion jedoch", stellt der Wissenschaftler fest, „entspricht in keiner Weise dem, was diese qualifizierten Zeugen in ihren eigenen Aussagen vor der Air Force beschrieben!" (Z 50.71.2)

2. Im November 1957 fuhr James Stokes, ein Ingenieur bei dem Luftwaffen-Raumsonden-Entwicklungszentrum bei Alamogordo, Neu-Mexiko, auf einer Autobahn, als eine riesige ovale Maschine über ihn hinwegflog mit einer Geschwindigkeit von etwa 2 000 bis 2 750 km pro Stunde. Diese rätselhafte Maschine wurde auch von anderen Autobahnbenutzern gesehen. Das Rundfunkgerät in Stokes' Wagen und sein Motor setzten aus, als der Apparat ihn überflog; er saß starr vor Erstaunen, als dieser über den Horizont raste. Stokes berichtete dies der Presse. Als erste Reaktion kam plötzlich ein Befehl für das gesamte Personal des Raumsondenzentrums heraus. Dieser Erlaß, von dem

Befehlshaber Generalmajor L. J. Davis unterzeichnet, verbot jedermann im Zentrum, ab sofort bis auf weiteres öffentlich UFO-Berichte zu kommentieren. Als nächstes wurde der ganzen Nation eine Presseveröffentlichung bekanntgegeben, in welcher die Stokes-Erzählung offen als Schwindel bezeichnet wurde. Durch General Davis' Befehl zum Schweigen verurteilt, konnte Stokes hiergegen nicht auftreten. Die Luftwaffe ging aber noch einen Schritt weiter, und zwar einen sehr vielsagenden: Stokes wurde ohne Aufhebens um zwei Grade befördert (Z 58.65.104.2).

Nicht immer versuchte die Air Force, in dieser „vornehmen" Weise Druck auf allzu gesprächige Beobachter auszuüben. So legte das Pentagon dem US-Marinesekretär Dan Kimble, welcher berichtete, daß neben seinem Dienstflugzeug, in dem sich sein gesamter Stab befand, ein zigarrenförmiges UFO hergeflogen sei, nahe, nichts gesehen zu haben, falls er wünsche, weiterhin im Amt zu bleiben (Z 9.58.4.154).

Neben der Luftwaffe steht vor allem die Central Intelligence Agency (CIA) hinter dieser Verschleierungstaktik. So wurde dem inzwischen verstorbenen Senior-Physiker für atmosphärische Physik in Arizona, Dr. James McDonald, versehentlich Einblick in einen klassifizierten CIA-Befehl gestattet, der im Blue Book-Hauptquartier der Wright Patterson Air Force Basis aufbewahrt war. Dieser Bericht, nach dem Vorsitzenden Physiker H. P. Robertson benannt, ist verschlüsselt, und dies geschah auf Ersuchen der CIA, da der Bericht 1957 abgeschlossen war. Der CIA-Agent P. G. Strong, der den Geheimbefehl unterschrieben hat, sagte, die UFOs müßten abgeleugnet werden, weil weitverbreitete Berichte über Sichtungen die „Nachrichten-Kanäle behinderten" (nach Auskunft von McDonald). Vielleicht ist diese Befürchtung wirklich berechtigt, wenn man an die noch nie dagewesene Welle von UFO-Berichten im Jahre 1952 denkt, die allein in den offiziellen Blue Book-Akten etwa 1 500 betrug. Sie beanspruchte das Geheimdienst-Personal der Luftwaffe und den Geheimdienst-Apparat in einem alarmierenden Ausmaß. Auf Grund der offensichtlich nicht feindlichen Haltung der UFOs schien es den Geheimdienstleuten dringend geboten, diese „Störgeräusche", die möglicherweise echte „Signale" für den Geheimdienst übertönen könnten, zu vermindern (B 24.16) (B 81.169).

Der oben schon erwähnte Ausschuß „Streng geheim" hat daher schon Anfang 1953 ein Programm zur „Entlarvung" der Sichtungen und „Erziehung" der Öffentlichkeit vorgeschlagen. Das Ziel der „Entlarvung“ würde in einer Abnahme des öffentlichen Interesses an „Fliegenden Untertassen“ bestehen, legte der Bericht dar, welche zur Zeit eine starke psychologische Reaktion hervorriefen. Die Erziehung sollte durch Massenmedien erreicht werden, wie Fernsehen, Film und populäre Artikel. Der Ausschuß fuhr fort, ATIC und Projekt Blue Book Ratschläge zu geben, wie man „Sichtungen den Nimbus nimmt“ und die Öffentlichkeit zu dem Glauben erzieht, daß vieles nur „Sumpfgas“ sei (B 40.168) (Z 50.67.10). Unter den Mitarbeitern des Ausschusses waren drei Spitzenfunktionäre des CIA, alle mit Doktortiteln, sowie General Garland, Chef der Spionageabteilung der Air Force. Ferner wirkten mit Dr. Robertson, Professor am California Institute of Technology, und Prof. Samuel A. Goudsmit, Leiter einer wissenschaftlichen Mission, die nach dem II. Weltkrieg Jagd auf deutsche Gelehrte machte. Schließlich wären noch zu erwähnen Luis Alvarez, ein Mitarbeiter Professor Oppenheimers, des Vaters der Atombombe, der Astronom Thornton Page und Lloyd Berkner, der spätere Organisator des Internationalen Geophysikalischen Jahres (1957—1958) (B 38.102).

Wie eng sich die Luftwaffe an den Robertson-Befehl hielt, mögen einige Beispiele zeigen. So erklärte man im August 1965, als Zehntausende von Menschen von Nord-Dakota bis Mexiko eigentümlich erleuchtete Formationen beobachteten, die am Himmel schwebten und manövrierten, den Nachrichtendiensten freundlich, daß all diese Augenzeugen auf der Erde und in der Luft nichts anderes gesehen hätten als vier Sterne im Sternbild Orion! Das Absurde dieser „Erklärung“ kam schnell zutage, als daraufhin die Astronomen Walter Webb vom Heyden-Planetarium in Boston und Dr. Robert Risser vom Planetarium für Wissenschaft und Kunst in Oklahoma nachwiesen, daß diese Sterne des Orion sich zur Zeit der Sichtungen auf der anderen Seite der Erde befanden (B 25.13).

Die Zeitschrift „True“ vom Januar 1965 brachte einen Bericht über den ersten Abschuß einer Gemini-Rakete, der die Zensurabteilung im Pentagon wahrscheinlich sehr geärgert haben muß. Diese Rakete trug statt der zwei Astronauten eine Nutzlast von Apparaten, dazu bestimmt, die für diesen Zweck vorgesehene Leistung der Raumsonde zu testen, um zu entscheiden, ob sie sicher genug wäre, Menschen in den Weltraum zu tragen. Der Abschuß gelang ausgezeichnet, die Gemini flog in die ihr bestimmte Bahn und funkte Resultate zur Erde. Während die Rakete noch ihre erste Umkreisung vollzog, erschienen vier Objekte unbekannten Ursprungs. Die erstaunten Wissenschaftler und Techniker in den Bodenstationen beobachteten, wie die vier UFOs in der Nähe der Gemini Position bezogen: zwei darüber, eines dahinter, eines darunter. Diese Positionen behielten sie während einer ganzen Umkreisung bei; dann schwenkten sie ab und jagten wieder in den Weltraum zurück, von wo sie gekommen waren. Der „True"-Artikel wirkte wie ein Stoß in ein Hornissennest – schreibt der Journalist Frank Edwards. Unter den Gestochenen war die Abteilung „Aufklärung" der Luftwaffe. Mitglieder des Kongresses, die Fragen stellten, wurden von der Luftwaffe informiert, daß der Leiter des „Büros für bemannte Raumflüge" (Office of Manned Space Flight), Abteilung Apollo-Flüge, Leo Albernethy, folgenden Kommentar hierzu gegeben habe (zitiert aus einem Luftwaffenbrief an Abgeordnete): „Es wurden keine nichtidentifizierten Objekte beobachtet, die die von einer Titan-2-Rakete am 8. 4. 1964 auf eine Satelliten-Bahn geschickte Gemini-T-1-Raumsonde begleitet oder verfolgt hätten. Die von Radar entdeckten Objekte wurden als kleinere Bruchstücke identifiziert, die gewöhnlich von dem in der Sonde enthaltenen Teil des Trägers ebenso wie bei der Trennung von diesem abbrechen. Es gibt keinen Anhaltspunkt für die Anwesenheit irgendeines Materials, das nicht ursprünglich Teil der abgeschossenen Rakete war." Diese Erklärung der Luftwaffe sollte offensichtlich den Eindruck vermitteln, daß die zugegebenermaßen beobachteten Objekte auf die Trennung der Kapsel von der Trägerrakete bzw. das zweite Stadium des Fluges zurückzuführen waren.

Leider wurde die Erklärung der Luftwaffe ad absurdum geführt, als Howard Nichol aus Glastonbury, Connecticut, die NASA über diesen Fall befragte. Am 8. 8. 1965 erhielt Nichol folgenden Brief von A. P. Alibrando, dem Informationsoffizier für bemannte Raumflüge: „Ihre Fragen bezüglich Gemini 1 werden wie folgt beantwortet: Das zweite Stadium der Trennung der Trägerrakete von der Raumkapsel wurde diesmal nicht ausgelöst, da es sich nur um einen Test des Trägerfahrzeugs mit seinem Leitsystem handelte und die strukturelle Integrität und Anpassung der Raumkapsel an den Träger geprüft werden sollte. Die erste Stufe der Titan landete südlich von Bermuda. Erst die zweite Stufe der Titan bringt die Gemini-Kapsel in die Umlaufbahn. Bei Gemini 1 kehrten sowohl die Startrakete wie auch die Raumkapsel als Einheit zurück." Hierzu ist wohl jeder Kommentar überflüssig (B 24.189 ff.).

Nicht immer gelang es dem Pentagon so leicht, mit Falschmeldungen die aufgeregten Gemüter von UFO-Beobachtern zu beschwichtigen.

Um daher ein für allemal Spekulationen über außerirdische Raumschiffe in unserer Atmosphäre aus der Welt zu schaffen, hatte das Pentagon eine „akademische Studie", den sogenannten Condon-Report, in Auftrag gegeben. Wie oben schon erwähnt, fehlt diesem Bericht die völlige wissenschaftliche Unvoreingenommenheit und Objektivität, die von einem solchen Projekt zu erwarten gewesen wäre. Statt etwa eine von den Vereinten Nationen getragene Untersuchung durch einen qualifizierten Stab international anerkannter Wissenschaftler anzuregen, wurden von Dr. Condon Mitarbeiter eingestellt, die sich z. T. noch nicht einmal oberflächlich in der Materie und mit den von ihren Kollegen erbrachten Resultaten auskannten. Während in der Anlage X dieses Reports 38 Personen aufgeführt sind, die bei der Erstellung des Berichtes beteiligt gewesen sein sollen, waren nur 17 von Anfang an dabei, aber nur 6 waren von der Planung bis zur Fertigstellung maßgebend daran beteiligt. Ab März 1968 wurde der Mitarbeiterstab sogar auf 3 Personen verringert. Die meisten ursprünglich am Projekt beteiligten waren ausgeschieden auf Grund der Kontroverse, die entstanden war durch die fristlose Entlassung der Mitarbeiter Dr. David Saunders und Dr. Levine (Z 19.69.6) (Z 18.70.2/2). Dr. Saunders hatte im Herbst 1968 ein Memorandum des Projekt-Koordinators und Schlüssel-Beauftragten von Dr. Condon, Low, unter dem Titel „Einige Ideen zum Projekt UFO" entdeckt. Aus dieser Vorstudie — die im Mai 1968 in der Zeitschrift „LOOK" veröffentlicht wurde — geht hervor, daß eine absichtliche Verfälschung der Tatsachen geplant war, bevor der Kontrakt unterzeichnet wurde, was wiederum auf ein Geheimabkommen mit irgend jemandem schließen läßt (Z 33.68.14. Mai, S. 60). In dem Low-Memorandum heißt es:

„Um ein derartiges Projekt zu unternehmen, muß man mit einer objektiven Einstellung beginnen, das heißt, man muß die Möglichkeit zugeben, daß solche Dinge wie UFOs existieren. Es ist aber nicht respektabel, eine derartige Möglichkeit ernsthaft in Erwägung zu ziehen. Mit anderen Worten, Leute, die daran glauben, bleiben Ausgestoßene. Branscomb wies darauf hin, daß man, falls einige der Beobachtungen verifiziert werden, die Möglichkeit zugeben müßte, daß Untertassen mit Hilfe von physikalischen Gesetzen operieren, die uns noch unbekannt sind. Die bloße Tatsache, diese Möglichkeit nur als Möglichkeit zu akzeptieren, würde uns an Gesicht verlieren lassen, und wir würden in der wissenschaftlichen Gemeinschaft mehr an Prestige verlieren, als wir möglicherweise durch eine derartige Untersuchung gewinnen könnten ... Unsere Studie würde fast ausschließlich von Ungläubigen zu führen sein, die — obwohl sie ein negatives Resultat nicht würden beweisen können — wahrscheinlich eine eindrucksvolle Beweisführung erarbeiten könnten und wollten, daß hinter den Beobachtungen keinerlei Realität zu finden ist. Der Trick dabei wäre, das Projekt so zu behandeln, daß es in den Augen der Öffentlichkeit als absolut objektive Studie erscheint, Wissenschaftlern gegenüber jedoch den Eindruck macht, daß eine Gruppe ihr Bestes versuchte objektiv zu sein, doch die Aussicht, irgendwo eine ‚Untertasse' zu finden, gleich Null ist. Eine Möglichkeit hierfür wäre, die Untersuchung nicht auf die beobachteten Phänomene abzustellen, sondern auf die Menschen, die sie sahen, d. h. die psychologischen und soziologischen Aspekte solcher Personen und Gruppen zu untersuchen. Wenn wir hier ansetzen, statt die Frage der physischen Realität der fliegenden Untertassen zu untersuchen, würden wir der Wissenschaft schnell eine Antwort geben können ... Ich glaube, wenn wir zu diesem frühen Zeitpunkt die Sache richtig anfassen und die richtigen Leute einsetzen und das Image, das wir der Wissenschaft präsentieren wollen, mit Erfolg zustande bringen, würden wir diesen Job nicht zu unserem Schaden erfüllen ..."

Dieses vertrauliche Memorandum hatte Dr. Robert Low am 9. August 1966 für die Leiter der Universität von Colorado verfaßt. Es bezog sich auf den zu schließenden Vertrag der Universität mit der US-Luftwaffe. Der eigentliche Condon-Report hat den amerikanischen Steuerzahler 500 000 Dollar gekostet und wurde von einem Ausschuß der Nationalen Akademie der Wissenschaften einstimmig gutgeheißen.

Polarisierung der Meinungen

„Kein vernünftiger Mensch kann an den Unsinn von den ‚Fliegenden Untertassen' glauben. Wenn schon die Marsbewohner oder andere Wesen Spazierflüge zur Erde unternehmen, dann würden sie uns guten Tag sagen, anstatt in großen Höhen um den Erdball zu kreisen."

Prof. Otto Hahn auf einer Würzburger Physikertagung im Jahre 1954

Eine Typologie der mannigfaltigen Formen von Einstellungen zur modernen UFO-Forschung wäre ein dankbares Thema für eine sozialpsychologische Untersuchung. Wendet man einen groben Raster an und entleiht den Gegnern ihren abwertenden Begriff „UFO-gläubig" — oder besser „IFO-gläubig" von „Identified Flying Objects" —, so muß man diesem Schlagwort „Anti-UFO-gläubig" gegenüberstellen, um die Pole zu markieren, zwischen denen sich die Vorurteile bewegen. Das Attribut „gläubig" in diesen unschönen Wortbildungen kennzeichnet den affektiven Charakter der Einstellungen, um den es oft auf dieser Ebene geht: um ein „Fürwahrhalten" im Sinne einer grundsätzlichen Bejahung oder einer grundsätzlichen Ablehnung der von der UFO-Forschung untersuchten Phänomene. Wie die Erfahrung zeigt, fällt es selbst hochangesehenen Wissenschaftlern schwer, neuartigen Erscheinungen und Theorien mit kühlem Verstand und frei von ideologischen Prämissen gegenüberzutreten. Was man nicht begreift, wird oft lächerlich gemacht und zum Kabarettwitz herabgewürdigt.

Versucht man nun, die zahlreichen Stellungnahmen prominenter Zeitgenossen zum UFO-Thema nach einer qualitativen Skala einzuordnen, so wird besonders jenen Aussagen Bedeutung zukommen, die aus einer jahre- oder jahrzehntelangen systematischen Forschungs-

---

Abbildung 19

UFO bei Cluj, Rumänien

Dieses Objekt wurde am 25. August 1969 zwischen 11.30 Uhr und 15.30 Uhr von Hunderten von Menschen beobachtet und von dem Rumänen Vladimir Stoicescu fotografiert. Um 13.30 Uhr veränderte sich die Farbe des Flugobjekts von weißleuchtend (Quecksilber-Glanz) in ein mattes Metallgrau.

arbeit resultieren. Eine solche umfaßt ein genaues Studium der wichtigsten Bücher und Periodika, einen regen Briefwechsel mit Fachleuten sowie ein ausreichendes Nachforschen und Überprüfen exemplarischer Fälle. Sporadische Meinungsbekundungen zu einem Thema, mit dem man sich selbst nicht intensiv genug befaßt hat und das man nur aus der Boulevardpresse kennt, haben allenfalls anekdotischen Wert und runden die Palette der „Vor"-Urteile ab. Inwieweit bei den folgenden Äußerungen spezialisierter Wissenschaftler Sachkunde in der UFO-Problematik vorausgesetzt werden kann, ist im einzelnen schwer nachprüfbar und bleibt der Phantasie des Lesers überlassen.

Auf dem Kongreß der „Internationalen Astronautischen Föderation" im New Yorker Waldorf-Astoria-Hotel im Oktober 1968 äußerte sich Dr. Kister von der NASA ganz ähnlich wie Prof. Otto Hahn 14 Jahre früher. Er meinte: „Warum landen sie nicht endlich und sagen, wie es unter intelligenten Wesen seit jeher gebräuchlich ist, wie sie heißen und woher sie kommen?" (Z 58.68.147.2)

Dr. Edward Condon gab auf die Frage eines Reporters die Antwort: „Ich werde so lange nicht an außerirdische Untertassen glauben, bis ich eine gesehen habe, berührt habe, ins Innere gelangen kann, sie in ein Laboratorium gebracht und gemeinsam mit einigen kompetenten Leuten analysiert habe. Ich würde liebend gerne eine ergattern. Letztlich wäre dies wirklich die Entdeckung des Jahrhunderts — ja, die Entdeckung vieler Jahrhunderte —, ich nehme sogar an, dieses Jahrtausends." (B 81.191.192)

Dr. P. A. Campbell, Raumfahrtmediziner aus San Antonio (Texas), tut mitsamt seinen Kollegen UFOs mit einer Handbewegung ab: „Alles Sumpfgas-Geschichten. Da steigt Methan (Sumpfgas genannt) vom Boden auf und wird bei bestimmten Wetterlagen in den höheren Luftschichten oxydiert. Die Energie wird dann in Form von Leuchtprozessen frei, und fertig ist die Untertasse." (Z 58.68.147.2)

Abbildung 20
Fliegende Untertassen in den steirischen Alpen

Am 3. August 1954 machte der Österreicher Erich Kaiser mit seinen zwei Brüdern und zwei Wienern eine Klettertour auf den Reichenstein. Als er beim Abstieg gegen 13 Uhr mit der letzten ihm verbleibenden Aufnahme den Admonter Kaibling photographieren wollte, blitzte es in der Luft plötzlich ein paarmal auf, und er sah vier „komische, silberne Scheiben" ganz geradlinig von Ost nach West fliegen. Die Objekte bewegten sich ohne jeden Laut, in einer Distanz von vielleicht 700 m und mit ca. 200 km Stundengeschwindigkeit. Der Himmel war um diese Zeit stark dunstig, und die Sonne schien nur ab und zu durch die Wolken. Die Aufnahme wurde am 16. 10. 1954 von der Grazer „Neuen Zeit" veröffentlicht.

Ein anderer Raumfahrtmediziner erläuterte es näher: „Es ist mit den UFOs dieselbe Sache wie beim Heiligenschein. Der entsteht ebenso. Buttersäure und andere Stoffe aus dem menschlichen Schweiß verdunsten. Bei ruhiger Luft steigt der Schweißdunst um den Körper herum in die Höhe und verbindet sich mit Sauerstoff. Auch bei dieser chemischen Reaktion kann ein Leuchtprozeß die Folge sein. Der leuchtende Rand über dem Kopf sieht dann wie ein Heiligenschein aus. Und UFOs sind sozusagen riesige Heiligenscheine aus Sumpfgas." (Z 58.68.147.2), Professor Orsini, Direktor des Planetariums von Sao Paulo, hat der Presse gegenüber Erklärungen abgegeben, wonach er es für ausgeschlossen hält, daß die sogenannten „Fliegenden Untertassen" existieren, weil es seiner Meinung nach einfach unmöglich ist (Z 58.65.110.2).

In der Zeitschrift „Science" vom 15. September 1967 schreibt der Physiker Prof. Dr. William Markowitz von der Marquette-Universität in Milwaukee, Wisconsin, unter dem Titel „Die Physik und die Metaphysik von unidentifizierten fliegenden Objekten": „Beobachtete UFOs können nicht unter außerirdischer Kontrolle stehen, wenn die Gesetze der Physik Gültigkeit haben ... Wenn außerirdische Wesen nicht an die Gesetze der Physik gebunden sind und uns besuchen, dann sollten wir erwarten, sie oder ihr Raumschiff zu sehen. Die Tatsachen sind aber wie folgt:

1. Kein außerirdisches Raumschiff oder ein Passagier davon ist jemals dem Kongreß vorgestellt worden oder irgendeiner Staatsbehörde oder irgendeiner anerkannten wissenschaftlichen Gesellschaft in den Vereinigten Staaten.

2. Kein zuverlässiger Bericht von irgend jemand existiert, der mit einem außerirdischen Besucher gesprochen hat.

3. Kein Vorfall hat bisher ergeben, daß bei Landung oder Start ein außerirdisches Raumschiff irgend etwas auf dem Boden hinterlassen hat, trotz Tausender von angeblichen Landungen.

Ich streite mich nicht mit Leuten, die zu glauben wünschen, daß UFOs unter außerirdischer Kontrolle stehen. Ich jedenfalls werde nicht daran glauben, daß wir jemals von irgendeinem außerirdischen Gast besucht worden sind, sei es vom Mond, von unserem Sonnensystem oder von irgendeinem anderen Sonnensystem, bis mir ein solcher Besucher vorgestellt wird." (B 98.98)

Bei allem Respekt vor der Qualifikation dieser Wissenschaftler – ihre Antworten zum UFO-Thema sind wohl nicht als sehr umfassend zu bezeichnen. Die naive Vorstellung, daß UFO-Besatzungen — falls es sie gibt — diesen Wissenschaftlern möglichst persönlich „Guten Tag“ sagen müßten, um ihre Existenz zu beweisen, ist wohl etwas anmaßend. Jedenfalls hat eine — ganz unabhängig vom UFO-Problem — von der RAND-Corporation (Zukunftsforscher) für die NASA ausgeführte Studie eine andere Verhaltensweise empfohlen. Danach sollen Astronauten, die einen fremden, offenbar von intelligenten Geschöpfen bewohnten Planeten ansteuern, ihn erst lange Zeit gründlich studieren, und zwar äußerst vorsichtig, der eigenen Sicherheit wegen und um schädliche Wirkungen auf die fremde Bevölkerung zu vermeiden. Offensichtlich verhalten sich die UFOs gegenüber den Erdbewohnern gerade so, wie es die Forscher der RAND-Corporation ausgerechnet haben (Z 16.72.3.209).

Diese Zurückhaltung bedingt natürlich, daß Berichte über die mysteriösen Flugobjekte sehr schnell mit „Betrug, Hysterie, Leichtgläubigkeit, religiösem Wahn, Inkompetenz und den meisten anderen unangenehmen Eigenschaften durchtränkt sind“, wie Arthur Clarke in seinem Buch „Unsere Zukunft im Weltall“ schreibt (B 16.311 ff.). Weiter heißt es dort: „Meinem eigenen Gefühl nach — und nichts gebärdet sich entschiedener als emotionale Einstellungen — dürfte die Raumschiff-Deutung ein wenig zu vordergründig und zu simpel sein. Ebensogut ist es möglich, daß sich UFOs als eine wirkliche Überraschung herausstellen und nicht nur als armselige Besucher von anderen Sternen.“

In einem seiner Bücher schlug Clarke 1959 vor, daß unter Umständen Kugelblitze für einige UFO-Berichte verantwortlich seien. Der schwedische Forscher Dr. Carl Benedicks schrieb in einer wissenschaftlichen Zeitschrift seines Landes eine Abhandlung über „Die Theorie der Kugelblitze und ihr Zusammenhang mit fliegenden Untertassen“. Kugelblitze sind meistens kugelförmige, selten birnenähnliche elektrische Entladungen, die von einer Sekunde bis zu mehreren Minuten dauern können. Meist treten diese Entladungen gegen Ende eines Sturmes als rote leuchtende Kugeln von zehn bis zwanzig Zentimeter Durchmesser auf, doch sind auch Fälle bekannt geworden, in denen ihr Durchmesser bis zu zehn oder sogar 25 Meter betrug. Die Kugelentladung ist meist orangerot und von einem flimmernden bläulichen Schimmer umgeben; manchmal beobachtet man aber auch blendendweiße Kugelblitze mit sehr scharf gezeichneten Konturen. Farbe, Form und Größe können sich während der Entladung erheblich verändern. Überdies hört man ein pfeifendes, zischendes oder summendes Geräusch. Kugelblitze können sich entweder geräusch- und spurlos in Nichts auflösen oder auch explosionsartig in einem Funkenregen zerfallen. Arthur Clarke meint allerdings, daß die Kugelblitztheorie nur wenigen UFO-Berichten gerecht zu werden vermag (Z 65.725.30). Karl Berger an der Eidgenössischen Technischen Hochschule in Zürich behauptet sogar, daß bisher nicht erwiesen sei, daß es den Kugelblitz überhaupt gibt (B 47.23).

Dr. Urner Liddel vom Forschungsamt der US-Marine erklärte im LOOK-Magazin, Februar 1951, sehr bestimmt: „Es gibt keinen einzigen verläßlichen Bericht über die Sichtung einer fliegenden Untertasse, die nicht einem gewöhnlichen Wetterballon („Skyhook") zugeschrieben werden kann." (B 25.45) „Beinahe hinter jedem analysierten Bericht steckt ein Knallkopf, ein religiöser Sonderling, Sensationshascherei oder ein schlechter Witz", meinte Oberst H. E. Watson, Leiter des Geheimdienstes in Dayton im November 1950 (B 46.46).

Im Oktober 1967 stellte Oberstleutnant Lawrence J. Tacker von der US Air Force Academy Colorado Springs fest: „In 98 % aller der Luftwaffe bekannt gewordenen Fälle haben sich UFOs entweder sofort oder später identifizieren lassen. Es bleiben also zwei Prozent übrig." (B 98.12)

Werner Büdeler, der bekannte Kommentator der Apollo-Flüge, schreibt in seinem Buch „Aufbruch in den Weltraum": „Rund 93 % der ‚Fliegenden Untertassen' lassen sich als natürliche Erscheinungen erklären. Den sieben Prozent der Erscheinungen, die nicht erklärbar sind, dürften ähnliche Phänomene zugrunde liegen. Neben der Statistik ist es eine Reihe physikalischer Gesetze und Überlegungen, die der Auffassung widersprechen, daß ‚Fliegende Untertassen' bemannte Raumfahrzeuge aus den Tiefen des Weltalls sind. Die Wahrscheinlichkeit kosmischen Besuchs auf der Erde muß als äußerst gering angesetzt werden." (B 9.194)

Prof. Heinz Kaminski, Chef des „Instituts für Satelliten- und Weltraumforschung", meint, daß keine der zivilen und militärischen Überwachungseinrichtungen je ein unbekanntes Flugobjekt gesehen oder fotografiert habe. Er hält es daher für ausgesprochenen Blödsinn, Forschungsmittel darauf anzusetzen. Denn die Existenz menschlich intelligenten Lebens auf dieser Erde sei für ihn ein einmaliger Sonderfall. Dabei wolle er bleiben, bis irgendwelche Besucher von einem anderen Stern bei ihm auf der Wiese stehen (Z 83.8. Jan. 1974).

Radio Moskau erklärte am 7. Dezember 1953: „Fliegende Untertassen sind Phantasieprodukte westlicher Kriegstreiber, um den amerikanischen Steuerzahlern immer höhere Lasten für das Militär aufbürden zu können." Der sowjetische Wissenschaftler Artemowitsch hat Anfang Januar 1961 in einem Interview mit der parteiamtlichen „Prawda" alle Berichte von der Existenz „Fliegender Untertassen" in das Reich der Fabel verwiesen. Artemowitsch erklärte: „Angebliche Untertassen und andere Objekte unbekannter Art entstehen durch Naturerscheinungen wie Lichtreflexionen und Lichtbrechungen. Alles andere ist Selbsttäuschung und bewußte Verdrehung der Tatsachen." Weiter sagte er: „Es gibt keinen einzigen Beweis, daß mysteriöse Objekte am Himmel über die Erde fliegen ... Diese Gerüchte könnten von Agenten des kriegshetzerischen Imperialismus in verschlagener Weise in Umlauf gesetzt worden sein, um die heitere Stimmung der Sowjetmenschen zu trüben." (B 25.256) (B 95.86)

Der berühmte Schweizer Psychologe Carl Gustav Jung wagte sich mit einer kurz vor seinem Tod (1961) ausgearbeiteten Theorie vor, derzufolge er in den rätselhaften Objekten die „Extroflexion eines unbewußten Archetypus", schlicht und einfach gesagt also regelrechte Visionen, zu erkennen meinte. Der Engländer Leonard Cramp behauptet dagegen, die „Scheiben" wären Tiere, die in den höchsten Schichten der Atmosphäre lebten. Die „UFOs", schrieb er, „sind riesige leuchtende, mit elektrischer Energie aufgeladene Medusen, die nur eine geringe Masse besitzen. Sie haben eine silberne metallische Haut und halten sich normalerweise etwa 75 000 Meter über der Erdoberfläche auf, obgleich sie fähig sind, bis auf 5 000 Meter herabzuschweben; sie fühlen sich am behaglichsten in der sogenannten ‚heißen Schicht' der Ionosphäre, deren Temperatur 200 Grad erreichen müßte. Ihre Bewegungen haben nichts mit der Bewegung der Vögel gemein, es handelt sich um Bewegungen, die denjenigen des Schwimmens ähnlich sind: Die Augen der Luftmedusen haben bei einer äußerst raschen Reaktionsfähigkeit die Funktionen des Radars." (B 51.379) Auch der Programmdirektor beim Kölner Fernsehen, Dr. Peter Scholl-Latour, ist der Auffassung, daß „die bisherigen UFO-Meldungen alle auf irgendwelchen Halluzinationen beruhen, Beobachtungen von Naturphänomenen, die man nicht oder noch nicht deuten konnte". (Z 58.70.169.1)

Dr. jur. Schäfer vom Bundeskriminalamt untersuchte die „Flying Saucer Story" in Nr. 4/62 der Zeitschrift „Kriminalstatistik" im Hinblick auf eine Form der Okkultkriminalität. Darin heißt es u. a.: „Die Existenz sogenannter UFOs mag möglich sein. Es ist jedoch nicht bewiesen oder wahrscheinlich gemacht. Die exakte Wissenschaft lehnt den gesamten UFO-Komplex ab. Die UFOs zeigen sich nur physikalisch ungebildeten Laien, nicht aber einschlägig ausgebildeten Fachwissenschaftlern. Die beobachteten UFOs lassen sich bei genauerer Untersuchung entweder durch bekannte Tatsachen oder aber psychologisch erklären. Im letzteren Falle versinnbildlichen sie das Hoffen auf Erlösung, aus Welt- und Lebensangst. Der UFO-Komplex kann so als eine neue Mythologie, als eine moderne Sage angesehen werden. Die außerirdischen Retter kommen darin nicht mehr als beflügelte Engel vom Himmel, sondern als lichtblonde Techniker in fliegenden Untertassen. Die Berichte über das Auftauchen von UFOs wirken ansteckend. Auch normaldenkende Menschen können davon überraschend stark beeinflußt werden. In den letzten Jahren kam eine Flut von UFO-Literatur auf den Markt. Aber nirgendwo konnte diese die Frage beantworten: Steckt ein wahrer Kern in den Berichten der UFO-Anhänger? Der Inhalt dieser Laienliteratur zeichnet sich durch eine völlige Ignoranz gegenüber den gesicherten physikalischen Erkenntnissen aus. Darüber hinaus stellt sie lediglich das interessante, aber unsinnige Geschwafel von Zukunftsromanen mit Groschenheft-Niveau dar. Die Führungsschicht der UFO-Anhänger besteht aus Personen mit psychiatrisch interessanten Anfälligkeiten, aus Menschen, die einen ... Missionsauftrag in sich spüren und schließlich jenen agilen Managertypen, die in erster Linie die wirtschaftlichen und finanziellen Möglichkeiten, die von UFO-Gemeinschaften geschaffen werden, eiskalt erkennen, organisieren und zum eigenen Vorteil ausnutzen." (Z 24.62.8.16)

Ob derartige massive Vorwürfe gegenüber den UFO-„Gläubigen" gerechtfertigt sind, mag der Leser selbst entscheiden. Jedenfalls nimmt eine ganze Reihe von Fachleuten, die ursprünglich harte Gegner der „Ufologie" waren, heute einen positiven Standpunkt ein. Prof. Dr. Allen Hynek, Leiter des Dearborn-Observatoriums in den USA, kam im Laufe seines zwanzigjährigen Studiums von UFO-Meldungen und Zeugeneinvernahmen zu einer vollkommen veränderten Ansicht und anderen Schlußfolgerung, als er sie in den ersten Jahren seiner Arbeit hatte.

Dr. Hynek schreibt u. a.: „Ein großes Mißverständnis ist, daß nur UFO-Fanatiker UFOs melden. Das gerade Gegenteil trifft zu. Ein ebensolches Mißverständnis behauptet, daß die verwirrenden Meldungen von unverläßlichen, haltlosen und ungebildeten Personen kommen ... Jahrelang lehnte ich den Gedanken an die Existenz echter UFO-Phänomene ab und glaubte, alle Meldungen seien auf Mißdeutungen oder Ulk zurückzuführen. Aber mit der Zeit, als ihre Zahl wuchs und statistische Bedeutung erlangte, wurde mir klar, daß das Thema UFO sich nicht von selbst erledigte, sondern daß diese Phänomene in vielen Ländern der Welt gleichzeitig auftraten, als ob es eine Absprache gab, plötzlich über seltsame Erscheinungen zu berichten, die alle aus der unendlichen Fülle der Möglichkeiten, über seltsame Dinge zu berichten, das gleiche Muster aufwiesen ..." (Z 18.70.1/2/4)

„Das Problem ist vielleicht viel schwieriger, als wir es annehmen. Die Anstrengungen, es zu lösen, können möglicherweise nicht produktiver sein als jene vor 100 Jahren, das Problem, das Nordlicht zu erklären. Die Art der Nordlichter konnte mit den Errungenschaften der Wissenschaften 1868 nicht erklärt werden. Das Wissen jener Tage war nicht ausreichend, um mit diesem Phänomen fertigzuwerden. Ähnlich kann unsere heutige Wissenschaft ebenso unzureichend sein, das Problem, das uns die UFOs stellen — zu lösen." (Z 17.68.12)

Prof. Dr. h. c. Hermann Oberth, der „Vater der Weltraumfahrt", sagte in einem Gespräch mit dem Freiburger Parapsychologen Prof. Bender: „Ich stehe auf dem Standpunkt, daß die Theorie von Keyhoe (die den interplanetarischen Ursprung der Flugkörper annimmt) die einzige ist, die mit den beobachteten Tatsachen nicht in Widerspruch steht. Ich würde sagen: diese Wesen haben das Geheimnis der Schwerkraft entdeckt und können künstliche Schwerefelder erzeugen, die ihre Raumschiffe ziehen und heben. Wir können das nicht." (Z 66.59.1.41) Schon 1954 äußerte sich Prof. Oberth auf einer Pressekonferenz in Innsbruck, daß die UFOs von Wesen sehr hoher Entwicklung konstruiert und gesteuert werden. Aller Wahrscheinlichkeit nach kommen sie nicht aus unserem Solarsystem, vielleicht nicht einmal aus unserer Milchstraße (B 25.149).

Ähnlich äußerte sich Prof. Dr. Felix Zigel aus Moskau: „Aus der UdSSR liegen zuverlässige Belege über UFO-Beobachtungen vor. Es ist kaum anzunehmen, daß es sich durchweg um optische Illusionen handeln könnte. Illusionen können nicht auf Filmen erscheinen oder mit Radar registriert werden. Die stichhaltigste Hypothese ist daher, daß UFOs Vehikel von extraterrestrischen Zivilisationen sind." (B 63.92) Zur gleichen Auffassung gelangt der Präsident der Akademie der Wissenschaften von Byelorussia, UdSSR, V. F. Kuprewitsch: „Wer weiß — vielleicht besuchen diese Wesen von anderen Planeten unsere Erde bereits — wollen aber keinen Kontakt mit uns aufnehmen. Warum? Ich vermute zum Beispiel, daß der gegenwärtige Entwicklungsstand unserer Menschheit von diesen Intelligenzen weit überschritten ist, daß wir ihnen vorkommen wie die ersten Höhlenmenschen." (Z 18.67.11/12.12)

Der verstorbene Raumfahrtwissenschaftler Prof. Sänger schrieb in seinem Werk „Wir hoffen auf Begegnungen mit außerirdischen Wesen": „Wir stehen hinsichtlich der interplanetarischen Raketenversuche vor allergrößten Überraschungen. Eine von ihnen wird die Erkenntnis sein, daß unsere irdische Wissenschaft nicht die Priorität für sich in Anspruch nehmen darf, über alles, was im Kosmos vorgeht, exakt unterrichtet zu sein. Es gibt wirklich Dinge zwischen Himmel und Erde, von denen sich unsere Schulweisheit nichts träumen läßt." Wernher von Braun erklärte nach der Ablenkung der „JUNO 2"-Rakete aus ihrer Bahn zum Mond: „Es gibt außerirdische Kräfte, deren Sitz uns noch unbekannt ist, die aber weitaus stärker sind, als wir bisher annahmen. Mehr darf ich darüber nicht sagen. In absehbarer Zeit können wir deutlicher werden. Wir sind dabei, mit diesen Kräften in nähere Verbindung zu kommen!" (Z 16.59.1/2.29)

Der Direktor des Raumfahrtzentrums Kap Kennedy, Debus, hat die Begegnung des Menschen mit „anderen Lebewesen" im Weltall vorausgesagt. Bei einem Vortrag im Rollins College von Winter Park im Staat Florida erklärte der deutsch-amerikanische Raumfahrt-Experte: „Eine solche Aussicht kann nicht als metaphysische Spekulation abgetan werden. Sie ist eine weitaus größere mathematische Gewißheit als jene früheren Theorien von Wissenschaftlern und Philosophen, deren Beobachtungen und Entdeckungen viele unserer heutigen Unternehmungen erst möglich gemacht haben." (Z 55.67.28. Febr.) Der deutsch-amerikanische Raketenforscher Dr. Walter Riedel erklärte in LIFE, 4. 7. 1962: „Ich bin überzeugt, daß fliegende Untertassen von einem außerirdischen Stützpunkt kommen." (Z 11.59.10/12.26)

Prof. Harald Salkin, ein Berater des Pentagon, erklärte: „Die Flying Saucers (UFOs) kommen von weit entfernten Planeten, die sich außerhalb des Sonnensystems befinden." Auf Fragen von Journalisten betonte er, daß er zahlreiche Beweise von der Existenz der Untertassen besäße: Fotografien, Filme und sogar Metallstücke, die von den mysteriösen Flugmaschinen stammten (Z 58.69.159.1).

Der Präsident des argentinischen Forschungszentrums für Raumfahrtphänomene, Ingenieur William Callocay, erklärte der Presse:

„Wir sind fest davon überzeugt, daß es sich allem Anschein nach bei den UFO-Sichtungen um bemannte Flugschiffe aus anderen Welten handelt. Das Forschungszentrum hat erwiesene Gründe, um diese Meinung zu äußern! Das Forschungszentrum ist eine von der argentinischen Luft- und Marine-Waffe, aber auch von einer großen Anzahl nordamerikanischer Forschungsinstitute anerkannte Organisation." (Z 58.65.109.2)

Professor Gabriel Alvial, Direktor des chilenischen Institutes für kosmische Strahlung, sagte in Santiago: „Es gibt wissenschaftliche Beweise dafür, daß fremdartige Objekte unseren Planeten besuchen. Es ist bedauerlich, daß die Regierungen den Schleier des Geheimnisses darüber gebreitet haben." (Z 12.66.4.366)

Aus Japan kam die Nachricht, daß der dortige Raketenexperte Dr. Hideo Itokawa von der Universität Tokio, der im 2. Weltkrieg als Konstrukteur des „TOJO"-Kampfflugzeuges bekannt geworden ist und später als Vorsitzender der Japanischen Raketengesellschaft fungierte, seinem Buch über das Thema Raumfahrt ein eigenes Kapitel über UFOs beigefügt hat und darin die Meinung vertritt, daß Fliegende Untertassen von anderen Welten stammen können. In Frankreich stellte der weltbekannte Produzent von Flugzeugen, Monsieur Louis Breguet, öffentlich fest: „Die Scheiben verwenden ein Antriebsverfahren, das von den unseren völlig verschieden ist. Es gibt keine andere mögliche Erklärung dafür — die ‚Fliegenden Untertassen' kommen von einer anderen Welt."

William P. Lear Sr., der amerikanische Flugtechnik-Spezialist, Empfänger der „Colliers Annual Aviation Award" erklärte bereits am 2. Februar 1955 in einem Interview mit der Associated Press, nachdem er Gelegenheit hatte, ein UFO von seinem Privat-Flugzeug aus zu beobachten:

1. Zahlreiche Beobachtungen wurden über einen langen Zeitraum hinweg simultan durch glaubwürdige Beobachter gemacht.
2. Wenn die neuesten Theorien über das Elektro-Gravitationsfeld bewiesen werden können, so ergeben sich damit große Möglichkeiten für ihre wissenschaftliche Anerkennung.
3. Derzeit werden ernsthafte Bemühungen unternommen, um die Existenz von Anti-Schwerkraft-Energien zu beweisen (B 81.216).

Professor Ananoff, ein sowjetischer Raketenexperte, sagte: „Ich bin ziemlich geneigt, an fliegende Untertassen zu glauben. Warum erstaunt sein? Wenn es andere Wesen als uns im Universum gibt?"

(Z 58.70.162.5) Professor Wladarow erklärte, daß die Moskauer Akademie für Raumforschung zu dem Ergebnis gekommen sei, daß es sich weder um eine Sinnestäuschung noch um astronomisch, geologisch oder meteorologisch erklärbare natürliche Erscheinungen handeln könne, vielmehr um Fluggeräte, welche aus einer unbekannten harten, ihre Form verschiedentlich ändernden Materie bestehen müßten (Z 9.58.202).

Der Vorsitzende der Irischen Astronomischen Gesellschaft, Mr. Andrew Trimble, sagte in einem Lichtbildervortrag 1969, daß viele Astronomen privat an UFOs glauben, dies jedoch nicht öffentlich sagen, damit sie (von Gegnern) nicht lächerlich gemacht werden. Der Karlsruher Astronom Prof. Dr. Kritzinger indes gab anläßlich eines Gespräches am 10. 1. 1958 offen bekannt: „Die UFOs sind eine Tatsache, mit der wir uns abfinden müssen. Diese Behauptung bedeutet einen Bruch des alten Weltbildes. Es fällt schwer, sich zu der Überzeugung durchzuringen, daß über unserer Erde interplanetarische Raumschiffe operieren, die offenbar von intelligenten Lebewesen anderer Himmelskörper gesteuert werden ..." (Z 18.70.3/4) (B 94.52)

Einer der größten englischen Astronomen, Sir Harold Percy Wilkins, Direktor der Britannischen Astronomischen Gesellschaft auf dem Mondsektor, Mitglied der Französischen Astronautischen Gesellschaft sowie Honorarprofessor der Amerikanischen und Spanischen Astronomischen Gesellschaften, glaubte nie an UFOs. Doch eines Tages, am 11. 6. 1954, flog er nach Atlanta und sah drei UFOs in langsamem Flug über den Wolken. Im folgenden Jahr veröffentlichte er ein Buch mit dem Titel: „Geheimnisse in Raum und Zeit". Er bestätigte: „Eine Sache ist sicher: Wenn die UFOs aus festem Material sind und fähig, sich nach eigenem Willen zu bewegen, und zwar mit jeder Geschwindigkeit und nach jeder Richtung, dann müssen sie konstruiert, geleitet und kontrolliert sein von Intelligenzen, die den menschlichen überlegen sind." Dr. Frank Halstead, Astronom am Observatorium von Darling/USA, erklärte in der Zeitung „The Tribune" am 7. 7. 1954: „Die amerikanische Regierung weiß, um was es sich bei den UFOs handelt. Aber sie fürchtet eine Panik, wenn sie es bekanntgibt. Viele Berufsastronomen sind überzeugt, daß die UFOs von anderen Planeten kommen, wohl aus einem anderen Sonnensystem, aber als Basis können sie den Mars gewählt haben." (Z 58.70.171.5)

Der Kernphysiker Stanton T. Friedman nahm in der wissenschaftlichen Zeitschrift „Physics Today", Vol. 24. Nr. 1 vom Januar 1971, zum Condon-Report Stellung. „Nachdem ich elf Jahre lang die UFO-Frage studiert habe, bin ich zu der Überzeugung gekommen, daß einige dieser UFOs außerirdische Fahrzeuge sind; das Problem ihrer Anerkennung ist jedoch ebenso ein psychologisches Problem wie seinerzeit vor 300 Jahren die Anerkennung des Kopernikanischen Systems im Weltall."

Der Kernphysiker Dr. Birnbaum, der mehrere Jahre Berater der US-Luftwaffe für UFOs war, ist der gleichen Ansicht. „Jeder Wissenschaftler, der das verfügbare Material über UFOs objektiv analysiert, kann nur zu dem einen Schluß kommen: die Erde wurde und wird von Raumschiffen besucht, die aus anderen Sonnensystemen kommen. Leider sind nicht alle Wissenschaftler objektiv, und die Presse hat dabei auch nicht geholfen. Denn sie hat Menschen, die UFO-Sichtungen hatten, als Halbverrückte klassifiziert. Ich habe 1969 selbst zweimal UFOs gesehen." (Z 58.72.191.2)

Der Münchner Physiker Dr. Wolfgang Ehrenberg glaubt ebenfalls, daß UFOs unter intelligenter Kontrolle stehen und meint: „Schätzt man nach erfahrungswissenschaftlicher Methode die reziproke Wahrscheinlichkeit ab, daß alle diesbezüglichen Fälle auch anders gedeutet werden können, so ergibt sich eine vielstellige Überzufälligkeit als Existenzkriterium des UFO-Phänomens." (Z 15.67. Jan.)

Dr. James Harder, Diplom-Ingenieur und Dozent an der Universität von Kalifornien, erklärte: „Eines Tages werden wir die Gravitationskräfte genauso anwenden können wie heute die elektromagnetischen oder Atomkräfte. UFOs demonstrieren wissenschaftliche Geheimnisse, die wir nicht haben. Es wäre ein Fehler, ihre Existenz zu leugnen." Dr. Baker, Physiker an der Universität von Kalifornien, hat ein 16jähriges UFO-Studium hinter sich. U. a. prüfte er als Berater der Douglas Aircraft Cy., im Auftrag der Luftwaffe, die berühmten Utah- und Montana-Filme, die die Luftwaffe als Sonnenreflexionen von Flugzeugen erklärt hatte. Er lehnt die Erklärung von UFOs durch Naturerscheinungen rundweg als unhaltbar ab. Dr. Baker empfahl eine gründliche Untersuchung der UFO-Phänomene sowie die Aufstellung von Apparaten zur Entdeckung unbekannter Objekte nebst weiteren Versuchen, Verbindung mit Außerirdischen aufzunehmen, um von uns überlegenen Zivilisationen wertvolle Informationen zu erhalten, die von „unschätzbarem Wert für die ganze Menschheit sein können". (Z 57.68.9/10)

Der griechische Physiker und Ingenieur Paul Santorini, der bei Albert Einstein studierte und Autor von 190 wissenschaftlichen Abhandlungen ist, sagte: „Meine eigenen Beobachtungen von ‚Fliegenden Untertassen' über Athen und meine späteren Untersuchungen haben mich zu der Überzeugung geführt, daß ‚Fliegende Untertassen' laufend die Erde überwachen und Pflanzen- und Tierproben zurücknehmen." Professor Santorinis eigene persönliche Erfahrungen mit „Fliegenden Untertassen" begannen 1947, als man der griechischen Armee ein Team von Ingenieuren zuteilte, um das zu erforschen, was man für russische Raketen hielt, die über Griechenland flogen. „Wir stellten fest, daß es keine Raketen waren, aber bevor wir mehr unternehmen konnten, befahl die Heeresleitung, nachdem mit Beamten des Pentagon konferiert worden war, alle Beobachtungen abzubrechen." (Sentinel-World View, 18.3.1967)

Kurz vor seinem Tod führte Albert Einstein mit einem intimen Freund ein vertrauliches Gespräch über UFOs. Einstein: „Die Fliegenden Untertassen existieren wirklich, und das Volk, das sie besitzt, ist vor 20 000 Jahren von der Erde ausgewandert." Sein Freund: „Und warum kommen sie hierher?" Einstein: „Sie kommen gern auf die Erde wieder, um hinsichtlich der Geschichte der Menschheit auf dem laufenden zu bleiben. Die Rückkehr zu den Quellen ..." (B 13.148)

In den letzten Jahren haben jedoch nicht nur Wissenschaftler eine zunehmend positive Haltung zu UFO-Berichten eingenommen, sondern auch zahlreiche Regierungsvertreter. So äußerte der verstorbene General George C. Marshall, Stabschef der US-Marine im Zweiten Weltkrieg und Außenminister von 1947 bis 1949: „Die Dienststellen der US-Regierung haben als Tatsache festgestellt, daß fliegende Untertassen mit Besuchern aus dem Weltraum bemannt sind und daß diese Besucher versuchen, eine Methode auszuarbeiten, um in unserer Atmosphäre atmen und am Leben bleiben zu können, ehe sie landen und Kontakte erstellen." (B 24.98)

General MacArthur, der im Koreakrieg die Truppen der Vereinten Nationen befehligte, erklärte am 7. 10. 1955 dem Bürgermeister von Neapel, Achille Lauro, anläßlich eines Empfanges im Waldorf Astoria-Hotel in New York: „... Ein neuer Weltkrieg wäre ein doppelter Selbstmord. Angesichts der Fortschritte der Wissenschaft sollten die Nationen der Erde sich einen, um das Weiterleben der Menschheit zu sichern und eine gemeinsame Front gegen einen Angriff von Bewohnern anderer Planeten zu bilden ... Die Politik der Zukunft wird kosmisch oder doch zumindest interplanetarisch sein.“ (Z 9.57.15.503)

Auf einer Pressekonferenz im November 1954 erklärte Präsident Dwight Eisenhower: „Ich glaube nicht, daß es richtig ist anzunehmen, daß die ‚Untertassen‘ von einem einzigen Planeten kommen, so wie neulich von General Twining erzählt wurde.“ (B 24.247) Noch deutlicher bekannte Präsident Kennedy im Februar 1961: „Ich bin zu der Überzeugung gelangt, daß es tatsächlich Raumschiffe geben muß, die aus anderen Welten kommen!“ (B 94.60) Robert Kennedy, der eine Mitgliedskarte der AFSCA (Amalgated Flying Saucer Clubs of America) besaß, schrieb: „Ich beobachte mit großem Interesse alle Berichte über unidentifizierte fliegende Objekte, und ich hoffe, daß wir eines Tages mehr über diese interessante Sache wissen werden. Ich wäre sehr für eine weitere Erforschung dieser Angelegenheit, und ich hoffe, daß wir ein für alle Mal die wahren Tatsachen über fliegende Untertassen feststellen können.“ (Z 20.27. Juni 68) Präsident Johnson schrieb noch als Senator in einem Brief vom 6. Juli 1960 an Major Keyhoe: „Ich habe Ihr interessantes UFO-Material dem Stab des P.I.S. übergeben, das, wie Sie wissen, auf meine Weisung hin die neuen Entwicklungen auf diesem Gebiet genau beobachtet mit der Daueranweisung, mir über jegliche neuen bedeutsamen Sichtungen von UFOs zu berichten ...“ (Z 58.64.89.1)

Knut Hammarskjöld erklärte als Generaldirektor der Internationalen Lufttransport-Vereinigung (IATA) am 23. Mai 1966 im New Yorker Waldorf Astoria-Hotel: „Wir müssen schon heute ernsthafte Überlegungen unseren einer außerirdischen Zivilisation entstammenden Weltraum-Nachbarn widmen, ehe sie ein rechtliches, politisches und technisches Chaos unter unseren Nationen bewirken können.“ (B 24.100) Am 5. Juni 1967 äußerte U Thant gegenüber den UN-Vertretern: „UFOs sind neben dem Vietnam-Krieg das wichtigste Problem, dem die Vereinten Nationen gegenüberstehen.“ („New York Post“, 27. 6. 1967, S. 46, Magazin-Seite 2)

UFO-Berichte aus aller Welt

„Die Wahrscheinlichkeit, daß etwa Hunderte von Flugzeugführern und anderen Sachverständigen, die örtlich Tausende von Kilometern getrennt sind, sich verabreden, um ihrer Regierung Märchen aufzutischen, ist wahrlich gering; die Wahrscheinlichkeit, daß das menschliche Auge und ein Radargerät gleichzeitig Störungen haben, und zwar dieselben Störungen im selben Bruchteil des Gesichtsfeldes, ist noch geringer." Rolf Tondorf, Flugwelt 1954, S. 319

Die bisherigen Untersuchungen maßgeblicher Wissenschaftler während der letzten 25 Jahre haben eindeutig erwiesen, daß es — neben Scherzmeldungen, Fälschungen und Fehlbeobachtungen — eine beträchtliche Zahl von Sichtungsberichten gibt, die sich in kein bekanntes physikalisches oder psychologisches Schema einordnen lassen. Insbesondere fällt immer wieder auf, daß die Beschreibungen derartiger Beobachtungen bemerkenswerte Ähnlichkeiten aufweisen, obwohl die Berichte aus völlig verschiedenen Gegenden der Erde wie Kanada, Australien, Südamerika, Europa und den Vereinigten Staaten kommen und die Zeugen keine Gemeinsamkeiten hinsichtlich Herkunft, Ausbildung oder Temperament aufweisen. Viele UFO-Berichte stammen auch von mehreren unabhängigen Zeugen und können daher nicht auf Halluzinationen oder Geistesgestörtheit zurückgeführt werden.

Gerade solche Personen, die UFOs früher nicht ernst nahmen oder gar als „Bluff" abtaten, lieferten oft die detailliertesten und zuverlässigsten Beschreibungen. Ein Pilot mit mehr als 11 500 Flugstunden erklärte nach seiner UFO-Sichtung am 24. 5. 1965: „Ich habe immer gespottet über solche Berichte, aber ich habe so ein Ding jetzt selbst gesehen. Wir alle haben es gesehen. Es war unter intelligenter Kontrolle, und es war ganz bestimmt kein bekanntes Flugzeug." (B 40.15)

Die Meinung, daß „Fliegende Untertassen" grundsätzlich nur in der Vorstellungswelt religiöser Fanatiker oder mangelhaft ausgebildeter Leute existieren, ist auf jeden Fall unhaltbar. Sehr oft stammen UFO-Berichte von wissenschaftlich bestgeschulten Personen. In einem Brief an Prof. Dr. Hynek heißt es beispielsweise: „Bevor

Sie dieses Schreiben als einen weiteren Fall für Geistesgestörtheit beiseiteschieben, bedenken Sie bitte, daß ich ein 51 Jahre alter Mathematik-Lehrer bin, der niemals an Geisteskrankheit gelitten noch sich eines Verbrechens schuldig gemacht hat. Ich habe niemals Halluzinationen gehabt, noch hat man mich als Neurotiker oder Publizitätshascher eingestuft. Genau das Gegenteil ist der Fall. Dennoch habe ich jetzt zweifelsohne und ganz klar ein bisher unerklärliches fliegendes Objekt gesehen.“ (B 40.19)

Aus der Vielzahl der in der Fachliteratur bekanntgewordenen UFO-Sichtungen wurden im folgenden einige der bemerkenswertesten und aufschlußreichsten ausgewählt. Zur besseren Übersicht empfahl sich folgende Unterteilung:

1. Sichtungen von Piloten und Radartechnikern
2. Unbekannte Objekte unter Wasser
3. Sichtungen von Astronauten
4. Berichte von Naturwissenschaftlern und Ingenieuren
5. Sichtungen von Beamten, Geistlichen und Schauspielern
6. Massensichtungen
7. Berichte aus der Sowjetunion
8. Entführungen von Flugzeugen und Schiffen
9. Berichte über Kontakte zu UFO-Besatzungen.

Verständlicherweise sind die in den letzten Abschnitten erwähnten Fälle wegen ihrer Außergewöhnlichkeit heute noch stark umstritten. Dem kritischen Leser sei daher geraten, sich auf Grund persönlicher Erfahrungen und Kenntnisse und ggf. durch weitere Nachforschungen ein eigenes, vorläufiges Urteil zu bilden. Endgültige Sicherheit und unanfechtbare Beweise lassen sich zur Zeit wohl kaum gewinnen.

1. Sichtungen von Piloten und Radartechnikern

Wie Professor Bender schreibt, hängt die Frage der Tatsächlichkeit von UFO-Phänomenen — genau wie bei parapsychologischen Erscheinungen — in hohem Maße von der Qualifikation und dem Prestige der Personen ab, die Sichtungen zur Kenntnis bringen. Da die Fähigkeit zu exakter Beobachtung in besonderem Maße bei Piloten und Radarpersonal gegeben sein dürfte, verdienen solche Zeugenberichte besondere Beachtung (Z 66.59.III.43).

Einer der ersten aufsehenerregenden Fälle ereignete sich Anfang 1948, als Flugkapitän Thomas Mantell bei der Verfolgung eines Unbekannten Flugobjektes tödlich abstürzte. Am frühen Nachmittag des

7. Januar 1948 wurde ein riesiges, rundes, glühendes Objekt von mehreren hundert Leuten in Madisonville, Kentucky, und später von Tausenden im ganzen Staat gesichtet. Die Warnmeldung der Staatspolizei an Fort Knox sprach von einem Mindestdurchmesser des Flugobjekts von 80 Metern.

Eine halbe Stunde später tauchte das merkwürdige Flugschiff über dem Militärflugplatz Godman, nicht weit von Fort Knox, auf. Während es über dem Flugplatz kreuzte und abwechselnd rot und weiß glühte, flogen Hauptmann Thomas Mantell und drei andere F-51-Piloten auf einem Übungsflug vorbei. Kapitän Thomas F. Mantell, mit über 3 600 Flugstunden ein erfahrener Jagdflieger, wurde durch Funk vom Kontrollturm des Godman-Flugplatzes angerufen und angewiesen, Natur und Art des fremden Objektes zu erkunden. Nachdem Mantell einige Minuten durch Wolkenfetzen gestiegen war, rief er den Kontrollturm an.

„Ich habe das Ding gesichtet. Es sieht aus, als ob es aus Metall wäre — und es ist riesengroß ... jetzt fängt es an zu steigen ...“ Nach einer kurzen Stille rief er wieder an. „Es ist immer noch über mir, hält meine Geschwindigkeit oder fliegt etwas schneller. Ich gehe jetzt auf sechseinhalbtausend hinauf. Wenn ich nicht näher herankomme, gebe ich die Verfolgung auf.“

Minuten vergingen. Der Turm rief Mantell erneut an, aber er bekam keine Antwort. Später an jenem Tage wurde der Leichnam Mantells in der Nähe seiner abgestürzten Maschine etwa hundertdreißig Kilometer vom Flugplatz aufgefunden. Nachforschungen ergaben, daß Mantell wahrscheinlich in etwa 7 000 Meter Höhe infolge Sauerstoffmangels ohnmächtig geworden war.

Abbildung 21

UFO über der Insel Trinidade, Brasilien

Im Rahmen des Geophysikalischen Jahres zu einer Exkursion des Schulschiffes der brasilianischen Marine „Almirante Saldanha“ eingeladen, konnte der Berufsfotograf Almiro Baraúna am 16. Januar 1958 um 12.15 Uhr mit seiner Rolleiflex 2,8 mehrere Aufnahmen eines „Fliegenden Diskusses“ machen, der dreimal die Insel Trinidade überquerte und alsdann verschiedene Flugmanöver ausführte. Sein mittleres Tempo wurde auf 1000 km/Std., sein Durchmesser auf 40 Meter und seine Dicke auf 8 Meter geschätzt. Während 30 Sekunden präsentierte sich der Apparat — auch in langsamem Flug und vom Auge gut sichtbar — allen Offizieren und Mannschaften. Der Film wurde gleich auf dem Schiff entwickelt im Beisein des Kommandanten Carlos Barcellar. Die Marine hat die Authentizität der Fotos bestätigt. Sie wurden mit Zustimmung des brasilianischen Präsidenten zur Veröffentlichung freigegeben.

21

22

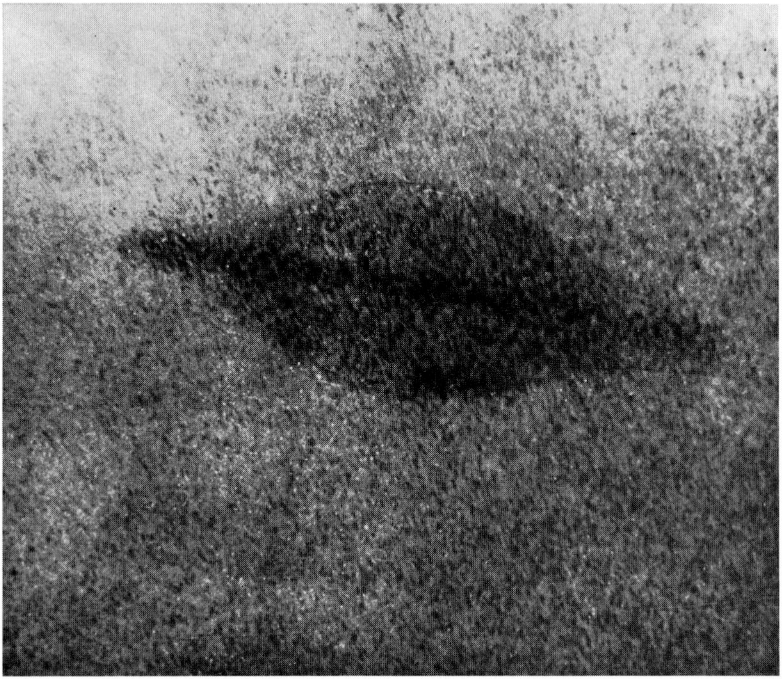

23

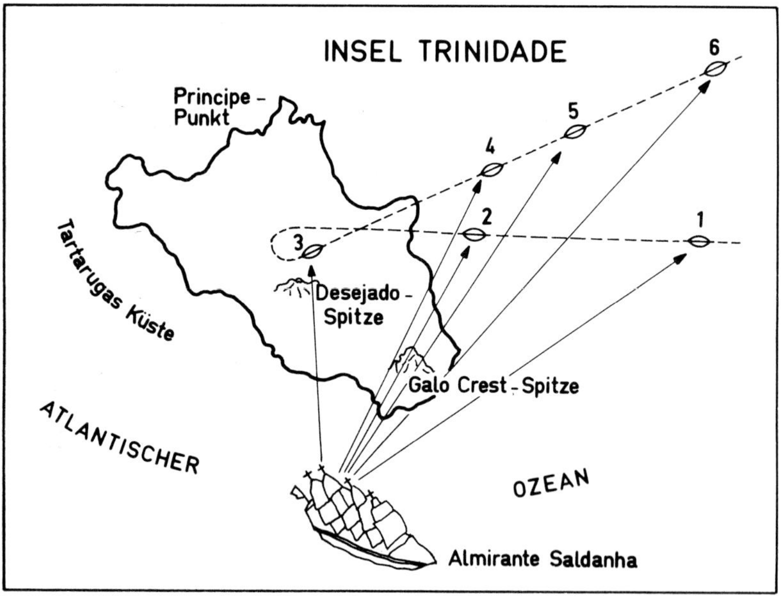
INSEL TRINIDADE
Principe - Punkt
Tartarugas Küste
Desejado - Spitze
Galo Crest - Spitze
ATLANTISCHER
OZEAN
Almirante Saldanha
1
2
3
4
5
6

Das denkwürdige Ereignis von damals ist bis heute nicht aufgeklärt. Dr. Menzel äußerte damals seine Vermutung, Mantell sei von einem „Sonnenhund“ in den Tod gelockt worden. Darunter versteht man eine falsche glühende Sonnenscheibe, deren Erscheinung durch Eiskristalle in Zirruswolken hervorgerufen wird. Der Geheimdienst-Offizier Major Boggs meinte in einem Interview mit einem Berichterstatter des International News Service, Mantell sei vom Planeten Venus irregeführt worden. Dies erscheint sehr unglaubwürdig, denn nur unter außergewöhnlich guten atmosphärischen Bedingungen und durch Abschirmung der Augen gegen direkte Sonnenstrahlen kann man die Venus in Form eines außerordentlich winzigen hellen Lichtpunktes sehen. Vor allem aber ist die Wahrscheinlichkeit, daß man gerade an die richtige Stelle blickt, sehr gering (B 46.27.49.50.56).

Sichtungen mit weniger spektakulären Folgen hat es schon während des Zweiten Weltkrieges gegeben. So bringt Gerhard Steinhäuser, Autor des Buches „Heimkehr zu den Göttern“, einen authentischen und von Zeugen bestätigten Bericht eines Flak-Soldaten der ehemaligen Deutschen Wehrmacht, der 1944 mit seiner Einheit in Polen lag. Damals gab es nirgendwo weitreichende Raketenwaffen außer der deutschen V-2, die aber im Westen im Einsatz war. Dieser Mann, der heute in Tirol lebt, erzählt:

„An einem schönen Herbsttag 1944 gab es Alarm, wie so oft. Die Suchgeräte meldeten ein Objekt in etwa 15 000 Meter Höhe, das sich rasch näherte. So hoch flog damals keine russische Maschine. Der Flugkörper kam tiefer und näher. Bei etwa 8 000 Metern eröffnete die schwere Flak das Feuer. Die Sprengwolken der 8,8-Granaten lagen dicht um das Ding. Es wurde nur noch schneller. Die Entfernungsmesser glaubten ihren Augen nicht zu trauen und brüllten die gemessenen Geschwindigkeiten in die Mikrofone: 2 000, 3 000, 5 000 Kilometer pro Stunde! Als der rasende Körper nur noch rund 2 000 Meter hoch war — der Himmel hatte sich indessen bewölkt und das Ding, das rundlich schien, war nur noch undeutlich zu sehen —, begann die

---

Abbildung 22

Das Bild zeigt einen Ausschnitt der Abbildung 21 des fliegenden Objektes, das teilweise von einer grünlichen oder phosphoreszierenden Dampfwolke umhüllt war.

Abbildung 23

Die Karte gibt die brasilianische Insel Trinidade im südatlantischen Ozean wieder. Bild 21 zeigt das unbekannte Flugobjekt, als es hinter der Desejado-Spitze wieder auftauchte und einen entgegengesetzten Kurs eingeschlagen hatte.

2,2-Vierlingsflak zu schießen und ihre Leuchtspurfinger nach ihm zu strecken. Ohne jede Wirkung. Und in dieser Höhe machte das „Ding“ eine Wendung und verschwand spurlos. Vor den Augen von nahezu 65 entsetzten Kanonieren. Der Vorfall wurde im Strudel des Zusammenbruchs zunächst vergessen.“ (B 84.106)

Bereits 1942 wurden an der deutschen Ostküste in der Gegend von Peenemünde die ersten „Untertassen“ gesichtet: merkwürdige, weißlich glänzende und unbekannte Objekte zogen mit großer Geschwindigkeit über das Firmament. Die eingeweihten Kreise der V-Waffen-Produktion mußten damals verständlicherweise Stillschweigen bewahren (B 132.8). Auch die alliierten Piloten, die in Europa kämpften, berichteten häufig ihren Kommandanten, daß sie über deutschem Gebiet seltsame fliegende Maschinen gesichtet hätten, ohne einzugreifen. Der alliierte Generalstab vermutete, daß es sich um eine Geheimwaffe handelte, die von Goebbels' Propaganda angepriesen wurde. Diese Annahme wurde jedoch fallengelassen, als die alliierten Geheim-Agenten ihrerseits berichteten, daß die Deutschen den Verdacht hätten, es handele sich bei diesen geheimnisvollen Maschinen um amerikanische Flugzeuge (Z 58.63.82.1).

Solche „Geister-Raketen“ wurden damals auch über Griechenland, Portugal, der Schweiz und Skandinavien gesehen. Schwedische Dienststellen sammelten über 2000 derartige Meldungen, die nie aufgeklärt werden konnten, obwohl sie teilweise fotografiert und durch Radar erfaßt worden sind. Am 10. Juni 1946 flogen zahlreiche Objekte über Finnland, die den deutschen V-Waffen ähnlich sahen. Innerhalb weniger Wochen sahen Tausende von Menschen in Norwegen und Schweden zylinderförmige Objekte und unbekannte Lichtpunkte, vor allem in den einsamen Gebieten Nordskandinaviens (B 117.136,7).

Auch über Amerika tauchten derartige Phantom-Maschinen auf. So wurde am 25. Februar 1942 in Los Angeles, Kalifornien, ein Großalarm ausgelöst, als eine Formation runder UFOs am Nachthimmel erschien. Obwohl mehrere Objekte von starken Suchscheinwerfern erfaßt und mit starkem Luftabwehrfeuer eingedeckt wurden, schienen die Dinger völlig unverwundbar zu sein. Die Flak-Kanoniere schwörten, sie hätten die stationären Objekte, die wie „sitzende Enten“ da oben hingen, todsicher getroffen. Dennoch konnte keines dieser „Geister-Flugzeuge“ abgeschossen werden (B 101.166).

Am 26. Juni 1950, genau ein Tag nach Ausbruch der Feindseligkeiten in Korea, tauchten die mysteriösen Flugobjekte über den amerikanischen Atomfabriken auf (Los Alamos, Las Vegas, Oakridge usw.), und gleichzeitig auch über den Schlachtfeldern. In den folgenden Monaten sahen sie Hunderte von Piloten beider Seiten. Die UFOs umflogen die Flugzeuge in einiger Entfernung und verfolgten die verschiedenen Phasen der Erdkämpfe. Die amerikanischen Piloten hielten sie für russische Geheimwaffen, die russischen für amerikanische. Die US-Abfangjäger, die seit 1948 Schießbefehl gegen die UFOs hatten, erhielten in Korea den Auftrag, sie zur Landung zu zwingen, aber sich in keinen Luftkampf mit ihnen einzulassen (Z 11.60.1.2.4).

Jim Riordan, Pilot eines Düsenflugzeuges, der in Korea Jagd auf UFOs machte, erzählt: Der Kontrollturm führt einen hinter dem „Ding" her, und auf einmal bemerkt man ein Licht, das sich schneller dreht als alle bekannten Apparate. Es erscheint auch auf dem Radarschirm, und man verfolgt es. Der Kontrollturm meldet sich wieder, er teilt mit, daß er sowohl einen selbst als auch das „Ding" auf dem Schirm hat und daß es gerade dort ist, wo man es sieht: Damit hat man den Beweis, daß es sich um eine Realität handelt und nicht um eine Spiegelung oder um einen Defekt des Radars. Man gibt also Gas und stößt in Richtung auf das „Ding" vor, aber es dreht plötzlich eine Kurve über einem, und man weiß, daß es einen erblickt hat. Das Herz fällt einem in die Hosen ... man fixiert das „Ding", das eine enge Kurve um einen beschreibt. Niemand auf der Erde könnte der Zentrifugalkraft eines ähnlichen Manövers standhalten, und das „Ding" bewegt sich so rasch, daß man sich fast den Hals verdrehen muß, um es nicht aus dem Blick zu verlieren. Vielleicht gelingt es einem, außer den leuchtenden Umrissen die Form einer Flugmaschine zu sehen, vielleicht auch nicht. Dann entfernt sich das „Ding" mit einer solchen Geschwindigkeit, daß man den Eindruck hat, stillzustehen. Man kehrt nach Hause zurück, und der Geheimdienst nimmt einen in den Schraubstock ... (B 51.380,381)

Die weiteren Sichtungsberichte von Piloten aus aller Welt weisen ganz ähnliche Merkmale auf, obwohl viele von ihnen zuvor nie etwas über UFOs gelesen oder gehört hatten. Der Übersichtlichkeit wegen sind die folgenden Beispiele chronologisch geordnet.

Juli 1948

Die Piloten Clarence C. Chiles und John B. Whitted der Eastern Airlines berichteten von einem Flug in der Nähe von Montgomery im Staate Alabama, wo sich ein „fliegendes Unterseeboot" von der dreifachen Größe einer B-29 ihrer Maschine seitwärts angeschlossen hatte, um sie schließlich zu umfliegen. Dieses Flugobjekt war torpedoförmig gebaut und unheimlich dunkelblau beleuchtet. Seitwärts befand sich eine Doppelreihe von Öffnungen oder Düsen, aus denen ein weißes Licht mit außerordentlicher Helligkeit hervorstach. Nachdem der unheimliche Verfolger das Flugzeug beobachtet hatte, stieß es einen etwa 15 Meter langen Feuerstrahl aus, hob die Schnauze und raste mit einer Geschwindigkeit von schätzungsweise 1 100 bis 1 500 km/h davon. Durch den gewaltigen Luftdruck kam die behäbige DC 3 ins Wanken (B 38.42 f.).

März 1950

Der unter der Nummer 1 550.00 in den Akten der US-Luftwaffe als „unbekannt" registrierte Fall betrifft einen Air Force Reserve-Offizier und einen Piloten, die ein Frachtflugzeug steuerten. Beide Besatzungsmitglieder beobachteten ein kreisförmiges Objekt, das in einer Entfernung von ca. 800 m vor ihrem Flugzeug vorbeiflog. Sie sahen an der Oberseite des unbekannten Objektes ein strahlend helles Licht, das dreimal pro Sekunde aufblitzte, und ein fluoreszierendes, purpurnes Glühen leuchtete durch jede der 9 bis 12 Luken an der Unterseite. Die Sichtverhältnisse waren ausgezeichnet, und die Geschwindigkeit des Objektes wurde auf mehr als 1 600 km/h geschätzt (Z 50.71.5).

14. Juli 1952

Kapitän William B. Nash war im Krieg bei den Marinefliegern und kehrte danach zur PANAM zurück, wo er 1946 das Kapitänspatent erhielt. Heute ist er Senior-Kapitän mit 28 000 Flugstunden und fliegt dreistrahlige Boing-727-Maschinen. Sein bemerkenswertes Erlebnis, das sich vor 21 Jahren ereignet hatte, schilderte er dem Autor in einem persönlichen Interview in München:

„An einem außergewöhnlich klaren Abend des 14. Juli 1952 flogen wir eine alte DC-4-Maschine von New York nach Miami. Der Seniorkapitän befand sich hinten in der Kabine. Ich selbst fungierte zeitweilig als erster Pilot links am Steuer, während rechts der Ko-Pilot Wm. Fortenberry saß. Unsere Höhe betrug 8 000 Fuß (2 600 m), als wir uns dem Ort Newport News (Virginia) näherten. Da mein Ko-Pilot auf dieser Strecke neu war, erklärte ich ihm die verschiedenen Städte, die unter uns lagen. Als ich gerade auf Newport News deutete, sahen wir plötzlich tief unter uns sechs hell leuchtende Punkte, etwa 10 Meilen (16 km) von der Stadt entfernt. Sie schienen in 2 000 Fuß (650 m) Höhe direkt auf uns zuzufliegen und glichen orangerot glühenden runden Metallscheiben. Ich löste sofort meinen Gurt und ging zum rechten Fenster, um die Objekte besser verfolgen zu können.

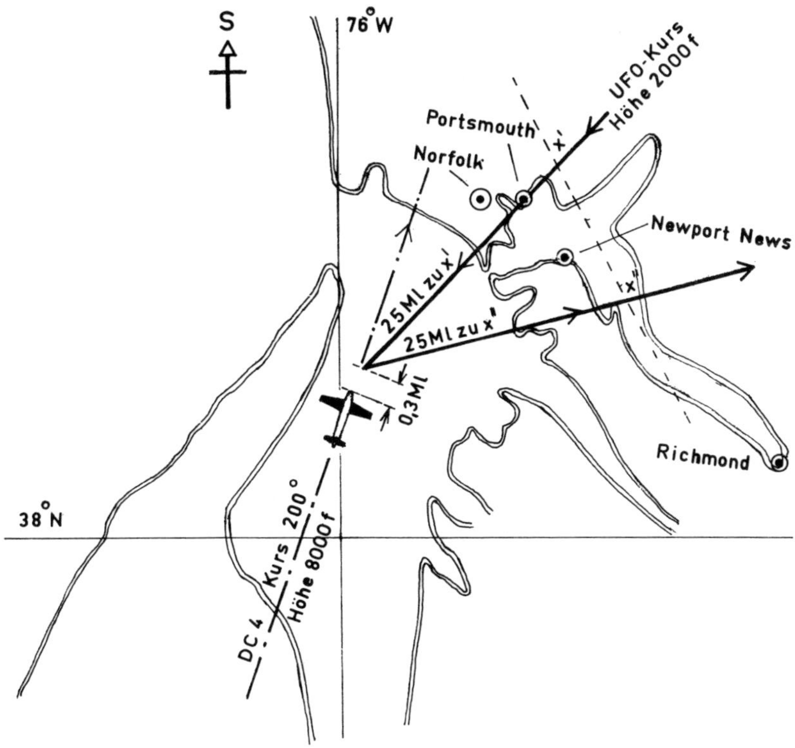

UFO-Begegnung in Nordamerika am 14. Juli 1952

Währenddessen sah der Ko-Pilot, wie die Scheiben in ihrem Glühen nachließen, sich in einer abrupten Bewegung schräg stellten und etwa 500 m vor uns wie Ping-Pong-Bälle in spitzem Winkel ihre Richtung änderten. Ich selbst erkannte gerade noch, wie sie wieder in die horizontale Lage kippten und erneut aufleuchteten. Unmittelbar darauf tauchten plötzlich unter der rechten Tragfläche weitere 2 Scheiben auf, die sich auf die übrigen zubewegten. Als sie sich ihnen anzuschließen begannen, passierte etwas ganz Merkwürdiges. Die ersten 6 wurden plötzlich dunkel, danach die zwei letzten. Ein Stück weiter blinkten alle 8 wieder auf. Nach ungefähr 10 Meilen stiegen die Objekte steil nach oben, wobei sich ihre Formation aufzulösen begann. Danach schien eines nach dem anderen — in unregelmäßiger Reihenfolge — sein Licht auszuschalten und wurde unsichtbar. Wir hatten den Eindruck, daß diese Flugkörper intelligent gesteuert sein mußten. Ihren Durchmesser schätzten wir auf 30 Meter, ihre Höhe auf 5 Meter.

Die Gesamtdauer der Sichtung ermittelten wir durch mehrmalige spätere Zeitmessungen beim Überfliegen der uns bekannten Fixpunkte. Es ergaben sich 12 Sekunden, während denen die unbekannten Objekte eine Strecke von 50 Meilen zurückgelegt hatten. Wenn wir sicherheitshalber eine Sichtungszeit von 15 Sekunden annehmen, dann errechnet sich hieraus eine Geschwindigkeit von 12 000 M/h (19 300 km/h). Dies war in der damaligen Zeit eine unglaubliche Geschwindigkeit. Vor allem aber fehlte uns jede Erklärung für den abrupten Richtungswechsel der so schnell fliegenden Scheiben."

Die Sichtung dieser UFO-Formation wurde dem ATIC der US-Luftwaffe durch sieben Zeugen, darunter einen Korvettenkapitän der Marine, die sich am Boden befanden, bestätigt. Alle diese Meldungen lagen in einem Zeitraum von 13 Minuten. In derselben Nacht wurde eine gleiche UFO-Formation in Lima/Peru gesehen. Fünf Tage später hatte ein Radio-Ingenieur eine ähnliche Sichtung von mehreren UFOs. Neun Tage nach unserer Beobachtung erschienen mehrere UFO-Formationen über Washington, die großes Aufsehen in der amerikanischen Presse erregten.

Auf die Angriffe Dr. Donald Menzels, der die Sichtungsberichte als optische Täuschung bezeichnete, antwortete Kapitän Nash: „Nun mal ganz allgemein zu ihrer offensichtlichen Meinung über Verkehrspiloten: Sie nehmen an, daß Piloten ihre Einbildungskraft benutzen . . ., daß sie sich leicht durch Dinge narren lassen, die sie sehen . . . Nein, Sir, die Art und Weise, in der wir ein Flugzeug im Wert von fünf Millionen Dollar von einem Flughafen zum anderen fliegen, beruht keineswegs auf Annahmen oder Schätzungen. Wir haben zu prüfen und nochmals zu überprüfen . . . Wir verbringen monatlich 120 Stunden in der Luft und können auf Grund dessen zu den erfahrensten Beobachtern von Dingen zählen, die wir vom Cockpit unserer Flugzeuge aus sehen können. Können Sie sich vorstellen, Dr. Menzel, daß wir Tausende von Reflexionen gesehen und studiert haben? Denken Sie, daß wir nicht Tausende von Meteoriten gesehen haben? Ich habe sie nächtelang beobachtet. Meinen Sie, wir können keine Reflexionen an einem konventionellen Flugzeug identifizieren und hätten nie Nordlichter gesehen? . . .

Sie erklären auch, wir seien durch das, war wir sahen, viel zu aufgeregt gewesen, um die elementarsten wissenschaftlichen Prüfungen vornehmen zu können. Nochmals, Doktor, Piloten regen sich nicht so leicht auf — sonst wären sie nicht lange Verkehrspiloten. Ich habe einen Universitätsgrad in Naturwissenschaften; dieses Gebiet war von jeher mein Hobby. Die meisten Piloten von uns haben übrigens einen Universitätsgrad.

Sie verlachen uns und meinen, innerhalb von 12 Sekunden könne man keine genauen Eindrücke erfassen. Während meiner Dienstzeit wurden Bill Fortenberry und ich wie alle anderen Militärpiloten im Erkennen von Gegenständen geschult. Wir mußten uns an die Konturen jedes Schiffes der deutschen und japanischen Marine erinnern können. Das gleiche galt für alle feindlichen Flugzeugmuster. Selbstverständlich mußten wir auch alle eigenen Schiffe und Flugzeuge schnell und sicher erkennen können. Wir mußten bei Prüfungen Umriß-Skizzen von allen anfertigen. Nachdem wir sie kannten, wurden die Skizzen ganz kurz auf eine Leinwand projiziert, zuerst eine Zehntelsekunde und später eine Hundertstelsekunde lang, worauf wir den Lehrern Typ, Nationalität und Anzahl der gesehenen Schiffe und Flugzeuge nennen mußten. Sie sehen also, wir hatten sogar sehr viel Zeit, um unsere UFO-Beobachtungen zu machen!" (Z 58.63.79.2)

4. Dezember 1952

Starke Aufregung in militärischen Kreisen hat der „Fall von Laredo" hervorgerufen. Der US-AF-Geheimdienst berichtete von einem Leutnant Earl Fogle (der Name ist erfunden, da die Militärbehörden die Identität des Piloten nicht bekanntgeben), der als im Koreakrieg erfahrener Jagdflieger am Abend des 4. Dezember 1952 eine nächtliche Jagdübung auf einer Mustang F-51 gerade abschließen wollte. Um 20.49 Uhr, nach zweistündigem Flug, hatte er den Kontrollraum der Flugbasis Laredo angerufen, um die Landeerlaubnis zu erhalten. Er bekam zur Antwort, daß über dem Flugplatz einige Abwehrmaschinen manövrierten und daß er sich daher außerhalb der Landezone aufhalten möge. Fogle gehorchte und war in einigen Minuten etliche Meilen von seiner Basis weg in einer Höhe von 1 800 Metern.

Plötzlich traf ihn ein überaus intensives Licht, das sich schnell vor ihm bewegte. Zuerst dachte er an ein Abwehrflugzeug, aber dann wurde ihm bewußt, daß kein Flugzeug solch schnelle und steile Kurven ausführen könnte. Er suchte sich ihm zu nähern und bemerkte dabei, daß das Licht von sonderbarer bläulicher Färbung war. Im Verlauf einiger Augenblicke erhob sich die unbekannte Maschine auf seine Höhe und begann ihn mit phantastischer Geschwindigkeit zu umkreisen. Fogle sah noch immer ein weißblaues Licht, über das er sich keine Rechenschaft abgeben konnte.

Nach weiteren halsbrecherischen Manövern suchte Fogle die Verfolgung unter größter Anstrengung der Motoren aufzunehmen. Wie wenn der Diskus die Absicht der Mustang erkannt hätte, stürzte er sich mit größter Geschwindigkeit auf sie. Fogle war erstarrt. Die Geschwindigkeit des Diskus erlaubte keine Möglichkeit zu einer Verteidigung, und so sah Fogle dem unvermeidlichen Zusammenstoß entgegen. Aber jetzt geschah das Unerwartete. In 150 Meter Entfernung wackelte der Diskus für einen Augenblick, wich unerwartet zur Seite aus und streifte dabei den rechten Flügel des Flugzeugs. Fogle blieb vom Glanz des Lichtes wie erblindet, während seine Jagdmaschine vom Luftdruck erschüttert wurde. Erschrocken sah der Pilot das fremde Objekt erneut zur gleichen Höhe aufsteigen und das gleiche Manöver des Sichdrauflosstürzens wiederholen. Der Pilot drehte seine Lichter aus, um in einer Spirale nach unten zu gehen. Die fremde Maschine folgte ihm für einen Augenblick, drehte dann aber in etwa 100 Meter Höhe zur Seite und verschwand nun in der Dunkelheit. Fogle landete in Laredo, wurde aber sofort in ein Krankenhaus als Opfer eines starken Schocks gebracht (Z 58.64.89.2).

29. Juni 1954

Flugkapitän James Howard steuerte einen Stratocruiser der BOAC von New York nach London über Labrador, als er etwa 150 Meilen südwestlich der Goose Bay ein deltaförmiges Flugobjekt mit den Ausmaßen eines Ozeandampfers sichtete. Das Schiff begleitete die Maschine 60 Meilen weit, wobei sechs fliegende Scheiben abwechselnd aus dem „Mutterschiff“ ausflogen, um dieses herumtobten und wieder einflogen, wie um zu zeigen, was sie können. Das große Objekt schien verschiedentlich seine Form zu ändern, teils sah es mehr pfeilförmig aus, teils glich es eher einer Hantel. Alle 11 Besatzungsmitglieder und viele der 51 Passagiere sahen etwa 30 Minuten lang diese UFO-Formation am klaren Abendhimmel. Die 28jährige Stewardeß Daphne Webster sagte über den Vorfall: „Die Objekte waren weniger als fünf Meilen von uns entfernt. Wir sind sicher, daß es sich um reale Flugobjekte unbekannter Herkunft handelte.“ (Z 9.58.3.114)

1. Juli 1954

Als sich am Mittag des 1. Juli auf dem Radarschirm des Luftwaffenstützpunktes Griffith im Staate New York ein seltsames Zeichen zeigte, wurde sofort eine Düsenmaschine vom Typ F-94 Starfire ausgesandt und von der Bodenkontrolle auf das unbekannte Objekt dirigiert, während der Radarmann im Rücksitz der F-94 den Fleck auf seinem eigenen Schirm beobachtete. Innerhalb von zwei Minuten nach dem Start konnte der Pilot des Kampfflugzeuges das Objekt sehen — ein glänzendes, scheibenförmiges Ding, einige tausend Meter über dem Jäger. Der Pilot riß seine Maschine hoch und steuerte auf das UFO zu. Aber es geschah nichts, bis der Radartechniker sein Funkgerät einschaltete und das UFO aufforderte, sich auszuweisen. Der Zwischenraum wurde schnell kleiner. Das Objekt war gut sichtbar, denn es bewegte sich nicht mehr. Dagegen blieb der Motor der Düsenmaschine plötzlich ganz abrupt, ohne Warnung stehen. In diesem Augenblick wurde das Cockpit wahrhaft eine Hölle. Der Pilot merkte, daß die Instrumente kein Feuer anzeigten, doch erzählte er später Kameraden, daß er etwas wie den Hitzestrahl eines Schweißgerätes in seinem Gesicht gespürt hätte. Er wollte seinem Stützpunkt Meldung machen, merkte aber, daß keine Zeit mehr dazu war. Statt dessen schrie er seinem Radarmann zu, er solle aussteigen. Sekunden später, als sein Radarmann sprang, fühlte er den Stoß. Halbblind und nach Atem ringend, ließ er sich mittels des Schleudersitzes ebenfalls aus dem Flugzeug fallen und erhaschte noch einen flüchtigen Blick auf das UFO, als er zur Erde glitt. Es war rund und riesig groß. Mit ihren Fallschirmen landeten beide Flieger sicher in der Nähe der Stadt Walesville (New York). Ihre Maschine stürzte auf zwei Häuser und ein Auto. Zwei Erwachsene und zwei Kinder wurden dabei getötet (B 25.49,50).

23. Juni 1955

Der Condon-Report schildert unter Nr. 1482 den Bericht zweier Piloten eines Mohawyk-Verkehrsflugzeuges. Diese erspähten auf ihrem Flug ein rundes graues Objekt mit einer Mittellinie und vier „Fenstern". Es war während mehrerer Meilen in Sicht und wurde auch von zwei anderen vorbeikommenden Flugzeugen beobachtet sowie vom Albany-Kontrollturm und vom Bostoner Flughafen-Radar. Der Condon-Report nannte diesen Bericht höchst interessant, der bestimmt als unbekannt klassifiziert und weiter geprüft werden muß ... Es scheint, daß diese Sichtung jeder Erklärung durch konventionelle Mittel trotzt (B 18.143).

14. August 1957

Ein Frachter vom Typ C-47 der Varig Airlines hatte Porto Alegre für einen Flug nach Rio verlassen. Am Steuer saß Captain Jorge Araujo mit seinem Kopiloten Edgar Soares, beide Veteranen der Luft. Mit rund 300 Kilometer pro Stunde flogen sie in einer Höhe von 2 000 Meter über einer Wolkendecke mit klarer Sicht. Da bemerkten sie links hinten und unter sich ein glänzendes Objekt. Sekunden später war es nach vorn rechts an ihrer Maschine vorbeigeschossen, ein Manöver, das eine phantastische Geschwindigkeit erforderte, wie die beiden Flieger konstatierten. Dann drehte das Objekt auf das Flugzeug zu. Die Folge war, daß dessen Lichter fast erloschen, die Motoren zu stottern begannen und mitunter aussetzten und das Funkgerät ausfiel. Wenige Sekunden später tauchte das UFO in die Wolken, und die elektrischen Geräte arbeiteten wieder normal. In ihrem schriftlichen Bericht über den Zwischenfall beschrieben beide Piloten und die drei anderen Besatzungsmitglieder das Objekt als scheibenförmig mit glänzender, niedriger Kuppel. Diese Geschichte machte nicht nur in Brasilien, sondern in ganz Südamerika Schlagzeilen (B 25.51,52) (B I,120).

24. Februar 1959

Kapitän Peter W. Killian sowie der erste Offizier John Dee flogen eine DC-6 der „American Airlines“ nachts über Pennsylvanien nach Detroit. Die Passagierkabine war voll besetzt. Plötzlich erschienen ganz nahe drei große, hell erleuchtete runde oder scheibenförmige Fahrzeuge. Eines hiervon manövrierte so dicht an die DC-6-Maschine heran, daß es aussah, als ob es das Flugzeug inspizieren wolle, flog dann aber wieder zurück zu den beiden anderen. Schließlich jagten sie davon in die Dunkelheit der Nacht, aus der sie gekommen waren.

Kapitän Killian, ein Mann mit 15 Jahren Berufserfahrung und vier Millionen Flugkilometern, erzählte diese einzigartige Geschichte der Presse. Sofort stürzte sich die Luftwaffe auf ihn und sagte, was er tatsächlich gesehen habe, sei das Erscheinen und Verschwinden von drei Sternen hinter zerstreuten Wolken gewesen. „Unmöglich“, entgegnete Killian. „Der Himmel über uns war völlig klar.“ Die Aufzeichnungen der Bundesluftfahrt-Agentur beweisen, daß wir in einer Höhe von ca. 2 600 m flogen. Die Wolken befanden sich in einer Höhe von weniger als 1 100 Metern. Die Luftwaffe möge erklären, wie wir durch eine Wolkendecke hindurch, die sich über 1 500 m unter uns befand, Sterne erblicken konnten. Im übrigen bestätigten sowohl der erste Offizier Dee sowie die Fluggäste die Darstellung Kapitän Killians von den fremden Fahrzeugen. Zwei andere Besatzungen der American Airlines, die in der Nähe flogen und durch Funk alarmiert worden waren, sahen ebenfalls die UFOs. Nachdem die Luftwaffe erkannte, daß die Sterntheorie nicht geglaubt wurde, kam sie rasch mit einer neuen Erklärung: Killian habe gesehen, wie eine KC-97 drei Düsenmaschinen vom Typ B-47 aufgetankt habe. Das war wiederum Unsinn. Denn wenn in jener Nacht ein Auftanken durchgeführt worden wäre, so wäre dies der Bundesluftfahrtbehörde bekannt gewesen und nicht erst zwei Wochen später „entdeckt“ worden (Z 11.60.9/10.1 ff.).

13. August 1959

Ein ehemaliger Marine-Flieger und jetziger Kundendienst-Ingenieur bei einer US-Werkzeugfirma benutzt für seine Geschäftsreisen ein Privatflugzeug und hatte bis 1965 über 6 000 Flugstunden in seinem Flugbuch. Er erzählt:

Während eines Fluges mit einer Cessna 170 zwischen Hobbs und Albuquerque (New Mexico) hielt er in 2 400 Meter Höhe einen Kurs von 313 Grad. Zu seiner Überraschung sah er plötzlich seinen elektrischen Kompaß rotieren und nicht wie sonst den Kurs anzeigen. In der Annahme, der elektrische Kompaß „spiele verrückt", schaute er auf seinen Magnet-Kompaß, doch der rotierte noch schneller. Einen Moment später sah er erschrocken drei ovale Objekte in enger Formation direkt vor seiner Cessna vorbeiziehen. Sie waren grau und in der Form vollkommen gleich: zwei aufeinandergelegte Schüsseln, aber mit gerundeten anstatt flachen Böden. Der Pilot schätzte ihren Durchmesser auf ca. 2,40 m, sie könnten aber auch wesentlich größer gewesen sein. Da die UFOs dann das Flugzeug mit etwa 400 km/h umkreisten, konnte er, außer, daß sie kurze, dünne Dunststreifen hinterließen, keine Einzelheiten erkennen. Während diese eigenartigen Objekte die Cessna umkreisten, drehte der elektrische Kompaß mit und zeigte genau die Position der UFOs an. Nach dem Verschwinden der UFOs arbeiteten die Instrumente wieder normal (Z 57.65.3/4).

18. März 1965

Am Abend des 18. März 1965 flog eine TOA Airlines Convair 240 über das Gebiet von Shikoku in Japan. Pilot war Capt. Yashika Inaba und Copilot Tesu Umashima. Um 7 Uhr abends, als die Maschine mit 28 Passagieren in ca. 2 000 m Höhe flog, erschien ein fremdartiges Objekt neben ihrer Maschine. Es hatte einen Durchmesser von etwa 15 Yards und strahlte ein grünliches Licht aus. Bei der Annäherung funktionierte der automatische Peiler nicht mehr, und die Radio-Verbindung mit dem nahen Flugfeld riß ab. Das Objekt folgte eine Weile der Maschine, dann stoppte es und verhielt etwa drei Minuten schwebend hinter dem Flugzeug. Dann startete es wieder, holte die Maschine ein und folgte ihr neben ihrem linken Flügel über ca. 80 km, bis sie Matsuyama erreichten. Danach verschwand es. Bei der Annäherung an diese Stadt wurde das UFO auch von Beobachtern auf der Erde sowie von einem anderen Piloten, Joji Negishi, in einer Cherokee 140 gesehen (Z 58.68.140.4, 65.111.4).

März 1967

Wie eine Tageszeitung von Mexiko City berichtete, flog ein UFO um ein Flugzeug der guatemaltekischen Linie „Aviateca“ herum und verursachte bei den Reisenden und der Besatzung über Ixtepec im Staate Oaxaca eine Panik. Der Luftkapitän Carlos Samyos und sein Copilot Alfredo Castaneda informierten den Kontrollturm von Mexiko-City über die seltsame Inspektion durch die unbekannte Besatzung eines „fliegenden Kreisels“. Der Vorgang wurde von über 30 Personen, die sich an Bord des Flugzeuges befanden, beobachtet. Die beiden Flieger gaben bekannt, daß, als sie über der Küste Mexikos in Richtung Ixtepec flogen, ein „Kreisel“ in 4 500 m Höhe erschien. Als er mit Überschallgeschwindigkeit nahe am Flugzeug vorbeiflog, verursachte er Störungen, genau wie wenn ein kleines Schiff an einem großen Schiff vorbeifährt. Die beiden Stewardessen Nannette Grosjean und Maribel Vargas, noch mit dem Schreck in den Gesichtern, bürgten für die Echtheit der Aussagen der Piloten. Die jungen Mädchen gaben an, daß der „Fliegende Kreisel“ einen Durchmesser von ungefähr zehn Metern hatte, einen metallischen Reflex ausstrahlte und Fenster zu haben schien. Außerdem sagten die beiden Mädchen, daß viele Fahrgäste den Kreisel sahen und einige anfingen, nervös zu schreien, da der Apparat verschiedentlich über, unter und neben dem Flugzeug einherflog. „Wir versuchten die Passagiere zu beruhigen, obgleich es Augenblicke gab, in denen wir dachten, daß das OVNI (UFO) uns angreifen würde. Glücklicherweise geschah dies nicht. Zehn Minuten nach seinem Erscheinen verschwand das Objekt mit unglaublicher Schnelligkeit. Die Besatzung des Flugzeuges unterzeichnete eine Erklärung über die geschilderten Tatsachen, die im Archiv des Flughafens aufbewahrt wird.“ (Z 58.68.141.5)

15. Februar 1969

Ungefähr um Mitternacht befand sich die Maschine der Flying Tiger Lines, die eine Gruppe Militärangehöriger von Amerika nach Japan beförderte, vier Flugstunden von Anchorage entfernt. Plötzlich erfaßte das Cockpit-Radargerät drei sich schnell bewegende Objekte. Der Flugkapitän und seine Mannschaft schauten seitlich aus der Maschine und sahen drei riesige ovale Objekte, die in der Nacht rot glühten. Ein Air-Force-Kapitän, der Flugpassagier war, wurde nach vorn gebeten, um die Sichtung zu bestätigen. Sein unterzeichneter Bericht findet sich in der Kartei der NICAP.

Nach dem Bericht des Kapitäns drosselten die unbekannten Maschinen ihre Geschwindigkeit bis auf jene des Passagierflugzeuges, so daß sie dicht beieinander flogen. Laut Radarmessung kamen sie in einer Entfernung von 8 km hinunter und hielten Schritt mit dem Flugzeug. Der Air-Force-Kapitän errechnete ihre Länge als weit größer als 700 ft (212 m). Es war offensichtlich, daß die riesigen nicht identifizierten Objekte eine unbekannte Antriebsart besaßen. Weder Düsen noch Auspufföffnungen waren zu sehen. 30 Minuten lang, immer noch in Formation, hielten sie mit dem Flugzeug Schritt. Dann, indem sie ihre Geschwindigkeit schnell auf 1 200 Knoten beschleunigten, stiegen sie innerhalb Sekunden außer Sichtweite (Z 58.69.155.3).

1. Januar 1972

In der Neujahrsnacht wurden über Norwegen und Schweden von Dutzenden Augenzeugen sieben runde Flugkörper beobachtet, deren Herkunft nicht geklärt werden konnte. Flugkapitän Oddmund Karlsson, der mit einem Urlauber-Jet von Las Palmas zurückkam und sich auf die Landung in der norwegischen Stadt Bergen vorbereitete, berichtet:

„Über uns flogen formationsartig gestaffelt sieben gleißend weiße Punkte. Die vier vordersten leuchteten am stärksten. Ich schätzte ihre Flughöhe auf 20 000 Meter. Auch einige unserer 124 Passagiere sahen die Erscheinung. Die Zeugen Häkan Berglund und Anders Hedberg sahen die UFOs über Mittelschweden. Die beiden erzählten, die Formation habe über dem Dorf Sveg plötzlich ihren Flug verlangsamt. Über dem Ort senkten sich die „Fliegenden Untertassen“ und nach einem Tiefflug nahmen sie rasch wieder an Fahrt auf.“

Major Erling Hornven vom norwegischen Oberkommando bestätigt: „Wir haben rund 20 Berichte mit absolut glaubwürdigen Beschreibungen. Fast immer war die Rede von sieben stark leuchtenden runden Flugkörpern, die sich sehr schnell von Nordwest nach Südost fortbewegten. Wir haben keine Erklärung für das Ganze. Es ist ausgeschlossen, daß es sich um ein Flugzeug oder einen zur Erde zurückkehrenden Satelliten handelte.“ Die Luftüberwachung stellte fest: Weder auf den Radarschirmen der NATO in Norwegen noch auf den Warngeräten der schwedischen Verteidigung hatten die UFOs Reflexe ausgelöst. Nach Schätzungen von Augenzeugen erreichten die UFOs eine Geschwindigkeit bis zu 4 800 km/h — schneller als jedes Flugzeug der Erde. Tage

Eriksson von der schwedischen Verteidigungs - Forschungsanstalt glaubt dennoch, das Phänomen natürlich erklären zu können. Er spricht von Spiegelungen, Reflexen auf einem Flugzeug oder von einem Meteoritenschwarm (Z 5.72.4. Jan.).

12. Januar 1972

Am Abend des 12. Januar 1972 rief Mrs. Roy Parker aus Oklahoma gegen 20.45 Uhr ihre Tochter Sherry an. Nach etwa fünf Minuten wurde das Gespräch plötzlich unterbrochen, und beide hörten eine Stimme sagen:

> „Hier ist Zentrale NORAD. Wir haben Alarm rot ... Moskau ist benachrichtigt ... wir haben ein Problem ... nehmen Sie auf, Tinker (Luftwaffenbasis)? Hier ist Zentrale NORAD ... Moskau ist benachrichtigt ... wir versuchen Tinker auf Kanal 2 ... da ist eine Störung ...“

Da Mrs. Parker glaubte, sie selbst sei Ursache dieser Störung, rief sie die Vermittlung an, erhielt jedoch nur die Antwort, daß außer ihr noch jemand das gleiche gemeldet habe.

Nach einigen Minuten rief Mrs. Parker erneut ihre Tochter an. Sie sagte ihr, sie habe wieder die Stimme gehört, die berichtete, man habe Kampfflugzeuge entsandt, um eingeflogene UFOs auf ihrem Weg nach Houston, Alamogordo und Los Angeles aufzuhalten.

In den Notizen, die Mrs. Parker sofort niederschrieb, heißt es:

„Wir haben Radar-Kontakt mit Objekten, die über dem Pazifik und dem Golf von Mexiko hereinkommen ... Houston verfolgt den Kurs, auch Alamogordo und Dayton ... Jäger sind unterwegs ... Dies ist keine Übung ... dies ist ein Alarm. ...“

„Was dann kam, war aufregend“, erklärte Sherry Eckhardt später. „Ein Objekt war in den Pazifik niedergegangen, und die Jäger waren abgeschossen worden!“ Kurz danach kam noch eine Meldung, doch wurde der Ort nicht genannt. Ihr Ehemann Bill, ebenfalls Zeuge des geheimen Staatsgespräches, bestätigte, daß er gehört habe, daß zwei Düsenflugzeuge vom Typ F-104 in der Wüste bei Alamogordo abgeschossen worden seien und daß zwei der unbekannten Objekte niedergegangen seien. „Gegen Ende des Gesprächs“, sagte Bill Eckhardt noch, „hörten wir eine Stimme sagen“:

„Kampfflugzeuge haben Sichtkontakt — holen Sie den Präsidenten an den Apparat.“

Und nach mehrmaligem Knacken in der Leitung hieß es:

„Wir haben den Präsidenten an der Leine ... hier Mr. President."

Und dann kam eine Stimme wie die von Präsident Nixon, die sagte:

„Dies ist vielleicht eines der ungewöhnlichsten historischen Telefongespräche, die ich jemals zu machen habe ..."

Gleich nach diesem mysteriösen Zwischenfall rief Bill Eckhardt die Telefonzentrale der Bell-Gesellschaft in Oklahoma-City an, um zu fragen, ob es möglich sei, daß er in die Leitung eines Staatsgespräches geraten sei. Worauf der Fachmann Ed Terell erwiderte, ja, das sei möglich, sie seien wahrscheinlich in die NORAD-Leitungen gekommen.

Das Verteidigungsministerium dementierte indessen den Vorfall und gab ein Bulletin heraus. Darin wurde erklärt, es habe keinen Alarm „rot" gegeben, den ein Bürger aus Oklahoma aus einem durch eine Fehlleitung entstandenen mysteriösen Telefongespräch herausgehört haben wolle. Dies bestätigte auch der Leiter der NORAD-Dienststelle, Colonel Dooher, der das Ganze für einen „Witz" hielt.

Amerikanische UFO-Forschungsgruppen untersuchten diesen Fall und kamen zu folgendem Ergebnis:

Das „Internationale UFO-Büro" mit seinem Hauptsitz in Oklahoma schaltete sich ein. Sein Direktor Daniel Garcia interviewte die vier an dem Telefongespräch beteiligten Personen. Er stellte fest:

1. Durch eine Fehlleitung wurde tatsächlich ein Telefongespräch mitgehört.
2. Ein Alarm war ausgelöst worden.
3. Über dem Pazifik und dem Golf von Mexiko lagen UFO-Sichtungen vor.
4. Kampfflugzeuge wurden zusammengerufen, und zwei davon wurden abgeschossen, während auch die zwei UFOs ins Meer stürzten.
5. Die Stimme des Präsidenten wurde gehört, und
6. möglicherweise hatte das stürmische Wetter die Fehlleitung verursacht.

Weiter wurde ermittelt, daß es Zeugen gab, die die Trümmer des einen Flugzeugs gesehen hatten, die wußten, daß auch NASA-Piloten dabei umgekommen waren und daß Fotos von den ins Meer stürzenden UFOs existierten (Z 50.72.7.26 ff.).

30. Juni 1973

Sieben Monate lang schwiegen französische Wissenschaftler, die Aufnahmen von einem unbekannten Flugobjekt über Afrika untersuchten. Zur Beobachtung einer totalen Sonnenfinsternis flog eine mit modernsten Meßgeräten ausgestattete doppelschallschnelle „Concorde“ in 17 000 Meter Höhe über dem afrikanischen Staat Tschad, als sich ihr eine Lichtquelle näherte. Der geheimnisvolle Gegenstand wurde in einer Serie von Aufnahmen festgehalten. Dazu der Testpilot der „Concorde“, André Turcat, der auch den ersten Flug mit dieser Maschine gewagt hat und als Mann ohne Nerven gilt: „Es war ein merkwürdiges, verwirrendes Erlebnis.“

Die Aufnahmen wurden in Toulouse entwickelt und vergrößert und monatelang — ohne daß eine Information an die Öffentlichkeit gelangte — untersucht und studiert. Sie zeigen eine Scheibe, deren Durchmesser mit etwa 200 Meter und deren Höhe mit 80 bis 90 Meter berechnet wurden. Ihr unterer Teil weist eine grüne Färbung auf, und das Flugobjekt soll aus zwei Stockwerken bestehen. Die Aufnahmen wurden am 2. Februar 1974 im französischen Fernsehen gezeigt. Der Chef der Abteilung Weltraumraketen im französischen Institut für Raumforschung, Claude Poher, ein Spezialist für UFOs, erklärte am 31. Januar 1974, er halte es für durchaus möglich, daß Menschen von „Fliegenden Untertassen“ entführt und nach einer Überprüfung zur Erde zurückgebracht worden seien. Genauso wie es von oft belächelten Zeugen in vielen Teilen der Erde behauptet worden ist (Z 73.1. Februar 1974).

Von besonderem Wert sind UFO-Beobachtungen, die sowohl auf dem Radarschirm als auch optisch registriert worden sind. Prof. Oberth schreibt, daß Radarmessungen der Objekte zum Teil Geschwindigkeiten bis zu 11,8 Meilen pro Sekunde, d. h. mehr als 42 000 Meilen pro Stunde, aufgezeigt hätten. Zwar könne die Zuverlässigkeit von Radaranlagen angezweifelt werden, und wenn nur drei oder vier Messungen zur Verfügung stünden, würde er keine Schlüsse daraus ziehen. Nun stehen aber nach Oberths An-

---

Abbildung 24

Fliegende Scheibe verfolgt US-Düsenjäger

In der Nähe der amerikanischen Luftwaffen-Basis Edwards flog im Jahre 1957 ein unbekanntes Flugobjekt hinter einem zweistrahligen B-57-Militärflugzeug. Die Aufnahme wurde von einem Testpiloten aus einer Convair-Maschine gemacht. Eine Vergrößerung des Objekts befindet sich in der linken oberen Bildhälfte.

INSERT

25
26

Einer der zehn Radar-Techniker des Flugplatzes Orly. Alle sahen auf ihren Radarschirmen eine Erscheinung wie diese (rechts) und alarmierten sofort französische Jagdflugzeuge.

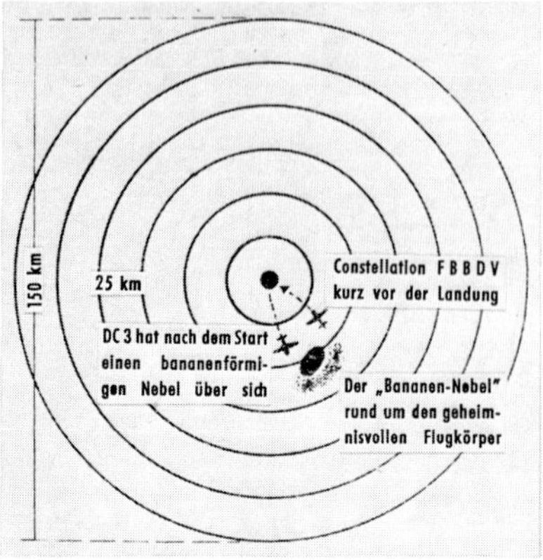

Der Beweis Plötzlich bildete sich auf dem Radarschirm ein bananenförmiger Nebel um einen geheimnisvollen Riesenkörper. „Er blieb unbeweglich, und wir konnten genau sehen, wie eine startende ‚DC 3' und eine landende ‚Constellation' unter dem Riesenkörper hinwegtauchten. Es kam mir so vor, als ob das Geisterschiff den Pariser Flugverkehr beobachten wollte", erzählte einer der Radar-Leute. Aber...

27
28

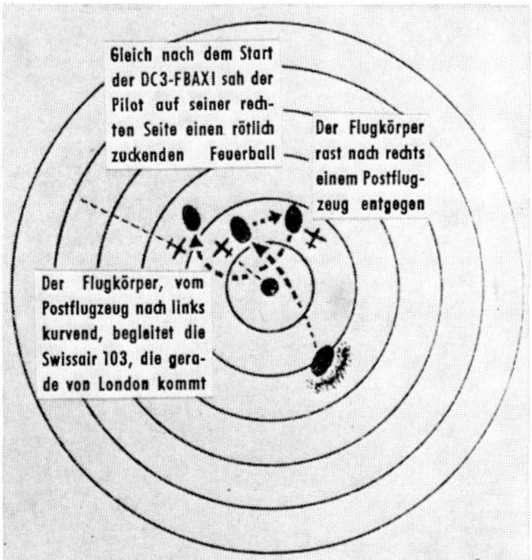

„... das Geisterschiff raste in nordöstlicher Richtung davon, blieb dort stehen und sprang schließlich einem Postflugzeug entgegen. Wir befürchteten schon einen Zusammenstoß, da kurvte das unheimliche Ding: es hatte eine neue Beute entdeckt und schoß auf die von London kommende Swissair 103 zu. Dabei kreuzte es die Bahn der soeben gestarteten DC 3-FBAXI. Deren Pilot erzählte uns von einem rötlich zuckenden Feuerball."

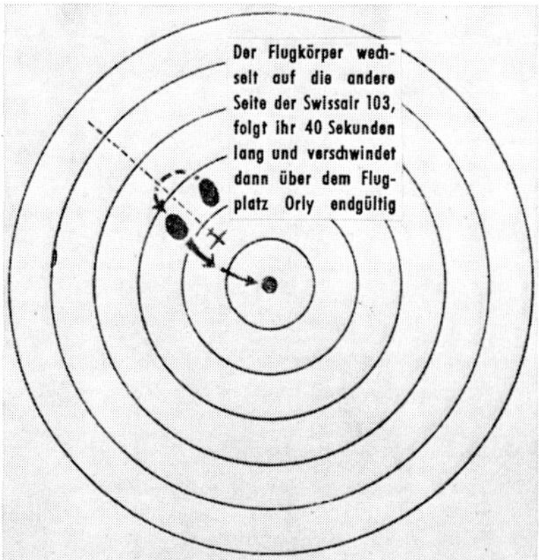

40 Sekunden lang folgte das Geisterschiff der Swissair 103. Dann verschwand es gerade in dem Augenblick über Orly, als die von den Radar-Technikern drei Stunden vorher alarmierten Jagdflieger zur Verfolgung hätten starten können. Der französische Generalstab untersucht jetzt, warum sich der Start der Jagdflugzeuge aus dem 200 Kilometer entfernten Militärflugplatz Tours verzögert hat. „Unergründliche Ursachen" sollen schuld sein...

gaben ca. 1 000 Messungen zur Verfügung. Wenn die Radaranlagen nicht ernstgenommen werden könnten, dann würde er nicht verstehen, warum die Flugzeuge mit solchen Anlagen ausgerüstet sind (Z 17.68.7).

Die amerikanische Forschungsgruppe NICAP hat in ihrem Standardwerk „The UFO Evidence“ 81 Radar-Fälle aus dem Zeitraum von 1948—1962 aufgenommen. 60 dieser UFO-Berichte sind mit optischen Wahrnehmungen gekoppelt und können daher nicht auf technische Fehler der Radareinrichtungen zurückgeführt werden (B 115.76—80).

Besonderes Aufsehen hat im Jahr 1956 ein unidentifizierbares Objekt in der Nähe des französischen Flughafens Orly/Paris ausgelöst. Am 20. Februar sahen damals alle zehn Techniker des Flughafens von 22 Uhr 50 an während beinahe 4 Stunden im Radar ein UFO, das zweimal so groß wie das größte irdische Flugzeug war und sich höchst sonderbar benahm. Es folgte allen in Orly und Le Bourget an- und abfliegenden Maschinen, von deren Besatzungen es einmal als blinkendes Licht oder rötlich zuckender Feuerball, einmal als ein riesiges dunkles Etwas mit klaren Umrissen, teilweise von rotem Lichtschein angetönt, gesehen wurde. Das Objekt tanzte in allen Richtungen am Himmel herum und entwickelte Geschwindigkeiten bis zur zweifachen Schallgeschwindigkeit, wobei es sich einer geradezu ungeheuren Beschleunigung sowie beliebig langen Schwebens über einer Stelle fähig zeigte (Z 11.56.6.8).

Ein für viele ähnliche Fälle bezeichnender Bericht stammt von der Besatzung einer B-29, welche unter Führung von Hauptmann John Harter längere Zeit von UFOs angeflogen und umkreist wurde. Der Bomber befand sich in der Morgendämmerung auf dem Heimflug etwa 150 km vor der Küste von Louisiana. Zunächst wurden die UFOs auf allen drei Radarschirmen ausgemacht und ihre Geschwindigkeit dabei übereinstimmend von mehreren Besatzungsmitgliedern auf 7 500 km/h gemessen. Später sahen die Flieger die

---

Zu den Abbildungen 25 bis 28

UFOs auf dem Radarschirm

Am 20. Februar 1956 sahen 10 Techniker des Flughafens Orly bei Paris von 22 Uhr 50 an ein nicht identifizierbares Objekt im Radarschirm. Das UFO folgte allen in Orly und Le Bourget an- und abfliegenden Maschinen. Deren Besatzungen sahen es teils als rötlich zuckenden Feuerball, teils als riesiges dunkles Etwas mit klaren Umrissen. Radar-Chef Deveaux gab vor dem französischen Generalstab zu Protokoll, daß das Objekt zuweilen in der Luft stehen blieb, um dann wieder mit einer Geschwindigkeit bis zu 2400 kmh weiterzurasen (s. a. oben).

Objekte als blauweiß leuchtende Lichter, von verschiedenen Richtungen kommend, an der B-29 vorbeirasen. Zwei von ihnen machten plötzlich kehrt und schossen direkt auf den Bomber zu. Als der Pilot in Erwartung des Zusammenstoßes die Maschine schon herumreißen wollte, stoppten sie ihre Geschwindigkeit plötzlich und flogen etwa 10 Sekunden lang hinter dem Bomber her. Während sie abdrehten, erschien auf dem Hauptradarschirm ein großes Objekt. Und nun passierte das Tollste an der ganzen Geschichte: Ohne ihre Geschwindigkeit zu verringern, flogen die kleinen UFOs auf das große zu und vereinigten sich mit diesem. Im selben Augenblick erhöhte letzteres seine Geschwindigkeit auf 13 500 km/h und raste aus dem Bereich des Radar. Die Flieger wurden sofort nach ihrer Landung von Offizieren des Geheimdienstes wiederholt und eingehend vernommen, ohne daß sich in ihren Aussagen Unterschiede ergeben hätten oder einer von ihnen davon abgewichen wäre (Z 9.58.2.62).

Ein bemerkenswerter Zwischenfall ereignete sich am 13. 8. 1956 in Lakenheath/Bentwater. Der mit der Untersuchung beauftragte US-Air-Force-Offizier schrieb: „Meine Analyse der Sichtungen ergab, daß sie Wirklichkeit waren und nicht auf Einbildung zurückzuführen sind. Die Tatsache, daß drei Radargeräte die Scheiben gleichzeitig erfaßten, ist eine überzeugende Bestätigung dafür, daß ein reales Objekt in der Luft war. Die Manöver des Objekts waren außerordentlich; auf jeden Fall hat der Bericht eine große Glaubwürdigkeit, weil sowohl Radar- als auch Bodenbeobachtungen gemacht wurden. Es kann nicht angenommen werden, daß die Sichtungen auf irgendeine meteorologische oder astronomische Ursache zurückgehen.“ (Z 3.71.9.63)

Besonderes Aufsehen erregte der Vorfall über Washington am 20. Juli 1952. US-Major Donald E. Keyhoe berichtet in seinem Buch „Der Weltraum rückt uns näher“:

Am 20. Juli 1952 übernahmen um Mitternacht 8 Verkehrs-Spezialisten unter der Leitung des Controllers Barnes den Dienst in der Zentrale der Luftverkehrskontrolle auf dem National Airport von Washington. Um 0.40 erschienen auf dem Radarschirm, dessen Wischer alle 10 Sekunden eine Umdrehung macht, urplötzlich, wie aus dem Nichts, 7 scharfe Bläschen. Die einzig mögliche Erklärung hierfür: Die unbekannten Maschinen waren zwischen einer Umdrehung des Wischers mit ungeheurer Geschwindigkeit in das überwachte Gebiet eingeflogen und hatten dann im südwestlichen Schirmsektor ihr Tempo rasch heruntergeschraubt. Der diensthabende Beobachter Nugent rief aufgeregt nach dem Chef-Controller, der auf beiden Bildschirmen dieselbe Anzeige sah. Der Turm, den Barnes antelefonierte, meldete dieselben Bläschen auf seinem Schirm und sah eines davon sogar direkt als ein helles orangerotes Licht, ohne feststellen zu können, was dahinter war. Der Chefkontroller funkte daraufhin eine Meldung an das Kommando der Luftverteidigung. Dann ging er zum Hauptschirm zurück. Die unbekannten Maschinen hatten sich inzwischen getrennt, zwei waren über dem Weißen Haus, eine dritte in der Nähe des Capitols — beides Sperrgebiete für Flugzeuge. Ein Anruf in Andrews Field ergab, daß die dortigen Radarleute die Maschinen ebenfalls auf ihren Schirmen hatten. Barnes fragte, ob man Düsenjäger hochschicke und bekam zur Antwort, daß diese wegen Ausbesserungsarbeiten am Flugplatz nach New Castle verlegt worden seien. Bis sie nach Washington kämen, würde eine halbe Stunde vergehen.

Die Besatzung des Kontrollraumes verfolgte mehrere Minuten lang schweigend die Spur der Untertassen, dann sah der Controller Ritchey, daß eines sich an ein soeben gestartetes Passagierflugzeug anhängte. Er rief daraufhin den Kapitän der Maschine, einen alten Flieger namens Piremann, an und gab ihm die Position des UFOs. Die bis dahin gemessene Geschwindigkeit der Objekte lag bei 200 km/h. Plötzlich hörte jedoch die Spur der Objekte zur Verblüffung der Controller jäh auf, und wo das nächste Bläschen hätte erscheinen sollen, war nur noch leere Fläche. Im selben Augenblick rief Piremann zurück: „Habe das Ding gesehen, aber es raste davon, bevor ich näherkommen konnte. Es stieg nach oben und verschwand in wenigen Sekunden.“

So unglaublich es schien, aber das UFO war zwischen zwei Umdrehungen des Wischers aus dem Bereich des Radars geflogen. Das bedeutete eine Steigerung der Geschwindigkeit um 550 km/h in 4 Sekunden. In den folgenden Stunden führten die UFOs immer neue Bewegungen aus, und die Nerven der Controller waren bis zum Zerreißen gespannt. Ein Objekt machte bei einer Geschwindigkeit von 150 km/h plötzlich kehrt, ein anderes raste über den Schirm eines speziell für hohe Geschwindigkeiten konstruierten Radars, das im Turm stand, und als der Beobachter Zacko auf Grund der Anzeige die Geschwindigkeit errechnete, kam er auf 10 800 km/h. Die alarmierten Düsenjäger waren nach zwei Stunden immer noch nicht erschienen, ohne daß die Luftwaffe die Ursache hierfür erklärte. Mehrmals beobachteten die Radarleute, daß die UFOs in dem Augenblick ihre Flugrichtung änderten, wo die Piloten von Verkehrsmaschinen per Funk ihre Position durchgaben und versucht wurde, diese an die Objekte heranzuführen. Kurz vor drei Uhr morgens trafen die Düsenjäger endlich über Washington ein, aber wenige Minuten zuvor waren die UFOs verschwunden. Fünf Minuten, nachdem die Düsenjäger abgedreht hatten, erschienen die geheimnisvollen Maschinen wieder und schwärmten über der ganzen Stadt. Eine von ihnen folgte einem Passagierflugzeug bis dicht zum Flughafen. Erst als der Himmel sich aufzuhellen begann, beendeten sie ihren fünfstündigen Aufklärungsflug über Washington (Z 9.57.17.577.578).

2. Unbekannte Objekte unter Wasser

Während die bisherigen Berichte fast alle von Angehörigen der Luftwaffe stammen, scheint die Marine ebenfalls mysteriöse Objekte gesichtet zu haben. In der Zeitschrift „Man's Illustrated", März 1968, wird von einem Manöver berichtet, bei dem der Flugzeugträger WASP, Unterseeboote und andere Schiffseinheiten eingesetzt waren. Die Unterseeboote waren für geräuschlose Navigation ausgerüstet, während über ihnen auf der Oberfläche des Atlantik, 500 Meilen von der südöstlichen Küste der Vereinigten Staaten entfernt, an einem Tag des Jahres 1964 Torpedobootzerstörer mit ihren Abhörgeräten die Signale verfolgten, welche die Unterwassereinheiten abgaben, und der Flugzeugträger sie zu den zur U-Boot-Bekämpfung eingesetzten Flugzeugen hochschickte.

Neunzig Meter unter der Wasseroberfläche trennte sich eines der U-Boote plötzlich von den Angreifern. Oben telefonierte ein Abhörmann an Bord eines der Torpedojäger mit der Kommandobrücke. Der wachhabende Offizier stürzte nach Erhalt des Anrufs mit einem unglaublichen Gesichtsausdruck zum Kommandanten. Als ihn der Kapitänleutnant so erblickte, fragte er: „Was haben Sie?" „Kommandant, da unten gibt es irgend etwas Merkwürdiges", sagte der Offizier, „eines der U-Boote hat nach einem anderen, nicht identifizierten Ziel abgeschwenkt." Er fügte hinzu, daß auf dem Schirm zwei Spuren aufgeschienen hätten: das U-Boot und ein anderes Objekt. Eines nur gab dem Wachoffizier zu denken, und das war die große Geschwindigkeit, mit welchem sich das „unbekannte Unterseeboot" bewegte. „Wie groß ist diese Geschwindigkeit?" fragte der Kommandant. „Mehr als 200 Knoten", war die Antwort.

Mit einem ungläubigen Laut verließ der Kommandant eilig die Kabine und stürzte zum Telefon. Als er vom leitenden Offizier der Abteilung Elektronik die Bestätigung des Vorfalls hatte, richtete er ein Funktelegramm an das Admiralsschiff, das in der Zwischenzeit bereits ähnliche Nachrichten von einem anderen Torpedojäger und von einem Flugzeug erhalten hatte. Danach verfolgte man die Spur einer Unterwassersonde, ähnlich einem Torpedo. Was die Schiffe und das Flugzeug aufgefangen hatten, war das Geräusch eines unbekannten U-Bootes, das sich mit einer phantastischen Geschwindigkeit fortbewegte, die von keinem Schiff oder U-Boot erreicht werden konnte. Die elektronischen Instrumente von 13 verschiedenen Schiffen hatten die Gegenwart eines unbekannten Unterseebootes festgestellt, worüber dem Oberkommandierenden in Norfolk gleichlautende Berichte vorgelegt wurden (Z 58.71.178.3).

In den letzten Jahren wurden von Offizieren und Seeleuten zahlreiche Meldungen erstattet über Unterwasserobjekte, die plötzlich aus der Tiefe des Meeres auftauchten, eine beträchtliche Menge Wasser wie ein Geiser mit sich rissen und hoch in den Himmel aufstiegen. Am 3. Juni 1961 fuhren beispielsweise zwei Männer in einem Motorboot an der Küste von Savona in Italien entlang, als sie in einem Kilometer Entfernung die Meeresoberfläche anschwellen sahen. Schließlich erkannten sie ein diskusförmiges Objekt mit einem Kegel auf der Oberseite, das aus dem Wasser aufstieg und dann am Himmel verschwand (B. 101.153). Ein anderer Bericht stammt von einem brasilianischen Wissenschaftler, der bei der Aktion „Deep Freeze" der Marine der Vereinigten Staaten im antarktischen Eismeer mitarbeitete. Dr. Rubens J. Villela befand sich auf einem Eisbrecher in der Admiralty Bay, als eine Meile entfernt das über 11 m dicke Eis plötzlich explodierte. Ein silbergraues Objekt war aus den Tiefen des Meeres aufgetaucht und hatte das Eis mit so ungeheurer Geschwindigkeit durchbrochen, daß dieses förmlich explodierte und enorme Blöcke in die Luft flogen, welche dann mit lautem Getöse ins Meer stürzten. Die ganze Fläche brodelte von Schaum und Dampfwolken. Nach dem Gutachten der Wissenschaftler ist es unmöglich, daß in der genannten Tiefe — 823 m — ein Objekt sich mit der außerordentlichen Geschwindigkeit von 370 km/h fortbewegen kann. Das Geräusch des unbekannten Unterseefahrzeuges wurde noch tagelang von den zur Suche aufgebotenen Schiffen gehört und seine Gegenwart von qualifizierten Wissenschaftlern mittels Radar festgestellt (Z 58.71.178.3).

Derartige unbekannte Unterseefahrzeuge sind von amerikanischen Kriegsschiffen schon in früheren Jahren festgestellt worden. Gewisse „Detektive des Okkulten" glauben sogar, daß es regelrechte unterseeische Häfen für amphibische Raumschiffe gibt. René Fouéré, Herausgeber der „Phénomènes Spatiaux", Paris, lieferte dazu sogar eine detaillierte Landkarte. Danach befinden sich die wichtigsten Stützpunkte der fliegenden Untertassen zwischen Sizilien und Malta, im Roten Meer, im Persischen Golf, auf dem offenen Meer um die Bermudas und an anderen Stellen. Auf jeden Fall besitzt der Spionageabwehrdienst der Großmächte umfangreiche Akten über das Erscheinen geheimnisvoller U-Boote, wie Peter Kolosimo in seinem Buch „Sie kamen von einem anderen Stern" schreibt.

So brachte am 14. Februar 1960 ein Boot, das mit unglaublicher Geschwindigkeit durch das Karibische Meer flitzte, die Amerikaner fast zur Verzweiflung. Tags darauf explodierten im Mittelmeer erfolglos tonnenweise Wasserbomben um ein U-Boot, das der Yacht des Präsidenten Nasser zu folgen schien. Am 5. Mai operierte ein „wahrscheinlich mit Gliedern versehenes Objekt aus Metall" auf dem Meer vor Seattle (man sagte später, es sei ein riesiger Walfisch gewesen). Etwa Mitte Mai wiederholte sich, was schon im Golf von Nuevo geschehen war: Ein mysteriöses U-Boot ließ sich unbewegt in etwa 150 m Tiefe ein paar Tage lang in aller Ruhe sichten und verschwand dann mit einemmal. Am 25. desselben Monats versuchten zahlreiche amerikanische Einheiten, ein unbekanntes Objekt auf dem offenen Meer vor Florida zu identifizieren und zum Auftauchen zu zwingen; ein Sprecher der US-Marine, den man mit Fragen überschüttete, erklärte dazu, es habe sich nicht um ein U-Boot gehandelt; auf die Frage, ob es dann ein Tier gewesen sei, gab er ausweichende Antworten. Im September zeigten sich weitere mysteriöse U-Boote in der Nähe der amerikanischen Küsten, sowohl auf der atlantischen als auch auf der pazifischen Seite, in der Nähe der Philippinen und in der Arktis, während sie im Oktober und November im Gebiet der Hawaii-Inseln, vor Bahia Blanca und Feuerland erschienen (B 52.109.110).

In Schweden scheinen die Unterwasserobjekte eindeutige Spuren hinterlassen zu haben. Am Sonntag, dem 28. Oktober 1968, befand sich der Bauer Ove Marklund aus Bergsviken bei Arvidsjaur (Schwedisch-Lappland) auf der Jagd. In der Nähe einer Anhöhe nahm er plötzlich auf dem nahegelegenen Waldsee Hundbergstjärn etwas Reflektierendes wahr. Neugierig geworden, bahnte sich Marklund den Weg durch das froststarre Unterholz. Am Ufer angekommen, konnte er nun sehen, daß das Blinken von Splittern verursacht wurde, die, wie von einer Sprengung herrührend, auf der Eisdecke verteilt lagen. Zu seinem Erstaunen bemerkte er in ihrem Zentrum ein Eisloch mit einem Durchmesser von fast 30 Meter. „Das war das merkwürdigste Eisloch, das ich je gesehen hatte. Zum Spaß konnte das niemand geschlagen haben, denn es waren nirgends Spuren zu entdecken ..." Ein großer Gegenstand schien mit gewaltiger Kraft aus dem Luftraum die etwa 30 cm dicke Eisdecke durchschlagen und sie dazu noch rundum in millimeterdünne Scheiben und Späne „gefräst" zu haben.

Bereits am 1. April desselben Jahres hatten zwei Freizeitfischer mitten auf dem noch fest zugefrorenen See Upprämen bei Malung (Dalarna) ein riesengroßes Loch entdeckt. Die von der Polizei eingeschaltete militärische Forschungsanstalt FOA stellte wenig später fest, daß die Öffnung rund 500 Quadratmeter maß bei einer Eisdicke von fast 80 cm. Die verstreuten Eisblöcke zeugten von einer ungeheuren Krafteinwirkung. Eine Dynamitsprengung war ausgeschlossen, denn dazu hätte es mindestens 100 kg bedurft. Möglicherweise besteht ein Zusammenhang mit einer UFO-Sichtung, die ein Ehepaar in der Nähe des Sees zwei Wochen zuvor hatte. Am 14. März 1968 sahen die beiden dort ein großes, rotleuchtendes Objekt, das schließlich hinter den Wolken verschwand. Zwei Froschmänner tauchten bei der Untersuchung des — dreieckigen — Eisloches in den rund 13 Meter tiefen See. Im Grundschlamm fanden sie eine Spur, die jener gleicht, die eine sich durch den Schnee wühlende Ratte hinterläßt ...

Schon kurz nach der Entdeckung des Riesen-Eisloches auf dem Upprämen fand man im April/Mai ein weiteres in der Nähe von Särnaheden (ebenfalls Dalarna). Taucher beschrieben den Seeboden zu ihrer Verwunderung „glatt wie einen Fußboden"; das Eisloch selbst war über 300 Quadratmeter groß! Im Januar 1973 fanden Anwohner beim Touristenort Rättvik (Siljansee) runde Eislöcher in kleineren Waldseen, die nur „von oben" verursacht sein konnten. Derartige Eislöcher wurden schon seit 1947 in Schweden registriert. Aber auch in Norwegen wurden solche Fälle bekannt. Die erstaunlichste Begebenheit dürfte sich in New Yersey (Pennsylvania, USA) ereignet haben, wo ein beobachtetes UFO am 11. 1. 1966 vier gleichförmige Löcher im Eis hinterließ (Z 16.74.2.164—167).

3. Sichtungen von Astronauten

Nachdem Begegnungen zwischen UFOs und Flugzeugen offenbar recht häufig vorkommen, kann man vermuten, daß auch Astronauten bei ihren Erdumkreisungen und Mondflügen unidentifizierte Objekte gesehen haben. Dies bestätigte in der Tat Major Juri Gagarin, der am 12. April 1961 als erster Mensch einen Raumflug unternommen hat. So soll Gagarin bei der Schilderung seines Fluges bei einem Besuch in Cyrus Eeaton/England die folgenden Worte gesagt haben: „Während meines Fluges sah ich außer dem, was alle schon wissen, noch etwas. Es geht über jede Phantasie — und wenn ich die Erlaubnis bekomme, es zu sagen, würde ich die ganze Welt in Verwunderung bringen." Diese Aussage wurde von mehreren Seiten bestätigt, insbesondere soll er bei einem Empfang auf östlicher Seite ähnliche Andeutungen gemacht haben (B 94.140). Radio Wien brachte am 21. 4. 1967 um 7 Uhr sogar folgende Meldung: „Astronaut Gagarin teilte mit, daß die fliegenden Untertassen reale Flugobjekte seien, die mit Lichtgeschwindigkeit fliegen und ein ernstes Problem darstellen, das nun erforscht werden müsse." (B 24.21) Neben Gagarin hatte auch der zweite Russe im Weltraum, Major German Titow, Beobachtungen über merkwürdig leuchtende Objekte gemacht, die seine Raumkapsel verfolgten (Z 58.70.160.2). Der fünfte russische Kosmonaut, Valerij Bykowskij, glaubte am 18. Juni 1963, die Kapsel Wostok VI seiner Raumfahrtkollegin Valentina Tereschkowa zu erkennen, die zwei Tage nach ihm in den Weltraum geschossen worden war. Allerdings mußte er dann feststellen, daß das Objekt, das er wahrnahm, eiförmig war. Dieser Gegenstand folgte der Wostok-V-Kapsel von Bykowskij geraume Zeit, um dann plötzlich seine Richtung zu verändern (Z 7.67.12).

Nach einem Bericht des amerikanischen Journalisten Frank Edwards sind sogar bereits 1948 beim Start der V2-Raketen von White Sands aus UFOs anwesend gewesen. So soll eine „Fliegende Scheibe" mit 1 800 km Geschwindigkeit pro Stunde neben einer V2 hochgeschossen sein, wobei sie die Rakete umkreiste. Sie wurde durch Ferngläser, Teleskope, Theodoliten ebenso wie auf Radarschirmen beobachtet. Das UFO flog dann mit einer geschätzten Geschwindigkeit von 9000 km/h über die Rakete hinaus und verlor sich im Weltraum.

Einen weiteren Zwischenfall dieser Art am 24. April 1949 schildert Kapitän R. B. MacLaughlin in „True", Ausgabe März 1950 (B 25.206).

Bei den späteren bemannten Raumflügen der Amerikaner ereigneten sich zahlreiche mysteriöse Zwischenfälle, die oft nur zum Teil der Öffentlichkeit bekanntgegeben wurden. So hat auch Major Gordon Cooper auf seinem Flug über der Erdatmosphäre am 16. Mai 1963 laut Radioberichten aus Kap Kennedy ein UFO angetroffen — ein mysteriöses rotes Objekt mit einem grünlichen Schweif, und zwar bei der 15. Umkreisung seiner Mercury-Kapsel 9 über Australien. Kurs, Höhe, Zeit und andere Angaben schlossen nach Coopers Meinung die Versionen Meteor, Feuerball, Ballon, Flugzeug, Rakete u. a. aus. Schon während seiner vierten Überfliegung Hawaiis am 15. Mai wurden Coopers Worte von einer „fremdartigen, unverständlichen" Stimme auf der für Raumflüge reservierten Wellenlänge unterbrochen. Die NASA nahm diese Stimme auf, konnte sie aber nicht identifizieren (B 130.58,60). Wenig später machte Cooper in dem Astronauten-Buch „We seven" folgende Aussage: „... Ich glaube nicht an Märchen, aber meiner Meinung nach hat es viel zu viele unerklärbare Beispiele von nicht identifizierbaren Objekten gegeben, die man rund um unsere Erde gesichtet hat, als daß man von vorneherein die Möglichkeit ausschließen könnte, daß außerhalb unserer Welt bestimmte Lebensformen existieren. Ich will bestimmt nicht behaupten, daß die Beispiele, die wir kennen, notwendigerweise etwas beweisen müssen. Aber die Tatsache, daß viele erfahrene Piloten von Erscheinungen berichtet haben, die nicht so leicht zu erklären sind, hat meine Neugier auf den Weltraum noch größer gemacht ..." (B 130.60,1)

Als das erste Zwei-Mann-Team, die Astronauten Edward White und James McDivitt, am 4. Juni 1965 über Hawaii flogen, erblickte McDivitt ein „unheimliches silbernes Objekt" mit einem antennenähnlichen Gestänge daran. Da White gerade schlief, machte McDivitt Aufnahmen davon mit einer im Inneren der Kabine befestigten Filmkamera. Wenige Minuten später sahen beide Männer zwei weitere solche Objekte, dieses Mal über dem Karibischen Meer. Als die Astronauten ihren Gemini-4-Flug beendet hatten und ihre Filme entwickelt waren, zitierte die United Press einen Sprecher der NASA hierüber folgendermaßen: „Die sorgfältige Prüfung der von McDivitt aufgenommenen Fotos des von der Kapsel aus beobachteten Objektes zeigt keine Ähnlichkeit mit einem Satelliten auf." Die Air Force hatte nämlich prompt nach der ersten Sichtungsmeldung erklärt, sie hätten den Satelliten Pegasus gesehen. Dabei befand sich der Satellit zur Zeit der Sichtung nachweislich 1 920 Kilometer von der Gemini-Kapsel entfernt (B 10.149) (B 25.192) (Z 81.72.60).

Nach einem Bericht von Carlos Ueto in der brasilianischen Zeitung „Diario de Noticias“ soll auch die Besatzung von Gemini 5, Gordon und Cooper, von drei UFOs verfolgt worden sein. Der Forscher Ueto nennt übrigens acht Amerikaner und vier Russen, die UFOs gesichtet haben sollen (Z 58.70.160.2).

Ende des Jahres 1965 meldeten die Astronauten Frank Bormann und James Lovell während ihrer zweiten Erdumkreisung ein „Bogey“ über der Raumkapsel Gemini 7. „Bogey“ ist der von Piloten und Astronauten verwendete Ausdruck für „Unbekanntes Flugobjekt“. Die Bodenstation meinte, es könne sich um die ausgebrannte Trägerrakete handeln, die sie hochgeschossen habe. Bormann erklärte jedoch, daß er sowohl die Trägerrakete als auch „einen glänzenden, im Sonnenlicht tanzenden Flugkörper“ sehen könne, der sich an einer anderen Stelle des Firmaments bewege. Daraufhin verkündete die Luftwaffe, Bormann habe bei seinem Flug lediglich die Reste einer Titan-Rakete gesehen, die bei einem Fehlstart wenige Wochen zuvor entstanden waren. Daraufhin schlug die NORAD (jene Behörde, die über den genauen Standort aller Satelliten informiert ist) zurück mit der Erklärung: „Es gibt keine Raketenreste, weder von einer Titan noch andere, die sich zu der angegebenen Zeit an jener Stelle hätten befinden können.“ Bormann und Lovell machten übrigens während ihres Fluges eine Aufnahme von der glühenden Unterseite des doppeltovalen nicht identifizierten Objektes (B 25.194) (B 24.66).

Über den Flug von Gemini 10 berichtete der Schweizer Rundfunk am 20. 7. 1966 um 7.20 Uhr: „Noch nie waren Raumfahrer so verschwiegen wie John Young und Michael Collins. Man mußte sie direkt zum Reden zwingen. Collins erklärte sodann, sie hätten ein glänzendes Objekt gesehen, das zu groß gewesen sei, als daß es hätte ein Planet sein können.“ (Z 58.66.120.1)

Auch die Astronauten von Gemini 11 meldeten der Kontrollstation in Houston, daß sie „strange objects“ (eigenartige Objekte) gesehen hätten. Die San Jose Mercury News vom 14. 9. 66 schreiben: Während die Astronauten des Nachmittags über Afrika schwebten, sichteten sie ein geheimnisvolles Objekt, das dicht neben ihnen flog, sagte Conrad. Weder die Astronauten noch die Kontrollstation konnten es identifizieren. „Wir hatten einen „Flügelmann“ hier, der uns gleichsam als Flügel unserer Gemini-Kapsel vorkam, während das Objekt sich um sich selbst drehte, etwa eine Umdrehung pro Sekunde. Wir konnten es in dichter Entfernung ziemlich gut erkennen“, sagte Conrad. In der Zeitschrift „Science and Mechanics“ vom Juni 1969 erschien als Titelblatt das Foto eines unbekannten Flugobjekts. Astronaut Gordon schreibt dazu: „Wir waren auf Süd-Ost-Vorwärtskurs, Kopfteil voraus. Es kam von links unten, mit anderen Worten, wir sahen es von unserem linken Fenster uns vorausfliegen. Es sah gerade so aus wie ein fliegendes Raumfahrzeug. Wir wußten, es mußte ein anderes Raumfahrzeug sein, aber wir hatten keine Ahnung und machten schnell einige Schnappschüsse davon. Es war etwa gelb-orange, etwa so, wie hier oben die Sonne von Metall widerstrahlt. Es muß aus irgendeinem metallischen Material gefertigt gewesen sein, um solches Licht zu reflektieren. Irgendeine Form konnten wir nicht ausmachen, da es etwa 50 Meilen weit entfernt war." Von den Nachrichtenagenturen wurde erklärt, daß das angebliche „mysteriöse Objekt" ein russischer Satellit gewesen sei, der 279 Meilen von Gemini entfernt war! (Z 16.70.4.364) (B 10.159) (Z 58.66.122.2)

Auch der Mondflug von Apollo 8 im Dezember 1968 schien nicht ohne Zwischenfälle verlaufen zu sein, wie der „National Examiner", New York und Montreal/Kanada (Reg.-Nr. 1563), vom 19. Mai 1969 schreibt. Der merkwürdige Flug erfolgte planmäßig am 21. Dezember 1968, 19.51 Uhr, Kap Kennedy, Rampe 9. Der komplizierte Mechanismus und die beständige Fernsteuerung von Apollo 8 funktionierten perfekt, bis es in die Dunkelheit seiner zweiten Raumnacht hineinglitt. „Wir wußten, daß irgend etwas nicht stimmte", sagte der Direktor Keith Wyatt, „aber wir dachten, es sei kosmische Strahlung, eine Situation, die entweder durch den Computer ausgeglichen oder bald wieder normal sein würde."

Für die Männer im Raumschiff, das mit 5 700 mph (ca. 11 000 km/h) flog, stimmte etwas in erschreckender Weise nicht: Eine geisterhafte weißglühende Erscheinung war plötzlich aus der samtschwarzen Nacht aufgetaucht. Sie war scheibenförmig wie die von zahllosen Erdbewohnern gesehenen UFOs und begann parallel zu Apollo 8 zu fliegen. Plötzlich schienen sämtliche Systeme von Apollo 8 nicht mehr zu funktionieren. Die Leit- und Navigationsausrüstung, elektrische Stromkreise und Raketenantriebe. Dann griff das mysteriöse Raumschiff die US-Kapsel mit unerträglichem Lärm an (was auch das Gerücht erklären könnte, die Besatzung leide an Ohrenschmerzen) sowie mit blendenden Lichtern. Später hörten der Lärm und die Lichter auf, und das Geisterschiff verschwand mit einer unglaublichen Geschwindigkeit. Zur gleichen Zeit berichteten Direktor Wyatt und andere Techniker der Raumfahrtzentrale von der Wiederaufnahme des Kontaktes mit Apollo 8 (Z 58.69.155.2).

Die historische Landung der ersten Astronauten auf dem Mond am 20. Juli 1969, 21.17 Uhr MEZ, haben die meisten Menschen selbst am Fernsehschirm miterlebt. Doch nur wenige ahnen, daß sich auch während der Mission von Apollo 11 mehr ereignet haben soll, als allgemein bekannt wurde. So meldete die Nachrichtenagentur Associated Press am 23. Juli 1969:

Houston (AP) — Während der Übertragung von Apollo 11 (am 22. Juli — d. A.) waren Geräusche wie von einer Feuerwehrsirene zu hören und setzten die Bodenkontrollstation in Verwunderung.

„Seid Ihr sicher, daß niemand Fremder bei Euch ist?“ fragte die Bodenstation.

„Houston, Apollo 11. Bitte wiederholen“, sagte Astronaut Edwin E. (Buzz) Aldrin.

Bodenkontrolle: „Oh, wir hatten einige merkwürdige Geräusche auf dem Rückkanal aus dem Raumschiff; es klang so, als ob Ihr einige Freundinnen bei Euch hättet.“

Aldrin: „Wo sollte das anständige Team während seiner freien Stunden schon hingehen?“

Bodenkontrolle: „Wiederhol' das bitte nochmal!“

Doch es kam keine Antwort. Statt dessen ertönten wieder nervenzerrüttende Geräusche, ähnlich einer Feuersirene oder einer Kreissäge. Dann hörte man kichernde Laute, wie wenn ein Tonbandgerät mit zu hoher Geschwindigkeit abgespielt würde. Weder die Bodenkontrolle noch die Astronauten fanden eine unmittelbare Erklärung für das Phänomen.

Am darauffolgenden Tag erschien eine andere Meldung unter den Schlagzeilen „Weitere mysteriöse Geräusche empfangen“ in den Zeitungen Amerikas. Darin hieß es:

Space Center, Houston (AP) — Neue, merkwürdige Geräusche wurden am Mittwoch in der Bodenkontrollstation empfangen, aber sie scheinen nach Ansicht von Fachleuten offensichtlich nicht von Apollo 11 zu stammen. Ungefähr um 22.30 Uhr kamen Geräusche durch den Äther, die einer vorbeifahrenden pfeifenden Lokomotive glichen. Die Bodenkontrolle fragte die Astronauten:

„Sagt bitte Buzz (Edwin E. Aldrin), er soll nicht so eifrig üben.“

Raumschiff: „Was ist los?“

Bodenkontrolle: „Okay. Da will uns einer stören ... im Ernst, wir wollten nur Eure musikalischen Laute kritisieren.“

Raumschiff: „Okay.“

Daraufhin hörte man weitere Geräusche, wie wenn einer einen Radiergummi benutzt. Später erklärte die Bodenkontrolle, daß die sonderbaren Signale offensichtlich nicht aus dem Raumschiff kamen (B 144.7,8).

Im übrigen ereigneten sich auch während der Apollo 12-Mission verschiedene merkwürdige Vorkommnisse. So sichteten am 14. November 1969 Oberservatorien in ganz Europa zwei hell leuchtende Unbekannte in der Nähe der Raumschiffbahn. Durch riesige Teleskope erkannte man, daß das eine Flugobjekt offensichtlich dem Raumschiff folgte, während das andere voranflog. Gegen 21 Uhr CST berichtete auch Pete Conrad, sie hätten zwei leuchtende Objekte entdeckt. Ein Auszug aus dem Sprechverkehr um 22.25 Uhr CST lautet:

Raumschiff: „Das Objekt strahlt sehr hell und scheint offensichtlich zu taumeln. Zumindest blitzt es in einer Periode von etwa anderthalben Sekunden jeweils auf. Dick will gleich nachschauen, welcher nähere Stern in Frage käme."

Bodenkontrolle: „Soweit wir es von hier unten beurteilen können, erhielten die SLA-Verschalungstafeln nicht genügend DELTA V — etwa 1 Fuß pro Sekunde —, als sie sich trennten. Eure SLA-Verschalungen sollten jetzt rund 300 Meilen von Euch weg sein."

In diesem Moment unterbrach Conrad die Unterhaltung und sagte: „Das mag schon stimmen, doch — um Himmels willen — gerade als wir uns umdrehten, sah ich eine dieser „Tafeln" in großer Geschwindigkeit unseren Standort verlassen. Für mich schien es, als ob sie einen ganz schönen Zahn drauf hatte und mit mehr als 1 Fuß pro Sekunde oder so abhaute . . ."

Kim Senstad, Nachrichtensprecher der NASA, wurde später nach Erklärungen zu diesem Phänomen gefragt. Er meinte: „Ja . . . (kurze Pause) . . . ich kann diese Frage, offen gesagt, nicht beantworten. Nach weiterem Nachbohren gestand er: „Bei Gott, diese Sache ist wirklich unglaublich." (Z 81.72.58)

Als die Astronauten die Mondumlaufbahn erreicht hatten, wurde die Übertragung teilweise durch unerklärliche Laute verstümmelt, die weder aus der Raumkapsel noch von der Bodenkontrollstation zu kommen schienen. Am 15. November meldete die Presse-Agentur United Press:

Houston (AP) — Die Apollo 12-Astronauten boten heute eine schnelle Erklärung für die Phantom-Stimmen an, die sich dem Sprechfunkverkehr überlagerten. Sie meinten, daß diese aus „dem anderen Raumschiff gekommen sein müßten."

Als Bodenkontroll-Beamte kurz vor dem Schlafengehen der Astronauten gegen 10.05 Uhr noch einige Punkte auf ihrer Check-Liste durchgingen, fragte plötzlich einer der Techniker, Don Lind: „Habt Ihr gerufen?"

„Nein, Houston", antwortete Kommandant Charles Conrad. „Irgendein anderes Raumschiff muß sich gemeldet haben."

„Roger", antwortete Don Lind mit einem kurzen Lachen. „Ich hörte Euch zuweilen recht schwach und war mir nicht sicher, ob Ihr es seid oder dieses andere Raumschiff." (B 114.8)

Beim Rückflug zur Erde beobachtete die Besatzung am 24. November um 11.47 Uhr über Indien ein helles Objekt, das einen roten Lichtschein gegen die Erde warf. Weder die Astronauten noch Houston hatten eine Erklärung dafür. Nach etwa 10 Minuten verschwand das Geisterlicht.

Als die Filme von Apollo 12 entwickelt wurden, erkannte man auf einer der Mondaufnahmen einen silberglänzenden Halo, der sich dem Astronauten Conrad angeschlossen hatte. Foto-Experten untersuchten die Bilder eingehend, fanden aber keine Lösung, wie diese „Aura" zustande gekommen sein könnte (Z 81.72.59).

Dr. Glenn Seaborg, Nobelpreisträger und Präsident der amerikanischen Atomenergie-Kommission, schreibt in dem Artikel „Die Unbekannten des Mondes" („Valeurs Actuelles" Nr. 1725, 22.—28. Dez. 69): „Verschiedene Wahrnehmungen der Astronauten von Apollo 11 und 12 deuten darauf hin, daß zu einem nicht näher zu bestimmenden Zeitpunkt auf dem Mond schon andere, nicht irdische Besucher gelandet sind. Einige bis heute nicht veröffentlichte Fotos, die von Apollo 11 gemacht worden sind, zeigen an verschiedenen Stellen des Mondes deutliche Spuren, deren Begrenzungslinien außerordentlich scharf verlaufen. Möglicherweise haben sich dort schon früher einmal andere Fahrzeuge niedergelassen und den Mond als Relaisstation benutzt."

Auf eine Anfrage von Ion Hobana, dem rumänischen Wissenschafts-Redakteur der großen rumänischen Zeitung „Scinteia", antwortete Charles Conrad: „Im allgemeinen machte die Mondoberfläche einen sehr rauhen Eindruck. Hier und da jedoch schien der Boden wie umgepflügt zu sein. An zwei von drei Stellen dieser Art bemerkten wir Abdrücke, die als Spuren von Fußstapfen gedeutet werden könnten. Wir haben diese Felder fotografiert, und unsere Wissenschaftler sind dabei, die Fotos auszuwerten." (B 38.11/12)

Wahrscheinlich werden solche Fotos der Öffentlichkeit nicht zugänglich gemacht werden. Dr. Garry Henderson bestätigte während eines Interviews im Planetarium von Calgary in Kanada, daß alle Astronauten strikte Anweisungen hätten, über ihre UFO-Begegnungen nicht zu sprechen. Einer von ihnen habe ihm erzählt, daß die NASA eine ganze Reihe von Kamera- und Filmaufnahmen des unbekannten Flugobjektes habe, das von Apollo 12 gesichtet wurde (Z 81.72.59). Im Goddard Space Center war während des Apollo-Programmes ein Spezial-Team damit beauftragt, alle Bilder und Telemetrie-Daten, die vom Mond kamen, von eventuellen Hinweisen auf UFOs zu „säubern". Vor der Weitergabe an die Öffentlichkeit schaltete die NASA in der Bodenkontrollstation in Houston eine zweiminütige Verzögerung ein. Während dieser Zeitspanne konnten „kritische" Informationen unterdrückt werden. Eine derartige Zensur hat es während der Übertragung der Mercury- und Gemini-Raumflüge nicht gegeben (B 30.7). Ein Regierungsangestellter der USIA bestätigte, daß der CIA-Geheimdienst Beweise dafür hätte, daß UFOs reale Objekte seien, die unter intelligenter Führung ständen (Z 81.72.60).

Auch bei der Apollo 15-Mission scheint es einen Zwischenfall gegeben zu haben, wie der Autor aus vertraulicher Quelle erfahren hat. Seit Apollo 12 baute jedes Astronautenteam auf dem Mondboden eine automatische Forschungsstation ALSEP (Apollo Lunar Surface Experiments Package) auf, die ständig Telemetrie-Daten zur Erde funkte. Eine solche Station hörte während der Apollo 15-Mondexkursion plötzlich auf zu arbeiten. Zur großen Überraschung der NASA-Techniker stellte man nach der Rückkehr der Astronauten bei der Auswertung der Foto-Kasetten fest, daß sich nicht weit vom Landeplatz entfernt genau zum Zeitpunkt des Instrumentenausfalls ein Leuchtphänomen ereignet hat. Ein Auszug aus dem Sprechfunkverkehr von Apollo 15 scheint dieses Ereignis zu bestätigen:

Bodenkontrolle: „Ihr spracht gerade über etwas Mysteriöses ..."

Orion: „O. K., Gordy, als wir hier herumstampften, wollten wir Euch über etwas berichten, was wir in der Nähe der Landefähre sahen. Als wir etwa 10 bis 13 Meter von ihr weg waren, flogen eine Menge weißer Dinge vorbei. Es schien so, als wären sie angetrieben oder von etwas herausgeschleudert worden. Ich bin mir dessen aber nicht sicher."

Bodenkontrolle: „Wir notieren dies, Charlie."

Der NASA-Wissenschaftler Farouk El Baz, der die Astronauten auf geologischem Gebiet unterwies, gab zu, daß er von deren Berichten sehr überrascht gewesen sei. „Möglicherweise stehen wir einigen „Artefakten" von außerirdischen Besuchern gegenüber, ohne daß wir sie als solche erkennen."

Die Mannschaft von Apollo 17 berichtete mehrmals über merkwürdige Formationen und Leuchterscheinungen auf dem Mond. Harrison Schmitt äußerte einmal erregt: „Ich sehe irgendwelche Fahrspuren, die rechts vom Krater heraufkommen." Danach folgte eine seltsame Antwort der Bodenstation: „Wir verstehen, Gene (Cernan). Euer Weg verläuft genau zwischen Pierce und Pease. Pierce Bravo, geht zu Bravo, Whisky, Whisky, Romeo." Man darf vermuten, daß die Übertragung bei diesen Code-Worten auf einen anderen Kanal umgeschaltet wurde, der nicht für das breite Publikum bestimmt war. Immerhin wurde auch über den normalen Sprechfunkverkehr weiter Merkwürdiges berichtet, wie der folgende Auszug zeigt:

LMP (Lunar Module Pilot): „Was beobachtet ihr?"

CC (CapCom): „Heiße Stellen auf dem Mond, Jack."

LMP: „Wo sind Eure großen Anomalien? Könnt Ihr es schnell zusammenfassen?"

CC: „Jack, wir werden es beim nächsten Mal durchgeben."

CMP (Command Module Pilot): „He, ich kann ein helles Licht dort unten auf der Landestelle sehen."

CC: „Roger. Sehr interessant — geht auf Kilo Kilo über."

CMP: „He, jetzt ist es grau, und das eine dehnt sich aus . . ."

CC: „Roger. Wir haben verstanden, und wir notieren, daß sich alles dort unten auf dem Weg abspielt. Geht zu Kilo Kilo über."

CMP: „Die Übertragung läuft auf HM. Das Tonbandgerät ist ausgeschaltet. Habt Ihr etwas in der Kommunikation verloren? Okay, da ist Bravo, Bravo, wählt Omni aus. He, wißt ihr, ihr würdet es nie glauben. Ich bin gerade über dem Auge des Orientale, schaue herunter und sehe das Licht von neuem aufblitzen."

CC: „Roger. Verstanden."

CMP: „Rechts am Ende der Rille."

CC: „Könnte es nicht . . ."

CMP: „Es ist östlich vom Orientale."

CC: „Meint Ihr nicht, es könnte die russische Sonde Wostok sein?"

CMP: „Zum Teufel, ich habe es jetzt auf der Karte vermerkt."

Der NASA-Wissenschaftler El Baz erklärte später, er habe keine vernünftige Erklärung für die außerordentlichen hellen Lichterscheinungen. Es ist gar keine Frage, daß es sich um enorme Objekte gehandelt haben muß, keine Kometen, nichts Natürliches. Drei dieser Lichter wurden über dem westlichen Teil des Mondes gesehen, eines von Ken Mattingly während Apollo 16 und zwei von Ron Evans und Jack Schmidt während Apollo 17 (Z 50.74.3.30—38).

Rätselhafte Lichtphänomene auf dem Mond sind schon durch die Jahrhunderte von Astronomen mittels ihrer Teleskope beobachtet worden. Die vermutlich älteste Meldung stammt aus der Stadt Worms, wo im Jahre 1540 ein ungewöhnlich heller Lichtfleck auf der Schattenseite des Halbmondes registriert wurde (B 76.1). 1968 gab die Nationale Administration für Aeronautik und Raumfahrt einen umfassenden Bericht heraus mit dem Titel: „Chronologischer Katalog berichteter Mond-Ereignisse", der 579 Fälle mit seltsamen Begebenheiten enthielt, die auf dem Mond stattgefunden haben (NASA Technical Report NASA tr. R 227, Clearinghouse for Federal Scientific and Technical Information, 5285 Port Royal, Springfield, Va. 2215).

Ein kurzer Auszug aus dem Bericht bringt zahlreiche Sichtungen von Lichtblitzen, farbiger Glut und Flecken, starken silbrigen „Strömen" und in manchen Fällen Verdunkelungen von Mondlandschaften im Mare Crisium, Schroeters, Valley, Gassendi, Alphonsus und Tycho, um nur einige zu nennen (Z 16.70.5.463).

7. September 1820

Während einer Mondfinsternis, wo des Mondes reflektiertes Licht gedämpft erscheint, sahen französische Wissenschaftler merkwürdige Objekte, die sich in gerader Linie in gleichmäßigen Abständen daherbewegten. Sie waren dicht an der Mondscheibe und bewegten sich „mit militärischer Präzision" (Z 50.69.4).

24. April 1874

Professor Schafarik von der Prager Sternwarte berichtet: „Ich sah ein Objekt von so besonderer Art, daß ich nicht weiß, was ich daraus machen soll. Es war blendend weiß und wanderte langsam über die Mondscheibe. Ich beobachtete es sogar, nachdem es die Mondscheibe verlassen hatte. Mit anderen Worten, das Objekt war kein Teil des Mondes, da es den Mond verließ und in den Raum hinauswanderte. Was anderes konnte es sein als eine Flugmaschine? Planeten und Monde werfen keine Objekte aus." (Z 50.69.4)

1912

Der amerikanische Astronom F. B. Harris berichtet, er habe ein sehr großes Objekt von schätzungsweise achtzig Kilometer Durchmesser über den Mond fliegen sehen. Der Gegenstand war klar zu erkennen und so nahe an der Mondoberfläche, daß der Astronom seinen Schatten darauf sah (Z 50.69.4).

29. Oktober 1963

Die Amerikaner James A. Greenacre und Edward Barr beobachteten am Abend rötliche Leuchterscheinungen am Innenrand des Krater Aristarchus. Im Dezember 1963 sahen sogar acht Japaner ein rötliches Leuchten in diesem Krater (Z 25.71.18.28).

24. April 1972

Die Sternwarte Passau fotografierte um 23.15 Uhr MEZ eine rätselhafte Lichtfontäne im Aristarch-Gebiet und schoß insgesamt 8 Bilder im 30-Sekunden-Abstand. Der Ausbruch erreichte eine Höhe von 162 km mit einer mittleren Aufstiegsgeschwindigkeit von 1,35 km/sec. Nach Erreichen des Höhepunktes um 23.16 Uhr driftete die Fontäne um 60 km seitlich weg (Z 53.72.8/9.238).

Bis heute gibt es keine vernünftigen Erklärungen für derartige merkwürdige Mondphänomene — wenn man von der Hypothese außerirdischer Flugschiffe mal absieht. Vulkanische Tätigkeit mag wohl manches erklären, besonders die roten Gluten; einschlagende Meteore, die dann verlöschen, einige andere. Aber die Mehrzahl dieser Mond-Irrlichter, insbesondere einige merkwürdige Formationen, bleiben rätselhaft.

So erschienen im Jahr 1922 plötzlich drei Erdwälle im Krater Archimedes (dabei wurde keine rote Glut als Indiz für einen Vulkan oder ein anderes Zeichen heftiger Umwälzung im Krater festgestellt). Noch verblüffender als das plötzliche Auftauchen von Dingen, die nie vorher auf dem Mond existierten, ist das plötzliche Verschwinden einer Mondmarkierung. Seit alten Zeiten ist oder war Linné als ein sechs Meilen breiter Krater in Nähe des Mond-Äquators bekannt. Er war auf jeder Mondkarte bis 1886 zu sehen — als Julius Schmidt die unglaubliche Neuigkeit verkündete, daß Linné verschwunden sei. Die astronomische Welt war skeptisch, bis andere Teleskope auf dieses Gebiet eingestellt wurden. Niemand konnte Linné irgendwo mehr entdecken. An seiner Stelle war ein schwacher, weißlicher Fleck, das ist alles, derweil er vorher als ein klar umrissener Krater mit tiefen Schatten war. Erstaunlicherweise haben heutige Astronomen festgestellt, daß Linné jetzt eine Kuppel ist, die auf derselben Stelle aufragt, wo ehemals der Krater war. Interessanterweise sahen die Mondbeobachter zwischen 1930 bis 1960 mehr als 200 Kuppeln auf der Mondoberfläche. Verschiedene Surveyor- und Lunar-Orbiter-Fotos haben insbesondere Hunderte von Kuppeln, über den Mond gruppenweise verteilt, sichtbar werden lassen. Sie sind tadellos geformt, rund, und an Größe zwischen einigen Metern bis zu Tausenden von Metern im Durchmesser (Z 58.69.158.3,4) (Z 16.70.5.463).

Neben Kuppeln waren weitere seltsame Formen auf den Bildern zu sehen. So entdeckte am 29. Juli 1953 der damalige Wissenschaftsredakteur der New York Herald Tribune mit seinem starken Teleskop etwas Merkwürdiges auf dem Mond. Es schien sich um eine Brücke von mindestens 20 km Länge zu handeln, die sich in einer völlig geraden Linie über das Mare Crisium erstreckte. Es konnte keine Spiegelung oder ähnliches sein, weil er die Schatten der Brücke sowie die unter ihr durchlaufenden Sonnenstrahlen sehen konnte (Z 81.72.58). Bestätigt wurde diese Entdeckung durch den bekannten Astronomen Dr. Wilkins, der die regelmäßige Brücke mit dem Mount Wilson 60 Zoll Reflektor ebenfalls deutlich erkennen konnte. Auch Dr. James J. Bartlett, Astronom in Baltimore, hat das „Bauwerk“ gesehen (Z 57. 58.3.12).

Erhebliches Aufsehen in Fachkreisen haben die sogenannten „Obelisken“ am Rande des Mare Tranquilitatis ausgelöst. Es handelte sich um eine Reihe von acht schwarzen kegelförmigen Spitzen, welche klar abgegrenzte Schatten auf der Mondoberfläche warfen. Die amerikanische Raumsonde Lunar Orbiter II machte am 21. November 1966 aus einer Höhe von 46 km über dem zentralen Hochland südlich der Arideus-Rille eine Aufnahme, die eine Fläche von 230 auf 167 m umfaßte. In einer fünffachen Vergrößerung kann man deutlich acht dunkle, geometrisch angeordnete Punkte erkennen. Aufgrund der unter 11° einfallenden Sonnenstrahlen und der Schattenlängen errechnet sich die Höhe des größten Spitzturmes zu etwa 22 m bei einer Fußbreite von 15 m. Der russische Raumfahrtwissenschaftler M. A. Abramow untersuchte die geometrischen Beziehungen zwischen den einzelnen Punkten und fand, daß drei Spitzen genau dieselbe Anordnung haben wie die Pyramiden des Cheops, Chephren und Menkaura von Gizeh in Ägypten (Z 75.73.5/6.8—11).

Schon 1956 filmte der Astronom Robert E. Curtiss die Mondoberfläche mit Hilfe eines Newtonschen Teleskops von sechzehn Zoll. Beim Entwickeln des Films waren Curtiss und seine Assistenten sprachlos, als ein unerklärliches helles Kreuz im Nordwesten, nahe beim Krater Fra Mauro, zum Vorschein kam. Jeder Arm des Kreuzes war mehrere Kilometer lang, alle vier jedoch von gleicher Länge. Sie stießen genau im rechten Winkel aufeinander. Curtiss ließ Abzüge seines Films anfertigen und legte sie zahlreichen Fachleuten vor. Niemand konnte sich das Geheimnis erklären. Zwei Wissenschaftler hielten es für zwei Bergketten, die sich dort kreuzten; sie wußten wohl nicht, daß Bergmassive sich niemals rechtwinklig kreuzen können. Bis heute gibt es keine Erklärung für dieses Foto (B 55.222).

Manche Wissenschaftler vermuten nicht unbegründet, daß außerirdische Wesen, falls sie die Erde besuchen wollten, ihre Hauptbasen vornehmlich auf der anderen Seite des Mondes anlegen würden, wo sie sicher sind vor allzu neugierigen irdischen Augen. Bekannterweise hat die NASA aus der Viertel-Million von Mond-Aufnahmen, die unsere Raumfahrzeuge inzwischen gemacht haben, nur einen kleinen Bruchteil veröffentlicht. Merkwürdigerweise hat sie nur sehr wenige Bilder von der anderen Seite des Mondes freigegeben, obwohl die Lunar Orbiters den Mond Dutzende von Malen umkreist haben (Z 58.69.185.4). Ob man hier auch Geheimnisse wahren will?

4. Berichte von Naturwissenschaftlern und Ingenieuren

Einer der größten Experten auf dem Gebiet der Selenographie (Mondkunde), der inzwischen verstorbene Dr. H. Percy Wilkins, berichtete, daß er selbst drei fliegende Untertassen von etwa 16 Metern Durchmesser gesehen habe. Dies ereignete sich am 11. Juni 1954, als er anläßlich einer Vortragsreise in den USA von Charleston (West-Virginia) nach Atlanta (Georgia) flog. Während er aus dem Fenster seines am Ende der zweimotorigen Convair-Maschine gelegenen Sitzes schaute, sah er zu seiner Überraschung zwei Objekte, die in etwa vier Kilometer Entfernung immer wieder in die Wolken hinein und aus ihnen heraus flogen. Sie waren oval, sahen aus wie glänzend poliertes Messing und hatten dünne Ränder, wie der Wissenschaftler berichtete.

„Sie sahen haargenau aus wie Teller aus poliertem Metall, die das Sonnenlicht reflektierten, wenn sie in den Wolken hin- und herflogen. Dann kam ein drittes Objekt langsam aus einer riesigen Wolke, blieb bewegungslos in ihrem Schatten und erschien deshalb dunkler als die ersten. Plötzlich schwirrte es davon und tauchte in einen anderen Wolkenberg. Nach zwei Minuten vollführten die ersten beiden das gleiche Manöver, und ich sah sie nicht wieder." (B 25.40.41)

Ein weiterer Sichtungsbericht stammt von dem gleichfalls berühmten Astronomen Dr. Clyde Tombaugh, Entdecker des Planeten Pluto und zeitweise Fachberater der Regierung der USA für Weltraumprobleme. Am 10. August 1949 saß Dr. Tombaugh mit seiner Frau und seiner Schwiegermutter friedlich auf der Terrasse seines Hauses in Las Cruces (Neu-Mexiko), als gegen 22.45 Uhr ihre Aufmerksamkeit von einem dunklen, zigarrenförmigen Objekt angezogen wurde, das sich schwach gegen den Himmel abhob. Wie Dr. Tombaugh und seine Familie später aussagten, hatte das Objekt mindestens eine Reihe wie Luken aussehender gelb leuchtender Öffnungen, die etwa in der Mitte von vorn nach hinten verliefen, vielleicht aber auch kleine quadratische Fenster waren. In einem Brief an Richard Hall, den Stellvertretenden Leiter der NICAP, vom 10. September 1957, schreibt Tombaugh: „Die von mir gesehenen Rechtecke hatten genaue Abstände voneinander, was auf einen festen Körper schließen ließ. Ich bezweifle, daß die Erscheinung auf Reflektierung von der Erde beruhte, da sie sonst viele Male aufgetreten wäre. Obwohl ich auf meinem Grundstück sehr viel beobachte, und zwar mit dem Teleskop ebenso wie mit dem bloßen Auge, habe ich bisher nie etwas Ähnliches gesehen. Wie bereits erwähnt, war ich so unvorbereitet auf den seltsamen Augenblick, daß ich vor Überraschung wie gelähmt war. Wahrscheinlich habe ich deshalb einige Details übersehen." Tombaugh schrieb seinen Bericht in der Zeitschrift „LIFE" nieder (B 25.39,40).

In der englischen Ausgabe der Zeitschrift „sputnik" wird das Erlebnis dreier lettischer Astronomen vom 26. Juli 1968 geschildert. Hier ihr Bericht:

„Als wir am 26. Juli 1965 im Observatorium Ogre (Lettland) gegen 9.35 Uhr abends die Ionosphäre sowie die Leuchtwolken beobachteten, bemerkten wir einen außerordentlich hellen Stern, der sich nach Westen bewegte. Durch unsere Ferngläser konnten wir einen kleinen flachen Gegenstand ausmachen. Das Teleskop zeigte eine linsenähnliche, etwa 100 Meter Durchmesser aufweisende Scheibe mit klar sichtbarer runder Erhöhung in der Mitte. Um die Scheibe herum, in einer Entfernung von etwa zwei Durchmessern, kreisten langsam drei kugelförmige Körper. Alle vier waren von matt hellgrüner Farbe. Das ganze System wurde kleiner, als ob es sich von der Erde entfernte. Rund 20 Minuten später flogen die kreisenden Objekte ebenso wie der im Zentrum in verschiedenen Richtungen davon, bis gegen 10 Uhr alle außer Sicht kamen."

Das Phänomen wurde nordwestlich des Observatoriums gesehen, etwa 60 Grad über dem Horizont, in geschätzter Höhe von rund hundert Kilometern. Seiner Geschwindigkeit nach zu urteilen, stand das System bewegungslos im Raum, und seine scheinbare Bewegung war nichts anderes als die Rotation der Erde. Es war keine irdische Raumsonde; denn diese fliegt allein und nicht als System (Z41.68.5).

An einem sonnigen Julimorgen 1965, als John Hembling, Geologe und Forschungsleiter einer Bergwerksgesellschaft, und sein Kollege auf einem Bergrücken im nördlichen Britisch Columbia aus einem Hubschrauber ausstiegen, nahmen sie an, es würde wieder ein Routine-Tag für Erkundung und Vermessung werden. Seit mehreren Wochen hatten sie dieses mineralreiche Gelände, etwa 70 Meilen nördlich von Hazelton, studiert. Bei der Arbeit oberhalb der Baumgrenze hatten sie eine weite Aussicht über die Felszacken des Landes, von denen einige bereits Spuren der Bergbau-Entwicklung trugen. Hembling erzählt: „Es war etwa 10 Uhr, und wir hatten eben unsere Apparate aufgestellt, nachdem wir aus dem Hubschrauber ausgestiegen waren, als wir ein silbriges Objekt sahen, das in der Sonne glänzte, wie es über einen kleinen Hügelkamm unter uns heraufkam. Es sah abgeplattet aus, und unsere erste Reaktion war, daß es irgendein Deltaflügel-Flugzeug sei. Wir erkannten jedoch bald, daß es das nicht war."

Als sie sich westwärts drehten, fort von der Sonne, das Objekt unter ihnen in einer halben Meile Entfernung, konnten sie klar erkennen, was sich da begab. „Das Objekt hatte etwa 15 Meter Durchmesser" sagte er. „Oben auf seiner Kuppel befand sich ein kleiner Knopf, und rings um die Basis der Kuppel sah man kreisrunde Markierungen. Es mochten eine Art von Nietung oder sogar Fenster sein. Sie waren ein bißchen zu klein, um es sagen zu können. Unter diesen, an der Vorderseite des Diskus selbst, befanden sich größere, rechteckige Markierungen, die aus Glas oder Metall sein konnten. Unser Eindruck war, daß es sich um Fenster handele. Soweit wir sehen konnten, waren es ihrer drei."

Während die beiden Männer erstaunt beobachteten, bewegte sich das Objekt langsam quer über den Kamm, bis es sich über einem kleinen Gletschersee befand, kaum mehr als ein Teich. Es schwebte einen Moment darüber und ließ sich dann auf weniger als 15 Meter über dem Wasser herab. Wieder schwebte es, und zum weiteren Erstaunen der Männer senkte es ein rohrartiges Instrument von seiner Unterseite her in das Wasser herab.

„Erst dachten wir, es wäre so etwas wie eine Strickleiter", sagte Hembling, „aber es ließ sich nicht gerade herunterfallen, es kam ganz glatt und stetig heraus wie durch einen Mechanismus." Während dieser Prozedur vernahmen die Beobachter ein Summgeräusch von dem Objekt, „wie ein ruhig laufender elektrischer Motor". Mit diesem Anhängsel im See rotierte der Diskus langsam wie ein Wasserkreisel, bis seine „Fenster" sich den beiden Männern zudrehten. „Wir hatten das deutliche Gefühl, daß die Insassen wußten, daß wir da standen", sagte Hembling.

Nachdem das Objekt etwa acht Minuten in dieser Stellung verharrt war, so schätzten die Männer, zog es sein Rohr ebenso vorsichtig wieder hoch, wie es heruntergelassen worden war. „Das Objekt stieg langsam, und dann war es plötzlich weg", sagte Hembling. „Es schoß über den Kamm, machte eine scharfe Wendung ohne anzuhalten und war in etwa 20 Sekunden außer Sicht. Wir schätzten, daß es 30 oder 40 km bis zu seinem Verschwinden zurückgelegt hatte." Dies kam einer Geschwindigkeit von mindestens 5 000 bis 6 000 km/h gleich (Z 58.70.165.4).

Wenigen wird bekannt sein, daß auch Thor Heyerdahl und seine Begleiter an Bord des Papyrusbootes „Ra II" ein „Unbekanntes Flugobjekt" beobachtet haben. Der Funker Norman Baker des Papyrusbootes Ra II meldete bei einem Treffen mit dem Forschungsschiff „Calamar" der Vereinten Nationen im Juni 1970 in einer Nachricht, die Besatzung des Bootes habe zum dritten Male ein unbekanntes Flugobjekt beobachtet. „Bei der Nachtwache habe ich ein flaches, kreisförmiges, leuchtendes Objekt gesehen. Heyerdahl und der mexikanische Anthropologe Santiago Genoves beobachteten das Phänomen über zehn Minuten lang gemeinsam mit mir." Gleichzeitig wurden in Clearwater, im amerikanischen Bundesstaat Florida, ähnliche Meldungen über die Sichtung eines UFOs vom Kapitän der „Calamar" aufgenommen. Die Beobachtungen beider Schiffe wurden von Bewohnern der Inseln St. Thomas und St. Croix in der Karibischen See bestätigt (B 10.147).

Offensichtlich scheinen die merkwürdigen Flugobjekte abgelegene Gebiete vorzuziehen. So wurden aus der Antarktis zahlreiche Sichtungen gemeldet, besonders im Internationalen Geophysikalischen Jahr 1968. Wissenschaftler aus elf Ländern bauten damals auf dem „Sechsten Kontinent“ 60 Forschungsstationen auf, darunter 33 ständige Lager. Argentinische Wissenschaftler meldeten allein über ein Dutzend Sichtungen nicht identifizierbarer Objekte am Himmel oder auf dem Eis; es handelte sich dabei meist um linsenförmige oder eiförmige Körper.

Eine bemerkenswerte, bizarre Geschichte berichten zwei amerikanische Geologen. Sie befanden sich in einem Raupenfahrzeug an der Küste des Knox-Landes in der Antarktis. Die beiden plauderten gerade miteinander und brachten ein paar wissenschaftliche Geräte in Ordnung, als sie auf einmal in gut 1 km Entfernung im Norden einen festen Wirbel erblickten. Bestürzt sahen sie einander an, als fragten sie sich, was dort vor sich gehe. Ein meteorologisches Phänomen konnte es nicht sein; denn es war ein strahlender Tag, und eine atmosphärische Störung hätte sich unmöglich auf einer so eng begrenzten Fläche abspielen können.

Die beiden Wissenschaftler dachten zunächst an die Japaner und die Russen, die an dem Tag unmittelbar neben dem amerikanischen Lager einige Experimente anstellten, aber sie konnten sich nicht vorstellen, was ihre Kollegen trieben. Sie beschlossen nachzusehen, auch weil sie befürchteten, ihren Kollegen sei etwas zugestoßen.

Als die beiden Amerikaner der Stelle näher kamen, bemerkten sie, daß der Wirbel nicht aus Schneekristallen bestand, sondern aus einer Art von warmem, weichem Dampf mit einem scharfen, undefinierbaren Geruch. In der Mitte der Wolke, die sich allmählich auflöste, erblickten sie ein kuppelförmiges Gebilde, nicht höher als zwei Meter, aber mit einem Durchmesser von ungefähr sieben bis acht Meter; es glänzte wie Glas.

„Zunächst schoß es mir durch den Kopf“, so erzählt Geologe W., „es könnte sich um ein unbekanntes, unterirdisches Phänomen vielleicht vulkanischen Ursprungs handeln. Fasziniert und zugleich beunruhigt lief ich auf die Kuppel zu. Da dachte ich zuerst, jemand sei mir zuvorgekommen, denn ich sah zwei sich bewegende Gestalten, aber gleich darauf erstarrte mir das Blut in den Adern: es waren keine menschlichen Gestalten, sondern 2 runde, gelbliche ‚Dinge‘, nicht viel höher als ein Meter, die aussahen wie zwei schlecht aufgeblasene Luftballons und unbeholfen auf dem Eis hin und her schwankten und sich um sich selbst drehten.

Neben ihnen oder über ihnen leuchtete ein Licht, das mir wie eine Sauerstoffflamme vorkam. Es schien mir, als platze einer der beiden Ballons vor mir, wodurch eine in blauen Funken knisternde

Rose frei wurde. Von panischem Schrecken erfaßt wandte ich mich um und fing an zu laufen. „Lauf!“ schrie ich meinem Gefährten zu, der zurückgeblieben war. „Lauf, schnell!“ Wir blickten erst zurück, als wir uns im Schutze unseres Raupenfahrzeuges befanden. Ein paar Augenblicke lang sahen wir den Widerschein der Kuppel und dann wieder einen weißen Wirbel. Am Himmel zeigte sich ein kaum sichtbarer Glanz; als sich die Wolke auflöste, war nichts mehr auf dem Eis.“ (B 52.80,81)

Einer der beeindruckendsten UFO-Berichte stammt aus Argentinien, wo im Jahr 1964 ein fliegender Diskus in der Nähe des internationalen Flughafens Pajas Blancas, Provinz Cordoba, gelandet sein soll. Am 5. Juni fuhr ein bekannter Physiker aus Buenos Aires mit seiner Frau von Rio Ceballos zurück, wo sie einige Verwandte besucht hatten. Etwa 30 km vom Flughafen entfernt, sah der Wissenschaftler gegen 4 Uhr morgens ein fliegendes Objekt, das mit hoher Geschwindigkeit auf ihn zukam. Zuerst meinte er, es handle sich um ein Flugzeug im Landeanflug. Als das hell erleuchtete Objekt jedoch kurzzeitig unsichtbar wurde und dann plötzlich am Straßenrand wieder auftauchte, war er sehr verwundert. Die Lichter schienen so grell, daß er geblendet wurde und schließlich anhalten mußte. Das außerordentliche lange Objekt näherte sich bis auf einen Meter, wobei es eine violette Farbe annahm.

Als sich längere Zeit nichts Besonderes ereignete, wurde die Frau des Physikers immer aufgeregter, zumal sich das Auto nicht mehr starten ließ. Plötzlich näherte sich ihrem Wagen ein menschliches Wesen, worauf der Wissenschaftler sofort seine Pistole ziehen wollte. Da hörte er eine angenehme Stimme zu ihm sagen: „Was ist los, mein Freund?“ Er antwortete, daß sein Wagen defekt sei. „Warum versuchst Du es nicht noch einmal“, antwortete der Fremde. Und tatsächlich, jetzt sprang der Wagen wieder an.

Der Fremde, der immer noch in seiner Nähe stand, lächelte und sagte: „Hab' keine Angst. Ich bin ein Irdischer und zu einer besonderen Mission auf die Erde zurückgekehrt. Erzähle ruhig Deinen Mitmenschen von diesem Treffen.“ Dann lief er langsam zu zwei grau gekleideten Männern zurück, die ihn erwarteten. Der Wissenschaftler fuhr mit seiner Frau los und sah, wie die fremde Maschine sich in ein violettes Licht einhüllte und vom Boden abhob.

Anderntags wurden Leute in der Provinz Tucuman durch neue merkwürdige Erscheinungen in Schrecken versetzt. Dr. Juan Medrano, Beamter der Stadtsparkasse, José Luis Cervino, Professor für Maschinenbau, und Vincente Bellicer bestätigten, ein unbekanntes Luftobjekt von orangeroter Farbe gesehen zu haben. Aus seinem schwarz gestreiften Oberteil schien Rauch aufzusteigen. Sie schätzten die Höhe des Objektes auf fünf Meter, seine Breite auf etwa sechs Meter und die Geschwindigkeit auf rund 250 Stundenkilometer. Das UFO flog direkt vor ihrem Wagen vorbei, wobei es einen fremdartigen Gegenstand vom Boden in die Höhe zog. Das kleine dunkelrote Objekt glich einer Boje von etwa 40 auf 60 Zentimeter. Dieser Vorfall ereignete sich auf der Landstraße Nr. 9 oberhalb von Choromoro (Z 110.66.9.31).

Im europäischen Raum sind die Erlebnisse und Fotografien des italienischen Ingenieurs Giampiero Monguzzi besonders bekannt geworden. Der damals 33jährige Wissenschaftler, der Mitglied der bedeutenden Edison-Gesellschaft Italiens war, legte der Weltöffentlichkeit einige Fotos vor, die ein unbekanntes Flugobjekt zeigen. Monguzzi behauptet, diese Aufnahmen am 31. Juli 1952 auf dem Scersen-Gletscher im Bernina-Massiv, nahe der schweizerischen Grenze, gemacht zu haben. Seine Frau begleitete ihn. Es war um 10.30 Uhr, da sah das Ehepaar plötzlich einen fremdartigen scheibenförmigen Flugkörper, — kaum hundert Meter entfernt — auf dem Schnee lautlos landen. Aus sicherer Entfernung beobachtete er, wie unvermutet ein Lebewesen, das einen Raumanzug trug, aufrecht wie ein Mensch die „Untertasse“ verließ. Auf dem Rücken trug er einen Kasten, aus dem eine Antenne herausragte. Auch auf der niedrigen Kuppel des Flugapparates wurde eine Peitschenantenne sichtbar. Der Pilot umkreiste die „Untertasse“ und schien sie zu inspizieren. In diesem Moment gelangen Monguzzi weitere Fotos. Darauf verschwand die Gestalt in der Kanzel. Die Maschine stieg in den Himmel und kam außer Sicht (Z 47.59.4.17).

Aus neuerer Zeit sind vor allem die UFO-Aufnahmen von Rudi Nagora, München, bekanntgeworden. Er studierte am Konservatorium München Musik und spielt mehrere Instrumente. Hauptberuflich arbeitete er damals als Angestellter bei der Firma Siemens in der Datenverarbeitung. Er erzählt:

„Am letzten Tag meines Urlaubs fuhr ich mit meiner Frau Hildegard am Sonntag, dem 23. Mai 1971, mittags um 12.30 Uhr, in ein verhältnismäßig einsames Gebiet in der Nähe von Deutschlandsberg in der Steiermark (Österreich), etwa 50 km südwestlich von Graz. Nach einer kurzen Bergfahrt stieg ich etwa einen Kilometer südlich von St. Lorenzen nahe der jugoslawischen Grenze aus. Mit meiner einfachen Agfa-Click I Box wollte ich meine Frau vor dem Wagen als Erinnerungsfoto aufnehmen. Ich hatte einen neuen Agfacolor CN 17 Film für 12 Bilder in der Kamera. Von drei möglichen Blendeneinstellungen war bei den Aufnahmen die kleinste eingestellt. Die Belichtungszeit ist fest 1/50 Sekunde.

Die Sonne stand hoch, es war gerade Mittag vorbei, als ich ein summendes Geräusch aus Richtung der Sonne vernahm. Ich schaute nach oben und sah ein Flugobjekt nach links von der Sonne wegschweben. Zuerst glaubte ich, es sei ein normales Düsenflugzeug, der Summton war jedoch ganz anders. Bei genauerem Beobachten stellte ich fest, daß es ein rundes diskusförmiges Flugobjekt war. Da ich schon verschiedentlich Vorträge über UFOs gehört hatte, nahm ich an, daß es ein solches Flugobjekt sein könnte. Ich machte sofort und hintereinander 12 Aufnahmen des teils so schnell wie ein Düsenjäger fliegenden, teils nahezu stillstehenden und wie ein fallendes Blatt schwebenden Diskus, der auch in größerer Winkelhöhe in verschiedenen Richtungen und Höhen herumflog und manchmal hinter oder in den Wolken fast verschwand.

Nachdem der Film bereits verknipst war, konnte ich noch zusehen, wie das UFO ziemlich tief, etwa auf halbe Höhe von vorher, herunterkam, so daß ich glaubte, es würde landen, was dann aber doch nicht geschah. Den Durchmesser des Flugobjektes schätze ich auf ca. 12 bis 15 Meter und die durchschnittliche Flughöhe über dem Boden auf 1 000 bis 1 500 Meter. Der Summton hatte bei der Annäherung eine tiefere, bei Wegflug eine höhere Frequenz. Nach ungefähr 7 bis 10 Minuten schoß das UFO plötzlich mit ungeheurer Beschleunigung durch ein Wolkenloch senkrecht nach oben und war innerhalb 1 bis 2 Sekunden plötzlich nicht mehr sichtbar. Ich hatte bei der Sichtung keine telepathischen Eindrücke irgendwelcher Art, muß jedoch gestehen, daß eine gewisse Angst oder Erregung, ein etwas unheimliches Gefühl, nicht zu verleugnen war.

Zeugen des UFO-Fluges waren außer meiner Frau auch einige Spaziergänger und Feldarbeiter, die Wiesenränder und Gräben ausmähten und mit denen wir uns nachher kurz unterhielten. Sie sagten, ähnliche Flugzeuge hätten sie schon gesehen, zum Teil auch solche in ovaler Form, sie wüßten aber nicht, woher diese kommen."

Ingenieur Adolf Geigenthaler, der die Nagora-Negative gründlich untersucht hat, erklärt zu den Bildern: „Irgendeine Fälschung oder Manipulation der Bilder des Herrn Nagora ist schon allein durch die Art der Aufnahmen ausgeschlossen, d. h. die Flug-Phasen des Diskus im Verhältnis zu dem Vorbeizug der immer wieder gleichen und doch der für die Aufnahmen notwendigen Zeit entsprechenden Veränderungen unterworfenen Wolkenformationen können gar nicht manipuliert werden. Vor allem bestand für Herrn Nagora überhaupt kein Grund für eine Manipulation. Er hat weder versucht, sich damit einen „Namen" zu machen, noch die Bilder kommerziell auszuwerten. Herr und Frau Nagora haben eine eidesstattliche Erklärung abgegeben, in der jede Art von Manipulation oder Täuschungsabsicht ausdrücklich verneint wird."

Ein Gutachten des bekannten Münchner UFO-Forschers Oberstudienrat Hubert Malthaner kommt zu einem ähnlichen Ergebnis. Er schreibt: „Seit zwei Jahrzehnten befasse ich mich intensiv mit dem Studium aller Fragen, die mit den sogenannten ‚Unidentifizierten Fliegenden Objekten' zusammenhängen. Dabei hatte ich auch Hunderte von Fotos daraufhin zu prüfen, ob es sich um echte UFO-Aufnahmen oder um Trickaufnahmen bzw. Irrtümer handelte. Die daraus gewonnene Erfahrung berechtigt zu der Feststellung, daß die von Herrn Nagora am 23. 5. 1971 in der Steiermark gemachten Farbaufnahmen eines scheibenförmigen Flugkörpers von wahrscheinlich außerirdischer Herkunft absolut echt sind. Begründung:

1. Von den 12 Aufnahmen der Serie zeigen 7 das Flugobjekt bei halb bewölktem Himmel deutlich über oder unter den Wolken fliegend. Bei den Aufnahmen Nr. 1, 4, 8 und 10 zeigen jedoch die verschwommenen Umrisse, daß das UFO sich innerhalb einer Wolke befand. Keine Trickeinrichtung vermöchte einen Diskus in oder über Wolkenhöhe zu schleudern, wobei dieser Körper mehrere Meter im Durchmesser haben müßte, um in dieser Höhe noch erkennbar zu sein.

2. Eine mikroskopische Filmprüfung zeigt die gleiche Körnung in Objektnähe und an sonstigen Bildstellen. Hierdurch ist ausgeschlossen, daß durch Mehrfachkopien das UFO in die Wolkenaufnahme hineinpraktiziert worden sein könnte.

3. Beim Nebeneinanderlegen aller Fotos in der zeitlichen Folge ihrer Entstehung ergeben sich durch Vergleich der Wolkenformen bei benachbarten Bildern Flugbahnstudien, die bei Trickaufnahmen nicht möglich wären.

4. Herr Rudi Nagora war vor 10 Jahren Berufsschüler in einer meiner Klassen. Ich kenne ihn seitdem als einen ehrlichen und vertrauenswürdigen Charakter, dem jegliche Betrugsabsichten fernliegen. Er machte diese Aufnahmen spontan bei einem Ferienerlebnis, ohne daran zu denken, diese Bilder jemals später zu veröffentlichen." (Z 22.72. 11.65)

5. Sichtungen von Beamten, Geistlichen und Schauspielern

Unter den Sichtungsberichten aus aller Welt stammt eine beträchtliche Anzahl von Polizeiangehörigen. Einen typischen Fall erzählten zwei Polizeibeamte aus Texas, Chief Deputy B. McCoy und Patrol Deputy Robert Goode, beide aus Angelton. Am 3. September 1965, kurz nach Mitternacht, sichteten die beiden Sheriffs nahe bei Damon im Distrikt Brazoria von ihrem Streifenwagen aus ein riesiges fliegendes Objekt. Im hellen Mondlicht konnten sie erkennen, daß es etwa 60 Meter lang und in der Mitte 12 bis 15 Meter breit war. Nach den Enden hin wurde es spitzer; an dem einen Ende war ein sehr helles purpurfarbenes Licht, am anderen Ende ein mattblaues. Sheriff Good wendete seinen Wagen, fuhr etwa eine dreiviertel Meile zurück und hielt an. Während sie das seltsame Fahrzeug durch Ferngläser beobachteten, kam es bis auf etwa 30 Meter herunter und nahm Kurs auf den erleuchteten Polizeiwagen. Im Mondlicht warf das UFO einen riesigen Schatten auf den Boden, und die Polizisten konnten sehen, wie es sich schnell auf die Landstraße zu bewegte.

Als es näher kam, erleuchtete das purpurfarbene Licht den Boden und das Innere des Wagens. Sheriff Goode, der sich an der Seite des Fahrers hinauslehnte, spürte plötzlich, daß das sich nähernde UFO Hitze ausstrahlte. Er startete eilig ihren Wagen. Zu diesem Zeitpunkt war das riesige fliegende Objekt nur noch etwa 50 Yards entfernt. Die Sheriffs flohen panikartig, was verständlich ist. „Wir fuhren mit einer Geschwindigkeit von über 160 km/h", erzählte McCoy der Air Force. Als sie Damon erreicht hatten, beruhigten sich die Polizisten und beschlossen zurückzufahren. „Wir waren beide sehr verstört", gab McCoy freimütig zu. „Aber wir hatten den Wunsch festzustellen, um was es sich handelte." Jedoch als sie an die Stelle zurückkehrten, begannen die Lichter zu wechseln, gerade wie sie es bei der schnellen Annäherung getan hatten. Wieder rasten die Sheriffs davon. „Wir hatten den Eindruck, daß das Objekt wieder auf uns zukommen würde", sagte McCoy in seinem Bericht an die Air Force. In seiner Beschreibung des UFOs sagte er, daß der Körper dunkelgrau erschienen wäre. Es war kein Geräusch zu hören noch irgendwelcher Schweif sichtbar. Beide Sheriffs gaben zu, daß sie vorher nicht an UFOs geglaubt und diesen Dingen sehr skeptisch gegenübergestanden hätten (Z 57.65.4).

Wenige Tage nach diesem Zwischenfall wurden in der Nähe der Stadt Exeter, New Hampshire, eine Serie von UFO-Sichtungen bekannt, über die der Reporter John Fuller, Kolumnist der Saturday Review, ein ausführliches Buch veröffentlicht hat. In der Nacht vom

12. auf 13. September 1965 fuhr der Polizeisergeant Eugene Bertrand in seinem Streifenwagen auf der Umgehungsstraße in Richtung Exeter. Gegen 1 Uhr nachts stieß er auf einen parkenden Wagen, in dem eine verstört wirkende Frau am Steuer saß und es nicht wagte weiterzufahren, weil sie ein riesiger, rot leuchtender Flugkörper einige Meilen weit bis zu dieser Umgehungsstraße verfolgt habe. Dieses schreckliche UFO sei nur wenige Meter hinter ihr gewesen, um plötzlich jäh von ihr abzulassen und zu verschwinden. Sergeant Bertrand dachte zunächst, die Frau wäre hysterisch und bilde sich das alles nur ein. Er wollte daher auch kein Protokoll von der Sache aufnehmen. Aber kurz danach wurde er über Funk schnellstens zur Wache beordert, wo ihn bereits sein Kamerad Gene Tolland mit einem jungen Mann erwartete, den Bertrand sofort zur großen Überlandstraße Amesbury—Portsmouth bringen sollte, wo er ebenfalls ein UFO gesehen hatte. Dieser schilderte ein riesiges fliegendes Ding von etwa 25 m Durchmesser, das in einem Kranz rot und weiß flackernder Lichter oder Leuchtkugeln lautlos durch die Luft geflogen oder „getorkelt“ war und ihn, so schien es ihm wenigstens, verfolgt hatte. Er war daraufhin in den Straßengraben gesprungen, bis es verschwand.

Morgens gegen 3 Uhr stiegen Eugene Bertrand und der UFO-Zeuge namens Norman Muskarello an der besagten Stelle aus dem Polizeiwagen. Sie suchten nach irgendwelchen Spuren, fanden aber keinerlei Anhaltspunkte. Doch dann kamen sie an eine Koppel, auf der einige Pferde lagen. Bertrand wollte gerade seinem Begleiter etwas erklären, als plötzlich die Pferde aufsprangen und ängstlich wiehernd davonrasten. In den Farmhöfen begannen die Hunde zu jaulen und zu bellen. Plötzlich rief Muskarello: „Sergeant, sehen Sie nur, da, da ...“ Als Bertrand wie von einer Tarantel gestochen herumfuhr, sah er das „verdammte Ding“ mit seinen eigenen Augen. Über dem Wald jenseits der Koppel stieg strahlend rot und kreisrund eine unheimlich glühende Scheibe auf und flog sie an. Sie tauchte dabei die Farmhäuser, die Weide und die Straße in ein unwirklich gleißendes, rotes Licht. Während die beiden zu ihrem Streifenwagen zurückliefen, kam ein zweiter Polizeiwagen angefahren, er hielt neben dem ersten Wagen, und auch dieser Polizeibeamte sah das UFO, das nun langsam und geräuschlos davonschwebte. Insgesamt ermittelte man 60 Zeugen, die das Objekt verfolgt hatten. Vermutlich gab es noch mehr Beobachter, die aber aus Furcht, sich lächerlich zu machen, lieber den Mund hielten (B 111).

Während diese UFOs lediglich ein paar Dutzend Menschen in Schrekken zu versetzen mochten, hätte ein anderer Zwischenfall in Venezuela gefährlicher ausgehen können. Adolfo Paolino Pisani, ein Regierungs-Topograph in Merida fuhr am 1. Januar 1961 mit seinem Wagen von La Victoria nach El Vigia auf der Andenstraße. Plötzlich sauste eine glänzend metallische Scheibe von der Farbe polierten blauen Stahls mit unvorstellbarer Geschwindigkeit hernieder und flog dicht über der Kühlerhaube eines fahrenden Lastkraftwagens vorbei. Das Objekt stieg sofort wieder hoch und war binnen Sekunden nicht mehr zu sehen. Als sich die Scheibe über dem Laster erhob, kippte dieser um einige Fuß, sauste in eine nahe Sandbank und überschlug sich. Der Fahrer kam mit geringen Abschürfungen und einem Nervenschock davon (Z 69.72.5.20).

Ein weiterer ausführlicher Landungsbericht stammt von Oskar Linke, ehemals Bürgermeister von Gleimershausen bei Meiningen in der DDR. Sein erstaunliches Erlebnis hatte er bei seiner Flucht mit seiner elfjährigen Tochter nach Westdeutschland. Es wurde am 7. Juli 1952 von der „North American Newspaper Alliance“ verbreitet. Linke sagte in seinem Bericht, den er amerikanischen und britischen Untersuchungsbeamten beeidete:

„Wir wohnten nur wenige Kilometer von der Grenze (nach Westdeutschland) entfernt, und um unsere Flucht zu erleichtern, unternahm ich häufig Fahrten an die Grenze mit meinem Motorrad, wobei meine Tochter im Beiwagen saß. So wurden die russischen Posten an uns gewöhnt und kamen nicht auf unsere wirklichen Absichten. Als wir eines Nachmittags in der letzten Woche von einer dieser Fahrten nach Hause zurückkehrten, machte mich meine Tochter auf etwas Weißes aufmerksam, das in einem Wäldchen durch die Bäume schimmerte, etwa fünf Kilometer von der Grenze entfernt. Es war ein solch ungewöhnlicher Anblick, daß wir das Motorrad am Straßenrand anhielten, es unter den Büschen verbargen und in den Wald auf die Lichtung zuliefen. Von einem etwa 25 bis 30 Meter entfernten Punkt aus konnten wir dann etwas Seltsames sehen. Es war eine Scheibe von etwa acht Meter Durchmesser, die in einer Lichtung auf dem Boden stand. Sie ähnelte einer riesigen Pfanne ohne Griff und schien selbstleuchtend zu sein. Im Zentrum war irgendein Apparat, eine viereckige Konstruktion, ein Aufbau, der wie ein hutähnliches Gebilde auf der Oberseite herausragte. Er war dunkler als das Objekt selbst, das wie poliertes Aluminium aussah. Wir waren hinter einer Erhöhung, auf dem Boden liegend, gut verborgen. Dann sahen wir zwei kleine Wesen wie Menschen, nur waren sie lediglich rund 1,20 m groß. Sie trugen einteilige Anzüge, die wie Aluminium oder Silber glänzten. Auf der

Brust des einen war eine Art Schachtel, so groß wie drei aufeinanderliegende Zigarettenpäckchen, und auf deren Vorderseite war ein helles blaues Blinklicht. Sie kamen gerade vom Rand der Lichtung auf die Scheibe zu, einer hinter dem anderen. Als sie nur noch drei bis vier Meter entfernt waren, berührte der letzte seinen Vordermann an dessen glasähnlichem Helm. Beide hielten an, und einer drehte sich uns zu. In diesem Augenblick stieß meine Tochter einen kleinen Seufzer aus, worauf die Wesen eiligst ihr Fahrzeug durch eine Luke auf dem Aufbau in der Mitte betraten. Dann sahen wir, daß die Scheibe auch zwei Reihen runder Luken um ihren Rand hatte, ungefähr so groß wie bei einem Schiff, und daß der viereckige Aufbau in die Kuppel zurückgezogen wurde, während das Objekt sich langsam vom Boden abhob. Dabei erschien eine ähnliche viereckige Konstruktion an der Unterseite des Fahrzeuges, die es anscheinend hochtrieb. Schließlich stieg das Objekt bis auf eine Höhe von etwa 30 Meter, blieb einen Augenblick in der Schwebe, dann jagte es davon und war unserer Sicht schnell entschwunden." (B 25.159,160)

Ein anderer Bericht kommt aus Brasilien, wo zahlreiche staatliche Stellen von der Existenz außerirdischer Flugobjekte überzeugt sind. So erklärte Minister Gamo Filho vom Rechnungshof von Guanabara: „Wenn ich auch das Risiko eingehe, mich lächerlich zu machen, so muß doch die Wahrheit gesagt werden. UFOs existieren; ich selbst sah eines. Ich erinnere mich gut, es war in einer regnerischen Nacht, als ich mit meiner Frau von einer Theatervorstellung zurückkam. Wir fuhren auf der Straße von Atèrro do Flamengo in Richtung Copacabana. Wir wunderten uns, daß zu dieser späten Stunde überall Gruppen von Leuten waren, die am Straßenrand standen, um so mehr, als es doch regnete. Wir bemerkten sonst nichts Ungewöhnliches. Als wir in die

---

Zu Abbildung 29

UFO-Niedergang über dem Pazifik

Ein Einwohner von San-Diego, Kalifornien, filmte an der Pazifikküste in der Nähe von Inglewood/Los Angeles ein ins Meer niedergehendes unbekanntes Flugobjekt. Die fast acht Meter Film, aufgenommen mit einer Super-8-Kamera der Firma Bell & Howell in der Nacht des 12. Januar 1972 gegen 18.30 Uhr Ortszeit, zeigen einen in das Wasser eintauchenden bzw. einfliegenden festen Körper mit einem Flugwinkel von etwa 47°. Seine Geschwindigkeit dürfte etwa 300 Kilometer pro Stunde betragen haben. Nach genauer Prüfung des Films durch Fotoexperten, die die absolute Echtheit des Streifens ergaben, erklärte Dan Hanlon, Leiter des Smithsonian Institutes in Cambridge, Mass., auf Befragen, daß es sich bei diesen Aufnahmen weder um Satellitenteile noch um Meteoriten handeln könne (s. S. 175).

30

Avenida Atlántica einbogen, in der ich wohne, bemerkte ich Menschenansammlungen, die vor dem Regen Zuflucht gesucht hatten,
Avenida Atlàntica einbogen, in der ich wohne, bemerkte ich Menschenansammlungen, die vor dem Regen Zuflucht gesucht hatten,
zum Himmel emporschauten und sich aufgeregt gebärdeten. Ich hielt vor meinem Haus. Auch hier stand eine Menschengruppe. Es war ein UFO zu sehen — mitten in Copacabana. Es leuchtete und glänzte und stand 200 m über dem Meer. Es war ein Gewitter, und bei jedem Blitz konnte man seine Umrisse deutlich erkennen. Es sah aus wie zwei aufeinandergestülpte Teller und strahlte ein rötliches Licht aus. Es stand völlig still am Himmel. Nach einigen Augenblicken entfernte es sich langsam in Richtung Leme-Forte. Dort drehte es, wie wenn es die Schönheit Copacabanas bewundern wollte. Dann entfernte es sich mit unheimlicher Schnelligkeit, wie ich eine solche noch niemals erlebt hatte. Ich bin überzeugt, daß ich ein UFO gesehen habe.“ (Z 58.69. 160.1)

In Schlagzeilen und Sensationsberichten veröffentlichten amerikanische Tageszeitungen ein aufsehenerregendes UFO-Ereignis vom 25. April 1966. Der Gouverneur des Staates Florida, Haydon Burns, befand sich damals auf einem Flug über das Zentrum des Landes in Begleitung von elf Personen, darunter einige Reporter des „Miami Herald“ und vier persönliche Sekretäre. Der Reporter des „Miami Herald“, Bill Mansfield, schrieb mit einer Schlagzeile über die ganze erste Seite seine Meldung aus Tallahassee (Hauptstadt des Staates Florida): „Ich flog mit Gouverneur Burns und sah eine fliegende Untertasse!“:

Zu Abbildung 30

Geheimnisvolle Katastrophe in Montauroux

Im Oktober 1972 wurde 5 Kilometer von der südfranzösischen Stadt Montauroux bei Cannes entfernt eine 300 Quadratmeter große verwüstete Waldfläche aufgefunden. Tannen und Laubholz waren umgelegt und Steine wie bei einer Explosion weggeschleudert. Selbst Bäume von einem halben Meter Dicke waren verdreht worden, als ob sie von einer zentrifugalen Kraft getroffen worden waren, und zwar merkwürdigerweise in zwei entgegengesetzten Richtungen. Zu dem verwüsteten Platz führten keinerlei Fahrzeugspuren. Nach Ansicht französischer Wissenschaftler kann die Katastrophe weder durch einen Meteor noch durch einen Wirbelwind oder einen Blitz verursacht worden sein. Der französische UFO-Forscher Jimmy Guieu meint, daß ein außerirdisches Raumfahrzeug, das mit Antischwerkraft oder elektromagnetischer Energie angetrieben wurde, die Ursache der Zerstörungen gewesen sein könne, zumal ähnliche Erscheinungen bei früheren UFO-Sichtungen in Nordamerika beobachtet wurden.

„Wir haben ein UFO dort draußen", rief Gouverneur Haydon Burns. Binnen Sekunden hatte er elf Interessierte, mich inbegriffen. Beim ersten Blick aus dem Fenster der Maschine dachte ich, es könne ein Buschfeuer am Boden sein; es hatte ungefähr diese Farbe, und es war hell leuchtend. Jedoch es war nicht auf dem Boden, es war nahe unserer Höhe, ca. 2 000 m über Florida. In Wirklichkeit waren es zwei Kugeln aus gelblichem Licht, die nebeneinander flogen. Dieses Doppelobjekt folgte mit zirka 400 km/h fast genau der Convair-Maschine des Gouverneurs; doch machte das UFO einige kleinere Abweichungen in seiner Flugrichtung. Die Intensität seiner Lichter variierte einige Male.

Während vier der Adjutanten von Gouverneur Burns und vier Reporter von Fenster zu Fenster liefen, um besser sehen zu können, besprach sich Burns mit seinem Piloten Fred Scharrer. Als er in die Kabine zurückkam, sagte er uns: „Ich werde dem Piloten den Befehl geben, sich in die Richtung des UFO zu begeben." Fast augenblicklich gingen die Lichter steil hinauf. Dann war es plötzlich dunkel. Ich dachte, das Objekt sei hinter unsere Flügel geraten, und lief zu einem anderen Fenster, aber es war verschwunden.

Die Luftverkehrskontrolle in Miami sagte im Sprechfunk dem Copiloten Herbert Bates, das Flugzeug des Gouverneurs sei auf dem Radarschirm ersichtlich, aber das Objekt, das wir sahen, war es nicht. Doch Bates, der während zwanzig Jahren geflogen ist, sagte, er habe das UFO schon kurz nach dem Abflug beobachtet. „Es verschwand erst, nachdem es uns auf zirka 65 km begleitet hatte." (Z 58.68.118.1) An diesem Fall erscheint besonders bemerkenswert, daß ein hoher Politiker — der sich auf einer Werbekampagne zu seiner Wiederwahl befand — sich nicht scheute, eine UFO-Sichtung ausdrücklich zu bestätigen. Ein solcher Bericht hat daher zweifelsohne einen hohen Grad an Glaubwürdigkeit.

Jedoch nicht nur politische Persönlichkeiten, sondern auch Prominente aus Film und Fernsehen behaupten, UFOs gesehen zu haben. So berichtete Maria Schell 1970 in HÖRZU: „Sie werden es nicht glauben, aber ich habe selbst zwei UFOs gesehen, als ich 1961 mit Gary Cooper und Glenn Ford in Hollywood filmte. Bei einem Wochenendausflug in das ‚Tal des Todes', etwa vier Autobahnstunden von Los Angeles entfernt, sah ich gegen eine Bergwand zwei große weiße Scheiben. Sie flogen das ganze Tal entlang, und ich konnte sie etwa zwei Minuten verfolgen. Es war bestimmt keine Spiegelung oder sonstige Reflexion von Sonnenstrahlen." (Z 58.70.169.1)

William Shatner, Fernsehstar der Serie „Star Trek" behauptet, er sei in der Mojave-Wüste von Kalifornien durch einen telepathischen Kontakt mit einem UFO vom sicheren Tod errettet worden. Als Shatner damals mit vier Freunden eine Motorradfahrt durch die Wüste unternahm, hielt er unterwegs mal an, um aus seiner Wasserflasche zu trinken. Danach wollte seine Maschine nicht mehr anspringen. Shatner, der ein guter Mechaniker war, versuchte alles Mögliche, doch ohne Erfolg. Schließlich rannte er zu Fuß weiter auf der Suche nach Wasser und brach bei einer Gluthitze von 50° C zusammen.

„Plötzlich sah ich ein fremdartiges, helles, stromlinienförmiges Objekt über meinen Kopf hinwegwischen", erinnerte sich Shatner. „Tief in meinem Inneren begann eine Stimme mir den Weg zu zeigen, den ich einschlagen sollte. Verwundert über diese mir ungewohnte Art der telepathischen Führung begann ich mein Motorrad in die angegebene Richtung weiterzuschieben. Auf einmal sah ich am Horizont die Silhouette eines Motorradfahrers, der auf einer Straße fuhr, die mir unbekannt war. Ich folgte dieser Route und kam an eine Tankstelle mit Raststätte." Shatner sagte weiter: „Früher war ich immer sehr skeptisch gegenüber außersinnlicher Wahrnehmung. Manche Leute mögen sagen, ich sei nur einer Fata Morgana zum Opfer gefallen. Doch ich bin überzeugt, es war ein UFO, dessen Besatzung mir durch telepathische Impulse das Leben gerettet hat." (Z 77.74.1.20.3)

Roy Tinnes, Hauptdarsteller der ZDF-Serie „Invasion von der Wega", bekennt (Das Neue Blatt, Nr. 16/70): „Ich glaube, daß es auf dem Mars, der Venus und anderen Gestirnen Lebewesen gibt. Mit eigenen Augen habe ich schon eine fliegende Untertasse gesehen. Zuerst dachte ich, es sei eine Sternschnuppe; doch dann beobachtete ich, wie das Flugobjekt auf der Erde landete. An den Fenstern erkannte ich ganz eigentümliche Gestalten. Als ich näher kam, startete das Flugobjekt wieder und verschwand nach wenigen Sekunden schnell wieder im Blau des Himmels." (Z 58.70.169.2)

Der bekannte Filmschauspieler Stuart Whitman erzählt eine noch unglaublichere Geschichte. Während der großen Verdunkelung New Yorks im November 1965 lief er gerade auf dem 12. Flur eines vornehmen Hotels entlang, als er plötzlich ein pfeifendes Geräusch vernahm. Er schaute zum Fenster hinaus und sah zwei gewaltige leuchtende diskusförmige Objekte, das eine in blauer, das andere in roter Farbe. Dann hörte er eine Stimme, die aus einem Lautsprecher zu kommen schien.

„Sie sagten, sie wären um die Entwicklung unserer Erde besorgt", erklärte Whitman, „weil die Erdbewohner mit unkontrollierbaren

Energien experimentieren, die das Gleichgewicht des Universums oder ihres eigenen Planeten stören würden ... die Verdunkelung sei nur eine kleine Demonstration gewesen und sie könnten noch weit mehr erreichen, ja sogar die gesamte Zivilisation lahmlegen." (B 117.198)

Einzigartig unter Tausenden von UFO-Sichtungen scheint wohl ein Bericht aus Australien zu sein, insbesondere auch, weil er von einem ordinierten Priester der Anglikanischen Kirche Englands kommt. Pater William Gill absolvierte die Universität Brisbane und arbeitet seit 13 Jahren für die Anglikanische Mission in Papua, Neuguinea. Hier ein Auszug aus einem Interview durch australische UFO-Forscher:

„Pfarrer Gill, wir hörten, daß Sie und Angehörige Ihrer Mission im Juni 1959 einige interessante Erlebnisse hatten. Wann war das genau, und was hielten sie vorher von UFOs?"

„Vor meiner Sichtung hielt ich UFOs für Einbildung oder für eine elektrische Erscheinung. Die erste Sichtung hatte ich in Waimara, etwa 25 Meilen von hier, bei Tagora, und zwar 1959. In Bajonai, meiner Mission, wurde ein UFO am Abend des 21. Juni gesehen. Ich selbst sah dort das erste UFO am 26. Juni und weitere an folgenden Tagen."

„Erschien das Objekt fest? Metallisch? Gasförmig? Durchsichtig?"

„Es erschien fest; ganz bestimmt nicht transparent oder gasförmig. Wir hielten es für metallisch."

„War ein Geräusch zu hören?" „Nein." „Hat das Objekt die Farbe gewechselt?" „Ja, von grell-weißem Licht, als es noch weit weg war, bis zu trüb-gelb oder mehr orange, als es nahe war." „Schwebte das Objekt oder blieb es bewegungslos?" „Beides, mal schwebte es, mal stand es still." „Wie schnell flog es?" „Viel schneller als ein Passagierflugzeug." „Was taten Sie, als das Objekt auftauchte?" „Ich war nach dem Essen aus dem Haus gekommen und betrachtete den Himmel, weil ich die Venus suchte. Nun, ich sah die Venus, aber ebenso das glänzende Objekt, das mir auffiel, weil es flimmerte und ungewöhnlich hell war. Es war über der Venus, und so beobachtete ich es, bis es auf uns zukam."

„Waren andere Zeugen dabei?" „Ja, wir waren 38 alle zusammen." „Was können Sie noch zusätzlich zu dieser Sichtung sagen?" „Nun, das Ganze war höchst ungewöhnlich; aber das Wichtigste und Aufregendste an der Sache waren wohl die menschlichen Wesen dabei. Zuerst sah man sie gar nicht — erst, als das Objekt herunterkam, auf vielleicht 150, 120 oder 90 Meter. Wegen der Dämmerung war die Höhe schwer zu schätzen, aber schließlich sahen wir Männer auf dem Oberteil einer riesigen Scheibe herauskommen — erst vier, dann zwei, dann einer, dann drei usw. Alle, die dabei waren, haben sie gesehen und den Bericht dann mitunterzeichnet. Seltsam war auch der blaue Lichtstrahl, der aus dem Zentrum des Decks herauskam. Auf diesem Deck schienen die Männer zu arbeiten. Sie beugten sich vor und manipulierten an irgend etwas. Gelegentlich richteten sie sich wieder auf, wandten sich in unsere Richtung, aber im großen und ganzen waren sie an etwas auf dem Deck interessiert.“

„Wie sah das Objekt aus?“ „Wie eine Scheibe mit kleinerem rundem Aufbau und darauf wieder ein anderer runder Aufbau wie eine Schiffsbrücke. Auf der Unterseite waren vier Beine paarweise, die diagonal nach unten zeigten. Sie schienen fest zu sein, nicht einziehbar und sahen an den beiden Abenden ganz gleich aus — fast wie Dreifüße. Auch am zweiten Abend kam der Lichtstrahl wieder für wenige Sekunden, zweimal dicht hintereinander.“ „Haben Sie einige Anhaltspunkte für die Größe des Objektes?“ „Ich glaube, daß es etwa 10 — 12 Meter Durchmesser an der Basis und 6 Meter auf dem Deck hatte.“ „Haben Sie versucht, mit den Piloten Kontakt aufzunehmen?“ „Ja. Als einer von ihnen sich über eine Art Reling beugte und zu uns herunter sah, winkte ich mit der Hand, und er winkte zurück. Die Reling war nicht zu sehen, aber er lehnte sich über etwas, und wir konnten ihn von der Körpermitte aufwärts sehen. Unser Lehrer Ananias winkte mit beiden Armen, und die beiden Männer an den Seiten winkten ebenfalls mit beiden Armen, die sie über den Kopf erhoben hatten. Dann winkte ich auch mit Ananias zusammen, und alle vier winkten zurück — offensichtlich die Antwort auf unser Winken.“ „Wie reagierten die Eingeborenen?“ „Sie waren überrascht und begeistert.“ „Stimmt es, daß Sie den Piloten mit einer Fackel Signal gaben?“ „Ja, wir schwenkten die Fackel, und als Antwort schwang das Objekt wie ein Pendel. Es schwebte und kam dicht auf den Boden, so daß wir glaubten, es würde landen, aber es tat es nicht, und das enttäuschte uns sehr.“ (Z 58.71. 178.1) (B 40.146 ff.)

6. Massensichtungen

Die größte Invasion von fliegenden Untertassen, die bisher in Amerika beobachtet wurde, geschah am 17. März 1950, drei Monate vor Ausbruch des Koreakrieges. Mehr als 500 geräuschlose silberne Scheiben überflogen mit einer ungeheuren Geschwindigkeit die Sperrzone der Atomfabriken in Neu-Mexiko und zeigten sich drei Tage hintereinander von 11 bis 13 Uhr mittags über der Stadt Farmington im Norden von New Mexico. In der Lokalpresse jener Zeit findet sich eine umfassende Dokumentation dieses Falles. So schreibt die „Farmington Times“ am 18. März eine achtspaltige Schlagzeile: „Große Saucer-Armada überfliegt Farmington.“ Sie berichtete, daß die gesamte Bevölkerung von 5 000 Einwohnern am Vortage Dutzende, ja Hunderte von seltsamen Objekten am Himmel gesehen habe. „Was immer sie waren“, schrieb das Blatt, „sie erregten eine riesige Sensation in unserer Stadt, die nur 110 Luftmeilen von Los Alamos entfernt liegt.“ Übrigens hatte dieses Ereignis die Pressekonferenz Präsident Trumans vom 4. April 1950 in Key West zur Folge, wobei er u. a. sagte: „Die fliegenden Untertassen sind weder in den USA noch in einem anderen Land der Erde beheimatet, auch sind sie weder eine amerikanische noch eine russische Geheimwaffe.“ Offiziell sagte die Luftwaffe zu der Demonstration von Farmington, „es habe sich um Baumwollflocken in der Luft gehandelt“; dies in einer Gegend, in der überhaupt keine Baumwolle gedeiht (B 94.30) (Z 11.60.1/2.4).

Vier Jahre später, am 27. Oktober 1954, ereignete sich in Italien ein ähnlicher viel beachteter UFO-Zwischenfall. Auf einer Hotelterrasse an der Piazza San Marco in Prato sahen zwei Männer, Genaro Lucchetti und Pietro Lastrucci, am Himmel zwei „leuchtende Spindeln“, denen eine feurige weiße Spur folgte. Beide Objekte zogen mit ungleichmäßiger Geschwindigkeit hintereinander und mit kurzem Abstand zueinander über sie dahin. Dann stieg das letztere auf die gleiche Höhe mit dem führenden auf, beide Objekte machten eine 45-Grad-Wendung und verschwanden in Richtung Florenz. Wenige Minuten später gab es eine dramatische Unterbrechung in dem Fußballspiel zwischen den Mannschaften von Florenz und Pistoia. Zuerst standen die 10 000 Zuschauer, dann die Spieler und zuletzt der Schiedsrichter staunend da und starrten zwei Himmelsobjekte an, die über dem Stadion dahinzogen. Zwischen 14.20 und 14.29 Uhr passierte dieses Objekte-Paar dreimal Florenz, wobei seltsame, haarige Fasern auf die Stadt herunterregneten. In ganz Italien erschienen seitenlange Berichte über dieses Ereignis (Z 18.70.5/6).

Am 16. Januar 1958 lichtete das brasilianische Marineschiff „Almirante Saldanha“, das sich am Internationalen Geophysikalischen Jahr beteiligte, die Anker in Trinidade. Gegen 12 Uhr Mittag tauchte plötzlich ein „saturnförmiges Gebilde“ am Himmel auf, das sowohl der Kapitän mit Wissenschaftlern und hochqualifizierten Marineforschern als auch die gesamte 100-köpfige Besatzung wahrnahm. Das Objekt kreuzte die Insel vom Osten her, nahm Direktkurs auf Desejado Peak, drehte abrupt und raste in Richtung Ost-Nord-Ost davon. Man hatte sofort den Unterwasser-Photoexperten Almira Baraúna herbeigerufen, der mit seiner Kamera auf Deck stürzte. Trotz der Aufregung gelangen ihm sechs hervorragende Aufnahmen. Nach erschöpfender Analyse der Bilder und Negative durch die Laboratorien der Kriegsmarine zur Auswertung von Fotomaterial wurden die Bilder mit Zustimmung des brasilianischen Präsidenten als absolut echt zur Veröffentlichung freigegeben. Schlagzeilen darüber erschienen in Rio de Janeiros „Correio Da Manha" am 21. Februar 1958 (B 10.148) (Spezial-Ausgabe „Flying Saucers 1967") (s. a. S. 160, 161).

Auch in den letzten Jahren sind immer wieder Berichte über Massensichtungen aufgetaucht. So brachte am 14. Juni 1967 der europäische Zentralsender für die amerikanischen Truppen AFN (American Forces Network), Berlin, in seinen 19.00-Uhr-Nachrichten neben anderem die hochinteressante Meldung, daß über den Kriegsschauplätzen von Vietnam ein unbekanntes fliegendes Objekt gesichtet wurde. Der Sprecher führte aus, dieses fliegende Objekt sei mit einer riesigen Scheibe vergleichbar, und es habe, mehreren Tausend amerikanischen Soldaten längere Zeit sichtbar, wie beobachtend oder etwas Bestimmtes abwartend, über dem Panorama der kriegszerfetzten Landschaft gestanden. Es war gleichsam eine leuchtende Scheibe, die weit strahlte, deren Kern jedoch deutlich konturiert erschien. Mehrere Einheiten der dort kämpfenden amerikanischen und südvietnamesischen Streitkräfte verfolgten gespannt kurz darauf das Aufsteigen von ein paar Jagdgeschwadern, die sich rasend schnell der seltsamen Erscheinung näherten, was diese jedoch zunächst nicht zu beachten schien. Man glaubte bereits, die Düsenjäger würden die „Untertasse" erreichen — als sich diese in ein grün fluoreszierendes Licht wie einnebelte und dann mit einer unglaublichen Leichtigkeit in Bewegung kam und sich endlich, was man wegen der ungeheuren Geschwindigkeit nicht mehr genau beobachten konnte, in den Kosmos hinein absetzte (Z 12.67.8.749).

Am 27. Juni 1968 waren in der Fabrik für Sodawasser in Ayacucho, Rosario, Brasilien, zahlreiche Arbeiter und Angestellte Augenzeugen des Besuches eines UFOs am hellichten Tag. Kurz vor 8 Uhr luden mehrere Arbeiter Kisten auf dem Fabrikhof ab, als plötzlich ein UFO in einer Entfernung von etwa 150 Metern niederging. Das UFO hielt sich etwa 10 Meter vom Boden entfernt und blieb etwa eine Minute über der gleichen Stelle. Die Beschreibungen sämtlicher Augenzeugen stimmen darin überein, daß es sich um ein flaches, rundes und silberglänzendes Objekt handelte, dessen Größe einem enormen Flugzeug entspricht. Aus der Mitte des UFOs strahlte ein intensives rötliches Licht, während der geheimnisvolle Flugkörper sich langsam in Richtung Nordwest-Südwest drehte. Schließlich erhob sich das UFO und entschwand den Blicken der Arbeiter und Angestellten. Sofort wurde die Polizei verständigt, die ein Protokoll über das Ereignis anfertigte und die Zeugenaussagen registrierte. An Arbeit war an diesem Tag nicht mehr zu denken, und immer wieder mußten die Augenzeugen den neu eintreffenden Personen ihr seltsames Erlebnis wiederholen (Z 12.68.11.1 000).

Ein Jahr später wiederum wurde ebenfalls aus Brasilien über Presse und Rundfunk gemeldet, daß ein großer Teil der Bevölkerung von Belo Horizonte (Minas Gerais) die Manöver eines UFOs betrachtete. Am 22. Mai 1969 stiegen damals die Insassen eines Omnibus, der in die Hauptstadt fuhr, aus, um voller Aufregung die tollkühnen Flugbewegungen anzusehen, die ein UFO über der Straße ausführte. Am 1. Juni dieses Jahres wurde in Lavras (MG.) eine „Fliegende Scheibe" deutlich von ca. 100 Menschen beobachtet, darunter war ein Arzt, ein Ingenieur, ein Feldwebel des Heeres und eine Gruppe von Soldaten. Dr. Remulo Fourtini Tourino, bekannter und geschätzter Chirurg in Lavras, machte eine Reihe ausgezeichneter Momentaufnahmen des Objekts, eines umgekehrten Tellers, während seiner schnellen Flugbewegungen. Die Tageszeitung „Estado de Minas" vom Sonntag, den 8. Juni, die eine genaue Umfrage über das Ereignis und die sensationellen fotografischen Dokumente brachte, gab außerdem zwei weitere Sichtungen bekannt. Die erste, die sich vierzehn Tage vorher ereignete, bezog sich auf einen Fall, bei dem ein Auto 15 Minuten lang auf der Straße von Bocaiuva von einer „Scheibe" verfolgt wurde. Die zweite Sichtung betrifft die Erscheinung eines UFOs über Mariana, das von 5 Männern und 4 Frauen bei der Ausführung einiger Flugbewegungen über der Stadt gesehen wurde, ehe es sich in Richtung Nord entfernte (Z 58.69.160.2) (Z 40.70.3/4).

Über hundert Personen waren Zeugen, als am 4. April 1972 ein unbekanntes Flugobjekt auf der Landstraße nach Tingua eine Verkehrsstauung verursachte. Wie die Zeugen später aussagten, darunter ein hoher Funktionär der Vereinigung brasilianischer Banken namens Cicero, die Lehrerin Sonia Carreiro aus Pauolo de Frontin und der Postbeamte Amauri aus dem gleichen Ort, hatte das UFO einen mit 43

Personen besetzten Bus der Rechtsfakultät der Universität von Valencia auf der Straße überflogen und ein Stück begleitet, bis schließlich der Motor des Busses aussetzte. Die Insassen flohen in Panik, da das UFO Kreise zog und dabei immer tiefer herunterkam. Da inzwischen auch die anderen Fahrzeuge nicht weiterkonnten, blieb der Verkehr für viele Stunden unterbrochen. Zwei Ehepaare in einem Taxi, das in diese Stauung geriet, brachten der lokalen Presse einen ausführlichen Bericht, nach dem das UFO ein schwer beschreibbares Geräusch verursachte und durch seine Helligkeit stark blendete (Z 58.72.191.5).

Ende Juli 1972 berichtete die brasilianische Nachrichtenagentur AJB sowie die amerikanische AP, daß etwa 2 000 Zuschauer eines Fußballspieles acht unbekannte fliegende Objekte beobachtet haben. Unter Berufung auf Zeugen meldete die Agentur, die Zuschauer auf den Rängen seien aufgestanden, die Spieler hätten ihr Match unterbrochen, Rundfunkansager die Objekte zu schildern begonnen. Diese seien geräuschlos in großer Höhe über die Stadt Campos bei Rio de Janeiro von Ost nach West gezogen und hätten ein orangefarbenes Licht ausgestrahlt. Sieben der Objekte seien einer Art Mutterschiff gefolgt (Z 55.72.29./30. Juli).

7. Berichte aus der Sowjetunion

Dr. Felix Zigel, Professor am Institut für Luftfahrt in Moskau, bestätigte in der Februarausgabe 1968 der Zeitschrift „Sowjetisches Leben", daß auch aus der UdSSR zuverlässige Berichte über UFO-Beobachtungen vorliegen. Es sei kaum anzunehmen, daß es sich durchweg um optische Illusionen handele. Illusionen könnten nicht auf Filmen erscheinen oder mit Radar registriert werden. Daher erklärte er: „Die stichhaltigste Hypothese ist, daß UFOs Vehikel von extraterrestrischen Zivilisationen sind." Im Oktober 1967 wurde eine Forschungsgruppe gegründet; ihr Name ist: „Abteilung UFO im Kosmonautischen Komitee der Union" mit Sitz im Moskauer Zentralgebäude für Luftfahrt und Kosmonautik. Einige der bemerkenswertesten Berichte sind im folgenden chronologisch aufgeführt.

„1956", berichtet der Chef-Beobachter der sowjetischen Polar-Aufklärung Valentin Akkuratow, „waren wir in einer TU-4 mit einem Auftrag gerade über Kap Jesup (Grönland). Als wir aus den Wolken herauskamen, sahen wir plötzlich ein unbekanntes Flugobjekt, das parallel zu unserem Kurs flog. Es sah aus wie eine opalschimmernde

Linse mit wellenförmigem, pulsierendem Rand. Da wir glaubten, es sei ein uns unbekannter amerikanischer Flugzeugtyp, flogen wir in die Wolken zurück, um eine Begegnung zu vermeiden. Nach vierzig Minuten Flug endeten die Wolken. Auf unserer Backbordseite war immer noch das gleiche seltsame Objekt. Wir sahen keine Tragflächen, kein Leitwerk, auch keine Kondensstreifen. Da entschloß sich der Pilot, näher an das Objekt heranzufliegen, um es genauer betrachten zu können; aber dieses folgte der Kursänderung und flog parallel mit uns und unserer eigenen Geschwindigkeit. Etwa 20 Minuten später änderte das Objekt seinen Kurs abrupt, flog vor unsere Maschine und verschwand mit einer, wie uns schien, unmöglichen Geschwindigkeit." (B 63.90/91)

Dr. Zigel berichtet, daß sowjetische Radarstationen Unbekannte Flugobjekte bereits seit zwanzig Jahren erfaßt haben. Im Frühjahr 1959 zum Beispiel verursachten sie weit verbreiteten Alarm und beinahe eine Panik unter Radar- und Luftwaffenpersonal, als sie länger als 24 Stunden am Himmel von Sverdlowsk erschienen, dem Hauptquartier eines taktischen Raketenkommandos. 1961 wurde bei Irkutsk eine raketenförmige Maschine mit vier Beinen beobachtet. Das große Fahrzeug und zwei seiner Insassen wurden von einer Ärztin aus einem nahegelegenen Labor fotografiert. Über der Stadt Woronesch kam im Sommer 1961 eine gigantische Zigarre, die wenigstens achthundert Meter lang war, auf eine Höhe von nur zweitausend Meter herunter und hing dort unbeweglich. Tausende Menschen sahen sie bei hellem Tageslicht, und es gab eine kolossale Panik. Plötzlich begann die Zigarre durchsichtig zu werden. Dann verschwand sie vollständig. Kurz danach kamen einige Kampfflugzeuge und flogen herum, offensichtlich auf der Suche nach ihr. Sekunden später, nachdem die genarrten Piloten davongeflogen waren, war das „Ungeheuer" wieder da, „an derselben Stelle" über der Stadt. Dann schoß plötzlich eine riesige Flamme aus dem Heck hervor. Die Zigarre begann sich zu bewegen, stieg steil in den Himmel und verschwand mit enormer Geschwindigkeit.

Im selben Sommer wurden auf einem Hügel bei Rybinsk, etwa 150 km nördlich von Moskau, neue Raketenbatterien als Teil der Verteidigungswerke der sowjetischen Hauptstadt aufgebaut. Eine riesige Scheibe erschien in einer auf zwanzigtausend Meter geschätzten Höhe und mit ihr eine Anzahl kleiner Scheiben. Die UFOs formierten sich und schienen den Raketenbauplatz zu studieren. Ein ängstlicher Batteriekommandeur gab — unbefugt — den Befehl, eine Salve auf die Riesenscheibe abzufeuern. Alle Geschosse explodierten in einer auf etwa zwei Kilometer geschätzten Entfernung vor dem Ziel, ein phantastisches Schauspiel am Himmel darbietend. Es folgte eine zweite Salve, mit demselben Erfolg. Die dritte Salve wurde niemals abgefeuert, denn in diesem Moment traten die kleineren Scheiben in Aktion und brachten die gesamte elektrische Apparatur der Raketenbasis zum Ausfall. Als sich die kleinen Scheiben zurückzogen und sich wieder zu dem großen Fahrzeug begeben hatten, stellte man fest, daß die elektrische Apparatur in betriebsfähigem Zustand war (Z 58.62.76.2).

1964 sahen Passagiere einer Linienmaschine von Leningrad nach Moskau, wie eine große, helle, metallisch aussehende Scheibe unter ihr Flugzeug glitt. Zufällig war Dr. Wjatscheslaw Zaitsew an Bord, der sich mit den Berichten über frühere UFO-Beobachtungen beschäftigt. Er gab an, daß die Scheibe, die eine Weile parallel unter dem Flugzeug flog, in der Mitte eine bauchige Wölbung aufwies, die einer Kabine glich. Dr. Ludmilla Zechanowitsch, die als Astronomin im Kaukasus arbeitet, sichtete 1965 am hellen Tag eine ähnliche Scheibe, die ebenfalls eine kabinenartige Wölbung hatte (B 63.90).

Im März 1970 wurde die Insel Sachalin nördlich von Japan geradezu in Panik versetzt, als Nacht für Nacht fliegende Untertassen erschienen, oft in großen Formationen. Gerüchte unglaublicher UFO-Vorfälle sickerten während des Frühjahres nach Nordjapan durch. Den Berichten zufolge landeten die fliegenden Untertassen in abgelegenen Gebieten, wo sie Haustiere stahlen und sogar Menschen entführten. Den Anfang dieser UFO-Invasion über der asiatischen Sowjetunion bildete die „Wladiwostok-Affäre“. Sie wurde von Dix Lester in der amerikanischen Zeitschrift „SAGA“ publiziert. Kasi Ku, Operateur einer japanischen Amateurfunkstation, soll im Februar 1970 die letzten Worte eines sowjetischen Düsenjäger-Piloten aufgefangen haben.

„Habe Sichtkontakt mit fliegender Scheibe“, meldete der Flieger mit ruhiger Stimme. „Es handelt sich um ein großes rundes Fahrzeug mit länglichen Luken, bläulich glühend.“ Als das UFO näher und näher kam, ging der MIG-Pilot offenbar in Verteidigungsposition. „Raketen befehlsgemäß abgefeuert“, vernahm der Funker in der japanischen Empfangsstation. „Nichts!“ Und weiter: „Raketen explodieren 600 Meter vom Flugzeug entfernt!“ Kurzes Knacken im Kanal, dann die ungläubige Stimme des sowjetischen Fliegers in panischer Angst. „Es ... hat ... im ... rechten ... Winkel ... gewendet ... Auf Kollisionskurs! ... Keine Zeit zu ... Das waren die letzten Worte aus dem Lautsprecher des Empfangsgerätes.

In diesem mysteriösen Unglücksfall über dem Küstengebirge Sichote-Alin, ein wenig nördlich von Wladiwostok, sieht Dix Lester nur eine Bestätigung für ähnliche kriegerische Übergriffe unbekannter Flugobjekte, denen schon früher mehr als fünfzehn US Air Force- und Marine-Piloten zum Opfer gefallen sein sollen. Aufgrund vertraulicher Hinweise verschiedener Experten dürfte auch die Sowjetunion bei der vergeblichen Verfolgung von UFOs zahlreiche Piloten und Flugzeuge verloren haben.

Im Frühjahr 1970 scheinen fliegende Untertassen in großer Zahl in Asien eingedrungen zu sein und die entlegenen, dünn besiedelten Gebiete entlang der sowjetischen Grenze überflogen zu haben, wie aus verschiedenen Augenzeugenberichten hervorgeht. Die Rotchinesen beschuldigten die Sowjetunion, „Geheimwaffen" nach China zu entsenden, und die Sowjets erhoben dieselben Anschuldigungen gegen die Chinesen. Neue Gerüchte um einen bevorstehenden Krieg zwischen Rotchinesen und der Sowjetunion kursierten in Asien.

Am 24. April 1970 war die Hölle los. Ein sowjetischer Überschallbomber, der sich im Rahmen eines „Geheimauftrages" auf dem Flug von Moskau nach Wladiwostok befand, verschwand spurlos über Sibirien. Der Pilot sprach noch über Funk zur Bodenstation, als die Übertragung plötzlich unterbrochen wurde. Es wurde eine intensive Suchaktion gestartet, bei der über 200 Flugzeuge das Gebiet durchsuchten, aus dem die letzte Meldung des fehlenden Bombers vorlag.

„Wir sind hier oben nicht allein", erklärten einige der Sucher. „Über uns befinden sich „Luftschiffe". Mindestens 25, vielleicht mehr." „Sie sind groß", funkte ein Pilot. „Die größten Dinger, die ich je gesehen habe. Aber sie sind zu hoch. Wir können nicht nahe herankommen." In Krasnojarsk wurden am selben Nachmittag unverzüglich Streitkräfte in Stellung gebracht, als eine Formation dieser „Luftwaffe" lautlos über der Stadt kreuzte. Flugabwehrraketen wurden angeblich von verschiedenen Geschützen entlang der mongolischen Grenze abgefeuert, als „Hunderte von leuchtenden Scheiben" am Himmel dahinzogen. Den Gerüchten zufolge nahmen mittlerweile sowjetische Geheimdienstoffiziere auf Grund der Berichte Vermessungen vor, in dem Bestreben, den möglichen Ursprungsort der Objekte haargenau festzulegen. Als sie die Fluglinien der mysteriösen Eindringlinge auf Karten einzeichneten, liefen alle Linien auf einen Punkt, etwa

1 600 km nordöstlich von Ulan Bator (Mongolei), oberhalb der sowjetisch-chinesischen Grenze zusammen.

Die Moskauer Korrespondenten registrierten mit Aufmerksamkeit, daß alle sowjetischen Streitkräfte am 26. April in Alarmbereitschaft versetzt waren. Die sowjetischen Eisenbahnen transportierten auf einmal rastlos Panzer und schweres Gerät nach Sibirien. Drei ganze Divisionen wurden von ihren Standorten versetzt, und riesige LKW-Kolonnen füllten die nach Osten führenden Hauptstraßen. Sowjetische Beamte erzählten den neugierigen Reportern höflich, daß man unterwegs zu den „Frühjahrsmanövern" sei. Offensichtlich haben die rotchinesischen Militärs dieselben Schlußfolgerungen wie ihre sowjetischen Gegenspieler gezogen. So wurde am 27. April plötzlich eine chinesische Division von Nordkorea mit Lastkraftwagen nach Westen, in Richtung Mongolei transportiert. Am selben Tag traf ein gewaltiger Verband sowjetischer Bomber mit einer großen Gruppe von Jagdflugzeugen über Sibirien zusammen, und die ganze Flugzeugkette bewegte sich dann südwärts nach dem ausgekundschafteten Zielgebiet. Solch eine Luftarmada hatte es seit den Tagen des Zweiten Weltkrieges nicht mehr gegeben. Tausende von Bauern aus der Gegend dieser Route haben berichtet, daß sie die Flugzeugkette vorbeifliegen sahen. Wie gemeldet wurde, haben die Flugzeuge das Gebiet nördlich von Ulan Bator stundenlang bearbeitet. In dieser Nacht war der Himmel über der Stadt erleuchtet, und viele Einwohner waren der Meinung, daß ein Atomtest stattgefunden habe. Sowjetische Soldaten strömten am 30. April in die Mongolei, und chinesische Streitkräfte erreichten den ausgebombten Landstrich am 4. Mai.

Weder in der sowjetischen noch in der chinesischen Presse wurde das spektakuläre Ereignis mit irgendeiner Andeutung erwähnt. Man begnügte sich da und dort, grimmige Erklärungen über einen „Grenzzwischenfall" abzugeben. In Hongkong wurde ein paar Tage später über den Rundfunk ein kurzer, wenig aufschlußreicher Bericht veröffentlicht, in dem es hieß, bei dem jüngsten Grenzkonflikt seien Hunderte von Mongolen und Chinesen ums Leben gekommen. Ein sowjetisches Bombergeschwader habe eine geheime chinesische Basis nahe der sibirischen Grenze angegriffen und Atombomben abgeworfen.

Ob alle diese Informationen den Tatsachen entsprechen, erscheint fraglich. Immerhin hat Prof. Zigel aus Moskau schon zahlreiche Berichte über frühere UFO-Sichtungen in der Sowjetunion veröffentlicht. Allein 1967 sollen über 200 Berichte, vor allem aus dem asiatischen Teil der UdSSR, eingegangen sein (B 120.77—83) (Z 58.71.174.2).

8. Entführungen von Flugzeugen und Schiffen

Vor ungefähr zwanzig Jahren verschwand ein kleines Postflugzeug, das die Post und vier Passagiere beförderte, auf einem regelmäßigen Flug über die Zentralebenen Rußlands. Zwei Tage später wurde die Maschine ganz intakt in der Nähe von Tobolsk (Sibirien) gefunden. Alles an Bord — Motor, Radio, Postsäcke etc. — war in vollkommener Ordnung. Die Tanks enthielten Brennstoff für einen zweistündigen Flug. Aber die vier Passagiere waren spurlos verschwunden! Der Pilot wurde nicht erwähnt. Hundert Meter von dem Flugzeug entfernt war ein riesiger, klar abgezeichneter Kreis versengten Grases und eingedrückter Erde mit einem Durchmesser von 30 Metern (Z 18.62.11/12).

Die französische Wochenschrift „La Presse" hat 1961 ähnliche Berichte aufgegriffen, besonders wo es sich um ein Verschwinden unter ungewöhnlichen Umständen handelt, das jeder Erklärung spottet und von dem oft ganze Familien betroffen sind. Am 14. August 1952 verabschiedeten sich die Fleischer Tom Brooks, seine Frau und ihr elfjähriger Sohn 60 km von Miami entfernt in der Nähe einer Bar von ihren Freunden. Sie stiegen in ihren Wagen und fuhren los. Es war zwanzig Minuten vor Mitternacht. Am folgenden Morgen um 7.14 Uhr entdeckte die Polizei ihren verlassenen Wagen 18 km von der Bar entfernt. Die Lichter brannten noch, eine Tür stand offen, und auf einem der hinteren Sitze lag Mrs. Brookes Handtasche, die eine große Summe Geld enthielt. Auf der an die Straße grenzenden Wiese konnte man noch die Fußspuren der Familie sehen. Die drei waren ungefähr zehn Schritte gegangen, dann schienen sie sich in der Luft aufgelöst zu haben, denn die Spuren hörten plötzlich auf. 11 km davon entfernt verschwand die Kellnerin Mabel Twin in derselben Nacht auf die gleiche Weise. Man hat diese vier Personen niemals wiedergesehen. Ein Beamter der FBI sagte halb im Scherz, es sähe so aus, als ob sie von Marsleuten entführt worden seien (B 13.267).

Immerhin hat sich in den letzten Jahren die Zahl solcher ungeklärter Entführungen derartig gehäuft, daß amerikanische Wissenschaftler dieses Problem heute ernsthaft untersuchen. Sie wollen damit ein Rätsel lösen, dem sie den Namen „Vile Vortices" (etwa „hinterhältige Strudel") oder „Sky Traps" („Himmelsfallen") gegeben haben. Die rätselhaften Vorgänge betrafen nämlich nicht nur einzelne Menschengruppen, sondern ganze Besatzungen von Flugzeugen und Schiffen, die im Raum zwischen Florida, den Bermudas und den Großen Antillen auf geheimnisvolle Weise verschwunden sind.

Der spektakulärste Fall ereignete sich kurz nach dem Ende des Zweiten Weltkrieges und betraf eine Staffel von Torpedobombern des Typs „Avenger". Die fünf Maschinen, bemannt mit insgesamt 14 Mann, starteten am 5. Dezember 1945 um 2.02 Uhr nachmittags zu einem Übungsflug von der Piste des Militärflughafens Fort Lauderdale nördlich von Miami. Sie hatten Flugschüler an Bord, aber auch erfahrene Piloten; die Maschinen besaßen Flugeinrichtungen, aufblasbare Rettungsflöße, Kompaß und Navigationsgeräte. Ihr Auftrag lautete, etwa 260 Kilometer nach Osten zu fliegen, dann weitere 70 nach Norden und schließlich in südwestlicher Richtung zum Heimathafen. Das erste Lebenszeichen der Staffel kam nachmittags vor vier Uhr, also zu einer Zeit, als man die Flugzeuge bereits zurückerwartete. Der Staffelkapitän teilte dem Funker auf dem Turm mit, daß man sich offenbar verflogen habe. Es war ein klarer, sonniger Tag, mit minimalem Wind; ausgesprochen gutes Flugwetter.

„Fliegen Sie doch einfach nach Westen", schlug der Funker vor. Er erhielt die seltsame Antwort: „Wir wissen nicht, wo Westen ist. Alles ist verkehrt, merkwürdig, selbst die See sieht nicht so aus, wie sie sollte." Bevor noch eine Erklärung kam, warum die Maschinen an einem klaren Winternachmittag nicht nach dem Sonnenstand Westkurs einschlagen könnten, riß das Gespräch ab. Statt desen hörte man jetzt in dem Funkgerät merkwürdige Bruchstücke einer Unterhaltung zwischen den Flugzeugführern der einzelnen Maschinen. Zum Erstaunen der Männer auf dem Turm übergab der Staffelkapitän plötzlich die Führung der Staffel an einen anderen Flugzeugführer. Und dann läuft es den Männern im Stützpunkt kalt über den Rükken: Obschon der Funkverkehr der fünf Flugzeuge deutlich hörbar weitergeht, sind sie plötzlich von den Radarschirmen verschwunden. 15 Minuten später, etwa um 4.24 Uhr, kommt die letzte Funknachricht: „Wir überfliegen ein fremdartiges Meer. Wir haben keine Ahnung, wo wir uns befinden. Es scheint . . ." Und das war das Ende.

Natürlich war inzwischen Alarm geschlagen worden. Als es dem Funker nicht mehr gelang, Kontakt mit den fünf Torpedobombern aufzunehmen, wurde ein großes Flugboot vom Typ „Martin Mariner" klargemacht, das gegen fünf Uhr nachmittags mit 13 Mann an Bord startete, um der Staffel entgegenzufliegen. Etwa zwanzig Minuten nach dem Start gab das Flugboot seine letzte Positionsmeldung durch. Alle späteren Versuche, mit ihm Kontakt aufzunehmen, scheiterten. Die Verantwortlichen von Fort Lauderdale alarmierten die Küstenwachen, die eine weitere Maschine hinter dem „Martin Mariner" hersandte; diese Maschine kam nach einiger Zeit zurück und erklärte, sie habe keine Spur von dem Flugboot oder den Torpedobombern gefunden.

Noch in der gleichen Nacht wurde der Geleitflugzeugträger „Solomons" der US-Marine in das Gebiet entsandt. Dreißig amerikanische Flugzeuge und weitere 21 Schiffe sowie mehrere britische Flugzeuge und Schiffe beteiligten sich an der Suche, die sich zu einer der größten Land-See-Rettungsaktionen entwickelte. Insgesamt sind im Laufe der nächsten Monate etwa 500 000 Quadratkilometer Festland, Küste und Meer ohne jeden Erfolg abgesucht worden. Von da an erhielt der Küstenstreifen vor Florida von den amerikanischen Fliegern den Namen „Point of No Return" oder „Punkt ohne Wiederkehr". Später nannte man ihn gelegentlich auch die Himmelsfalle oder das „Dreieck des Todes". Denn derartige Entführungen haben sich dort in den folgenden Jahren mit beängstigender Häufigkeit wiederholt.

So verschwand auf dem Flug von den Bermudas nach Kingston, Jamaika, im Januar 1948 der „Star Tiger", ein viermotoriges „Tudor-4"-Verkehrsflugzeug einer britischen Gesellschaft mit 40 Personen an Bord. Etwa auf halber Strecke gibt der Kommandant den letzten Funkspruch durch: „Sehr schönes Wetter, völlig normaler Flug." Man hörte nichts mehr von der Maschine. Eine riesige Suchaktion förderte nicht den geringsten Anhaltspunkt zutage.

In einer Dezembernacht des Jahres 1949 fliegt eine Transportmaschine der US-Armee mit 32 Passagieren an Bord von Puerto Rico nach Miami. Etwa 80 Kilometer vor dem Bestimmungsort fordert der Pilot über Funk Landeanweisungen an. Er berichtet, die Flugbedingungen seien hervorragend, alles laufe bestens. Er könne

---

Zu Abbildung 31

UFO-Landungsspuren in Quarouble

Marius Dewilde untersucht die Eindrücke, die ein unbekanntes Flugobjekt von 5 bis 6 Meter Durchmesser und etwa 3 Meter Höhe hinterlassen hat. Die Landung ereignete sich am 10. September 1954 um 22.30 Uhr in dem französischen Dorf Quarouble. Experten schätzten den Druck, der auf die Eisenbahnschwellen eingewirkt haben muß, auf 30 Tonnen. Der Kies zwischen den Schwellen erwies sich als außerordentlich brüchig, als ob er großer Hitze ausgesetzt gewesen wäre. Eine Vergrößerung der merkwürdigen Landungsspuren befindet sich links oben im Bild.

31

32

in der Ferne bereits die Lichter der Stadt Miami erkennen. Und damit bricht die Verbindung ab. Man findet am nächsten Morgen keine Spur der Maschine.

Eine viermotorige „Ariel“ einer britischen Gesellschaft ist im Januar 1950 unterwegs von den Bermudas nach Kingston. An Bord befanden sich 13 Passagiere und fünf Besatzungsmitglieder. Das Wetter war schön. Der Kommandant meldet, er werde bei leichtem Gegenwind Jamaika zur vorgesehenen Zeit erreichen. Er täuschte sich. Unmittelbar nach dieser Meldung verschwindet sein Flugzeug für immer.

1953 verschwand nördlich des Todesdreiecks eine britische „York“-Maschine auf dem Flug nach Jamaika mit 39 Menschen an Bord, 1954 eine Super-Constellation mit 44 Insassen, am 4. 11. 1956 ein Bomber der amerikanischen Marine. 1962 war es ein Luft-Tanker vom Typ KB-50, ein Jahr später überschritten zwei Strato-Tanker vom Typ KC 135 den „Punkt ohne Wiederkehr“. Sie machten ihre letzte Meldung dreihundert Meilen vor Bermuda; später fand man Trümmer, die angeblich von den beiden stammten, südlich der Insel.

Die meisten Fälle zeigten bestimmte Gemeinsamkeiten. Sie ereigneten sich nicht während der Hurrikan-Zeit, sondern vorher oder nachher. Für Tiere scheint sich die Bermuda-Falle nicht zu interessieren. Wann immer an Bord der Fahrzeuge Haustiere mittransportiert wurden, konnten sie nach dem Verschwinden des Flugzeugs oder Schiffs tot oder lebend aus dem Meer gefischt werden. Es gab auch Fälle, wo die Fahrzeuge vollkommen blieben und lediglich die Besatzung auf geheimnisvolle Weise von Bord verschwand. Mehrmals fand die US-Küstenwache mitten im Bermuda-Dreieck derartige Geisterschiffe. Alles an ihnen war in bester Ordnung: die Kühlmaschinen und automatischen Pumpen liefen noch, die Antriebsmo-

---

Zu Abbildung 32

Spuren einer Feuerkugel

Herr Joseph Barbieri zeigt auf eine Stahlblechverkleidung, die am 20. Juli 1953 in New Haven (Conn.) von einer geheimnisvollen Feuerkugel durchschlagen wurde. Das fremdartige Projektil stieg nach dieser heftigen Kollision, offenbar unbeschädigt, nach oben und verschwand hinter einer Baumreihe. Während seines Vorbeifluges sank die Spannung des elektrischen Versorgungsnetzes in der Umgebung merklich ab. Eine spektroskopische Analyse der Fragmente des unbekannten Flugobjektes, die auf dem zersplitterten Stahlblech zurückblieben, ergab nahezu 100 % reines Kupfer mit sehr geringer Oxydierung.

toren waren funktionstüchtig, nirgends war ein Leck festzustellen — nur die Besatzung fehlte. Das Unheimliche: die Rettungsboote waren noch vollzählig vorhanden.

Einer dieser Fälle könnte nach Meinung von Augenzeugen, die alles selbst miterlebten, den Schlüssel zur Aufklärung des düsteren Geheimnisses liefern. In den Zeitungsberichten des Jahres 1968 hieß es, Charles G. Reid, Kapitän des Luxusdampfers „Argentina" der Moore-McCormack-Linie, sei in der Nacht vom 30. auf den 31. Oktober 1968 gegen drei Uhr früh aus seiner Kabine verschwunden. Er habe vermutlich Selbstmord begangen, denn eines seiner Bullaugen seiner Maschine sei offen gewesen. Amerikanische Reporter stellten indessen fest, daß es in der Kapitänskajüte gar keine Bullaugen gab. Die Kabine lag nämlich über dem Hauptdeck und hatte große quadratische Doppelfenster. Hätte der Kapitän Selbstmord begehen wollen, hätte er zwei Treppen hinabsteigen müssen, um zur Reling zu gelangen. Und diese Treppen lagen voll im Sichtbereich der wachhabenden Offiziere auf der Kommandobrücke. Diese bestätigten übereinstimmend, daß in der Nacht niemand die Treppe benutzt habe. Denn in dieser Nacht schenkten sie allen Vorgängen ganz besondere Aufmerksamkeit. Dem Verschwinden des Kapitäns waren nämlich Ereignisse vorausgegangen, die der offizielle Bericht mit keinem Wort erwähnte.

Schiffspassagiere berichteten den Reportern: Gegen 22 Uhr habe sich der „Argentina" von Backbord ein riesiges fliegendes Objekt genähert. Es sei zigarrenförmig gewesen und habe von innen heraus rötlich geglüht. Deutlich seien entlang des Rumpfes erleuchtete runde Fenster zu erkennen gewesen. Die Passagiere strömten an Deck, um das seltsame Schauspiel zu beobachten. Bald erschien Kapitän Reid auf dem Hauptdeck: Er ging unter den Passagieren herum und versicherte ihnen, es sei „nichts zu befürchten". Reid erläuterte, es handele sich bei der Zigarre möglicherweise um ein Trugbild, das von elektrischen Feldern in der Atmosphäre erzeugt würde. Um seine Vermutung zu erhärten, wies Reid auf die Tatsache hin, daß die Funkanlage des Schiffes von starken Störungen beeinträchtigt werde.

Nach den Berichten der Augenzeugen schaffte es Reid, daß die meisten Passagiere sich bald in Richtung Kabinen oder Schiffsbar zerstreuten. Die wenigen, die auf Deck blieben, wollen jedoch gesehen haben, wie das rätselhafte Objekt erneut heranflog. Sie berichteten, diesmal sei die Annäherung in viel geringerer Höhe erfolgt. Es sei im Tiefflug über das Schiff hinweggerast, so nahe, daß die Beobachter einen Zusammenstoß befürchteten. Die Stelle aber, wo das Objekt längere Zeit verharrte, lag unmittelbar unter den Fenstern der Kapitänskajüte, erklärten die Wachhabenden. Und von da an blieb Kapitän Reid verschwunden. Merkwürdigerweise hat der von ihm befehligte Luxusdampfer „Argentina“ am 1. 11. 1968, einen Tag nach seinem Verschwinden, nachweisbar folgenden Funkspruch des Kapitäns aufgefangen: „Sucht mich nicht, ich bin in einer . . . .“

In der letzten Zeit hat man zahlreiche Theorien über die rätselhaften Entführungen aufgestellt. Als Vincent Gaddis im Mai 1964 eine Aufstellung der unerklärbaren Unfälle in der amerikanischen Zeitschrift „Argosy“ veröffentlichte, erhielt er zahlreiche Leserbriefe. Einzelne Leser sprachen von einem „Loch im Himmel“, von einem „spacewarp“, worunter eine Art himmlischer Webfehler zu verstehen ist, der verursacht, daß Maschine und Passagiere, die diesen Knoten anfliegen, plötzlich in eine andere Dimension versetzt werden.

Der amerikanische NASA-Physiker Dr. Jonathan Wright meint dagegen, daß ein großes Mutterschiff — oder UFO — in einigen hundert Meilen Höhe über dem „Dreieck“ schwebt und alles beobachtet, was hier vorgeht. Wenn ein Mondflug oder sonst etwas von Interesse bevorsteht, schickt es die kleinen UFOs herunter. Diese können „Musterexemplare“ von der Erde holen, indem sie Flugzeuge und kleine Boote kapern, die sich in das Gebiet des „Dreiecks“ wagen.

Dr. Wright hat seine guten Gründe für diese Hypothese. Er sagt: „Jahrelang wunderten wir uns darüber, was sich in dieser Gegend abspielte.“ Im Kontrollzentrum von Kap Kennedy empfingen wir zu den Startzeiten immer wieder seltsame elektronische Signale. Unsere Instrumente zeigten an, daß sie aus diesem Gebiet stammten. Als schließlich im Dezember 1970 wieder zwei Schiffe und ein Flugzeug verschwanden, entschlossen wir uns, der Sache nachzugehen. Mit einem kleinen Boot fuhren wir zu einer der kleinen Inseln hinaus, von denen Berichte über UFO-Sichtung vorlagen.

Nach zwei Wochen berichtet Dr. Wright, daß sein Forscherteam drei glänzende kreisförmige Objekte sichtete, die in nicht allzu großer Entfernung am Horizont niedergingen. Eine Woche später stiegen sie dann wieder auf und verschwanden im Nachthimmel. Dr. Wright fuhr mit seinem kleinen Boot näher heran, um besser beobachten zu können; doch zwei Wochen später landeten die drei Objekte von neuem.

„Diesmal waren wir sehr nahe“, führte er aus, „wir konnten zwei kleine Fenster an dem sehr kleinen Fahrzeug sehen. Die UFOs selbst hatten die Form von Thunfisch-Konservenbüchsen und konnten schweben und seitwärts fliegen."

Dr. Wright berichtet, daß seine Mannschaft auf der kleinen Insel an Land ging und auf die fremdartigen Maschinen zuging, aber er möchte nicht sagen, was er sah, als er davorstand. „Ich nehme an, daß eines Tages der vollständige Bericht veröffentlicht wird", sagte er, „aber jetzt noch nicht." „Alles, was ich sagen kann: Als wir den Objekten sehr nahe waren, stiegen diese mit unglaublicher Geschwindigkeit auf und schossen himmelwärts in Richtung Bermuda." „Eines kann ich Ihnen sagen", schloß Dr. Wright, „ich fahre nie wieder in einem kleinen Boot zu dieser Insel zurück, und ich werde nie mehr das Bermuda-Dreieck überfliegen." Immerhin sind dort bisher mehr als 120 Schiffe und Flugzeuge spurlos verschwunden (B 44.60 ff.) (Z 16.71.8.681 ff.) (Z 12.69.9.844 ff.) (Z 58.71.177.1/64.95.2/72.191.3).

9. Kontaktberichte

Während die Möglichkeit außerirdischen Lebens und selbst die Existenz unbekannter Flugobjekte heute von einer wachsenden Zahl ernst zu nehmender Wissenschaftler anerkannt wird, erscheinen angebliche Berichte über Kontaktaufnahmen mit UFO-Besatzungen, auch Ufonauten oder Humanoiden genannt, ziemlich unglaubwürdig. Insbesondere fällt auf, daß viele derartige „Kontaktler" wie Adamski, Angelucci, Genovese, Medina, Menger, Renaud und manch andere die ausgeprägte Tendenz besitzen, ihre Erlebnisse möglichst farbig auszuschmücken und sie mit missionarischem Pathos einer am Rande des Untergangs stehenden Menschheit gleichsam als „Heilsbotschaft" anzupreisen.

Eines ist zumindest sicher: die Idee eines kosmischen Weltbildes, wo die Erde nur ein Teil in einem größeren interplanetarischen Verband ist, läßt die ideologischen und machtpolitischen Auseinandersetzungen dieser Erde in anderen Dimensionen erscheinen und begünstigt die Integration der zerstrittenen Völker zu einer Weltgesellschaft. Insofern ist das Motiv der ufologischen Schriftsteller — falls sie ihre Kontakte mit Außerirdischen nur erfunden oder aus mystischen Erlebnissen gewonnen haben — nicht einmal als negativ zu beurteilen. Andererseits neigen kritische Wissenschaftler nur allzuleicht dazu, derartige Erzählungen von vornherein als Phantasterei einzustufen.

Dabei gibt es zunächst keinen logischen Grund, die Vielzahl zum Teil bestens dokumentierter Kontaktberichte abzulehnen. Der UFO-Experte Jacques Vallée hat in seinem 1 247 Nahsichtungsfälle um-

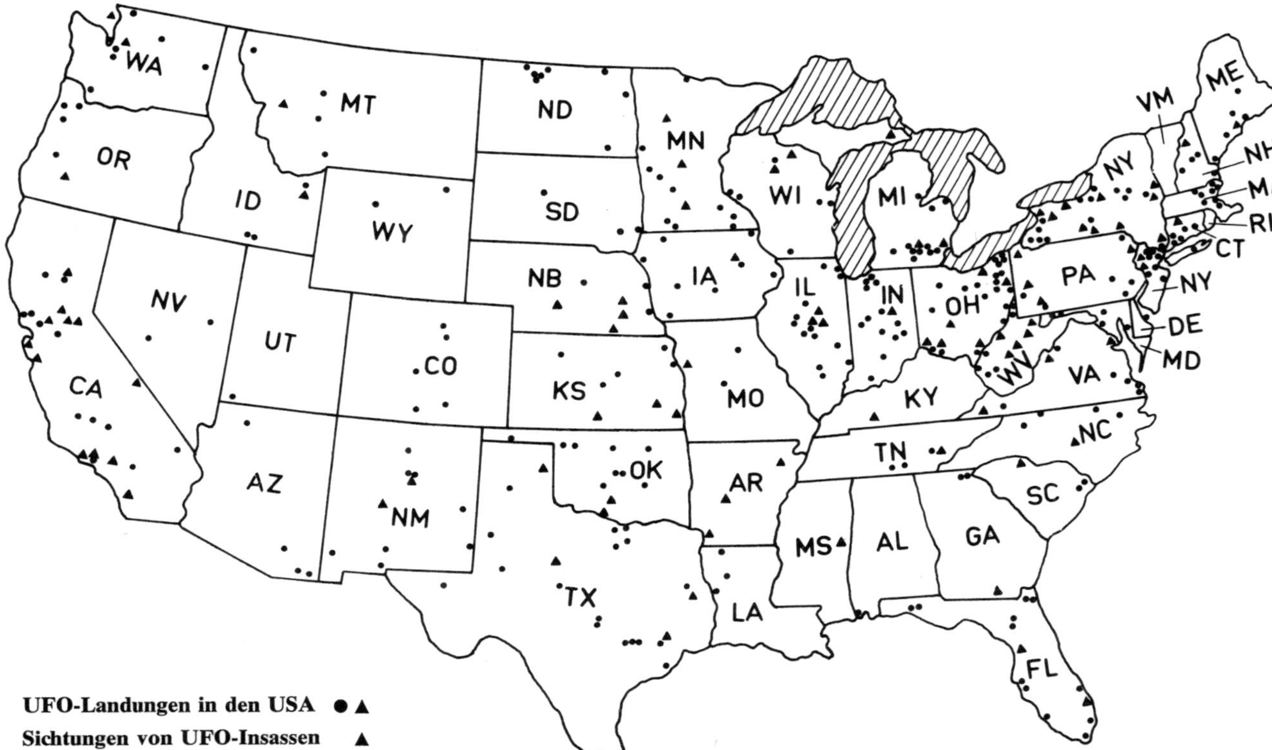

UFO-Landungen in den USA ● ▲
Sichtungen von UFO-Insassen ▲

fassenden Katalog 750 Landungsberichte aufgeführt. In 40 Prozent dieser Fälle sollen menschenähnliche Wesen in oder um das Landefahrzeug gesehen worden sein. Etwa ein Drittel dieser Berichte ist mehrfach bezeugt (B 40.139). Josephine Clark, San Franzisko, Herausgeberin des „Data Net Report", einer monatlichen UFO-Publikation, hat allein in den USA rund 400 gemeldete Landungen registriert und einzeln überprüft. Bei diesen Landungen handelt es sich — wie ausdrücklich angegeben — um Fälle, bei denen entweder

a) UFOs auf dem Boden gesehen wurden
b) UFOs den Boden nur kurz berührten
c) UFOs mit Insassen beobachtet wurden und
d) gelandete UFOs Spuren hinterließen.

In einer minutiös genauen Statistik belegt die Zeitschrift jede dieser beobachteten Landungen exakt mit Zeit, Ort, Name(n) der Zeugen und gibt an, um welche Art Beobachtung es sich handelt. Meist ist sogar die genaue Uhrzeit der Beobachtung angegeben. An einige wenige Fälle, wo die Angaben nicht ganz ausreichend waren, wurde ein Fragezeichen gesetzt (B 40.140).

Dr. P. M. H. Edwards von der Universität Victoria, British Columbia, bestätigt sogar die Existenz von nahezu tausend Fällen, bei denen menschliche Wesen gesehen wurden, entweder innerhalb ihrer Vehikel oder nahe dabei. Angesichts so vieler Fälle sei es fast undenkbar, sie alle als unzuverlässig oder falsch abzutun (Z 58.71.182.2). Über das Aussehen der Ufonauten gibt es in der Literatur zahlreiche Beschreibungen. Der brasilianische Forscher Jader U. Pereira, Porto-Alegre, machte sich die Mühe, anhand von 25 Büchern, 88 Protokollen und Erlebnisberichten sowie 92 sogenannten Kontaktberichten die darin beschriebenen Ufonauten zu typisieren und zu katalogisieren. 95,8 Prozent der Berichterstatter sprechen von menschlichen Formen (Humanoiden). Diese lassen sich in 7 Typen unterteilen, wobei im wesentlichen zwei Größengruppen angetroffen wurden: 1. die sehr kleinen Wesen zwischen 0,9 und 1,2 Meter und 2. die normal oder etwas größer als unsere Durchschnittsmenschen gebauten Ufonauten (1,6—2,0 Meter).

Die Raumanzüge der außerirdischen Piloten scheinen äußerst dünn und leicht zu sein und weisen verschiedene Färbungen auf. Es handelt sich fast immer um enganliegende Anzüge, die um die Hüften von einem zirka 10—13 cm breiten Gürtel zusammengehalten werden, auf welchem verschiedene Instrumente angebracht sind. Am Hals und an den Handgelenken sind die Anzüge mit einem elastischen Bund abgeschlossen. Die Schuhe sind niedrig und ohne Nähte. Manche Piloten tragen die meist blonden oder auch braunen und schwarzen Haare kurz wie wir. Ihre Hautfarbe wird oft weiß, gelb oder dunkelbraun geschildert. Einige Berichte sprechen von einem rötlichen oder grünen Schimmer, was an die grünen kleinen Männer der Science-Fiction-Romane erinnert (B 38.63 f.) (Z 16.73.5.429 ff.).

Natürlich neigen die meisten Zeitgenossen dazu, alle Kontakt-Geschichten unbesehen als Fälschungen oder Halluzinationen hochgradiger Psychopathen abzustempeln. Schließlich argumentieren viele Wissenschaftler mit gutem Recht, daß auf Grund der ungeheuren kosmischen Entfernungen ein Besuch von Zivilisationen anderer Sternsysteme nicht möglich ist — folglich passen Landungs- oder gar Kontaktberichte nicht in ihr Weltbild. Vor allem aber scheint unsere psychische und wohl auch politisch-wirtschaftliche Stabilität gefährdet zu sein, wenn sich Besuche von Außerirdischen bewahrheiten würden. Zeugen etwaiger UFO-Landungen haben es daher außerordentlich schwer, bei einer derart skeptischen Umwelt überhaupt ernst genommen zu werden.

Vielleicht kann die Echtheit eines Erlebnisses noch am ehesten daran abgelesen werden, wie lange der Zeuge den äußeren Anfeindungen standzuhalten vermag. Ein gutes Beispiel dafür ist der italienische Ingenieur Giampiero Monguzzi, der 1952 mit seiner Frau am Bernina-Gletscher in der Schweiz das „Unglück" hatte, eine fliegende Untertasse landen zu sehen, aus der ein menschliches Wesen herauskam und an der Hülle des Objektes hantierte (s. S. 202). Das ganze Zusammentreffen dauerte nur kurz, doch Monguzzi gelang es, mit seiner Kamera eine Serie von Aufnahmen zu machen. Als man seine Geschichte erfährt, wird er eine Nacht lang von einem Mann, der wie ein Bersagliere aussieht, den er aber für einen amerikanischen CIA-Agenten hält, verhört und aufgefordert, seine Geschichte zu widerrufen. Als er dies nicht tut, werden seine Bilder in einer Zeitschrift, an die er sie geschickt hatte, veröffentlicht, aber mit einem Begleittext, aus dem hervorging, daß sie wahrscheinlich gefälscht seien. Daraufhin wird Monguzzi aus der Edison-Gesellschaft ausgeschlossen, sein Chef entläßt ihn, und er ist eineinhalb Jahre arbeitslos. Selbst wenn die Aufnahmen gestellt waren, ist die Strafe für ihn reichlich hoch, doch Monguzzi schwört, daß sie echt sind, daß die Journalisten ihn betrogen haben (Z 20.72.11.65) (B 102.144—149) (B 134.47 f.).

Diese Geschichte zeigt, wie gering das Verständnis des wissenschaftlichen Establishments für derartige „bizarre" Erlebnisse ist. Im allgemeinen zeugt es ja schon von recht „schlechtem Geschmack", eine „Fliegende Untertasse" gesichtet zu haben. Eine landen gesehen zu haben, erscheint fast „unverzeihlich". Geradezu als Herausforderung unserer Fachgelehrten müssen dann die zahlreichen Berichte angeblicher „Kontaktler" wirken, die von anderen Wesen in unbekannten Raumfahrzeugen mitgenommen oder gar entführt worden sind. Falls die „Kontaktler" angesehene Vertreter ihrer Gesellschaft sind und für ihre Erlebnisse noch mehrere ehrenwerte Augenzeugen haben, wird man sie vielleicht nicht des bewußten „Betruges" bezichtigen, sie aber doch gerne auf ihren „Geisteszustand" untersuchen lassen. Inwieweit sich die folgenden Geschichten erklären bzw. wegdiskutieren lassen, möge der Leser selbst entscheiden.

Betrachten wir zum Beispiel einen Bericht aus der Sowjetunion. Im Jahr 1961 sprang eine Fallschirmspringerin aus einer Höhe von neuntausend Metern ab. Der Pilot des Flugzeuges sah sie an ihrem ausgebreiteten Fallschirm herunterschweben. So landete er, um auf sie zu warten. Sie kam herunter — in Saratov — 3 Tage später! Ihre Erklärung? Sie war mitten in der Luft von einer Untertasse abgefangen worden. Deren Insassen hatten sie gut behandelt, hatten sie auf eine enorme Entfernung in den Weltraum hinaus mitgenommen, damit sie die Erde sehen sollte und hatten ihr eine Botschaft an die Behörden mitgegeben. Der Umschlag, der die Botschaft enthielt, wurde dem Obersten der örtlichen Polizei übergeben. Über den Inhalt hat man nichts erfahren (Z 18.62.11/12).

Aus Brasilien wird berichtet, daß am 10. Mai 1969 der Soldat José Antonio da Silva von Pedro Leopoldo (ca. 50 km von Belo Horizonte) in einer „Scheibe" nach Colatina (Stadt bei Spirito Santo) flog. Der Soldat — mit bestem Leumundszeugnis — wurde von Ärzten untersucht und befand sich in bester physischer und geistiger Verfassung. Die Behörden gestatteten keine Befragung durch Journalisten. Nachdem er anschließend verschwunden war, verbreitete man beharrlich, daß er nach den USA geschickt worden sei. José Antonio da Silva, der bei seinen Behauptungen blieb, soll bewegungslos gemacht worden und von den Piloten der Scheibe mitgenommen worden sein. Sie hätten ihn dann, nachdem sie ihm eine grünliche und bittere Flüssigkeit zu trinken gegeben haben, nach Lebensbedingungen der Erde ausgefragt (Z 40.70.3/4).

Ebenfalls vorübergehend paralysiert fühlten sich die Insassen eines

Autos in Argentinien. Ihr Wagen war plötzlich aus unerklärlichen Gründen stehengeblieben, als sie drei kosmische Zwerge aus einem eiförmigen Raumschiff steigen sahen. Die Himmlischen — knapp 1,40 Meter groß, mit übergroßen, kahlen Köpfen — zapften den Kasino-Angestellten einige Tropfen Blut aus Daumen und Zeigefinger ab. Dann entschwebten sie (Z 10.68.42.180).

Eine weitere Begegnung mit UFO-Insassen in Südamerika wurde von der Zeitung „La Razon“ in Buenos Aires am 22. Juli 1968 geschildert. Danach hatte der Journalist und Autor Axel Aberg Cobo, 28, Buenos Aires, Sohn des Professors der Rechte Dr. A. Cobo, Ende Januar während seiner Ferien am Strand von Torres Beach ein leuchtendes Objekt aus dem Ozean auftauchen sehen, etwa 25 Meter von seinem Standort entfernt. „Ein starker Lichtstrahl kam von dem Objekt auf mich zu, und ich war wie gelähmt“, berichtet Sr. Cobo. „Nie zuvor habe ich etwas Ähnliches gesehen. Ich sah zwei Männer, über zwei Meter groß, die auf telepathische Weise mit mir Verbindung aufnehmen wollten. Die Männer sahen aus wie aus Kristall und gingen merkwürdig steif. Sie grüßten mich, indem sie ihre Schultern mit den Händen berührten. Ich fühlte mich gedrängt aufzuschreiben, was sie sagten, und weil ich kein Papier bei mir hatte, schrieb ich einige Worte, die ich hörte, auf meine nackten Arme und Beine! Verrückt — nicht wahr, ich als Professor für Journalismus und menschliche Beziehungen!“

Professor Cobo glaubt, den Namen des einen mit „Rubinako“ gehört zu haben, und die Worte, die er aufschrieb, lauten: „Krebs, Navia, Karsikuo, Karinkujo und Krero.“ Aber nur einer sprach zu ihm, der zweite schwieg. „Sie sagten noch, daß ich sie in Mar del Plata wiedersehen würde“, schließt Prof. Cobo seinen Bericht, „und ich weiß nur noch, daß das silberne Fahrzeug vertikal hochstieg und in einer Wolke farbigen Lichts verschwand.“ Axel Cobo hat zwei Bücher geschrieben: „Einführung in zwanglose Kommunikation“ und „Wir verlieren Boden.“ (Z 12.69.6.544)

Der folgende Zwischenfall, der sich am Spätnachmittag des 7. August 1965 in Venezuela ereignete, ist bisher nicht veröffentlicht worden, weil seine Zeugen zur Prominenz ihres Landes gehören. Die drei Zeugen sind ein Gynäkologe und zwei Industriekapitäne, Herren eines Konzerns, der vornehmlich Jubiläumsgeschenke aus Gold und Silber herstellt. An jenem 7. August inspizierten die beiden Industriellen und der Arzt ein Gestüt, das ihren Freunden in San Pedro de los Altos gehört und etwa 50 Kilometer von Caracas entfernt ist.

Gegen vier Uhr nachmittags unterhielten sie sich gerade über Investitionen, Zuchtpferde und die Schönheit der umliegenden Landschaft, als plötzlich ein blendender Lichtstrahl am Himmel ihre Aufmerksamkeit erregte. Dann entwickelte sich dieser Strahl zu einer Kugel, die immer größer wurde und langsam herabkam, genau auf die drei zu. Zuerst glaubten sie an einen Hubschrauber, aber sie hörten keinen Ton. Als das Objekt etwa 100 m über ihnen war, konnten sie sehen, daß es ein riesiger Diskus war, der ein blendendes gelbliches Licht ausstrahlte und auf der Unterseite einen dunklen Fleck hatte. Immer noch konnten sie keinen Ton hören, bis auf ein sehr leises Summen, kaum vernehmbar. Von Furcht gepackt, wollte der jüngste der Drei davonlaufen, aber der Arzt ergriff seinen Arm und sagte: „Laufen Sie doch nicht weg, Mann! Bleiben wir lieber hier und beobachten!"

Jetzt kam das Objekt vollends herunter bis auf etwa anderthalb Meter Höhe über dem Boden, rund 30 Meter von ihnen entfernt. Plötzlich schoß von der Unterseite, wie die drei Zeugen erschrokken bemerkten, ein breiter Lichtstrahl heraus, der den Boden berührte, und in ihm sahen sie zwei Wesen herabkommen, etwas über zwei Meter groß nach ihrer Schätzung. Sie hatten helles Haar bis auf die Schultern und trugen einen einteiligen Anzug ohne Nähte und metallisch glänzend. Immer noch an Ort und Stelle, aber angsterfüllt, beobachteten die Zeugen, wie die beiden Wesen auf sie zukamen — bis auf rund drei Meter Entfernung. Da hielten sie an, und alle drei Zeugen hörten gleichzeitig die Worte: „Fürchtet Euch nicht; beruhigt euch!"

Das Merkwürdige daran war, daß die Wesen weder ihre Mundstellung veränderten noch irgendeinen Teil ihres Kopfes bewegten. Die Zeugen hörten die Stimme nämlich „in ihrem Kopf" oder, wie einer sagte, „im Gehirn". Ihrer Verwirrung, von den Raummenschen wahrgenommen, wurde mit den Worten begegnet: „Wir sprechen direkt zu Euch!" Da begriffen die Zeugen, daß sie telepathisch angesprochen worden waren.

Es folgten jetzt die Antworten, die die drei Männer auf die Fragen des Gynäkologen in ihrem Kopf hörten. (Er hatte sich schneller gefaßt als die beiden anderen, die wie gebannt dastanden und schwiegen.)

Frage: „Wer seid Ihr? Wo kommt Ihr her? Und was sucht Ihr hier?"

Antwort: „Wir kommen vom Orion. Wir haben eine Mission des Friedens. Wir studieren die menschliche Psyche, um uns ihr anzupassen. Es gibt sieben bewohnte Planeten . . ."

Frage: „Könnt Ihr uns sagen, wie Eure fliegenden Untertassen angetrieben werden?"

Antwort (in leicht verärgertem Ton): „Wir haben keine fliegenden Untertassen. Es sind Antischwerkraft-Flugapparate („Gravitelides"). Sie bewegen sich mittels eines Kerns konzentrierter Sonnenenergie, die eine gewaltige magnetische Kraft produziert."

Frage: „Habt Ihr denn die Schwerkraft überwunden?"

Antwort: „Aber sicher."

Frage: „Wer steuert diese Schiffe?"

Antwort: „Einige werden von ‚Espacitomeles' und andere von ‚Mecanisoteles' gesteuert." Frage: „Was bedeuten diese Namen?" Antwort: „Es sind Wesen aus dem Weltraum, aber auch Roboter." Frage: „Sind die Bewohner anderer Planeten alle einander gleich?" Antwort: „Nein, es gibt solche mit bestimmter Form. Wir, die mit Form, sind untereinander ähnlicher als die Formlosen, die unter einem Meter groß sind und weit draußen am Rande des Großen Bären wohnen." Frage: „Habt Ihr Basen auf der Erde?" Antwort „Jeder Planet, der eine Expedition zur Erde aussendet, hat mindestens ein Schiff von der halben Mondgröße, die sich hinter dem Planeten Mars aufhalten. Das ist auch der Grund, warum so viele von unseren Fahrzeugen gesehen werden, wenn der Mars in Erdnähe ist."

Frage: „Leben schon einige von Euch unter uns?" Antwort: „Ja, über zwei Millionen." „Habt Ihr bereits eine Rassenvermischung mit uns begonnen?" Antwort: „Nein. Aber wir erwägen die Möglichkeit, die eine ganz neue Rasse hervorbringen würde." Frage: „Habt Ihr schon Menschen von der Erde mitgenommen?" Antwort: „Nein, bisher nur Tiere. Wir haben sie auf einem Planeten, den Ihr nicht kennt, in dem größten zoologischen Garten untergebracht, wo Tiere sind, die Ihr auch nicht kennt." Frage: „Was eßt Ihr? Wovon lebt Ihr?" Antwort: „Von künstlicher Nahrung." Frage: „Was haltet Ihr von unseren Raumflügen?" Antwort: „Sie sind primitiv." Frage: „Habt Ihr mächtige Waffen?" Antwort: „Ja. Wir haben einen Strahlenkompressor, der mit einem Schlag den Mond zerstören könnte." Frage: „Habt Ihr diese Waffe mitgebracht?" Antwort: „Nein. Wir wiederholen: unsere Mission ist eine des Friedens, aber wir haben kleine tragbare Waffen, die stark genug sind, die Explosion einer Plutonium-Bombe zu verhindern." Hier hörte das Gespräch auf, aber die Zeugen erinnern sich noch, folgende Sätze gehört zu haben:

1. daß wir hier auf der Erde erst am Anfang der Entwicklung stehen, die sie bereits haben;

2. daß außerhalb unseres galaktischen Systems ein „Leben der Kontraste" existiere, und

3. daß sie Beweise ihrer Gegenwart in verschiedenen Teilen unseres Planeten erbringen werden (Z 12.69.7.649-651).

Während das hier geschilderte UFO-Erlebnis nicht veröffentlicht, sondern nur persönlich dem Präsidenten der venezolanischen UFO-Forschungsgesellschaft übermittelt wurde, berichtete über einen anderen Kontaktfall sogar das Fernsehen. Es handelt sich um den brasilianischen Rechtsprofessor und Schriftsteller João de Freitas Guimarães. Er gilt als einer der besten Anwälte und Richter am Gerichtshof von Santos. Ursprünglich wollte er sein Erlebnis geheimhalten, doch durch eine Indiskretion in seinem Freundeskreis kam es an die Öffentlichkeit. Wäre er nicht ein hochgeachteter Bürger der Stadt gewesen, wäre es sicher um seine Position geschehen gewesen — so makaber erscheint seine Story, die er am Abend des 27. August 1957 im Fernsehen erzählte.

Professor Guimarães sagte, daß er nach San Sebastião gefahren war, wo er als Rechtsbeistand einer militärischen Dienststelle zu tun hatte. Da das Gericht aber bereits geschlossen war, ging er essen und unternahm danach einen Spaziergang an den Strand. Er erinnert sich nicht mehr genau an die Zeit, glaubt aber, daß es 7.10 Uhr oder 7.15 Uhr abends gewesen ist, im Mai des Jahres 1957. Der Himmel war bedeckt und grau, es gab keinen Mond. Da er keine Bank fand, setzte er sich in den Sand, stützte die Arme auf die Knie und schaute auf das Meer hinaus, das schon ganz dunkel war. Plötzlich bemerkte er, daß es auf dem Wasser heller wurde, und zwar in dem Streifen zwischen Bella und Sao Sebastião. Dann schoß ein Wasserstrahl hoch wie aus einem Wasserspeier, so daß er einen Wal in der Nähe glaubte. Bald danach sah er, daß da eine tropfenförmige Maschine war, die sich auf den Strand zubewegte. Dort angekommen, warf sie eine Landereling mit drei kleinen Kugeln aus. Der Apparat selbst hatte zirka 20 Meter Durchmesser und an die 6 Meter Höhe. Die Farbe war dunkel, aber metallisch schimmernd. Rundum waren große, runde Fensterluken, transparent aus einem Material, ähnlich wie Glas. Obenauf war noch eine kleine Kuppel zu sehen, die rötliches Licht ausstrahlte. Eine der drei Landekugeln hatte sich am Strand im Sand etwa 30 bis 40 cm tief eingegraben.

Aus der Maschine sprangen zwei Männer und gingen auf ihn zu. Sie sahen wie menschliche Wesen aus, wenigstens schien ihm das so. Er bekennt, daß er unruhig wurde. Er stand auf, und obwohl ihn eine starke Spannung ergriffen hatte, wollte er nicht weglaufen. Jetzt konnte er genau sehen, daß er es mit zwei großen Menschen (etwa 1,75 bis 1,80 m) zu tun hatte, mit langem hellem Haar, klarer Haut und fein gezeichneten Brauen. Sie trugen einteilige Anzüge, bis zum Hals geschlossen und ebenso an den Hand- und Fußgelenken. Ihre Augen waren klar und ruhig. Der Professor fragte sie, ob sie einen Schaden an der Maschine hätten. Aber er erhielt keine Antwort. Dann versuchte er, mit ihnen Französisch, Englisch und Italienisch zu sprechen, aber wieder ohne Ergebnis. Dann hatte er plötzlich das Gefühl, daß er eingeladen war, die Maschine zu besuchen. Er war überzeugt, daß sich die Raummenschen telepathisch verständigten, obwohl er später bemerkte, daß sie auch artikuliert sprechen konnten.

Prof. Guimarães selbst hatte sich niemals für fliegende Untertassen interessiert. Aus Mangel an Zeit wußte er nichts von ihnen. Und doch schien es ihm, daß diese Maschine eines jener seltsamen Luftfahrzeuge sein mußte. Da er die Einladung immer noch spürte, wurde er von dem unwiderstehlichen Wunsch erfüllt, nachzuschauen, wie es innen aussah. Da ging bereits einer der beiden auf die Maschine zu und wandte Guimarães den Rücken. Jetzt folgte er ohne Zögern, begleitet von dem zweiten, so daß er zwischen ihnen ging. Der erste erreichte den unteren Teil der Maschine und ging an Bord, wobei er sich an einer Art Leiter nur mit einer Hand festhielt. Dr. Guimarães brauchte beide Hände dazu. Er konnte jetzt sehen, daß noch ein dritter Insasse im Innern war. Als der zweite, der hinter ihm gegangen war, an Bord kam, wurde der Landesteg, der vorher ausgefahren war, wieder eingezogen und die Tür geschlossen. Danach wurde er gebeten, sich zu setzen; es war ein mit einer Art Leder oder ähnlichem Material gepolstertes Sofa, das rund und mit der Rückseite um das ganze runde Mittelrohr, das durch das ganze Schiff ging, anlag. Er sagte, er sei sehr bequem gesessen, so wie zu Hause in seinem Lehnstuhl. Etwas unangenehm war einzig ein innerhalb des Schiffes verspürbarer strenger Geruch, der die Nasenschleimhaut reizte, und daß ihm, außer der nervlichen Anspannung, zu kühl war.

Beim Aufsteigen des Apparates war anfänglich ein tiefes, aber nicht störendes Summen vernehmbar, das sehr schnell höher wurde, bis es nicht mehr hörbar war. Gleichzeitig glaubte er Wasser an den Luken zu erkennen. Er fragte: „Regnet es?“ Hierauf erhielt er telepathisch eine Antwort von einem der Insassen, die Frage verneinend.

Das Wasser kam von Teilen der Maschine, die sich gegeneinander drehten. Um die Maschine lief eine Strahlen-Filter-Röhre, die ein Halbvakuum in den einzelnen Zellen schuf. Guimarães schätzte, daß sie in zirka zehn Sekunden die Erdatmosphäre durchstoßen hatten. Durch die Luken sah Guimarães dann über der Erde eine tiefdunkle Zone, in der die Sterne außerordentlich klar sichtbar waren. Während des 30- bis 40-minütigen Fluges fragte er die Insassen, woher sie kämen, aber er erhielt keine Antwort. Später wurde ihm von einem Mitglied der Besatzung erklärt, daß die Maschine durch Ausnutzung der sich kreuzenden magnetischen Kraftlinien im Weltraum gesteuert würde. Guimarães meinte nach seiner Rückkehr, daß die Mannschaften dieser Luftfahrzeuge Untersuchungen über unsere Erde anstellten und uns vor drohenden Gefahren warnen wollten. Am Fernsehschirm erklärte er damals: „Meine Weltanschauung hat durch dieses Erlebnis eine derartige Verwandlung erfahren, daß ich mich sehr schwer in Kürze den Hörern verständlich machen kann.“ (Z 14.58.4)

Nicht nur in Lateinamerika häufen sich derartige Kontaktberichte, auch in den USA sollen Leute aller Gesellschaftsschichten — Ingenieure, Techniker, bekannte Hollywoodstars, Rock-and-Roll-Berühmtheiten und Mitglieder der High Society — physischen oder mentalen Kontakt mit den „Burschen von oben“ (boys from topside) gehabt haben.

Besonderes Aufsehen erregte der Bericht des amerikanischen Forschers und Elektro-Ingenieurs Dr. Daniel W. Fry. Er erwarb sich den Titel Doktor der Philosophie durch seine Dissertation „Stufen zu den Sternen“ am St. Andrews College in London. Er ist Mitarbeiter der NICAP in Washington D. C. und Autor mehrerer Bücher auf den Gebieten der Physik und Weltraumfahrt. Durch seine Vorträge an Hunderten von Rundfunk- und Fernsehstationen ist er Millionen Menschen bekannt geworden und wird seit 1961 in dem Verzeichnis „Who is who in West?“ geführt. Fry ist auch Präsident der „Understanding Inc.“ mit internationalem Leserpublikum. Als Leiter einer Forschungsabteilung in Kalifornien entwickelte er mehrere Geräte für das Leitsystem der Atlas-Trägerrakete. Vorher war Dr. Fry bei der Firma „Aerojet General Corporation“ tätig, die ihm die Installation von Instrumenten für die Leit- und Kontrollsysteme von Flugkörpern auf dem Versuchsgelände White Sands bei Las Cruces in New Mexiko übertragen hatte. Dr. Fry arbeitete zeitweise auch als Berater für das „California Institute of Technology“.

Das denkwürdige Ereignis, das seinen weiteren Lebensweg entscheidend beeinflußte, schildert Dr. Daniel Fry ausführlich in seinem Buch „Das Erlebnis von White Sands“. Eine kurze Zusammenfassung soll im folgenden wiedergegeben werden. Dr. Daniel Fry erzählt: „Am Abend des 4. Juli 1950 machte ich einen kleinen Spaziergang zum alten statischen V 2-Teststand, der etwa 2,5 km vom Zentrum des Versuchsgeländes entfernt lag. Während ich so nebenbei den Himmel betrachtete, bemerkte ich plötzlich, daß eine wachsende Gruppe von Sternen plötzlich zu erlöschen schien, wie wenn ein großer Gegenstand sich davor schieben würde. Schließlich erkannte ich ein ovales Objekt, das im langsamen Gleitflug herunterkam und etwa 20 Meter von mir entfernt erschütterungsfrei aufsetzte, wobei außer dem Knacken des Gebüschs kein Laut zu vernehmen war. Die Höhe des Sphäroids schätzte ich auf knapp 8 Meter, seinen größten Durchmesser auf etwa 9 Meter. Ich lief um das ganze Schiff herum, ohne etwas wie Öffnungen oder Fugen zu sehen. „Wenn da welche drin sind“, dachte ich mir, „dann müssen sie entweder oben oder unten aussteigen.“ Ich ging näher und berührte vorsichtig die stark polierte, silbrige Metallhaut, die etwas violett irisierend schimmerte. Sie war nur wenig wärmer als die Luft und sehr glatt. Ich schlug dann mit der Handfläche auf das Metall und verspürte ein leichtes, aber deutliches Kribbeln in den Fingerspitzen und in der Handwurzel. Da ertönte, gewissermaßen aus dem Nichts, eine deutliche Stimme: „Faß die Hülle lieber nicht an, Freund, sie ist noch heiß.“ Ich machte einen großen Satz rückwärts, stolperte und lag der Länge nach im Sand. Ich war erstaunt über das korrekte Englisch des Sprechers und hielt ihn für einen Amerikaner. Doch da sagte die Stimme: „Ich bin kein Amerikaner wie du, obgleich meine gegenwärtige Aufgabe es erfordert, daß ich einer werde. Die Tatsache, daß du mich für einen deiner Landsleute hieltest, ist ein schöner Beweis für den Erfolg meiner Bemühungen, während der letzten zwei Jahre eure Sprache und Redewendungen zu lernen und anzuwenden. Tatsächlich habe ich noch nie einen Fuß auf euren Planeten gesetzt, und es wird auch noch vier Jahre eurer Zeitrechnung dauern, bis ich mich den Bedingungen eurer Atmosphäre und der Gravitation angepaßt haben werde und gegen eure Krankheitserreger immun bin. Einer der Hauptgründe dieser Expedition ist es, die grundsätzliche Anpassungsfähigkeit der Erdenbürger festzustellen, insbesondere aber eure Fähigkeit, euer Denken schnell und gelassen Konzeptionen anzupassen, die euren konventionellen Denkweisen völlig fremd sind. Frühere Expeditionen unserer Vorfahren, die sich über Jahrhunderte erstreckten, erwiesen sich in dieser Hinsicht als kaum erfolgversprechend. Diesmal hoffen wir aber, Menschen zu finden, die besser geschult und empfänglich sind, so daß wir euch bei der fortschreitenden Entwicklung eurer Rasse helfen können."

Weiter sagte die merkwürdige Stimme: „Ich habe den Eindruck, daß es dich ermüdet, da draußen im Sand stehend meinen Vortrag über Wissenschaft und Soziologie anzuhören. Möchtest du nicht einsteigen und vielleicht eine kurze Reise mitmachen? Dieses Schiff ist zwar nur ein ferngesteuerter Lastenträger, aber es hat auch eine kleine Passagierkabine mit mehreren Sitzen. Ich selbst befinde mich in der Zentraleinheit, oder, wie ihr es nennt, im „Mutterschiff", etwa 1450 km über der Erde."

Kurz darauf bewegte sich ein Stück der unteren Hüllenwand ein wenig nach innen und glitt dann zur Seite. Durch diese Tür gelangte ich in eine etwa 2,70 m lange und 2,10 m breite Kabine. Sie enthielt vier anatomisch geformte, aber relativ kleine Sessel. Die Stimme fragte erneut: „Was hältst du davon, wenn wir dich nach New York und zurückbringen — innerhalb dreißig Minuten?". Ich war zwar sehr erstaunt, stimmte jedoch zu. Instinktiv stemmte ich meine Beine fest auf und hielt mich am Sitz fest. Sekunden später „fiel" die Erde mit unglaublicher Geschwindigkeit unter mir weg. Ich sage, die Erde „fiel weg", weil ich keinerlei Beschleunigung verspürte und das Schiff sich unbeweglich wie ein Fels verhielt. Wenig später erschienen in der linken unteren Ecke der zum durchsichtigen „Bildschirm" gewordenen Tür die Lichter von Las Cruces, und da erkannte ich, daß ich in diesen 2 bis 3 Sekunden wenigstens 330 m hoch gestiegen war.

Auf meine Frage, wieso ich während der Aufstiegsphase keine Beschleunigung gespürt habe, wurde mir erklärt: „Die Kraft, die das Fahrzeug beschleunigt, ist in ihrer Art mit einem Gravitationsfeld identisch. Sie wirkt nicht nur auf jedes einzelne Atom des Fahrzeugs ein, sondern in gleichem Ausmaß auf jedes Masse-Atom, das sich in ihm, also Pilot und Passagiere eingeschlossen, befindet. Unsere einzige Beschleunigungsgrenze wird durch die maximal verfügbare Antriebskraft gesetzt. Da nun diese Kraft in genauer Proportion zur Masse wirkt und da die Gravitation der Erde weiterhin auf beide einwirkt, bleibt die ursprüngliche Kraft zwischen Deinem Körper und dem Sitz konstant. Eingeschränkt wird dies durch die Tatsache, daß sich diese Kraft mit der Verringerung des irdischen Gravitationsfeldes durch die Zunahme der Entfernung ebenfalls verringert. Bei Reisen zwischen Planeten, weit entfernt von natürlichen Gravitationsquellen, halten wir es aus praktischen Gründen für notwendig, eine künstliche Gravitation zu erzeugen. Die Gravitation, an die wir gewöhnt sind, beträgt wenig mehr als die Hälfte eurer irdischen Gravitation.

Als wir nun über der City von New York auf 32 000 m Höhe heruntergingen, wurden die Lichter viel heller und teilten sich in individuelle Lichtpunkte auf. Es schien mir, als ob Millionen von bläulich-weißen Diamanten vor mir ausgebreitet lagen, die vor einem schwarzen Samt-Teppich funkensprühend glitzerten. Leider währte der Aufenthalt über der Stadt viel zu kurz, und ich wurde bereits wieder zurückgebracht, diesmal mit einer Geschwindigkeit, die etwas größer war als beim Hinflug. Als ich mich wieder am Startplatz befand, verließ ich das Schiff wie ein Schlafwandler und stolperte ein Dutzend Schritte durch den Sand, ehe ich mich umdrehte, um zurückzuschauen. Die Tür hatte sich bereits wieder geschlossen, und um die Mitte des Schiffes erschien ein orangefarbenes Lichtband. Dann schnellte es nach oben, als sei es von einem Katapult weggeschleudert worden, und die kräftig nachströmende Luft riß mich einen Schritt vorwärts, wodurch ich fast das Gleichgewicht verlor. Es gelang mir sogar, das Schiff im Auge zu behalten, bei dem das Lichtband nun die Farben von Orange bis Violett durchlief. Inzwischen war das Schiff schon auf einige tausend Meter gestiegen, und als das Licht ins Violett überging, entschwand es meinem Blick." — Dr. Fry fertigte von seinem Erlebnis sofort einen ausführlichen Bericht an. Da das Raketenversuchsgelände, auf dem er arbeitete, jedoch ein militärisches Sperrgebiet mit besonders strengen Geheimhaltungsvorschriften ist, konnte er seinen mit vielen technischen Details angefüllten Bericht erst 12 Jahre später veröffentlichen (B 33).

Ein noch phantastischeres Erlebnis, das 1970 bekannt wurde, schildert der Universitätsabsolvent Tom Monteleone. Als er Anfang 1968 nachts mit seinem Wagen nach Hause fuhr, fand er auf der Straße ein fremdartiges, metallisches Flugobjekt, das die Weiterfahrt versperrte. Er hielt sein Auto an, stieg aus und ging auf das Flugzeug zu. An diesem öffnete sich eine Tür und ein menschenähnliches Wesen stieg aus und kam auf ihn zu. Er stellte sich als „Vadig" vor und sagte, er käme von einem Planeten namens Lanulos, der jenseits unseres Sonnensystems liege. Am Ende der kurzen Unterhaltung teilte Vadig Tom mit, daß er ihn wiedersehen würde. Damit ging der Ufonaut zu seinem Schiff zurück und flog weg.

Das zweite von vier Zusammentreffen fand in einem Restaurant in Washington statt, wo Monteleone beschäftigt war, solange er noch auf die Universität ging. Spät abends kam noch jemand herein, setzte sich nieder und rief Tom, wie um eine Bestellung zu machen. Der Mann trug einen dunklen Mantel und einen großen Hut, den er tief ins Gesicht gezogen hatte. Als er seinen Hut abnahm, war Tom überrascht, dieselbe Person zu erkennen, die er vor einigen Wochen beim UFO getroffen hatte. Vadig fragte Tom, ob er einen kurzen Flug im UFO mitmachen wolle. Er wolle warten, bis Tom mit seiner Arbeit fertig sei und würde ihn dann zu einem einsamen Platz fahren, ungefähr 20 Meilen (32 km) von Washington entfernt, wo das Raumschiff sie an Bord nehmen würde. Tom willigte ein, er beendete seine Arbeit. Sie fuhren, wie Tom mitteilte, in einem 1955-Buick, der so aussah und roch, wie wenn er gerade aus der Fabrik gekommen wäre. Angekommen, bestiegen sie das Raumschiff, und die Tür schloß sich hinter ihnen.

Tom beschrieb in der aufrichtigsten Weise, wie er in den Navigationsraum des Flugschiffes geführt wurde, wo Vadig ihm einen Bildschirm zeigte, auf dem der Planet Erde zu sehen war, als sie in den Weltraum hinausflogen. Nach der Landung auf dem Planeten Lanulos wurde Tom auf eine Fahrt mitgenommen, die nur über einen kleinen Teil des Planeten führte. Er sah Leute über die Straße gehen. Die Gebäude waren alle sehr niedrig, nur ein oder zwei Stockwerke, aber alle mit der gleichen Temperatur, wie durch Klimaanlagen. Eines der auffälligsten Momente während der Reise nach Lanulos war die augenscheinliche Differenz in der Zeit auf der Erde und auf diesem fremden Planeten. Obwohl der Flug anscheinend sieben Stunden erforderte, bemerkte Tom, daß nur ungefähr etwas über eine Stunde unserer Zeit vergangen war. Mr. Monteleone hat dieses Erlebnis bei verschiedenen Gesprächen mit Fachleuten, einschließlich einer $2^1/_2$-stündigen Fernsehsendung auf Kanal 14, Washington, bestätigt (Z 19.70.3).

Ein anderer Kontaktbericht in den USA wurde besonders gründlich geprüft. Es handelte sich um das Erlebnis zweier Navajo-Indianer, Willie Begay und Guy Tossie, beide 23 Jahre alt. Sie fuhren am 2. November 1967 auf der Bundesstraße 26 nach Ririe in Idaho. Gegen 9.30 Uhr abends sahen sie plötzlich einen Lichtstrahl wie ein Blitz und gleich darauf ein kleines UFO mit Kuppel etwa anderthalb Meter über dem Boden schweben, dicht vor ihrem Wagen. Ihr alter Buick stoppte, obwohl Begay nicht gebremst hatte. Später vermutete er, daß der Apparat vor ihm das Auto gestoppt haben mußte.

Das UFO sandte grüne und orangefarbene Lichtstrahlen aus, anscheinend durch Luken, die um den Außenrand herumliefen. Durch eine durchsichtige Kuppel sah man zwei kleine Gestalten. Dann öffnete sich die Kuppel und eine der Gestalten kam heraus. Sie schien zu schweben. Als das Wesen sich dem Wagen näherte und von den Scheinwerfern beleuchtet wurde, sah man, daß es nur einen Meter groß war. Das Gesicht war zerfurcht, die Ohren verhältnismäßig groß, die Augen waren rund und der Mund sehr schmal. Das Gesicht erschien grünlich, aber auch die beiden Indianer sahen im Licht des UFOs ähnlich verfärbt aus. Als das seltsame Wesen die linke Wagentür öffnete, rückte der zutiefst erschrockene Indianer zur Seite. Das Wesen kam herein, und sofort bewegte sich der Wagen in ein Stoppelfeld. Doch keiner der beiden Zeugen konnte sagen, wer das Auto gefahren hatte. Es schien, als ob es an einem unsichtbaren Band von dem UFO gezogen wurde. Der Wagen hielt etwa 20 Meter von der Straße entfernt. Tossie öffnete die Tür, sprang heraus und lief auf die Straße zurück. Als er verschwunden war, begann das Wesen zu Willie zu sprechen; aber es waren unartikulierte Laute, die ihm unverständlich blieben. Später erzählte er, die Sprache sei hoch und schnell wie die von „Frauen oder Vögeln" gewesen. Er versuchte dann einen zirpenden Laut nachzuahmen und gab zu, zu Tode erschrokken gewesen zu sein. Kurz danach erschien der zweite UFO-Insasse am Wagen. Der erste stieg aus, worauf beide auf ihr Fahrzeug zugingen und wieder einstiegen. Die Kuppel schloß sich, und das Objekt stieg im Zickzackflug auf, wobei die farbigen Lichter an Intensität zunahmen. Es flackerte wie eine Flamme, sah aber anders aus. Man hörte einen surrenden Ton und spürte einen Luftstrom, als das UFO wegflog.

Inzwischen hatte Tossie auf seiner Flucht das Farmhaus von Mr. Willard Hammon erreicht. Dort erklärte er, so gut er konnte, was geschehen war, und der Farmer fuhr in seinem Auto an den Schauplatz. Dort fanden sie den Wagen noch immer auf dem Stoppelfeld stehend, und innen saß Willie Begay zitternd, mit geschlossenen Augen im Fahrersitz. Der ganze Vorfall hatte etwa 15 Minuten gedauert. Anschließend fuhren Mr. Hammon und die beiden Indianer zur Polizei, um den Vorfall zu melden. Der Beamte Tom Harper, der den Zwischenfall überprüfte, erklärte, daß die Indianer offensichtlich verstört waren. Auch die Rinderherde war wild geworden, und die Hunde hatten gebellt. „Bei Mrs. Mann", erklärte der untersuchende Beamte Ricks, „sind die Tiere durch eine Stahlrohrpforte durchgebrochen und zwei Meilen weit gelaufen. Nachdem man sie zurückgetrieben hatte, durchbrachen sie erneut einen Zaun."

Der Zufall wollte es, daß in der gleichen Nacht zur gleichen Zeit ein weiterer Zeuge das UFO gesehen hatte, der sein Erlebnis am nächsten Morgen einem bekannten Ehepaar erzählte, jedoch unter der Bedingung, seinen Namen nicht preiszugeben, da er fürchtete, ausgelacht zu werden. An jenem Abend des 2. November war er vor Mitternacht zwischen Ririe und Rigby gefahren, als ein UFO sich haargenau vor seinen Lastwagen setzte und ihn dadurch stoppte. Ein kleines Wesen stieg aus und versuchte, in den Lastwagen zu gelangen. Es tastete das Fenster ab und pochte an die Windschutzscheibe. Der Fahrer fürchtete um seinen Verstand und überlegte, ob die Erscheinung wirklich sein könnte. Da das Wesen nicht in den Wagen gelangen konnte, ging es in sein Fahrzeug zurück, das dann abflog.

Mr. X fuhr nach Hause und war so schockiert, daß er nicht schlafen konnte. Morgens gegen 7 Uhr vertraute er sein Erlebnis seinen Freunden an. Als gegen 9 Uhr morgens das lokale Radio den Bericht der beiden Indianer veröffentlichte, wurde Mr. X kreideweiß, und von dem Augenblick an weigerte er sich, über sein Erlebnis zu sprechen. Dr. Allen S. Mariner, Psychiater aus Canandagua, N. Y., äußerte sich wie folgt: „Dieser Fall ist für mich besonders überzeugend, weil die Zeugen von Panik ergriffen wurden und sich im Kreuzverhör nie widersprachen. Ebenso spricht das ungewöhnliche Verhalten der Tiere für ein besonderes Erlebnis. Die Tatsache, daß die Zeugen ein oder zwei Bier getrunken haben, ändert nichts daran, denn ihre Angst- und Panikreaktion ist nicht typisch für Alkoholeinwirkung. Jedenfalls kann sie nicht solche Phänomene als Halluzinationen hervorrufen."

Der (zur Zeit noch anonym bleibende) Astronom eines Planetariums im Nordosten der USA bemerkt: „Ich halte Erscheinungen, die solch tiefgreifende Angstgefühle auslösen, für echt, aber ich muß Dr. Jacques Vallée beistimmen, wenn er sagt, daß die Berichte über Landungen uns vor die Wahl stellen, diese Geschehnisse als wahr anzuerkennen oder sämtliche Beobachter eo ipso als Lügner anzusehen. Jedenfalls halte ich diesen Fall für einen der überzeugendsten der Ufologie." (Z 57.69.9/10)

Im Bemühen, den Wahrheitsgehalt von Kontaktgeschichten durch wissenschaftliche Testmethoden nachzuprüfen, werden häufig Untersuchungen mit Lügendetektoren vorgenommen. Als besonders wertvoll hat sich auch die unabhängige Befragung mehrerer Sichtungszeugen im Zustand der Hypnose erwiesen. Hierdurch können aus dem Unterbewußtsein viele Einzelheiten hervorgeholt werden, die bereits vergessen oder durch posthypnotische Sperren seitens der Ufonauten verdrängt waren. Eine absichtliche Täuschung der Untersuchungsbeamten im Zustand der Hypnose ist kaum möglich.

Einer der klassischen UFO-Fälle, wo ein Ehepaar an Bord eines Raumschiffes entführt wurde, konnte erst nach wiederholten Befragungen in Hypnose durch den Bostoner Psychiater Dr. Benjamin Simon voll aufgeklärt werden. Das Ehepaar Betty und Barney Hill aus New Hampshire, USA, befand sich am 19. September 1961 auf der Rückfahrt von einem Besuch in Kanada. Beide wollen gegen Mitternacht ein UFO gesehen haben, das möglicherweise mitten auf der Straße gelandet war. Merkwürdigerweise hatten sie jedoch einen Zeitraum von zwei Stunden in ihrer Erinnerung verloren. Sie wußten nur noch, daß sie 50 km weiter wieder zum Bewußtsein kamen.

In der Hypnose-Befragung stellte sich heraus, daß Betty und Barney Hill von sechs menschenähnlichen Wesen an Bord eines Raumschiffes gebracht und dort eingehenden medizinischen Untersuchungen, u. a. einem Schwangerschaftstest, unterzogen worden waren. Der amerikanische Journalist John Fuller hat über diesen Fall ein eigenes Buch unter dem Titel „The Interrupted Journey" verfaßt (B 112).

Große Beachtung in der amerikanischen Presse hat auch das UFO-Erlebnis zweier Werft-Arbeiter im Staate Mississippi am 11. Oktober 1973 gefunden. Die beiden Freizeit-Angler Charles Hickson, 45, und Calvin Parker, 19, fischten an jenem Abend an einer verrotteten Pier des Flusses Pascagoula, als sich ihnen plötzlich ein fremdartiges blaues Licht näherte. Allmählich nahm die zunächst undefinierbare Masse die Gestalt eines Raumschiffes an, an dessen Seite eine Öffnung sichtbar wurde. Aus ihr traten drei seltsame Wesen — mit langen spitzen Ohren, Mündern ohne Lippen und Händen, die wie Krabbenscheren aussahen.

Parker fiel vor Schreck in Ohnmacht, während Hickson bei Bewußtsein blieb. Nach seinen Aussagen sollen die unbekannten Wesen ihn berührt haben, wobei er sofort schwerelos wurde. Ähnlich erschien es Parker gegangen zu sein. Denn schließlich schwebten die silbern glänzenden Wesen mit ihren unfreiwilligen Gästen ins Innere des Raumschiffs. Als Hickson anfing zu schreien und zu toben, habe eine der komischen Figuren versucht, ihn mit einem Summton zu beruhigen. Währenddessen habe ein Glasauge von der Größe einer Pizza ihn und seinen Kollegen etwa 20 Minuten von Kopf bis zu Fuß gründlich durchleuchtet. Nach dieser Untersuchung wurden die Angler wieder am schmutzigen Ufer abgesetzt, die spitzohrigen „Kidnapper" kletterten in ihr glänzendes Gefährt und schwirrten ins nächtliche Dunkel ab. Später wurden die beiden Männer in hypnotisiertem Zustand erneut ausgefragt, wobei sie keinen Deut von der ursprünglichen Darstellung abwichen (Z 50.74.3.12ff.).

Neben solch kurzfristigen physischen Kontakten soll auch eine ganze Anzahl sogenannter „medialer Kontakte“ mit Planetariern bestehen. Diese Möglichkeit kann in einer Zeit, in der parapsychologische Phänomene immer mehr erforscht und anerkannt werden, nicht von der Hand gewiesen werden. Der erste mentale Kontakt dieser Art dürfte 1866 von William Denton aus Neu-England aufgenommen worden sein. Er behauptete, in telepathischer Verbindung mit Wesen von einem anderen Planeten zu stehen. Er schrieb eine Serie von Büchern, in denen er ausführliche Beschreibungen untertassenförmiger Raumfahrzeuge gab, die aus Aluminium konstruiert waren (Eine Erfindung zur industriellen Herstellung von Aluminium wurde erst 20 Jahre später gemacht) (B 117.240 f.).

Inzwischen sind Dutzende derartiger Kontakt-Geschichten aus aller Welt bekannt geworden. Inwieweit sie einen wahren Hintergrund haben, ist im einzelnen schwer zu beurteilen. Der amerikanische Sensitive Olov Jonsson, der bei dem bekannten Telepathie-Experiment von Astronaut Edgar D. Mitchell während des Apollo 14-Fluges mitgewirkt hatte, meint jedenfalls, daß wir in absehbarer Zeit mit Intelligenzen anderer Planeten in anderen Sonnensystemen in Verbindung treten können. Nachdem die Entfernung bei dem Mondexperiment offenbar keine Rolle spielte, liege es nahe, Gedankenübertragung auch über Millionen Kilometer leeren Weltraums durchzuführen (B 31.79,80).

Der amerikanische Kommunikationsfachmann und Spezialist für Kabelfernsehen und Elektrophysik Robert A. Monroe hat bereits über 600 experimentelle „Reisen“ im sogenannten Astralkörper unternommen. Diese in der Parapsychologie als „Exkursion“ bekannte Fähigkeit besitzen viele Mystiker, Schamanen und Medizinmänner. Monroe berichtet in seinem Buch „Der Mann mit den zwei Leben“ von Reisen zu erdähnlichen Welten, die in einem anderen Teil des Universums liegen und durch geistige Manipulation offenbar erreichbar sind (B 59.89).

In Josua Tree in Kalifornien existiert bereits eine kleine Gruppe von Wissenschaftlern und Forschern, die unter dem Namen „Solar Cross Foundation“ eingetragen ist und sich auf mediale UFO-Kontakte spezialisiert hat. Sie nehmen über ein Medium, das nicht in Trance fällt, jedoch mit verschiedenen Stimmen zu sprechen vermag, extraterrestrische Gespräche auf. Die tatsächlichen Sprecher, die sich des Sprech-Mechanismus dieses Menschen bedienen, identifizierten sich durch Gedankenübertragung als hohe Beamte, Wissenschaftler und andere Leute von zwei verschiedenen Planeten. Alles in allem, über einen Zeitraum von fünf Jahren nahm diese Forschungs-Organisation über 30 000 Meter Band auf. Durch diese Art der Information erhielt man reichlich Beweise dafür, daß es sich nicht um das Werk von Trance-Medien oder Spiritisten handelte. Die Frucht der Forschung dieser Gründung wird später der Öffentlichkeit zur Prüfung vorliegen (Z 58.71.173.3).

Im Juni 1973 fand sich in den USA eine Gruppe von UFO-Forschern mit dem Texaner Ray Stanford zusammen, einem Mann, der seiner hervorragenden medialen Fähigkeiten wegen den Beinamen „zweiter Edgar Cayce Amerikas" erhielt. Seine Aussagen haben teilweise sensationellen Charakter und wurden von dem deutsch-amerikanischen Forschungsingenieur Rho Sigma veröffentlicht.

Nach Ray Stanford sollen Außerirdische vor mehr als hundert Jahren intensiv mit der Errichtung von unterirdischen Ansiedlungen und Verkehrswegen unter der Oberfläche des Planeten Mars begonnen haben. Dies sei ihre hauptsächliche Operationsbasis in diesem Sonnensystem, obgleich Bergbau und andere Aktivitäten auch auf anderen Teilen dieses Systems durchgeführt würden, auch auf und unter dieser Erde, unter den Meeren, auf dem Erdenmond und anderswo im Sonnensystem, einschließlich der Asteroide und der Monde von Jupiter und Saturn. Außerirdische, die mit derartigen Studienaufgaben befaßt seien, stellten nach Ray Stanford die Hauptgruppe der derzeitigen Erdbesucher dar. Zur Politik der Geheimhaltung meinte Ray Stanford, die Vereinigten Staaten seien im Begriff, eine Übereinkunft mit der Sowjetunion für die Zensur von Informationen über dieses Thema vorzubereiten. Man sei sehr besorgt über die stetig zunehmende Beobachtung von Anzeichen der Aktivität außerirdischer Zivilisationen außerhalb des Erdbereiches, einschließlich solcher in der Nähe des Planeten Mars. Der Grund für die Geheimhaltung sei der Wunsch, die bestehenden Verhältnisse so zu erhalten, wie sie sind. Einige Leute meinen, es wäre unklug, etwas zu bestätigen, was die Existenz Außerirdischer bejahen würde, ohne gleichzeitig in der Lage zu sein, etwas Konkretes über ihre Mission aussagen zu können (Z 16.74.3.230 ff.).

Formen, Eigenschaften und Wirkungen „Unbekannter Flugobjekte"

„All die wertvollen Informationen, die sich gesammelt haben — authentische Berichte aus der ganzen Welt —, sollten Datenverarbeitungsanlagen eingegeben werden, damit wir neue Beobachtungen schnell mit alten vergleichen und Gemeinsamkeiten im Verhaltensmuster der UFOs erkennen können."

Prof. Dr. J. Allen Hynek

Auf Grund der vorliegenden, zum Teil sehr genauen Beschreibungen und der zur Verfügung stehenden Aufnahmen lassen sich die unbekannten Flugobjekte in drei Haupttypen einordnen, von denen bisher etwa 70 Variationen bekannt sind (Z 9.58.1.30/2.60/3.114).

1. Die sogenannten Telemeter-Scheiben. Es sind dies zwischen 20 und 100 cm große, sehr flache, sich drehende Scheiben, welche offensichtlich ferngesteuert sind und, mit einer Art Fernsehausrüstung ausgestattet, der Nahbeobachtung dienen. Es gibt eine Reihe von Meldungen, wonach solche Scheiben an verschiedenen Orten der Erde gefunden wurden und sich beim Niederfallen auf die Erde zum Teil unter Entwicklung eines grellen Lichtblitzes auflösten, ohne irgendwelche Spuren zu hinterlassen, zum Teil wieder abflogen, wobei es in zwei bekannten Fällen den Findern nicht gelang, die sich drehende Scheibe längere Zeit festzuhalten. Es könnte sich hierbei um eine Art Verbrauchsmaterial handeln, das nach erfülltem Auftrag zum größten Teil vernichtet wird.

2. Die Pilotschiffe. Hierbei handelt es sich um den am häufigsten auftretenden UFO-Typ, dessen Durchmesser zwischen 10 und 33 m liegt. Diese Schiffe dürften bemannt sein, möglicherweise in einzelnen Fällen aber auch ferngesteuert werden. Eine orthographische Projektion, welche der Engländer Cramp von zwei Aufnahmen verschiedener UFO-Beobachter (Foto Nr. 1 stammt von dem UFO-Forscher George Adamski, 13. 9. 1952, Foto Nr. 2 vom 13jährigen Sohn des Arztes Dr. Darbishire in Coniston, Schottland, 15. 2. 1954) anfertigte und in seinem Buch „Space, Gravity and the Flying Saucers" veröffentlichte, ermöglichte eine genaue Vermessung einer Version des Typs Nr. 2. Danach handelte es sich bei den fotografierten Schiffen um eine Konstruktion mit folgenden Abmessungen: Gesamtdurch-

messer: 10,67 m, Gesamthöhe: 4,60 m, Durchmesser der Kabine: 2,50 m, Durchmesser der Luken: 0,46 m, Durchmesser der Landekugeln: 1,47 m, Durchmesser des äußeren Ringes: 8,90 m, Durchmesser des inneren Ringes: 7,06 m. Die Pilotschiffe scheinen der Erkundung der Erde zu dienen und fliegen hierbei in den unteren Schichten der Atmosphäre. In den zahlreichen Berichten über Landungen sind sie teils bis auf wenige Zentimeter über dem Boden heruntergekommen, teils haben sie aber auch direkt aufgesetzt, was hinterlassene Spuren beweisen.

3. Die Mutterschiffe. Diese meist zigarrenförmigen Objekte zeigen sich vornehmlich in den oberen Schichten der Atmosphäre und dürften dem interplanetarischen Verkehr dienen. Größenangaben, die auf diesen Typ bezogen sind, umfassen Zahlen zwischen 100 und 800 m Länge.

So vergleicht zum Beispiel Flugkapitän Howard, welcher einen Stratocruiser der BOAC am 29. 6. 1954 mit Kurs nach London über Labrador steuerte, die Abmessungen des Mutterschiffes mit denen eines Ozeandampfers. In diesem Falle begleitete das Schiff die Maschine 18 Minuten lang, wobei 6 fliegende Scheiben abwechselnd aus dem Mutterschiff ausflogen, um dieses herumkreisten und wieder einflogen.

Der Versuch, die bisher gesichteten UFOs in drei Typen einzuordnen, umfaßt nur diejenigen UFOs, welche am häufigsten gesichtet werden. Es fehlt aber nicht an Berichten, welche von Objekten sprechen, die jede nur denkbare Form gehabt haben. Es wimmelt von Bezeichnungen wie „absatz-, hantel-, telefonhörerartig, kugelförmig“ usw. Ein US-Offizier, der ein UFO über Fürstenfeldbruck bei München gesichtet hatte, vergleicht dieses mit einem „Marschallstab, dem die Mitte fehlte“; „Geldstück mit einem Loch in der Mitte, Kugel mit Rillen“ usw. sind einige andere Bezeichnungen. Eine mögliche Erklärung für die Vielfalt der beschriebenen Formen dürfte in dem Blickwinkel liegen, unter dem der betreffende Beobachter das UFO sah. Eine diskusförmige Scheibe kann von der Seite gesehen durchaus als zigarrenförmig, von unten dagegen als eine Kugel angesprochen werden. Weitere Ursachen dürften in Täuschungen infolge Reflexionen des Sonnenlichtes bzw. der eigenen, zum Teil sehr hellen Strahlung der UFOs liegen, welche insbesondere bei Nachtbeobachtung ein deutliches Erkennen der Konturen zum größten Teil unmöglich macht. Das folgende Diagramm gibt eine Übersicht über die in den Jahren

Formen von UFOs (1947–1952)

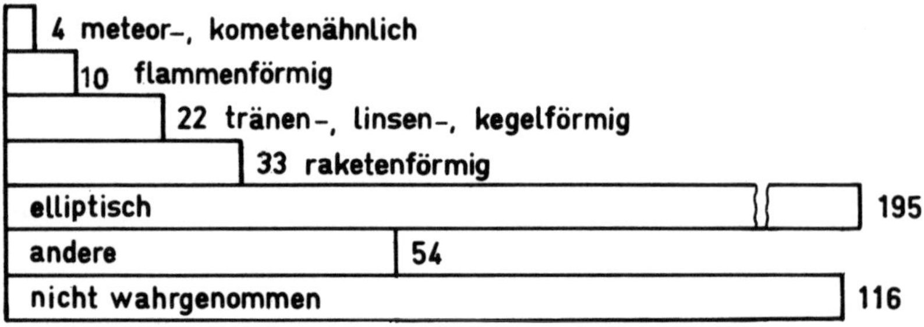

Quelle: 434 als „unbekannt" eingestufte Objekte im Projekt Blaubuch, Report Nr. 14

1947 bis 1952 der US-Luftwaffe gemeldeten Sichtungen, die als „unbekannt" eingestuft wurden (B 38.54).

Die Flugart der Pilotschiffe wird übereinstimmend als schwankend, flatternd, wie ein fallendes Blatt, geschildert. Die Fluglage der zigarrenförmigen Schiffe entspricht meistens der Flugrichtung, obwohl einzelne Meldungen auch von einem senkrechten Verharren berichten. Die Skala der bei Beobachtungen geschätzten und vielfach mit Radar gemessenen Geschwindigkeiten reicht von 0 bis 72 000 km/h. Typisch für Pilotschiffe ist, daß sie nach offensichtlicher Beendigung ihres Erkundungsfluges hochkanten und mit ungeheurer Geschwindigkeit in den Raum davonschießen. Mehrmals wurden UFOs auch in dieser Stellung horizontal fliegend beobachtet. Eine Aufnahme, die ein Herr Kaiser während einer Bergtour in den Hohen Tauern am 3. 8. 1954 machen konnte, zeigt vier Pilotschiffe hintereinander in vertikaler Stellung, die Kabine in Flugrichtung (siehe Bild S. 145).

Während UFOs im allgemeinen als geräuschlos fliegend bezeichnet werden, sprechen Meldungen über sehr tief fliegende Scheiben von einem summenden Ton, vergleichbar mit dem eines Bienenschwarms, einer Orgel oder eines schnell laufenden Generators. Der Polizist Dale F. Spaur vernahm bei einer UFO-Sichtung am 16. 4. 66 ein Geräusch, wie wenn ein Transformator überlastet würde (B 40.101).

Sehr viele UFO-Beobachter sprechen von auffallenden Farbveränderungen im Zusammenhang mit der Schnelligkeit der Flugobjekte. So erscheinen sie beim Fallen (Abbremsen) in einer roten bis orangen Farbe, beim Steigen leuchten sie grün bis blauweiß bei sehr hohen Geschwindigkeiten. Darüber hinaus melden zahlreiche Beobachter

Geräusche von UFOs

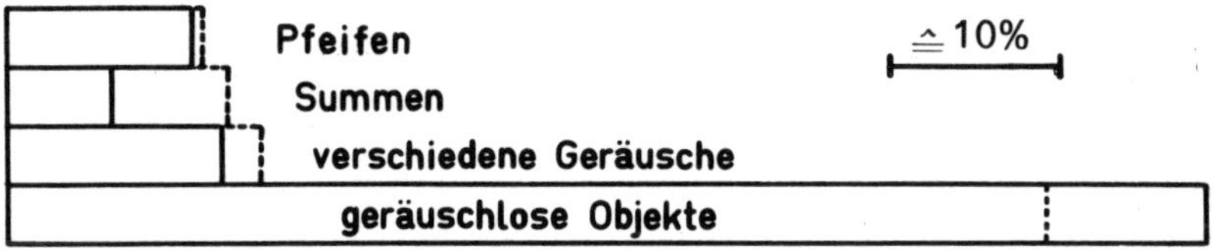

Auswertung von 97 UFO-Berichten aus Frankreich bzw. von 273 UFO-Berichten aus aller Welt (punktiert).
Quelle: Science et avenir, September 1972, S. 705.

übereinstimmend die Führung von Lichtern in den Farben rot-weiß-grün, welche entgegengesetzt zum Uhrzeigersinn mit etwa 10 Umdrehungen pro Minute rotieren. Andere Beobachter wiederum melden einen oder mehrere Scheinwerfer, die entweder starr nach unten gerichtet sind oder mit denen die Gegend abgeleuchtet wurde. Das fol-

Farben von UFOs (1947–1952)

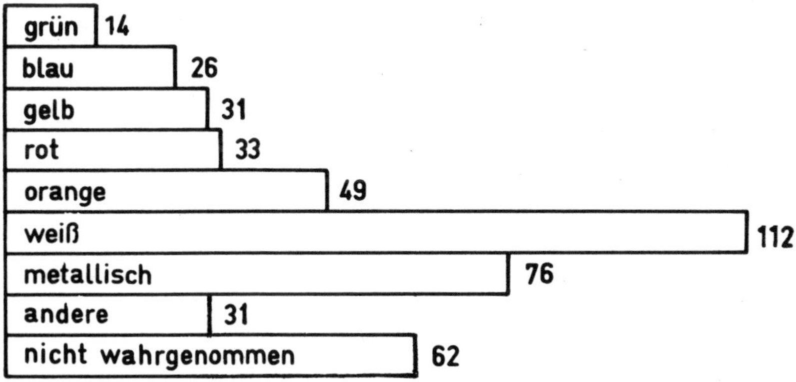

Quelle: 434 als „unbekannt" eingestufte Objekte im Projekt Blaubuch, Report Nr. 14

gende Diagramm zeigt die Verteilung der Farben, die bei UFOs in den Jahren 1947—1952 in Amerika beobachtet wurden und die auch heute noch typisch sind (B 38.55).

Dr. James Harder, Professor für Bautechnik an der Universität Berkely, Kalifornien, berichtet über eine interessante Feststellung, die ein Diplom-Chemiker mit polarisierten Brillengläsern bei der Beobachtung eines UFOs gemacht hatte. Am 5. Mai 1953, etwa um 10 Uhr morgens, beobachtete dieser in der Nähe von Yuma ein kleines weißes Objekt am wolkenlosen Himmel von Arizona. Durch die Spezialbrille mit den polarisierten Gläsern gesehen, erschien das Objekt von drei dunklen Ringen umgeben; ohne diese Gläser war jedoch von den Ringen keine Spur zu sehen.

Später stellte sich in einer Diskussion von interessierten Wissenschaftlern heraus, daß er einen Effekt des starken Elektromagnetfeldes des UFOs beobachtet hatte, das Licht in seiner Umgebung zu polarisieren vermag. Eine grobe Schätzung dieser Feldstärke unter Berücksichtigung von Anzahl und Durchmesser der dunklen Polarisationsringe ergab etwa 200 000 Gauß (Erdfeld 0,5 Gauß) über eine Entfernung von ca. 40 Metern im Umkreis des Objektes allein als Erklärung für den ersten, kleinsten Ring. Dr. Harder zog aus diesen und ähnlichen Beobachtungen den Schluß, daß es sich dabei wahrscheinlich um die Wirkung eines künstlichen Gravitationsfeldes gehandelt haben muß (B 25.11) (Z 58.71.171.4) (Z 9.58.3).

Sehr häufig rufen diese mit den unidentifizierten fliegenden Objekten zusammenhängenden Kraftfelder auch Störungen in elektromagnetischen Apparaten hervor. So berichtet Fred Johnson aus Portland, Oregon, USA, daß er am 24. Juni 1947 5 oder 6 diskusähnliche, in der Sonne glänzende Objekte über sich hinwegfliegen sah, wobei sich gleichzeitig seine Kompaßnadel bewegte (B 110). Solche EM-Störungen erscheinen derart signifikant, daß sich zum Beispiel der Physiker Dr. James E. McDonald veranlaßt sah, UFOs als „das größte wissenschaftliche Problem unseres Zeitalters" zu bezeichnen. In einem Schreiben an den Generalsekretär der Vereinten Nationen wies er 1967 auf die Bedeutung gerade dieser Tatsache hin: „Ein weites Spektrum von elektromagnetischen Störungen, das jeweils zeitlich mit sich nähernden oder schwebenden Unbekannten Fliegenden Objekten (UFOs) übereinstimmt, ist nun schon in der ganzen Welt eine dokumentarische Tatsache. In Hunderten von Fällen stimmen die (elektrischen Zünd-) Störungen von Verbrennungsmotoren zeitlich mit dem Überfliegen von scheiben- oder zylinderförmigen ‚unkonventionellen' Flugkörpern überein. Ich kenne persönlich Dutzende von absolut glaubwürdig berichteten Fällen aus den letzten Jahren in den USA. Oft werden diese elektromagnetischen Störungen über einen weiten

Frequenzbereich hinweg bei Funkgeräten festgestellt. In vielen Fällen wurden Kompaß-Anlagen sowohl bei Schiffen als auch bei Flugzeugen gestört. Magnetmotoren und sogar (elektrische) Uhren wurden davon betroffen. Alle diese Berichte deuten auf bestimmte elektromagnetische Einwirkungen hin." (Z 58.70.171.4)

Die amerikanische UFO-Forschungsgesellschaft NICAP in Washington hat bereits im Juni 1960 in einer Sonder-Publikation auf diese diversen EM-Effekte hingewiesen und in ihrem umfassenden Bericht aus dem Jahre 1964 über hundert einwandfrei dokumentierte Beobachtungen dieser Art chronologisch aufgeführt (B 115.73—76). Allein in der Nacht des 2./3. November 1957 sind nicht weniger als 15 Meldungen beim diensttuenden Polizeibeamten Fowler in der Kleinstadt Levelland, Texas, eingelaufen. Jeder Anrufer machte einen sehr aufgeregten Eindruck und gab an, Motor und Lichter seien ausgegangen, als ein riesiges Leuchtobjekt die Straße überquert habe. Prof. Hynek bemerkte dazu, es sei praktisch unmöglich, die separaten Motorpannen und ihre selbsttätige Behebung nach dem Verschwinden des unbekannten Flugobjektes auf reinen Zufall zurückzuführen. Auch der Versuch, die Ereignisse als Massen-Hysterie hinzustellen, sei gleichfalls zum Scheitern verurteilt, denn die Nachprüfung der einzelnen Meldungen habe ergeben, daß die Fahrer ohne jede Kenntnis voneinander berichtet hatten (B 40.123—127) (Z 16.74.1.15—19).

Der Engländer Alan Watts versuchte durch ein Experiment abzuschätzen, wie stark die Magnetfelder der UFOs gewesen sein müssen, um Motoren beeinflussen zu können. Er stülpte eine selbstgefertigte Spule aus Kupfer über die Zündspule seines englischen Victor-Automobils und ließ ein Magnetfeld in der Größenordnung von 500 Örsted einwirken. Prompt ging daraufhin die Drehzahl des Motors zurück. Um den gleichen Effekt aus einer Höhe von sieben Metern über dem Auto zu erreichen, müßte ein UFO ein Magnetfeld von etwa 1 800 000 Örsted produzieren, wie Watts weiter ausrechnete. Es erscheint nun interessant, dieses Ergebnis mit der Schätzung amerikanischer Wissenschaftler zu vergleichen, die bei der Berechnung des Magnetfeldes des über Arizona beobachteten UFOs von einem völlig anders gearteten physikalischen Prinzip ausgegangen waren. Wie oben erwähnt, schätzte man die Induktion auf 200 000 Gauß, was einer Feldstärke von 200 000 Örsted in Luft entspricht. Eine Feldstärke dieser Größenordnung kann mit unseren derzeitigen technischen Mitteln höchstens innerhalb einer supraleitenden Spule erzeugt werden (B 81.99) (Z 26.69.7.457) (B 9.230).

Berichte über EM-Effekte sind praktisch aus jedem Winkel der Erde bekannt. So entdeckte 1973 James Tornhill, ein Radarbedienungsmann in Columbia, Miss./USA, ein unidentifiziertes Flugobjekt auf seinem Radarschirm, das in einer Entfernung von drei Meilen plötzlich in der Luft stillstand. Daraufhin setzten sowohl sein Radargerät als auch sein Radio für etwa 15 bis 20 Minuten aus, ohne daß er eine Ursache für deren Versagen entdecken konnte. Als die Geräte ohne sein Zutun wieder normal zu arbeiten begannen, war das unbekannte Ziel auf dem Radarschirm verschwunden (Z 16.74.1.16).

Am 3. Juli 1965 meldete die Garnison der argentinischen Marine in der Antarktis auf Deception Island ein „gigantisches", linsenförmig aussehendes Flugobjekt, das im Zickzackkurs die Farbe wechselte und abwechselnd überaus hohe Geschwindigkeiten und einen etliche Minuten dauernden, völligen Stillstand in der Luft demonstrierte. Dasselbe Flugobjekt wurde auch von einer anderen Garnison auf der Orknay-Insel beobachtet. Während das Objekt den Stützpunkt überflog, registrierten zwei Variometer, die sich in tadellosem Zustand befanden, auf ihren Streifen plötzliche, sehr starke Störungen des erdmagnetischen Feldes. Gleichzeitig wurde von einer naheliegenden chilenischen Station bekannt, daß der dortige Kommandant vergeblich versucht hatte, benachbarte englische und argentinische Stützpunkte zu benachrichtigen: Auf allen verfügbaren Frequenzen war jeglicher Funkverkehr durch starke Störungen völlig unmöglich (B 110).

Am 9. Juli 1965 flog ein von vielen Zeugen beobachteter Flugapparat über die Azoren. Sämtliche elektrische Uhren des Flughafens Santa Maria blieben in diesem Moment stehen. Am 18. August 1966 meldete das Personal auf einer Raketenversuchsbasis in Dakota die Annäherung eines unbekannten Flugobjektes. In diesem Moment versagten die elektronischen Armaturen der „Minuteman"-Steuerkapsel, die sich in einem unterirdischen Versuchsstand befand (Z 58.68.147.5).

Die Anwesenheit starker elektrischer Felder in der Umgebung von UFOs wird auch durch bestimmte physiologische Beobachtungen bestätigt. So berichtete Dr. James McDonald vor dem Untersuchungsausschuß „Komitee für Wissenschaft und Raumfahrt" des US-Kongresses (im Juli 1968) über ein scheibenförmiges UFO, das am 4. 2. 1968 von mehr als hundert Personen über Wohngebieten der kalifornischen Stadt Redlands im Tiefflug beobachtet worden war. Seine Flughöhe wurde im Schnitt auf 100 Meter geschätzt, wobei Fenster und Bull-Augen deutlich erkennbar waren. Bei dieser Gelegenheit berichteten zahlreiche Beobachter über kurzfristige, leichte Schmerzen in ihren Zahnplomben, eine Erscheinung, die aus der medizinischen Praxis beim Gebrauch von Geräten zur künstlichen Herstellung atmosphärischer Gleichstromfelder bekannt ist (Z 58.70.171.4).

Einen weiteren Beweis auf starke elektromagnetische Wechselwirkungen durch UFOs scheinen die in den letzten Jahren zahlreichen ungeklärten Stromausfälle und Verdunkelungen zu liefern. So überflogen 1957 drei glühende scheibenförmige UFOs langsam die Stadt Mogi Mirim (Brasilien), wobei der elektrische Strom einfach aussetzte und die Lichter erloschen. Insbesondere gab es direkt unter der Fluglinie der UFOs eine Zone totaler Auslöschung, während die Abschwächung zu beiden Seiten mit zunehmender Entfernung immer geringer wurde (B 25.239).

Ein außergewöhnlich interessanter Fall ereignete sich in Bedford, Indiana, USA, am 25. August 1955. Zwei Frauen waren auf dem Heimweg und näherten sich ihrem Haus, in dem die Wohnzimmerlichter angelassen waren. Ganz in der Nähe konnten sie ein unbekanntes Objekt schweben sehen, das weiß leuchtete und einen schwarzen Streifen durch das Zentrum aufwies. Als das UFO zu pulsieren begann, wurden die Lichter im Haus in völligem Einklang mit dem UFO dunkler und heller. Die erschreckten Frauen fuhren zur Stadt zurück, um auf ihre Ehemänner zu warten. Als sie gemeinsam zurückkamen, war das UFO bereits verschwunden (B 122).

Am 3. August 1958 wurde ein großer Teil Roms in Dunkelheit getaucht, als ein leuchtendes und sehr großes UFO über der Stadt manövrierte, und auch hier gingen die Lichter wieder an, als das UFO verschwunden war. Hierzu ergänzt die NICAP, daß sich genau das gleiche kurz zuvor, am 22. Juli, in Salta (Argentinien) ereignet hatte. Ein besonders gut dokumentierter Fall wurde aus Minas Gerais (Brasilien) am Abend des 17. August 1959 gemeldet. Die Instrumente zeigten eine vorübergehende Stromkreis-Unterbrechung an, und die Leiter der verschiedenen Kraftstationen des Verteilersystems informierten sich gegenseitig telefonisch darüber, daß ihre Stromkreisunterbrecher sich automatisch öffneten, als nicht identifizierte fliegende Objekte sich langsam dicht über und entlang der Überlandleitungen bewegten. In Uberlandia, einer der Hauptstationen dieses Kraftwerkes, war das Personal einige Minuten vor der Ankunft des UFOs alarmiert worden. Als sich die Stromkreis-Unterbrecher öffneten, standen die Techniker bereit und schlossen sie wieder. Aber ihre Mühe war umsonst; die Gegenwart eines einzelnen ovalen UFOs machte sie zunichte. Der Strom floß erst wieder durch die Leitungen, als das UFO in der Ferne verschwunden war (B 25.240).

Das größte Aufsehen aller bisherigen Verdunkelungen dieser Art machte jene weltweit bekanntgewordene Stromausfall-Katastrophe der Vereinigten Staaten, ausgerechnet in den späten Nachmittagsstunden, die erfahrungsgemäß Spitzenleistungen der Kraftwerke erfordern. 30 000 000 Menschen in einem Gebiet von über 200 000 Quadratkilometern befanden sich plötzlich in einer unheimlich anmutenden Welt ohne Licht und Energie. Nach Wochen angestrengter Untersuchung einigten sich die Fachleute auf die offizielle Erklärung, daß ein gebrochenes Relais vier Meilen nördlich der Niagara-Fälle das Überlandnetz überladen habe und als Folge dieses Ereignisses die Überlastungsschalter und Sicherungen versagt hätten. Allerdings mutet es merkwürdig und beängstigend an, daß die Energieversorgung — und damit der Lebensnerv der größten Industrienation — durch den Bruch eines einzigen Relais außer Kraft gesetzt werden kann (B 81.24). Verschiedene Berichte deuten jedoch darauf hin, daß bei diesen außergewöhnlichen Ereignissen UFOs beteiligt gewesen sein könnten. So hat die Zeitung „Harald Journal“ über hundert Berichte über seltsame glühende Objekte in und um Syracus seit dem Abend der Verdunkelung erhalten. Natürlich beweist dies nicht unbedingt, daß UFOs mit dem Stromausfall direkt in Verbindung standen. Dennoch sollten unabhängige Wissenschaftler nach derartigen Vorfällen den Mut bekommen, sich mit dem UFO-Phänomen ernsthafter zu befassen (B 25.244).

Zu Abbildung 33

UFO-Landungsspuren in Barnesville/USA

Der Farmer Alfred Ernst aus Barnesville, Minnesota, sah am 5. Mai 1964 um 8 Uhr morgens ein glühendes Objekt in etwa 500 Meter Entfernung auf dem Boden liegend. Es schien etwa 1 bis 1,20 Meter groß zu sein und ähnelte dem runden Zylinder einer Waschmaschine. Es strahlte ein außerordentlich helles Licht aus, das die Augen schmerzte. Als das Objekt aufstieg, beschleunigte es sehr schnell und verschwand innerhalb von 5 Sekunden. Zusammen mit seinem Bruder Leo A. Ernst begann er anschließend den Landungsplatz zu untersuchen und entdeckte einen kraterähnlichen Eindruck von etwa einem Meter Durchmesser. In dessen Zentrum befand sich ein etwa 10 cm großes Loch. Vier weitere etwa 3 cm große Löcher markierten die Eckpunkte eines Quadrates von 60 cm Kantenlänge. Der eingedrückte Boden erwies sich als ungewöhnlich trocken im Vergleich zur Umgebung. Am Rande des Kraters fanden die beiden Zeugen eine weiße Substanz, die später als Alkalisalz identifiziert wurde. Im schwarzen Erdreich dieser Gegend kommt dieses Salz jedoch nicht vor. Der Fall wurde von verschiedenen Experten untersucht und konnte bis heute nicht aufgeklärt werden.

34

Ein Sprecher der Luftwaffe vom Militärflughafen Stead äußerte sich sogar sehr konkret zu einem Stromausfall im Staate Utah. Er gab zu, daß 1962 bei einem Kraftwerk in Eureka ein nichtidentifiziertes Objekt gelandet sei und daß das Kraftwerk während 42 Minuten, als das Objekt in seiner Nähe war, nicht funktionierte. Er sagte den Reportern auch, daß die Anwesenheit des Objektes der Presse gegenüber nicht zugegeben worden sei, bis die Station wieder arbeitete, nachdem das Objekt es verlassen hatte (B 25.249).

Bereits während des zweiten Weltkrieges wurden Verdunkelungen im Zusammenhang mit UFOs berichtet. So meldete das amerikanische westliche Verteidigungskommando am 25. 2. 1942 um 15.45 Uhr: „Das Flugobjekt, welches den fünfstündigen, bisher längsten Stromausfall seit Kriegsbeginn im Gebiet von Los Angeles verursachte, konnte noch nicht identifiziert werden." Nach einer unbestätigten Zeugenaussage soll ein hoch in der Luft schwebendes, ballonförmiges Objekt von starkem Luftabwehrfeuer vernichtet worden sein. Andere Berichte sprachen von 27 Flugzeugen, die vom Ozean her kamen, nach Süden abdrehten und spurlos verschwanden (Z 84.42.2.26.1).

Wenigstens 90 % aller Sichtungen und Landungen von fliegenden

---

Zu Abbildung 34

Kraterförmige Eindrücke in Glassboro/USA

Am 5. 9. 1964 entdeckten NICAP-Forscher in einer schmalen Waldlichtung bei Glassboro, N. J., merkwürdige Landungsspuren. Sie waren durch den Bericht zweier Männer darauf aufmerksam gemacht worden, die am Tag zuvor zwischen 19.30 und 19.45 Uhr ein rotglühendes Objekt in dieser Gegend niedergehen sahen. Eingehende Untersuchungen der Stadt- und Landespolizei sowie der nahegelegenen McGuire-Luftwaffenbasis lieferten folgende Ergebnisse:

Die 70 cm breiten und 50 cm tiefen konischen Eindrücke müssen durch ein beachtliches Gewicht hervorgerufen worden sein. Hierauf deuten die glatten und zusammengepreßten Kraterwände hin. In dem etwa 10 cm hoch aufgeworfenen Rand fand man kleine Kugeln aus einer unbekannten chemischen Substanz sowie zahlreiche metallisch glänzende Partikel aus einer Zinnlegierung. Besonders bemerkenswert war die Ausrichtung der äußeren drei Krater. Ihre vertikale Achse zeigte eine gleichmäßige Neigung zum zentralen Krater hin. Einige Bodenstellen sowie das Laubwerk in der nahen Umgebung schienen einer starken Hitzeeinwirkung ausgesetzt gewesen zu sein. Diejenigen Blätter jedoch, die der Landungsstelle abgewandt waren, blieben frisch und unverwelkt. Über der ganzen Gegend lag ein scharfer, schwefelartiger Geruch.

Nach Ansicht der Untersuchungsbehörden können die Verwüstungen nur von einem Objekt verursacht worden sein, das direkt von oben herunterkam. Fahrzeuge und Maschinen ließen sich nicht in die schmale Lichtung des dicht bewachsenen Eichenwaldes transportieren.

Untertassen erfolgen übrigens in der Nähe strategischer Punkte. John G. Fuller, dessen ausgezeichnetes Werk „Fliegende Scheiben über Amerika“ im Feltrinelli-Verlag, Milano 1967, erschienen ist, hatte u. a. die Zeugenaussagen von gut 75 Sichtungen von UFOs erwähnt, die über den Hochspannungsleitungen allein im Staate New Hampshire (USA) beobachtet wurden, wo sich der Luftwaffenstützpunkt von Pease und der Flottenstützpunkt von Portsmouth befinden (Z 58.70.172.1).

Weitere „Realitätsbeweise“ scheinen die häufig beobachteten Bodenspuren gelandeter UFOs zu liefern. Dr. Harvey Stipes schreibt über die oben erwähnte Sichtung des Farmers James Flynn: „Ich begleitete Herrn Flynn auch zum Schauplatz seiner Beobachtung des Luftobjektes. Ich fotografierte einige Male den verbrannten Bezirk, dessen Vorhandensein nicht weiter erklärt werden kann, denn es befanden sich dort kürzlich verbrannte und versengte Baumkronen, in einem beinahe vollkommenen Kreis, wo Herr Flynn das schwebende Objekt gesichtet hatte. Es fanden sich ferner frische Schleifspuren an zwei 3,50 bis 4,50 Meter von dem verbrannten Kreis entfernten Bäumen. Die Spuren wirkten, als ob ein schweres Objekt in gerader Linie in die Bäume geglitten wäre und etwa 60 cm über dem Boden innegehalten hätte. Auf dem feuchten Boden sah man keinerlei Abdruck. Spuren von Menschen, Tieren oder Fahrzeugen fehlten. Ich fand keine Erklärung für die erwähnten Schleifspuren.“ (Z 12.69.5.433)

Eine detaillierte Zusammenstellung von mehr als 300 Fällen von versengten und entlaubten Landungsplätzen, die häufig in Zusammenhang mit UFOs beobachtet wurden, fertigte der unabhängige Forscher Ted Philipps, Jr., an. In seiner Sammlung aus 24 Ländern finden sich 100 Beispiele, die durch mehrere Zeugenberichte gesichert sind. In dreiviertel dieser Fälle wurde ein UFO direkt am Boden beobachtet, in einem Fünftel in dreifacher Scheitelhöhe. Die entweder kurz darauf oder anderntags beobachteten Spuren lassen sich in ein gemeinsames Schema einordnen; entweder hinterließen die UFOs einen kreisrunden Fleck, gleichförmig eingedrückt, verbrannt oder ausgetrocknet, oder einen Ring, dessen Gesamtdurchmesser meist 10 Meter oder mehr betrug bei einer durchschnittlichen Breite von 30 bis 90 cm. Fast immer wird berichtet, daß diese Ringe Wochen oder Monate — zuweilen sogar Jahre — bestehen bleiben und daß im Innern des Ringes während ein oder zwei Saisonzeiten nichts mehr gedeiht (B 40.128 f.).

Ein bestens dokumentierter Fall wurde vor einigen Jahren aus Frankreich gemeldet. Am 11. Mai 1967 untersuchten mehrere Experten der französischen Polizei und Luftwaffe die Landungsspuren eines unbekannten Objektes in Marliens, in der Nähe von Genlis (Côte d'Or). Sie entdeckten einen merkwürdigen Bodeneindruck, der einem sechsarmigen Seestern ähnelte und zur Mitte hin eine trichterförmige Einsenkung aufwies (siehe Skizze). Im Zentrum sah man eine runde, kegelförmige Bodenanhäufung, die in westöstlicher Richtung einen weiteren zylinderförmigen Eindruck aufwies. Von der Mitte gingen sechs rillenförmige Furchen aus, in denen sich jeweils eine runde, schachtförmige Vertiefung befand. Außerdem bemerkte das Untersuchungskomitee, daß im Gebiet von 10 bis 30 Meter vom Landungszentrum zusammengebackene Erdschollen weggeschleudert waren und verstreut herumlagen. Obwohl von diesem Ereignis kein optischer Sichtungsbericht vorliegt, dürfte die Bodenberührung des UFOs am 10. Mai stattgefunden haben. Zu dieser Zeit verfolgte die militärische Radarstation von Creil in dem Gebiet von Genlis nahe der Landungsstelle ein nichtidentifiziertes Objekt (Z 23.1967.87.55/56).

Neben solch kleineren Zerstörungen hat es auch schon größere Verwüstungen gegeben, die bis heute noch völlig ungeklärt sind. Mitte Oktober 1972 ereignete sich beispielsweise in Südfrankreich eine Katastrophe, ähnlich jener, die 1908 in der Tunguska (UdSSR) stattfand, nur in kleinerem Ausmaß. Als der Bauer René Merle am Sonntag, den 8. Oktober, in seinen Wald ging, um zu jagen, fand er zu seinem größten Erstaunen ein ganzes Stück Wald von über 300 Quadratmeter Fläche völlig verwüstet. Ein Steinwall war in kleinen Stücken weithin in der Gegend zu finden, als ob er gesprengt worden war, Tannen und Laubholz lagen umher, sogar ein Baumstrunk, der von Menschenhand nicht auszugraben gewesen war, war ausgerissen und mehrere Meter weiter geschleudert worden. Selbst Bäume von einem halben Meter Dicke waren verdreht worden, als ob sie eine zentrifugale Kraft von oben erfaßt hätte, und zwar merkwürdigerweise in zwei entgegengesetzten Richtungen. Eine ganze Reihe Tannen war in der Weise glatt abgeschnitten, als ob ein Messer in Schräglage in einem einzigen Schnitt in einer Höhe von einem halben Meter über dem Boden angefangen und in rund zwei Meter Höhe aufgehört hätte.

Die oberste Polizeibehörde der Riviera, die den Platz besichtigte, fand keine Erklärung, da es keine Fahrzeugspuren zu dem verwüsteten Platz gab. Die Einwohner von Montauroux, das 4 bis 5 km von dem fraglichen Waldgebiet entfernt liegt, meinten freilich, daß nur eine fliegende Untertasse solche Spuren hinterlassen haben kann. Auch der Professor für Mineralogie an der Universität Nizza, Guy Turco,

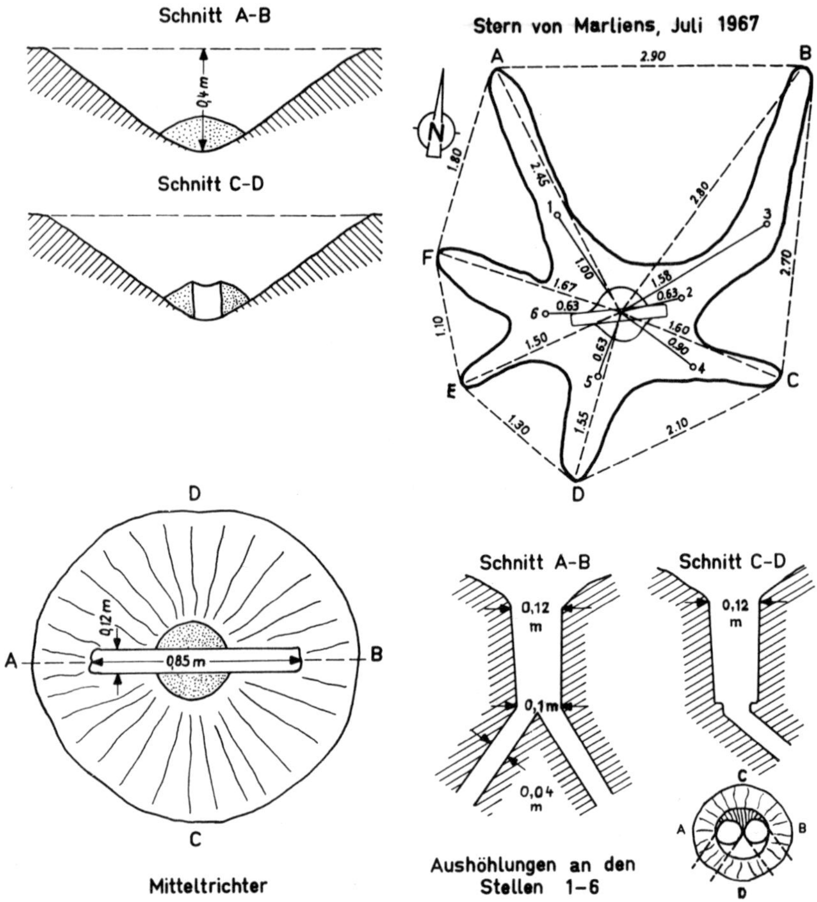

fand keinerlei Erklärung für die Katastrophe. „Erklären kann ich dies nicht", sagte er, „aber auf keinen Fall war es ein Meteor." Meteorologen meinten: „Nach unseren Erfahrungen war es weder ein Tornado noch ein Wirbelsturm oder ein Blitz. Denn die Bäume sind in verschiedene Richtungen gedreht, und ein Wirbelsturm dreht die Bäume nur in einer Richtung und beschränkt sich nicht auf so eine kleine Fläche!" (siehe Bild S. 209)

Die Zeitung „Nice-Matin" vom 12. 10. 1972 berichtete, daß der Biologiestudent Alain Jhistarry bei einer Platzbesichtigung feststellte, daß sein Kompaß „verrückt spielte" und statt nach Norden nach

Westen deutete. Jimmy Guieu, ein französischer UFO-Forscher, vertrat dazu die Meinung, daß hier nur ein außerirdisches Raumfahrzeug die Ursache der Zerstörung sein könne, etwa 7—12 m im Durchmesser, das mit Antischwerkraft oder elektromagnetischer Energie angetrieben werde, zumal einer der bekannten Feuerbälle kurz zuvor über der Gegend gesehen worden war.

Das rätselhafte Phänomen tordierter Bäume wurde übrigens schon bei früheren UFO-Sichtungen beschrieben, wie beispielsweise am 13. Juli 1947 bei den Twin Falls, Idaho/USA. Gegen 13 Uhr beobachtete ein Vater mit seinen zwei Söhnen in dem Canon von „Snake River" ein merkwürdiges Objekt. Dieses bewegte sich etwa 100 Meter unterhalb des Randes des Canons und war vor den steilen Abhängen der anderen Seite gut zu erkennen. Es hatte ungefähr die Form eines umgekehrten kleinen Bootes. Die Buben sahen, wie das Objekt in Ost-West-Richtung den Canon passierte und schließlich hinter einer Baumgruppe verschwand. Im einzelnen erzählten sie hierzu: „Während das Objekt vorbeiflog, bogen sich die Pappeln unter ihm wie beim Passieren eines großen Flugzeuges; merkwürdigerweise drehten sich jedoch auch ihre Wipfel, gerade als ob die Bäume in einen Luftstrudel geraten wären." Es scheint somit auch hier, ähnlich wie in Montauroux, wenngleich in geringerer Stärke, eine axiale Rotation der Baumkronen oder zumindest des Blätterwerkes aufgetreten zu sein (Z 42.72. 12.5 ff.) (Z 38.73.15.17).

Eine UFO-Sichtung, bei der Personen gesehen und zugleich Spuren hinterlassen wurden, hatten französische Behörden 1954 untersucht. Ein junger Metallarbeiter, der 34jährige Marius Dewilde, im Dorf Quarouble, war am 10. September wie üblich um 22.15 Uhr ins Bett gegangen. Wenige Minuten später begann sein Hund zu heulen, und Dewilde stand auf, um nachzusehen. Er nahm seine Taschenlampe und ging nach draußen, der Hund neben ihm kriechend, ein sehr ungewöhnliches Benehmen gerade für dieses Tier. Draußen konnte Dewilde auf den nahegelegenen Eisenbahnschienen eine große dunkle Masse ausmachen, die sich schwach gegen den Himmel abhob. Im Lichtstrahl seiner Lampe sah er, keine sechs Meter von ihm entfernt, zwei kleine menschliche Wesen mit einer Art glänzendem Taucherhelm auf dem Kopf. Er schätzte sie auf etwa 1,20 Meter Größe. Später fanden Untersuchungsbeamte fünf Einschnitte im Holz der Querschwellen. Sie schätzten den Druck, der hier gewirkt haben mußte, auf dreißig Tonnen. Der Kies zwischen den Schwellen war außerordentlich brüchig geworden, als ob er großer Hitze ausgesetzt gewesen wäre (siehe S. 224).

Als Dewilde übrigens versuchte, die beiden menschlichen Geschöpfe zu stellen, schoß ein blendender Lichtstrahl aus dem Objekt, so daß er sich wie betäubt fühlte. Später berichtete er der Polizei: „Ich konnte nur stocksteif dastehen und weder Arme noch Beine bewegen. Solange das Licht auf mich gerichtet war, war ich vollkommen hilflos. Später begann das Ding langsam steil hoch zu steigen, um schließlich mit brausendem Ton davonzuschießen." (Z 11.40/42.14—17)

Derartige vorübergehende Lähmungen, aber auch Augenschäden, Verbrennungen, Radioaktivität sowie verschiedene Formen physiologischer Störungen sollen bei vielen direkten UFO-Begegnungen aufgetreten und oft durch eine Art Lichtstrahl-Pistolen der UFO-Insassen verursacht worden sein. Insbesondere der Hitzewellen-Effekt ist von glaubwürdigen Zeugen in dokumentierten Fällen aus zahlreichen Ländern der Welt und unter wechselnden Bedingungen eindeutig belegt worden. So werden in dem umfassenden Dokumentarbericht „The UFO Evidence" zahlreiche Details von Hitze-Einwirkungen aufgezählt (B 115.97). Ein solcher Fall ereignete sich am Nachmittag des 5. Mai 1958 um 3.40 Uhr, als der erfahrene Pilot Carlos Rodriguez eine einmotorige Maschine in der Nähe der Marinebasis Curbelo in Uruguay flog und ein hellglühendes scheibenförmiges Objekt bemerkte, das sich seinem Flugzeug näherte. In etwa 700 Meter Entfernung schien es mit einem merklichen Ruck zu stoppen. Plötzlich wurde die Hitze im Flugzeug unerträglich. Rodriguez öffnete die Fenster, zog seine Jacke aus und mußte schließlich die Tür öffnen, um die Hitze aushalten zu können. Kurz darauf drehte das UFO zur See ab, einen leichten Kondensstreifen hinter sich her ziehend (B 115.120).

Ein außergewöhnliches Ereignis am 5. November 1957 machte in ganz Brasilien Schlagzeilen. In dem Fort Itaipu an der Ostküste des Landes fühlten damals alle Wachtposten eine erstickende Hitze von einem UFO ausgehen, das sich dem Fort näherte und die gesamte Stromversorgung unterbrach. Eine psychologische Ursache ist mit Sicherheit auszuschließen, nachdem die Soldaten verschiedenartige Verbrennungen erlitten hatten (B 110) (Z 12.69.5.340 f.).

In Kanada erlebte der 52jährige Industriemechaniker und Amateur-Geologe Steven Michalak aus Winnipeg bei einem seiner regelmäßigen Entdeckungsausflüge ins Land einen ähnlichen gefährlichen Zwischenfall. Michalak untersuchte in der Gegend des Falcon-Sees in Manitoba einige Felsen, als er zwei blutrote Scheiben gerade über sich sichtete. Die eine Scheibe kreiste schwebend, während die andere landete. Im Schutze des Unterholzes beobachtete er eine halbe Stunde lang. Der schwebende Flugkörper verschwand in der Richtung, aus der er gekommen war. Michalak näherte sich nun dem gelandeten Objekt, das seine glutrote Farbe verloren hatte und wie ein Gegenstand aus nahtlosem Stahl aussah.

Plötzlich öffnete sich eine kleine Tür an einer Schiffsseite, und Michalak erblickte einen derartig gleißenden purpurnen Lichtstrom, daß er das Visier seines Metall-Arbeiter-Helmes herabzog, den er stets trug, um seinen Kopf vor stürzenden Steinen zu schützen. Das Visier brach die Lichtstrahlen in unzählige rote und grüne Funken. Jetzt hörte er einen sehr hohen wimmernden Laut, und er glaubte auch Stimmen zu vernehmen. Er ging näher an das Schiff heran und fragte, wer dort sei. Michalak war damals überzeugt, es mit einem geheimen Flugkörper der Vereinigten Staaten zu tun zu haben. Er berührte mit seiner gummibehandschuhten Hand den Rand des Flugkörpers. Der Handschuh schmolz sofort. Danach schloß sich die Tür, der scheibenförmige Flugkörper begann im Uhrzeigersinne zu drehen, und ein Hitzeschwall setzte Michalaks Kleidung in Brand. Das Flugobjekt erhob sich in die Luft und verschwand. Michalak trug in der unteren Brustgegend Verbrennungsmerkmale davon, die ein eigenartiges regelmäßiges Muster zeigen. Außerdem begannen Zellen in seinem Knochenmark abzusterben, die zusammen mit dem Symptom verringerter Anzahl weißer Blutkörperchen auf Schädigung durch Radioaktivität schließen lassen. Die ganze Begebenheit und seine Krankheitsgeschichte hat Michalak in allen Einzelheiten selbst niedergeschrieben. Sein Bericht „My Encounter With an UFO“ kann für einen Dollar von Herrn Steven Michalak, c/o James B. Thompson, 28 Frederick Ave. Winnipeg, Man. Canada, bezogen werden (Z 12.69.5.433,434).

Besonders intensive Wirkungen scheinen UFOs auch auf Tiere auszuüben. In vielen Fällen zeigen diese durch ihr auffälliges Verhalten die Anwesenheit eines UFOs an, lange bevor Menschen darauf aufmerksam werden. Eine solche Geschichte ereignete sich am 19. August 1965 auf einem Bauernhof in Cherry Creek im Staate New York. Der 16jährige Harold Butcher war gerade beim Kühemelken im Stall seines Vaters, als sein Radio plötzlich gestört wurde und der Motor seiner Melkmaschine stoppte. Draußen begann ein Holsteiner Bulle zu brüllen, die Hunde schlugen an, und alle Kühe gebärdeten sich wie wild. Butcher sprang sofort hinaus und sah ein großes UFO, das in einer Entfernung von etwa 400 Metern nahezu über dem Boden schwebte. Der Bulle hatte in seiner Erregung die Eisenstange, an der er festgebunden war, total verbogen. Die 16 Kühe, die sonst 3 bis 4 Kannen Milch täglich lieferten, produzierten eine Woche lang nur die Hälfte, was wohl auf den starken Schock zurückzuführen war (Z 18.70.6.27).

Ausgeprägte Angstreaktionen im Zusammenhang mit UFOs werden häufig auch bei Hunden beobachtet, wie der folgende Fall aus Milton im Staat Indiana, USA, zeigt. Am 22. Februar 1967 war Frau James A. Clevenger gerade beim Abwaschen, als sie ihren Collie gegen das Küchenfenster springen sah. Gleich darauf rannte er um den Garten herum, ständig laut kläffend und in die Höhe springend. Da erblickte sie plötzlich ein UFO von ovaler Form mit einer Reihe weißer Lichter an seiner Längsfront. Sofort ließ sie ihren Hund ins Haus, der ganz verstört ins Wohnzimmer rannte und sich versteckte. Frau Clevenger selbst trat, nur mit einem Nachthemd bekleidet und ohne Schuhe, vor das Haus und sah, wie sich das Objekt langsam in einer Höhe von 30 bis 60 Metern bewegte. Als sie in ihrem Zimmer zurück war, rief sie sofort eine Nachbarin an, die eine viertel Meile weiter südlich wohnte. Diese Bekannte namens Alford hatte offensichtlich das gleiche Objekt gesichtet. Sie beschrieb es als untertassenförmig mit einem Kreis weißer Lichter. Es sei in einer Höhe von etwa 60 Metern vorbeigeflogen und hinter einigen Bäumen verschwunden. Frau Alford berichtete weiter, daß ihr Hund, ein Foxterrier, ebenfalls mit vollen Sätzen ins Haus gerannt kam und sich ganz verängstigt unter einem Stuhl verkroch. (B 122.23).

Derartige Ereignisse, wo Tiere unmittelbar durch äußere Gefahren bedroht werden, noch bevor der Mensch sie wahrnimmt, lassen sich kaum durch Fehlinterpretationen oder Halluzinationen hinwegdiskutieren. Viel eher darf man vermuten, daß von den unbekannten Flugobjekten eine Strahlung ausgesandt wird, die für viele Tiere schädlich sind oder sogar zum Tode führen können. Der französische UFO-Forscher Jimmy Guieu berichtet von einem solchen Fall, der sich am 21. Oktober 1954 in der Nähe von Neapel in Italien ereignet hatte. Mehrere Arbeiter einer Fabrik in Pozzuli bemerkten einen metallischen Diskus, der unbeweglich am Himmel stand. Plötzlich erhob sich das Objekt in vertikaler Richtung mit einem lauten Pfeifton, dessen Frequenz ständig höher wurde und schließlich den menschlichen Hörbereich verließ. Ein kleiner Pekinese, der sich in der Nähe befand, stimmte ein lautes Geheul an und fiel unmittelbar darauf tot zu Boden (B 36.84). Ähnlich erging es vier Kühen in Sermérieu, Frankreich, die am 28. Mai 1967 tot aufgefunden wurden, nachdem in nächster Nachbarschaft ein UFO aufgetaucht war. Über den Feldern, auf denen diese Tiere lagen, herrschte ein merkwürdiger Geruch. Außerdem entdeckte man eine Reihe verbrannter Zonen, für die man keine Erklärung fand (Z 18.2.71.26).

Die Frage nach objektivem Beweismaterial

„... und schließlich gibt es keinen physikalischen oder materiellen Beweis für die Existenz einer sogenannten „Fliegenden Untertasse“ oder eines Raumschiffes, ja, man hat nicht einmal ein winziges Bruchstück davon gefunden.“

USA „News Release“, January 19, 1961

„Wir wissen, daß verschiedene handfeste Beweisstücke existieren, aber sie werden gewöhnlich unter Verschluß genommen und sind der Allgemeinheit nicht zugänglich.“

Dipl.-Ing. Wilbert B. Smith,
Generalinspekteur der Kanadischen
Regierung für Radio und Fernsehen,
Ottawa, 11. 1. 1959

Im Streit um die Echtheit der Untertassen-Berichte kommt den materiellen Beweisen — seien es Fotos oder gar Bruchstücke von gelandeten beziehungsweise abgestürzten UFOs — besondere Bedeutung zu. Zweifellos gibt es ein breites Spektrum von raffinierten Trickmöglichkeiten in der fotografischen Aufnahme- und Kopiertechnik. Andererseits existieren eine Reihe dokumentarischer Fotos, die nach Aussagen versierter Fotospezialisten kaum gefälscht sein können. Doch selbst wenn einige Fotos sich nicht als echt erweisen — und dies soll öfters vorgekommen sein —, ist dies noch kein Beweis gegen die Existenz unbekannter Flugobjekte. Wenn etwa gefälschte 5-DM-Stücke im Zahlungsverkehr auftauchen, begehen wir ja auch nicht den Trugschluß, alle 5-DM-Stücke als Falschgeld zu bezeichnen.

Wenigen dürfte bekannt sein, daß die ersten Aufnahmen unbekannter Flugmaschinen 1883 von einem mexikanischen Astronomen namens José Bonilla geknipst wurden. Am 12. August jenes Jahres beobachtete er von seinem Observatorium aus die Sonne, als er plötzlich eine lange Reihe runder Objekte bemerkte, welche langsam über die Sonnenscheibe hinwegzogen. Mit seiner Teleskop-Kamera konnte er einige Bilder des Phänomens aufnehmen. Er zählte insgesamt 143 zigarren- und spindelförmige Objekte. In einem ausführlichen bebilderten Bericht an die französische Zeitung L'Astronomie schätzte er deren Flughöhe auf etwa

300 000 Kilometer über der Erde ein (B 117.33). Kurz vor der Jahrhundertwende, am 22. Juli 1897, knipsten zwei junge Amerikaner, James B. Sturges und Jakob Davidson aus Zanesville (Ohio/USA), eine typische „Untertasse". Als die beiden Studenten der Naturwissenschaften eine Aufnahme von fliegenden Vögeln entwickeln wollten, bemerkten sie auf der Platte einen merkwürdigen Apparat in Linsenform mit einer Kuppel darüber, welcher leuchtete. Die jungen Leute erinnerten sich, während der Aufnahme absolut nichts bemerkt zu haben, und sie glaubten deshalb an einen Defekt der Platte, warfen sie aber nicht weg. Heute noch ist jenes Foto im naturwissenschaftlichen Museum in Zanesville zu sehen (Z 58.63.82.2).

Eine andere Aufnahme aus späterer Zeit wurde vom Yerkes-Observatorium Williamsbay in Wisconsin (USA) gemacht, und zwar am 10. Juni 1917. Bei dem Teilausschnitt des Fotos Nr. 101 auf S. 65 in dem Buch „Der neu entdeckte Himmel" von Robert Heseling, Leipzig 1940, fliegt vor den grell lodernden Protuberanzen der Sonne ein UFO. Die längliche Zigarrenform hebt sich dabei scharf und klar vom schwarzen Weltall ab. Auf dem stark vergrößerten Foto kann man an der Regelmäßigkeit des Korns erkennen, daß dieses Foto echt ist. Im übrigen wurde dieses Objekt erst später entdeckt, da 1917 noch niemand etwas von UFOs wußte (Z 16.68.9.783).

Andererseits gibt es auch neuere einwandfreie Aufnahmen von Astronomen wie Dr. J. Barlett von der Universitätssternwarte Maryland und von Frank Halstead, dem Leiter des Darling Observatoriums in Duluth. Auch Clyde Tombaugh, der Plutoentdecker von 1930, hat Aufnahmen von UFOs gemacht und stellt sich positiv zu ihrer Existenz. Die chilenische Antarktis-Expedition von 1940 hat einwandfreie Aufnahmen mit nach Hause gebracht. Die Aufnahmen des Mr. Paul Trent vom 11. Mai 1950 sind, nachdem sie von der Luftwaffe geprüft worden waren, von einem Sprecher der Air Force als die besten Aufnahmen eines Zivilisten bezeichnet worden.

Während des großen NATO-Manövers „Exercise Mainbrace" am 19. September 1952 tauchten über dem Flugzeugträger „Franklin Roosevelt" plötzlich ein silberner, metallisch aussehender Diskus auf. Dem amerikanischen Pressefotografen Wallace Litwin gelang es, drei Farbaufnahmen dieses Objektes zu schießen, bevor es verschwand. Am folgenden Morgen gaben die Presseagenturen eine kurze lakonische Meldung über den Vorfall heraus, ohne daß jemals die Bilder veröffentlicht oder weitere Einzelheiten von Zeugen bekannt wurden (B 124.136).

Wesentlich mehr Publizität erhielten die UFO-Fotos, die vom brasilianischen Schulschiff „Almirante Saldanha" am 16. Januar 1958 in der Nähe der Insel Trinidade aufgenommen werden konnten (s. S. 160 f.).

Neben fotografischen Einzelaufnahmen existieren auch ganze Filmstreifen, die während des An- oder Abfluges von UFOs gemacht wurden. Am 9. Mai 1956 wurde beispielsweise ein „The Truth about Flying Saucers" (Die Wahrheit über fliegende Untertassen) betitelter Film von 90 Minuten Spieldauer durch die „Operation Blaubuch" des ATIC freigegeben. Die als authentisch bezeichneten Dokumente umfassen die Radarbeobachtungen bei dem verhängnisvollen Flug des Captain Mantell sowie Episoden von Montana und Tremonton (Utah). Der letztere Streifen wurde von dem amerikanischen Marineoffizier Warrant Delbert C. Newhouse am 2. Juli 1952 aufgenommen und zeigt mehrere Untertassen, die in der Nähe von Tremonton herumflogen (B 45.153). Das ATIC-Laboratorium in Dayton und die Marine-Prüfstelle haben ihn monatelang im geheimen analysiert. Chemiker im Laboratorium versuchten die Bilder nachzumachen, was ihnen jedoch nicht gelang. So blieb den Sachverständigen von Marine und Luftwaffe nichts anderes übrig, als die Echtheit des Filmstreifens zu bestätigen. Im einzelnen ermittelten sie, daß die Scheiben etwa zehn Kilometer entfernt waren und an die 1 500 Stundenkilometer in engen Kreisen flogen. Keines unserer Flugzeuge könnte bei dieser Geschwindigkeit Kurven fliegen. Verständlicherweise hat der Film im Pentagon viel Wirbel verursacht. General Samford, Geheimdienstleiter der Air Force, soll ihn sich dreimal haben vorführen lassen (B 46.189). Viele Jahre später, 1968, meinte Dr. Baker im „Journal of the Astronautical Scienes", daß manche UFO-Filme vielleicht doch zu deuten sind, wenn man seine Vorstellungskraft genügend strapaziert. Andere hingegen, wie der Montana-Streifen, können einfach nicht als natürliche Phänomene gedeutet werden (Z 30.68.15.31).

Im Zusammenhang mit zahlreichen UFO-Meldungen stehen auch Berichte über eine merkwürdige flockenartige Substanz. Dieses sogenannte „Engelshaar", eine spinnweben-, bzw. gallertartige Masse, soll häufig nach dem Vorüberflug von UFOs heruntergefallen sein. Beim Anfassen bilden die Fäden schnell einen gelatineartigen, übelriechenden Klumpen, der sich in kurzer Zeit unter Zurücklassung einer leicht abwaschbaren grünen Farbe an den Händen auflöst. Die Masse ist leicht radioaktiv. Eine der bekanntesten Meldungen hierüber stammt aus Italien.

Am 27. Oktober 1954 erschien während eines Fußballspieles über Florenz ein UFO, das von Tausenden beobachtet wurde und dessentwegen das Spiel mehrere Minuten lang unterbrochen wurde. Nachdem das UFO verschwunden war, breitete sich am Himmel eine Art „großen Spinngewebes" aus. Dies verwandelte sich in einen, wie es Zuschauer und Chronisten ausdrückten, Regen von „Flocken zerzauster Watte", die sich auf den Dächern, Bäumen und Straßen des kleinen Orts festsetzten. Auch auf Florenz und Siena fiel „Watte aus dem Weltraum" nieder, und man kann sich vorstellen, mit welcher Spannung die Öffentlichkeit die Prüfung der rätselhaften Flocken erwartete, die man dem Direktor des chemischen Institutes der Florentiner Universität Professor Giovanni Canneri vorlegte. „Substanz mit faseriger Struktur mit beachtlicher mechanischer Zug- und Torsionsfestigkeit", lautete der Bescheid. „Bei Erhitzung verhärtet sie sich und hinterläßt einen schmelzbaren und transparenten Rückstand. Der schmelzbare Rückstand zeigt spektografisch, daß er vorwiegend Bor, Silizium, Kalzium und Magnesium, Substanzen von wahrscheinlich fadenförmiger, makromolekularer Struktur, enthält. Rein hypothetisch gesehen, könnte die geprüfte Substanz in der mikrochemischen Reihe ein borsiliziumhaltiges Glas gewesen sein". Doch niemand ist in der Lage, zu sagen, wo diese mysteriöse Substanz hergestellt, wie sie verwendet und warum sie verstreut wurde (B 51.384) (Z 9.58.4.154) (Z 58.69.156.1). In folgender Tabelle sind einige Sichtungsgebiete aufgeführt, in denen dieses Gewebe, auch „Engelshaar" genannt, beobachtet wurde (B 38.79).

Datum	Ort
13. 10. 17	Fátima, Portugal
10. 11. 49	Depues Ferry, Penn., USA
10. 11. 49	Depues Ferry, Penn., USA
11. 10. 50	Butte County, Calif., USA
17. 10. 52	Oleron, Frankreich
27. 10. 52	Gaillac, Frankreich
15. 04. 53	Ongaongo, Neuseeland
17. 05. 53	Bouffioulx, Belgien
30. 05. 53	Auckland, Neuseeland
30. 05. 53	Christchurch, Neuseeland
13. 10. 53	Pleasant Hill, Calif., USA
16. 11. 53	San Fernando, Calif., USA
20. 09. 54	St. Père du Retz, Atlantischer Ozean
13. 10. 54	Graulhet, Frankreich
14. 10. 54	Méral, Frankreich

18. 10. 54	Vienne, Frankreich
26. 10. 54	Prato, Italien
28. 10. 54	Rom und Florenz, Italien
04. 11. 54	Nelson, Neuseeland
01. 09. 55	Edmore, Mich., USA
02. 10. 55	Uhrichsville, Ohio, USA
10. 10. 55	Cincinnati, Ohio, USA
27. 10. 55	Whitsett, N. C., USA
30. 09. 56	Cherry Valley, Ill., USA
15. 10. 56	Indianapolis, Indiana, USA
05. 08. 61	Mt. Hale, Australien
14. 10. 62	Lakeland, Florida, USA
07. 11. 65	Auch, Frankreich

Die mit Abstand größte Menschenmenge, die je bei einem außerordentlichen Himmelsphänomen zugegen war, hatte sich am 13. Oktober 1917 auf der Cova da Iria bei Fátima in Portugal eingefunden. Schätzungsweise 70 000 Menschen warteten dort auf das von den Hirtenkindern Lucia, Francisco und Jacinto angekündigte Wunder. Gegen 9 Uhr fiel Lucia in Trance und erklärte, daß ihr die Muttergottes vom Rosenkranz mit einem Kind im Arm erschienen sei.

Plötzlich schrie die tausendköpfige Menge auf, und alle Leute fielen auf ihre Knie. Ein großer silberner Diskus war aus den Wolken aufgetaucht. Er rotierte rasend schnell und schien auf die erschreckten Menschen herunterzustoßen. Gleichzeitig fielen dünne Strähnen silbrigen „Engelhaars“ vom Himmel herab, die sich jedoch auflösten, bevor sie eingefangen werden konnten. Das glänzende Objekt tanzte unterhalb der Wolkenschicht auf und nieder und schien seine Farbe über den ganzen Spektralbereich zu ändern.

Professor Almeida Garrett, ein bekannter Wissenschaftler der Coimbra-Universität, der unter der Menschenmenge war, verglich den Diskus mit einem polierten Rad von präziser Form. Als er immer schneller zu rotieren begann und auf die Leute herunterzusausen schien, wurden diese von einer gewaltigen Hitzewelle erfaßt, die ihre regennassen Kleider augenblicklich trocknen ließ. Ernsthafte UFO-Forscher meinen, daß dieses offensichtlich reale Himmelsphänomen viele Gemeinsamkeiten mit modernen UFO-Berichten zeigt (B 117.259 f.).

Während die glasfaserartigen „Engelshaare“ kaum einen Schaden anrichten können, scheinen größere Bruchstücke abgestürzter UFOs offenbar schon Unfälle verursacht zu haben. So sahen am 21. Juni 1947 Chrisman und Dahl von der Küstenwache der Mauryinsel, wie fünf Untertassen eine sechste in die Mitte nahmen, die schließlich explodierte. Die Trümmer fielen zum Teil ins Meer, zum Teil auf den Strand und ein Schiff. Dahls Hund wurde durch Splitter getötet, sein Sohn verletzt. Die Luftwaffe untersuchte den Fall, nahm aber offiziell nicht dazu Stellung. Dahl und Chrisman wurden so eingeschüchtert, daß sie keinerlei Angaben mehr an die Presse zu geben wagten und schließlich sogar außer Landes verschwanden. Die Kiste mit den echten Trümmern wurde von der Luftwaffe vertauscht bzw. sichergestellt (Z 57.61.4/5).

In anderen Fällen konnte der Schleier der militärischen Geheimhaltung nicht so schnell und wirkungsvoll ausgebreitet werden, so daß es unabhängigen Wissenschaftlern gelang, UFO-Bruchstücke genauer zu untersuchen. So wurde von kanadischen Dienststellen ein sonderbares Metallfragment gefunden, dessen „Abwurf" man einem UFO zuschrieb. Es zeigte sich, daß es aus chemisch reinem Eisen bestand, das man auf der Erde heute nur in äußerst geringen Mengen herstellen kann (B 51.385) (B 133.52 ff.).

Ein weiterer Fall ereignete sich am Nachmittag des 14. Dezember 1954 in Campinas, einer Stadt von etwa 250 000 Einwohnern im Südosten Brasiliens. An diesem Tag beobachteten viele Menschen die merkwürdigen Flugmanöver dreier scheibenförmiger Objekte, von denen eines in Schwierigkeiten geraten zu sein schien. Diese Scheibe schwankte heftig hin und her und schien unfähig, die Höhe zu halten, während die beiden anderen sie umkreisten, als ob sie versuchten zu helfen und es doch nicht konnten. Als die schwankende Scheibe bis auf etwa 90 Meter gesunken war, hörten viele Zeugen schwere dumpfe Schläge, die vermutlich von diesem besonderen Objekt kamen, da diese Geräusche mit den gelegentlichen Schwankungen übereinzustimmen schienen. Die beiden anderen Scheiben kamen sehr dicht an die beschädigte heran, die sich plötzlich hochstellte und in kurzen Stößen vorwärtsbewegte, wobei ein dünner Strahl silbriger Flüssigkeit von ihrer Unterseite herabtropfte. Einen Augenblick später nahm die Scheibe wieder eine horizontale Lage ein, wobei sie einen tiefen Summton hören ließ, und alle drei Objekte begannen zu steigen und waren in den Wolken verschwunden.

Die Behörden unternahmen sofort eine Untersuchung der Gegend, in der die silbrige Substanz den Berichten zufolge von dem UFO auf die Erde gefallen war. Man fand Metallspritzer auf Hausdächern, Bürgersteigen, Straßen und in einem Fall sogar auf Kleidern, die zum Trocknen aufgehängt waren. Im ganzen waren es mehrere Unzen

(1 Unze = 28,5 Gramm) dieser Substanz (die genaue Menge wurde niemals veröffentlicht), die die brasilianische Regierung in Verwahrung nahm. Einige Wochen später gab ein Sprecher der Regierung auf einer Pressekonferenz lediglich zu, daß der gefundene Stoff Zinn war, gab aber keine zusätzlichen Informationen, wahrscheinlich weil die Substanz von der Luftwaffe sichergestellt worden war. Jedoch war nicht alles Material in die Hände der Behörden gefallen. Bevor die Gegend abgesperrt wurde, waren einige Bruchstücke bereits gesammelt und von dem Chemiker Dr. Risvaldo Maffei untersucht worden. Dieser teilte der Presse mit, daß das betreffende Material tatsächlich Zinn sei mit etwa zehn Prozent Beimengungen anderer Metalle, die er nicht genau bezeichnete, die aber nicht die vier sonst üblichen Verunreinigungen aus Antimon, Eisen oder anderen darstellen. Dr. Maffei fügte hinzu, daß er nicht sagen könne, zu welchem Zweck das Zinn gebraucht worden sei, das im übrigen keine radioaktive Strahlung aufwies (B. 25.66,67).

Der Münchner Physiker Dr. Wolfgang Ehrenberg erzählt, daß ihm vom Leiter seiner damaligen Forschungsgruppe in Bariloche, Argentinien, ein merkwürdiger Gegenstand zur Untersuchung gegeben worden war. Der Fund stammte von einem Freund aus Neumexiko, angeblich aus der Gegend, in der wiederholt unbekannte Feuerkugeln gesichtet worden waren. Das Material erwies sich als Nickeleisen und war von runden mikroskopisch engen Kanälen durchsetzt, die mit einer paraffinartigen Masse gefüllt waren. Eine bündige Erklärung, wie es zu einer solchen Durchdringung gekommen sein konnte, wurde nicht gefunden (Z 15.67.1.3).

Auf einem UFO-Landeplatz in Madrids Vorstadt Santa Monica wurden im Juni 1967 einige mysteriöse Metallröhrchen gefunden. Sie waren weniger als 15 cm lang und anscheinend aus der Maschine gekommen, die am 1. Juni von Antonio Pardo fotografiert und von vielen anderen Zeugen gesehen wurde. Antonio Pardo konnte von einem Jungen einen Teil einer Röhre erwerben, der sie durch einen Zufall gefunden hatte. Der Knabe erzählte, daß beim Öffnen eine Flüssigkeit herausgekommen war, die verdampfte. Die Röhre enthielt zwei grüne Streifen, die an das Laboratorium der I. N. T. A. (spanisches Institut für Luftfahrtforschung) in Madrid übersandt wurden. Nach der eingehenden Analyse war das Metall Nickel von einem außerordentlichen Reinheitsgrad (über 99 %), während die Plastikstreifen sich als Polyvinylfluorid (Tedlar) erwiesen. Dieses Material wurde nur durch die amerikanische Firma Dupont Nemours hergestellt und war damals noch nicht im Handel. Die NASA benutzte es für die Vorderseite der Kegel von Erdsatelliten, um sie gegen die Effekte der Erdatmosphäre zu schützen. Diese Plastik besitzt außergewöhnliche Eigenschaften und ist immun gegen Korrosion (B 129.141 ff.).

Am 10. Mai 1967 hatte eine französische Untersuchungskommission in den Bodenkratern von Marliens eine merkwürdige purpurfarbene Substanz gefunden. Sie wurde in Paris einer chemischen Untersuchung unterworfen und in der Universität von Dijon spektrografisch analysiert. Beide Ergebnisse waren gleichlautend: es handelte sich um kleine, abgerundete Quarzkristalle im Anfangsstadium der Verschmelzung, was eine Temperatur von 1500 Grad Celsius voraussetze. Allerdings zeigte die Vegetation in der Umgebung des Fundortes keinerlei Hinweise auf erhöhte Hitzeeinwirkung (B 39.80).

Das Hauptmaterial der „Fliegenden Untertassen" scheint allerdings Magnesium zu sein, das am häufigsten in UFO-Bruchstücken analysiert werden konnte. Reines Magnesium ist um 35 % leichter als Aluminium und wird üblicherweise als Legierungsbestandteil im Flugzeugbau verwendet.

Im Jahre 1954 wurde eine aufsehenerregende Sichtung eines UFOs über Washington, D. C., gemeldet und von einer großen Anzahl von Personen beobachtet, einschließlich militärischer Stellen, die einen Düsenjäger in das Gebiet sandten. Während dieses Zusammentreffens wurde dem Düsenjägerpiloten Befehl gegeben, auf das arglose Objekt das Feuer zu eröffnen; er riß dadurch ein Stück vom Rand der Scheibe ab. Dieser Brocken Metall wurde zwei Stunden später auf der Erde gefunden, immer noch unnatürlich glühend. Erst nach zwei Wochen verlor das Bruchstück beides, sein Glühen und seinen metallischen Glanz, und wurde bräunlich. Eine Analyse des Materials enthüllte, daß seine gut erhaltene Struktur eine Matrize Magnesium-Ortho-

---

Zu den Abbildungen 35 und 36

UFO-Landung in Aluche, Vorstadt von Madrid

Am 6. Februar 1966 beobachtete eine Gruppe von Soldaten eines Munitionsdepots in der Nähe von Aluche, wie ein scheibenförmiges, 10 bis 12 Meter großes Objekt zu einer Landung ansetzte und rasch wieder aufstieg. Es gab einen ständig sich ändernden schwingenden Ton von sich — dabei eine faszinierende Beleuchtung zeigend. Plötzlich verschwand das UFO, als ob es ausgeschaltet worden wäre. Der Zeuge José Luis Jordán sah drei „Ausleger", die von der Unterseite des Objektes herausragten. Später fand man drei rechteckige Eindrücke an der Landungsstelle, die von Antonio San Antonio aufgenommen und in der Madrider Zeitung „Informaciones" am 9. Februar 1966 veröffentlicht wurden (B 129.45 ff.).

35

36

37

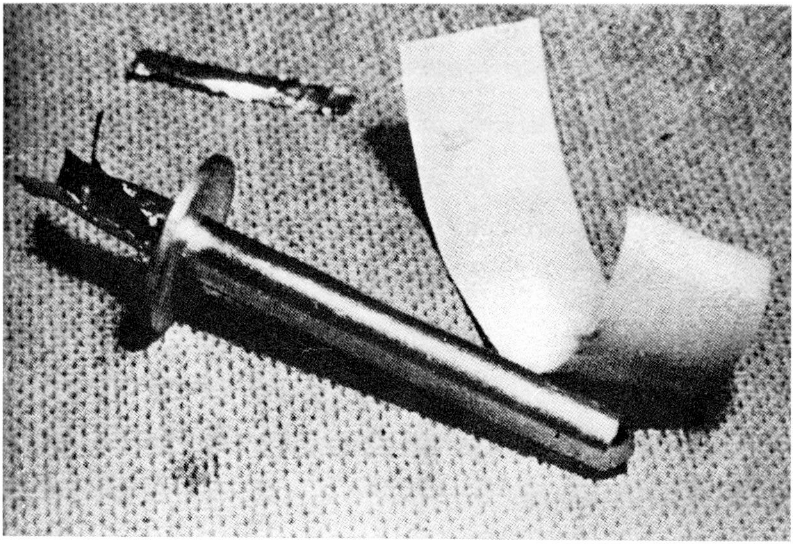

38

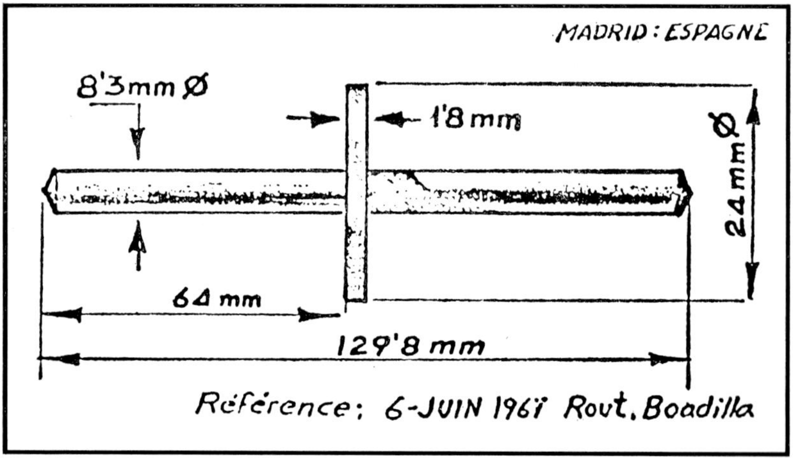
MADRID : ESPAGNE
8'3mm Ø
1'8 mm
24 mm Ø
64 mm
129'8 mm
Référence: 6-JUIN 1967 Rout. Boadilla

silikat hatte, und durch diese waren Tausende von winzigen Kugeln mit Einbuchtungen verteilt, jede im Durchmesser von 15 Mikrometer. Die Masse selbst hatte anfänglich eine Resonanz (Sensitivität) auf eine Radiowellenlänge von 4,5 Megahertz oder 66,7 Meter (B 25.75 ff.).

Am 14. September 1957 berichtete Abrahim Sued, Kolumnist der Zeitung „O Globo“ in Rio de Janeiro, er habe mehrere Bruchstücke erhalten, die geborgen wurden, als ein scheibenförmiges Objekt in der Nähe des Strandes von Ubatuba (Sao Paulo) explodiert war. Zeugen sagten aus, die Scheibe sei mit phantastischer Geschwindigkeit auf den Ozean heruntergestoßen, als sie plötzlich anhielt, gut hundert Meter stieg, schwankte, um schließlich in einem Schauer glänzender Bruchstücke zu explodieren. Einige dieser Teile waren in so seichtes Wasser gefallen, daß die Zeugen sie mitnehmen konnten.

Dr. Olavo Fontes konnte im Auftrag der APRO drei dieser Fragmente über die Zeitung erhalten. Er stellte fest, daß sie etwa die Größe eines amerikanischen halben Dollars hatten bzw. noch kleiner waren, mit rauher Oberfläche (verschlackt) und sehr leicht. Die folgende Strahl-Diffraktions-Analyse des Mineralproduktions-Laboratoriums von Brasilien ergab, daß die Bruchstücke aus reinem Magnesium bestanden. Normalerweise kann brennendes Magnesium durch Wasser nicht gelöscht werden; aber wenn die Wassermenge so groß ist und die Metallstücke so klein sind wie hier, kann das Wasser die Hitze des brennenden Metalls so schnell absorbieren, daß es die Flammen erstickte. Dies würde ebenso die verschlackte Oberfläche der Einzelteilchen erklären wie den leuchtenden Schauer, den das Magnesium, bei der Explosion in der Luft verbrennend, nach Zeugenaussagen verursachte (B 25.68) (B 51.385) (B 71.53).

Zu den Abbildungen 37 und 38

Ein materieller UFO-Beweis aus Spanien

Am 1. Juni 1967 landete ein scheibenförmiges UFO in Madrids Vorstadt Aluche und hinterließ drei rechteckige Eindrücke, identisch mit denen von Aluche (Bild 35). In der Nähe dieser Spuren fand man kleine Metallröhrchen, die anscheinend von dem Flugobjekt abgeworfen worden waren. Ein Knabe, der ein solches Röhrchen mit einer Zange aufgebrochen hatte, berichtete, daß beim Öffnen eine Flüssigkeit herausgeflossen sei, die sofort verdampfte. Das Metall bestand aus 99 % reinem Nickel, während die darin enthaltenen zwei grünen Plastikstreifen Polyvinylfluorid (Tedlar) waren. Dieser außerordentlich korrosionsbeständige Kunststoff wurde damals nur von einer NASA-Vertragsfirma zum Schutz von Satelliten produziert und war im Handel nicht erhältlich (s. a. S. 271 f.).

Im Rahmen des UFO-Forschungsprogrammes von Dr. Condon untersuchten Wissenschaftler ein zweites Bruchstück des Ubatuba-Magnesiums. Bei der Analyse mit Neutronenaktivierung fand man insgesamt 0,1 % Fremdmaterial. Nachdem dieser Verunreinigungsgrad höher als bei einer vergleichbaren industriellen Probe war, konnte das Ubatuba-Magnesium nach Ansicht des Projekt-Beauftragten Roy Craig nicht als Beweis für eine außerirdische Herkunft gewertet werden.

Andererseits enthielt die Ubatuba-Probe keinerlei Kalzium-, Silizium- oder Quecksilber-Spuren, welche auch bei den modernsten Herstellungsprozessen von Magnesium stets nachzuweisen sind. 1969 unterwarfen Dr. Walter W. Walker, außerordentlicher Professor für Metallurgie an der Universität von Arizona, und Robert W. Johnson, Entwicklungsleiter einer Material-Forschungsanstalt, das Ubatuba-Magnesium einer eingehend metallurgischen Analyse. Sie fanden, daß das Metall kein polykristallines Kristallgefüge aufwies, sondern in einem gerichteten Druckgußverfahren hergestellt worden sein mußte. In ihrem Bericht an die APRO heißt es im einzelnen: „Nirgendwo in unserer gegenwärtigen Technologie findet ein derart grob-körniges Metall Verwendung. Wahrscheinlich ist das Objekt außerirdischen Ursprungs." 1972 meinte Dr. Robert V. Wolf von der Abteilung Metallurgie und Kerntechnik der Universität Missouri-Rolla: „Aufgrund der verschiedenen Orientierungsrichtungen des Korns dürfte dieses Material Vorteile bieten hinsichtlich seiner Festigkeit und seiner thermischen und elektrischen Leitfähigkeit." (Z 78.74.2.38 ff.)

Die kanadische staatliche Forschungsgesellschaft „Project Magnet" unter Leitung von Wilbert B. Smith konnte innerhalb weniger Tage um den 1. Juli 1960 3000 Pfund eines seltsamen Metalls bergen. Eine X-Strahlen-Diffraktions-Analyse ergab einen sehr geringen Nickel- und hohen Mangan-Gehalt, was eine Meteoriten-Herkunft auszuschließen scheint. Andererseits weist dieser austenitische Stahl zahlreiche Einschlüsse von Mikrometeoriten auf. Der kanadische Wissenschaftler Dr. Peter Millman schätzt, daß die Dichte von 30 Partikeln pro Quadratzentimeter mindestens einen einjährigen Aufenthalt im freien Weltraum voraussetzt (B 133. 50 ff.).

Auch aus neuerer Zeit liegen Berichte über abgestürzte UFOs vor. Die Zeitung „La Razôn", Buenos Aires, meldete am 24. 6. 1971, daß ein UFO mit großem Getöse auf dem Berg Lasthualljа in der zentralen Region von Peru zerschellt sei. Dieses Ereignis, das von einem Bergmann angezeigt worden war, wurde von Bauern aus Sapallanga bestätigt, die ebenfalls behaupteten, daß ein unbekanntes Flugobjekt, einen roten Streifen hinter sich herziehend, zur Erde stürzte, wonach man eine Explosion hörte. Der Bergmann Hugo Meza Arce erzählte, daß er sich noch vor der Anzeige an den Ort, wo das seltsame Objekt zerschellte, begab und daß dort durch die Explosion zerstreut eine Menge Metallstücke lagen, die von einer hellblauen, irisierenden Farbe waren. Weiter sagte er, er hatte versuchen wollen, eines dieser in den Felsen haftenden Stücke anzufassen; dabei hätten sich Funken daraus gelöst, die ihm Verbrennungen verursachten. Er fügte hinzu, daß besagte Metalle eine Anziehungskraft auf andere ausübten, als ob sie Magnete wären (Z 58.71.182.5).

In den letzten Jahren wurden immer wieder kleine metallische Kugeln gefunden, die vom Himmel heruntergefallen sind. Drei solcher Kugeln wurden 1963 in einer australischen Wüste entdeckt. Ihr Durchmesser betrug 35 cm, ihre Oberfläche war poliert und hellglänzend. Australische Wissenschaftler zeigten sich sehr verblüfft über den merkwürdigen Fund. Am 30. April 1963 berichtete der australische Minister Allen Fairhall dem Repräsentantenhaus, daß alle Versuche, die Kugeln zu öffnen, fehlgeschlagen seien. Die Objekte wurden daraufhin der amerikanischen Luftwaffe übergeben, und seither hat man nie mehr etwas von ihnen gehört.

Andere Metallkugeln sind in der Nähe von Monterrey, Mexiko (7. 2. 1967) und über Conway, Arkansas, USA (November 1966) vom Himmel gestürzt. Das mexikanische Objekt bestand aus reinem Titan; das andere aus Arkansas war aus rostfreiem Stahl. Ähnliche Kugeln wurden in Argentinien und Afrika gefunden (B 117.176). Anfang April 1974 entdeckte die Familie Antoine Betz im Garten ihres Hauses auf der Insel Fort George bei Jacksonville im US-Staat Florida eine rund elf Pfund schwere Metallkugel. Das Objekt aus rostfreiem Stahl soll sich aus eigenem Antrieb bewegt haben. Marineforscher bemerkten bei der Durchleuchtung mit Röntgenstrahlen ein kompliziertes Innenleben und stellten fest, daß die Kugel ein Magnetfeld besitzt und Wellen ausstrahlt. Allerdings gelang es nicht, die Herkunft der Kugel zu ermitteln. Auf jeden Fall könne nach Ansicht der Marine-Wissenschaftler ein außerirdischer Ursprung ausgeschlossen werden (Z 55.14. April 1974).

Dr. Joseph Rohrer, Direktor der Station Pueblo-Radio und Präsident der Pik's Peake Broadcasting Company, berichtete über drei „Fliegende Untertassen", die durch amerikanische Militärflugzeuge über dem Staat Montana zur Landung mit katastrophalen Folgen gezwungen wurden. Ein einziger dieser außerirdischen Piloten überlebte die Bruchlandung und wurde in einem großen Inkubator, der extra für diesen Zweck in Kalifornien konstruiert und dann an einen geheimen Ort gebracht worden war, noch etwa zwei Jahre am Leben gehalten.

Rohrer behauptet, daß die US-Wissenschaftler in ihren Bemühungen, sich mit diesem einen Meter großen Weltraumwesen zu verständigen, zuerst auf Bilder angewiesen waren, bis es dann einigen Sprachwissenschaftlern schließlich gelang, ihn englisch in Wort und Schrift zu lehren. Der gleiche Rohrer behauptete weiter, es sei ihm gelungen, in eines dieser Raumschiffe einzudringen. Es enthielt dreißig Abteile — wie alle Schiffe dieses Typs (nach Rohrer) — und bestand aus gigantischen Ringen, die um die in ihrem Zentrum feststehende Kabine rotieren. Die Pilotenkabinen des von Rohrer besichtigten Schiffes glichen dicken, zylindrischen Rohren, die an beiden Enden hermetisch schließende Türen haben. Die Atmosphäre in diesen Kabinen bestand aus einem unter Druck stehenden Gas, dessen Bestandteile 30 % Sauerstoff und 70 % Helium waren. Als Antriebskraft für das Raumschiff dienten elektromagnetische Turbinen, welche mittels der mit schwindelerregender Geschwindigkeit rotierenden Ringe ein gewaltiges Magnetfeld erzeugten und dem Schiff eine beachtliche Geschwindigkeit verleihen. Die Veränderung der Feldstärke bei unterschiedlichen Geschwindigkeiten könnte den oft bei fliegenden Scheiben beobachteten Wechsel der Farben erklären. Nach Aussage von Rohrer hat die US-Regierung diesen ganzen Vorfall geheimgehalten, um eine Panik unter der Bevölkerung zu vermeiden (Z 58.63.81.1).

Nach den Erklärungen des Argentiniers Dr. Pedro Romaniuk bei der Eröffnungssitzung einer Reihe von Kursen über „Biopsychosynthese", die von einer privaten Universität organisiert werden, sind nicht nur die Vereinigten Staaten, sondern auch die Sowjetunion im Besitz von beschädigten, aus dem Raum stammenden Fliegenden Scheiben. Die Russen, berichtet Romaniuk, haben ein großes Raumschiff aufgebracht, das von einem eigens dafür eingesetzten Komitee studiert wird. Romaniuk lieferte darüber allerdings keine weiteren Einzelheiten (Z 58.70.161.3).

Ob diese und ähnliche phantastische Enthüllungen einen wahren Kern haben, ist schwer zu beurteilen. Üblicherweise behandeln seriöse Publizisten derartige Erzählungen von vornherein als „Latrinengerücht" und ordnen sie in der Akte FF (File and Forget = ablegen und vergessen) ab. Gut unterrichtete Stellen dagegen — und dies sind ausschließlich Geheimdienstkreise — hüten sich, ihre Schweigepflicht zu durchbrechen. Immerhin bekam der Autor dieses Buches von einer ehemaligen deutschen Segelfliegerin einen Hinweis, der eine Geschichte zu bestätigen scheint, die Frank Scully in seinem Buch „Behind the Flying Saucers“ schilderte. Danach soll der Geologe und Geophysiker Dr. Silas Newton in Denver, Colorado, am 20. April 1969 eine Geheimvorlesung über abgestürzte UFOs gehalten haben. Hierin erwähnte er, daß nahe der Halbinsel Boothia (Nord-Kanada) ein Raumschiff entdeckt wurde. Die beiden Insassen wurden erfroren auf dem Eis gefunden. Auf einem Hochplateau in der Nähe von Aztec, Neu-Mexiko, soll den USA eine Untertasse mit 15 Leichen von 0,9 bis 1 m Größe in die Hände gefallen sein. Weitere abgestürzte Raumschiffe mit 16 Leichen bzw. 2 Leichen sind in der Nähe eines Versuchsgeländes in Arizona und im Paradies Valley oberhalb von Phönix entdeckt worden. Die zum Teil außerordentlich detaillierten Informationen über das Aussehen der toten Mannschaft, die Konstruktion der UFOs und deren Inneneinrichtung will Newton von einem Ingenieur für Magnetkunde, Dr. Gee, erfahren haben, der bis zum Juli 1949 in verschiedenen Geheimprojekten der Regierung tätig gewesen ist (Z 58.68.142.3/143.3).

Anläßlich einer Party in Washington lernte nun die dem Autor bekannte deutsche Segelfliegerin den Chef ihrer in den USA verheirateten Tochter kennen. Dieser behauptete, im Pentagon (Marine-Abteilung) einen Freund zu haben, der ihm einen Raum mit sechs Särgen gezeigt hat, in denen tote außerirdische Wesen aufgebahrt waren. Über den Namen dieses Freundes wollte er verständlicherweise nichts aussagen. So wird man wohl auch in den nächsten Jahren kaum damit rechnen können, daß die Regierungen den Schleier des Geheimnisses, der die unbekannten Flugobjekte umgibt, für die breite Öffentlichkeit lüften werden. Den maßgebenden politischen und militärischen Kreisen ist vielmehr daran gelegen, die physikalischen Grundlagen der außerirdischen Weltraumschiffe in aller Ruhe zu studieren und für eigene technische Entwicklungen auszunutzen.

Beherrschung der Schwerkraft

„Ich habe nun die Himmelserscheinungen und die Meeresgezeiten auf Grund der Schwerkraft erklärt, die Ursache der Eigenschaften der Schwerkraft konnte ich bis jetzt nicht aus den Erscheinungen ableiten."

Sir Isaac Newton (1643—1727)

„Die physikalische Realität der UFOs ist über jeden Zweifel erhaben bewiesen. Offensichtlich benutzen sie als Antrieb eine Kraft, die mit den Gravitationsfeldern zusammenhängt."

Dr. James Harder, Dipl. Ing. und Dozent an der Universität von Kalifornien

Die Beherrschung der Schwerkraft ist etwas, wovon die Menschheit schon seit Jahrhunderten träumt. Die Bedeutung für jenes Land, dem es als erstem gelingt, Anti-Gravitationsmaschinen zu bauen, ist unvorstellbar; unser ganzes Leben würde sich völlig verändern. Autos, Züge, Schiffe, Flugzeuge und Raketen würden überflüssig sein und in Museen ausgestellt werden. Paradoxerweise ist die Schwerkraft, von der wir noch so wenig wissen und die wir noch nicht zu beeinflussen vermögen, die schwächste uns bekannte Kraft. Die elektrischen und magnetischen Kräfte, die wir so virtuos anzuwenden verstehen, übersteigen die Schwerkraft sextillionenfach, das heißt um einen Faktor 10^{36}. Die Kernkräfte gar, die in der kontrollierten Kettenreaktion wie in der zerstörerischen Atombombe freigesetzt werden, sind nochmals um einen Faktor 100 größer (10^{38}) (B 88.129).

Zur Veranschaulichung dieser Größenverhältnisse stelle man sich zwei zehn Meter voneinander getrennte Wasserstoffkernmassen von je 1 Gramm (Protonen ohne Elektronen) vor. Während die Massenanziehungskraft zwischen ihnen nur $6{,}7 \times 10^{-14}$ Newton beträgt (zentripetalwirkend), erreicht die Coulomb'sche elektrostatische Kraft in diesem Fall nicht weniger als $0{,}8 \times 10^{14}$ Tonnen (zentrifugal wirkend), wäre also $1{,}2 \times 10^{36}$ mal so groß wie die Massen-Anziehungskraft (Z 28.56.12.992).

In der Hoffnung eines technischen Durchbruchs hat die amerikanische Regierung bereits vor Jahren 46 verschiedene Forschungsprojekte über die vielfältigen Aspekte der Schwerkraftkontrolle begonnen. 33 dieser Projekte werden von der Air Force durchgeführt, und die anderen sind fünf weiteren Dienststellen übertragen worden. Auch eine große Anzahl von Mammutkonzernen, einschließlich Bell Aerospace, General Electric, Hughes Aircraft, Boeing, Douglas und viele andere haben Schwerkraft-Forschungen begonnen (Z 58.69.155.3) (B 25.202) (Z 28.56.5.373). In der Sowjetunion existiert ein Versuchszentrum für Antigravitation, das nicht weit von Taschkent liegt und gemeinsam mit einem ostdeutschen Zentrum in Leipzig an Schwerkraft-Forschungen arbeitet (B 25.202).

Mr. A. V. Cleaver, ehemals stellvertretender Chefingenieur der Flugzeug-Motoren-Werke von Rolls-Royce, Ltd., meint: „Schwerkraft ist ein höchst mysteriöses und schwer faßliches Phänomen. Es erscheint fraglich, ob viele Menschen, sogar technisch geschulte Leute, sich darüber im klaren sind, wie berechtigt diese Behauptung ist, oder ob sie die Verschwörung des Schweigens bemerken, mit der die Schwerkraft in den meisten Lehrbüchern behandelt wird (B 81.60)."

In ähnlicher Weise äußerte sich Prof. Bryce S. DeWitt von der Universität Berkely im Jahre 1953: „Bevor irgend jemand den Mut haben darf, auch nur den simpelsten Feldzugsplan zur Zähmung der Gravitation auszuarbeiten, muß er zumindest das Wesen seines Widersachers kennen. Ich behaupte jedoch kategorisch, daß selbst unsere erleuchtetsten Geister von der inneren Natur der Gravitation nur sehr ärmliche Vorstellungen haben und daß das letzte Wort über dieses Phänomen noch lange nicht gesprochen werden kann." (Z 28.56.12.992)

Zweifellos sind wir heute noch weit entfernt von einem wirklichen Verständnis und einer technischen Beherrschung der Gravitation. Andererseits wissen wir aus Dutzenden von Berichten glaubhafter Chronisten, daß manche Menschen, besonders im Altertum, die Fähigkeit hatten, sich vom Boden zu erheben und durch die Luft zu schweben. Die katholische Kirche führt rund zweihundert Heilige auf, die entweder willentlich oder spontan eine Levitation zustande brachten.

So erhob sich die heilige Teresa de Jesús aus Avila mehrere Male vor den Karmeliterinnen ihres Klosters in die Lüfte. In dem von ihr auf Geheiß ihrer Oberinnen geschriebenen Buch „Libro de su Vita" erklärt sie ihre Verzückung auf folgende Weise:

„Ehe man sich sammeln kann, kommt der Geist über einen wie ein plötzlicher und starker Schock. Man sieht ihn und spürt ihn wie eine

Wolke oder einen mächtigen Adler, der sich zum Himmel aufschwingt und einen auf seinen Fittichen davonträgt. Das ist so erschreckend, daß ich oft Widerstand leisten wollte, besonders wenn die Verzückung vor allen Leuten über mich kam. Manchmal konnte ich mich um den Preis einer gewaltigen Anstrengung eine kurze Zeit wehren, aber dann wurde ich überwältigt, als hätte ich gegen einen mächtigen Riesen gekämpft. Bei anderen Gelegenheiten waren alle meine Anstrengungen vergebens. Meine Seele wurde davongetragen und fast immer auch mein Kopf (Verstand) und manchmal sogar mein ganzer Körper, so daß er von der Erde emporgehoben wurde."

Auch Joseph von Copertino, ein italienischer Mönch, konnte sich nach Belieben in die Luft erheben. Er trieb die Gefälligkeit so weit, daß er sogar Passagiere und Gepäck mitnahm. Als der Pförtner seines Klosters sich nach Assisi begeben wollte, bat er Joseph, ihm als Reitpferd zu dienen. Eines Tages erhob sich der gute Heilige vor dem Herzog Friedrich von Braunschweig-Lüneburg in die Lüfte. Der mißtrauische Lutheraner war gezwungen, das Wunder anzuerkennen (B 13.141).

Besonders gut bekannt sind die Levitationen des heiligen Franz von Assisi, der in seinen ekstatischen Zuständen auf dem Berge Alverna in die Lüfte gehoben wurde, bisweilen so hoch, daß er kaum mehr sichtbar war (B 64.337).

Elisabeth von Bayern, die heilige Margarete von Ungarn, der heilige Bernhard von Clairvaux und der heilige Franz Xavier befanden sich oft im Zustand der Levitation. Pedro von Alcántara blieb eines Tages mehr als drei Stunden in der Luft. Der Franziskaner Juan de Jesús machte lange Luftwanderungen, was auch dem Jesuiten Ignatius von Azevedo gelang, der über das Wasser der Flüsse flog. In Gegenwart von König Philipp II. stieg der heilige Dominicus de Jesús in Madrid vom Boden auf und blieb in der Luft hängen.

Sogar noch im Jahre 1737 wurde in Frankreich einer Frau namens Cadière, die gegen ihren Willen die geheimnisvolle Gabe der Levitation besaß, der Prozeß gemacht. Pater Girard, der sie verhörte, tadelte sie, daß sie sich an den Stuhl klammerte, „als sie eines Tages im Begriff war, sich in die Luft zu erheben". Drei Jahre später gab es in Bayeux den Fall eines armen Dienstmädchens namens Anne Neel, das manchmal nicht mehr auf dem Fußboden gehen konnte und sich gezwungen sah, von einem Zimmer ins andere durch die Luft zu schweben. Die Ärzte der Sorbonne, Nicolas Andry und Winslow, die sie untersuchten, kamen zu dem Schluß, daß ihre Levitation nicht auf „natürliche Kräfte" zurückzuführen sei (B 13.142,143).

Derartige Levitationen werden jedoch nicht nur aus dem katholischen Kulturkreis berichtet, sondern finden sich in vielen anderen historischen Quellen. So war nach einer Überlieferung der alten ägyptischen Priester das Kennzeichen eines wahren Priesters seine Fähigkeit, sich auf eigenes Geheiß in die Höhe zu erheben. Der amerikanische Archäologe Harold G. Wilkins erzählt in seinem Werk „Secret Cities of South America" von Sagen ausgestorbener südamerikanischer Völker, von denen eine erzählt: „In alten Tagen konnten die Menschen durch den Gesang eines Liedes oder durch Schlagen auf eine Platte zum Fliegen gebracht werden." (B 97.422)

Lukian (2. Jh. n. Chr.) berichtet im Zusammenhang mit dem Gott Apollo in einem Tempel in Hierapolis in Syrien von einem Wunder, dessen Zeuge er selber wurde: „Apollo verließ die Priester am Boden und wurde in die Höhe gehoben." In der Bibliographie des Liu An im Shen Hsien Tschuan (4. Jahrhundert) wird von einem Fall der Levitation berichtet. Als Liu An sein taoistisches Elixier schluckte, erhob er sich in die Luft. Iamblichos, neuplatonischer Philosoph aus dem 4. Jahrhundert, soll gleichfalls bis zu einem halben Meter über dem Boden geschwebt haben. Von Simon, dem Magier, gibt es eine Geschichte, als er in Rom vor Tausenden von Menschen über das Thema seiner Philosophie der Gnosis und der Erkenntnis sprach. Die Überlieferung besagt, daß die „Geister der Luft" ihm halfen, sich hoch in die Luft zu erheben. So soll er vor den Augen Neros von der Spitze des Kapitols hinabgeflogen sein (B 88.131,132) (B 13.142).

Von der Dichterin Annette Freiin von Droste-Hülshoff (1797—1848) heißt es, daß sie in ihren Jugendjahren über das Wasser gehen konnte, wenn sie den Weg zur väterlichen Wasserburg abschneiden wollte (B 77.128). In einem vom 14. Juli 1871 datierten Brief berichtet Lord Lindsay von seinem seltsamen Erlebnis mit dem Medium D. D. Home: „Ich saß mit Mr. Home, Lord Adare und einem Vetter von ihm zusammen. Während der Sitzung fiel Mr. Home in Trance und wurde in diesem Zustand aus dem Fenster getragen. Wir sahen Home vor unserem Fenster in der Luft schweben. Er verweilte einige Minuten lang schwebend, glitt dann ins Zimmer zurück, mit den Füßen zuerst, und setzte sich hin." Das Fenster, von dem Lord Lindsay spricht, befand sich dreiundzwanzig Meter über dem Boden. Sir William Crookes, einer der prominentesten Wissenschaftler des damaligen England, schreibt zu den Phänomenen, die unter dem Einfluß von Mr. Home zustande kamen: „Erst als ich diese Tatsachen (Gewichtsveränderungen u. a., der Autor) etwa ein halbes Dutzend Male miterfahren und sie mit dem ganzen Kritikvermögen, über das ich verfüge, aufs genaueste untersucht hatte, wurde ich von deren objektiver Wirklichkeit überzeugt.“ (Z 16.73.2.108)

Ein verhältnismäßig neuer Bericht (1951) von einem Levitationsfall in Nepal von E. A. Smythies, Berater der Regierung in Nepal, der sich auf einen jungen einheimischen Diener bezieht, ist es wert, erwähnt zu werden: „Sein Kopf und sein Körper zitterten und bebten, sein Gesicht war von Schweiß bedeckt, und er gab die seltsamsten Laute von sich. Offensichtlich war er sich dessen nicht bewußt, was er tat, oder daß ich und einige ziemlich erschreckte Diener ihn durch die offene Tür auf acht oder zehn Fuß Entfernung beobachteten. Das dauerte etwa zehn Minuten oder eine Viertelstunde, als er sich plötzlich mit gekreuzten Beinen und gefalteten Händen etwa zwei Fuß in die Luft erhob und nach einer Sekunde hart auf dem Boden aufschlug. Dies wiederholte sich noch zweimal, genau in derselben Weise, nur daß sich seine Hände und Beine voneinander lösten.“ Dieses Ereignis traf Mr. Smythies völlig unvorbereitet, und er war von dieser Erscheinung der Aufhebung der Schwerkraft verblüfft.

Die berühmte Tibet-Forscherin Alexandra David-Neel, die 1969 im Alter von 101 Jahren starb, schrieb in ihrem Buch „Heilige und Hexer“: „Lassen wir jede Übertreibung beiseite, so bin ich nach meinen begrenzten Erfahrungen und nach dem, was ich von glaubwürdigen Lamas gehört habe, überzeugt, daß man in einen Zustand gelangt, in dem man die eigene Schwere nicht mehr spürt.“

In der Tat sollen Lamas fast schwerelos werden und nach einer langen Zeit der Übung frei in der Luft schweben. Der Lama, den David-Neel bei ihrer Reise nach Nordtibet sah, sprang mit der „Elastizität eines Balls“ und federte jedesmal, wenn seine Füße den Boden berührten, wieder empor. Die Tibetaner warnten Alexandra David-Neel davor, den Lama aufzuhalten oder sich ihm zu nähern, da dies aus einem jähen Erschrecken heraus seinen Tod hätte herbeiführen können. Nachdem dieser Lama in seinem wellenförmigen Lauf mit erstaunlicher Geschwindigkeit vorbeigeeilt war, beschlossen die französische Forscherin und ihre Begleiter, ihm zu Pferde zu folgen. Aber trotz ihrer Überlegenheit durch die Pferde konnten sie den schlafwandelnden Lama nicht einholen! (B 88.135—138)

Paramahansa Yogananda schreibt in seiner „Autobiographie eines Yogi“: „Der Körper eines Yogi verliert bei Anwendung bestimmter Pranayamas (Atemkraftregulierung) seine grobstoffliche Beschaffenheit. Dann ist er in der Lage zu schweben oder wie ein Frosch umherzuhüpfen.“ Tausende von Menschen, von denen einige noch leben, haben beispielsweise den Inder Trailanga Swami über den Ganges schweben sehen. Er pflegte oft tagelang auf dem Wasser zu sitzen oder sich für längere Zeit sogar unter den Wellen verborgen zu halten (B 100.73,300). Während einer 8-stündigen Filmvorführung auf dem II. Parapsychologischen Kongreß in Moskau im Sommer 1972 wurden auch Aufnahmen von Levitationen indischer Yogis gezeigt. Alle diese Zeugnisse scheinen zu bestätigen, daß in früheren und auch noch heutigen Zeiten Menschen imstande waren, ihr Körpergewicht durch geeignete geistige Konzentrationsverfahren zu verändern.

Der Gravitationsforscher Leonard Cramp hat sich selbst von der Echtheit des Levitationsphänomens in Experimenten überzeugt, die er unter Anwesenheit mehrerer Personen mit seinem Bruder John als dem Veranlagten durchführte. So wurde sein Bruder einmal mitsamt dem Stuhle, auf dem er saß, um drei Fuß gehoben, wobei er über eine Sekunde lang schwebte, bevor er zurückfiel (B 80.130).

Merkwürdigerweise scheinen auch Geisteskranke, die sich gerade in einem Anfall befinden, zuweilen Gewichtsveränderungen von 30 bis 40 % zu erleiden, wie der französische Parapsychologe Baron du Potet im 18. Jahrhundert festgestellt hatte (B 84.55). Inwieweit derartige historische Berichte als authentisch und gesichert zu betrachten sind, bleibt fraglich. Daher sollte die moderne parapsychologische Forschung systematische Reihenversuche an begabten Versuchspersonen durchführen, um dem Rätsel der Levitation auf die Spur zu kommen.

Nüchterne Wissenschaftler unserer Tage scheuen sich natürlich, derartige okkult erscheinende Phänomene genauer zu studieren. Nach dem Evangelium der klassischen Physik, dem Zweiten Hauptsatz der Thermodynamik, sollte das Universum allmählich wie ein Uhrwerk ablaufen, wobei seine gesamte Energie ständig in Wärme verwandelt wird. Die Wahrscheinlichkeit für einen umgekehrten Prozeß, bei dem also wie im Fall der Levitation Ruheenergie von sich aus in Bewegungsenergie umgesetzt wird, ist danach gleich Null. In jüngster Zeit allerdings erkannten die Biologen, daß dieses Gesetz nur für den theoretischen Fall eines „geschlossenen Systems“ gilt. Alle lebenden Organismen sind dagegen „offene Systeme“, denen die Energie und Materie aus ihrer Umgebung als Nahrung dienen. Anstatt abzulaufen wie ein Uhrwerk, das seine Energie durch ständige Reibung vermindert, baut der lebendige Organismus fortwährend komplexe Substanzen aus den Elementen auf, aus denen er sich ernährt, und komplexe Energieformen aus den Energien, die er absorbiert. Schrödinger meint daher, daß die belebte Materie von negativer Entropie (Negentropie) gespeist wird, weil hier Zustände fallender Wahrscheinlichkeit durchlaufen werden, was auf eine „integrative Aufbautendenz" hindeutet.

Ein verblüffendes Experiment, das diesen Energieentzug aus der Umgebung verdeutlicht, beschreibt Robert Charroux in seinem Buch „Verratene Geheimnisse". Man nehme ein Glasrohr, bringe in das Innere der Ampulle (etwa 10 Kubikmillimeter Inhalt) eine gewöhnliche Bohne sowie einen kleinen feuchten Wattebausch und schmelze mittels eines Lötrohres die beiden Enden der Ampulle zu, so daß die Bohne und die Watte sich in einem völlig luftdicht verschlossenen Gefäß befinden. Dann lege man das Röhrchen auf die Wiegeschale einer Präzisionswaage und tariere. Nehmen wir an, das Gewicht des Röhrchens beträgt 7 Gramm. Man stelle die Waage unter eine Glasglocke, um sie vor Staub zu schützen, und bringe die gesamte Anordnung vorsichtshalber an einen dunklen Ort, um sie von Sonnenlicht fernzuhalten, dessen Lichtquanten oder Photonen vielleicht eine entsprechende Erklärung liefern könnten. Nach einigen Tagen wird die Bohne die Feuchtigkeit der Watte absorbiert haben und gekeimt sein; die Ampulle wird nun etwa ein zehntel Gramm mehr wiegen als die zu Beginn des Experiments notierten 7 Gramm. Bis jetzt konnte das Phänomen nicht erklärt werden (B 15.341,342). Immerhin erscheint es denkbar, daß aufgrund des organisierenden Entelechie-Prinzips der Umgebung Energie — etwa in Form von Wärme — entzogen und in andere Energieformen wie Bewegungs- oder Ruhemasse-Energie umgewandelt wird.

Neuere Entwicklungen in der Atomphysik führen sogar zur Vermutung einer „Urmaterie", die als Energielieferant dienen könnte. Diese ätherartige Grundsubstanz würde sich im Universum überall hin erstrecken und wäre ein Träger latenter Energie, die alles Stoffliche durchdringt (Z 63.58.4.104). Sobald eine elektromagnetische Strahlung oder ein organisierendes Entelechie-Moment auf die winzigen, sich gegenseitig abstoßenden Energiefelder des Äthers einwirkt, wird dieser in einen dynamischen Zustand versetzt. Als Ergebnis verwandelt sich die gravitionelle Energie von abstoßender zu anziehender Polarität. Damit müßte zwangsläufig eine „Kondensation" zu Massepartikeln eintreten.

Vielleicht gibt es für manche Menschen tatsächlich eine Möglichkeit, ihren Energiebedarf durch bestimmte Yogatechniken unmittelbar aus dem Energieäther zu decken. Aus tibetanischen Berichten wissen wir, daß sich meditierende Mönche mit einem „tuma", einem Wärmemantel, umgeben und so oft stunden- oder tagelang nackt im Schnee sitzen können, ohne zu erfrieren. Paramahansa Yogananda schildert in seiner Autobiographie die Begegnung mit der indischen Heiligen Giri Bala, die über 50 Jahre weder Nahrung noch Getränke zu sich nahm. Eine spezielle Kriya-Technik, die bestimmte Atemübungen und Mantren (machtvolle Worte) einschließt, ermöglichte es ihr, allein von astralen Lichtenergien zu leben. Die Fähigkeit zur langjährigen Nahrungsenthaltung finden wir auch bei vielen christlichen Heiligen wie der hl. Lidwinia von Schiedam, der sel. Elisabeth von Rent, der hl. Katharina von Siena, Dominica Lazarri, der sel. Angela von Folgno und bei Louise Lateau. Der Schweizer Nationalheilige Nikolaus von der Flüe hat sogar 20 Jahre ohne Nahrung gelebt, ähnlich wie die bekannte Stigmatisierte Theresia von Konnersreuth (B 100.473.477).

Die zahlreichen Berichte von erfolgreichen Levitationen deuten nun darauf hin, daß bestimmte Meditationsarten einen besonders starken Energieanstieg im Körper bewirken. Weist die Richtung dieses Energiegradienten zur Erdoberfläche hin, dann muß er zu einer Kraft führen, die den Körper leichter werden läßt und schließlich die Schwerkraft zu kompensieren vermag. Wesentlich schwieriger dürfte es sein, einen solchen Energieanstieg auf beliebige materielle Gegenstände zu übertragen und sie damit auf eine gleichsam magische Art von der Gravitation zu befreien.

Wahrscheinlich kannten unsere frühen Vorfahren solche Techniken, die heute längst in Vergessenheit geraten sind. So heißt es in südamerikanischen Überlieferungen, daß in alten Zeiten Menschen nicht nur fliegen, sondern sogar ungeheuer schwere Steine bewegt werden konnten. Nach einer arabischen Überlieferung waren die Ägypter im Besitz eines Geheimnisses, das sie befähigte, ihre Tempel und Pyramiden zu bauen. „Sie legten unter die Steine Papyrusblätter, auf die Zauberworte geschrieben waren und schlugen die Steine mit einem Stäbchen. Die Blöcke erhoben sich in die Luft und legten eine Strecke zurück, die ein Pfeil durchfliegen kann. Auf diese Weise gelangten sie zu den Bauplätzen der Pyramiden." Auch Jacques Weiss versichert in seinem Buch „La Synarchie", daß die ägyptischen Eingeweihten sich der Levitation bedienten, um die Pyramiden zu bauen. Ebenso schrieb François Lenormant in „Chaldean Magic", daß mit Hilfe von Tönen die Priester im alten Babylon imstande waren, schwere Steinblöcke, die tausend Männer nicht hätten bewegen können, in die Luft zu heben (B 13.138).

Vielleicht wurde auf diese Weise Baalbek errichtet. Die riesige Steinplatte, die im Steinbruch am Fuß der Baalbek-Terrasse von den Titanen, die sie erbaut hatten, zurückgelassen wurde, ist 21 Meter lang, 4,8 Meter breit und 4,2 Meter stark. Man würde vierzigtausend Arbeiter brauchen, um diese gewaltige Masse in Bewegung zu setzen. Die Frage erhebt sich, wie eine solche Menge von Menschen jemals an die Steinplatte hätte herangeführt werden können. Außerdem gibt es sogar in unserer Blütezeit der Technologie nicht einen Kran auf der Welt, der diesen Monolithen aus dem Steinbruch heben könnte!

In Monte Cassino liegt ein schwerer Stein, den der Überlieferung nach der heilige Benedikt (448 bis 548) durch Aufhebung der Schwerkraft angehoben hat. Der Stein war für die Mauer eines Klosters bestimmt, das zu jener Zeit gebaut wurde, und die Maurer vermochten ihn nicht zu bewegen. Der heilige Benedikt machte das Zeichen des Kreuzes auf den Steinblock, und während die sieben Männer, die ihn nicht hatten anheben können, verblüfft zuschauten, hob er ihn ganz allein ohne jede Mühe an.

Überraschenderweise gibt es sogar noch heute derartige Demonstrationen der Aufhebung der Schwerkraft, und zwar in Schiwapur, vierundzwanzig Kilometer südlich von Puna im westlichen Indien. In diesem kleinen Dorf steht eine Moschee der Mohammedaner, die dem heiligen Sufi Quamar Ali Derwisch geweiht ist. Vor einem einstökkigen Gebäude breitet sich eine grüne Rasenfläche aus, auf der ein kleiner Granitfindling von fünfundzwanzig Kilogramm Gewicht liegt.

Sobald sich eine gewisse Anzahl von Menschen vor der Moschee versammelt haben, lädt der Imam, ein mohammedanischer Priester, die Leute zu einer Demonstration ein. Er erklärt, daß genau elf Leute den Granitblock umstehen, ihn mit ihren Zeigefingern berühren und laut und schallend „Quamar Ali Derwisch“ singen sollen. Kaum führen sie diese Anweisung aus, als auch schon etwas Unglaubliches geschieht — der Findling gerät in Bewegung und erhebt sich fast auf eine Höhe von zwei Metern in die Luft! Der Granitblock bleibt eine Sekunde in der Luft und fällt dann mit einem dumpfen Aufprall zur Erde, so daß die Teilnehmer auf ihre Füße achten müssen. Diese Demonstration erfolgt häufig sechsmal am Tag und wird an jedem Tag des Jahres durchgeführt (B 88.130—138).

Neben derartigen kurzfristigen Änderungen der Schwere eines Körpers durch magische Beeinflussung scheint es auch langzeitige Anomalien der Schwerkraft bzw. der Körpergewichte zu geben. So sollen nach den im Besitz von Garcia Beltran befindlichen handschriftlichen Aufzeichnungen von Garcilaso de la Vega im 16. Jahrhundert die Goldschmiede von Lima Barren in Händen gehalten haben, die aus dem von Inkas stammenden Gold gegossen waren — reines Gold, das in jeder Beziehung unserem üblichen Gold glich — bis auf die Besonderheit, daß seine Dichte oder sein spezifisches Gewicht um das Doppelte geringer war als das des normalen Goldes, das 19,3 beträgt. Diese Goldschmiede schmolzen Inka-Schmuckstücke bei einer Temperatur von etwa 1 100° C und erhielten Barren, deren spezifisches Gewicht nur 8 bis 9 betrug. Diese verblüffende Tatsache ist niemals aufgeklärt worden. Falls die Berichte stimmen, könnte es sich um ein Phänomen der teilweisen Aufhebung der Schwerkraft durch alchimistische Mittel handeln (B 13.136).

Eine rätselhafte Verzerrung des Gravitationsfeldes scheint es im amerikanischen Bundesstaat Kalifornien zu geben. In der Nähe des Kurortes Santa Cruz fand man heraus, daß ein an einer bestimmten Stelle eines Abhanges stehender Mensch das unzweifelhafte Gefühl hatte, von einer unsichtbaren Gewalt gegen den Berg gedrückt zu werden. Leute, die man ersuchte, mit der Hand die ungefähre Lage des Erdmittelpunktes anzugeben, zeigten in einiger Verwirrung eine Stelle an der Wand des Felsmassivs. Die Körper dieser Menschen nahmen dabei unter dem Einfluß ihres normal funktionierenden Gleichgewichtssinnes eine gebeugte Haltung ein, bis sie fast im rechten Winkel zum Berghang „stehen“ blieben . . .

Es trafen mehrere Kommissionen ein, die den mysteriösen Berghang mit allen Finessen der modernen Physik testeten. Dabei stellte man fest, daß sich auf halber Höhe der Neigung eine etwa 50 mal 50 Meter große Fläche befand, in deren Bereich gewisse Gesetze der Schwerkraft aufgehoben zu sein schienen. Jeder Mensch, der diesen fast kreisrunden Sektor betrat, mußte sich weit zurückbeugen, um das Gleichgewicht zu bewahren und in „aufrechter Haltung“ zu bleiben.

Weitere Merkwürdigkeiten an diesem unheimlichen Ort geschahen mit dem Licht. Nur an gewissen Stellen der Fläche wurde eine Brechung des Lichtes festgestellt, und Gegenstände, die in einem bestimmten Winkel aufs Korn genommen wurden, erschienen plötzlich um die Hälfte kleiner als zuvor. Ingenieur Tonn aus Sacramento, Kalifornien, der die Sache selber nachgeforscht hat, bestätigt, daß es sich hier nicht etwa um eine Zeitungsente handelt (Z 12.63.5.358 ff.).

Auch von anderen Stellen der Erde werden Schwerkraft-Anomalien berichtet. So stellten geologische Vermessungsbeamte im Gebiet von Warlingham in England eine auffallend geringere Erdanziehung fest als in anderen Teilen des Landes. Durch umfangreiche Bohrungen hofft man Aufschluß über außergewöhnliche Erdformationen zu gewinnen (Z 71.57.3/4).

Besonders sensationelle Entdeckungen hat man in Südamerika gemacht. Am Südausläufer des Andengebirges in unmittelbarer Nähe der Ortschaft Uschuaia auf Feuerland soll es einen Schwerkrafttrichter geben. Spezialisten der USA und Kanadas errichteten dort bereits im Herbst 1949 eine Feinmeßstation. Sie stellten fest, daß die Erdanziehung an diesem Schwerkraftpol zu den verschiedenen Jahreszeiten in verschiedenen Höhen für wenige Stunden geringer wird. Genaue Berechnungen ergaben, daß die Sonne bei der Beeinflussung der Erdschwere eine größere Bedeutung hat, als man bisher vermutet hatte. Ausgelöst wurden diese Untersuchungen durch einen merkwürdigen Vorfall, der sich im Sommer 1949 ereignete. Damals sprang eine argentinische meteorologische Forschungsexpedition über Feuerland mit dem Fallschirm ab. Bei diesem Unternehmen sah sich einer der Wissenschaftler, Dr. Hurla, plötzlich in der Luft hängen und nicht weiter zur Erde gleiten. Seine Kollegen links und rechts von ihm näherten sich jedoch weiter dem Erdboden. Die Blähung seines Fallschirmes hörte augenblicklich auf. Unwillkürliche Bewegungen Dr. Hurlas ließen ihn wie einen Schwimmer umhergleiten. Erst nach etwa 50 Metern wurde er plötzlich wieder herabgerissen. Nur dem Umstand, daß sich der zusammengefallene Fallschirm nicht verheddert hatte und den Springer erneut auffing, verdankt der Meteorologe sein Leben (Z 80. 10. Juni 1952).

Noch unglaublicher klingen Berichte über Gewichtsveränderungen bei Satelliten. So hat die US-Luftwaffe am 15. November 1960 bekanntgegeben, daß die Kapsel ihres Discoverer-17-Satelliten, als man sie in der Luft über dem Pazifischen Ozean einholte, 175 Pfund (79,4 kg) während ihrer Umlaufbahn um die Erde verloren hatte. Als man sie abgeschossen hatte, wog die Kapsel 300 Pfund, als man sie wieder einfing, hatte sie nurmehr 125 Pfund. Man nimmt an, daß dieser Gewichtsverlust beim Durchgang durch den sogenannten Van-Allen-Gürtel zustande kommt. Metallfragmente von einem anderen Satelliten zeigten neben einer stetigen Strukturveränderung einen zeitlich exponentiell abnehmenden Gewichtsverlust. Interessanterweise lösen diese Fragmente auch bei den sie umgebenden Materialien Gewichtsverluste aus, so beispielsweise am Glasbehälter, in dem sich ein solches Fragment befand. Dr. Brown, ein Spezialist in Physik und Biophysik, dessen Organisation Whitehall Rand. Inc. seit zehn Jahren besteht und eine Vereinigung von Beratern für Raumtechnik bildet, meint, daß es ein Feld oder einen Zustand gibt, in welchem Körper — anstatt durch Schwerkraft voneinander angezogen — gerade entgegengesetzt voneinander abgestoßen werden. Eine weitere Bestätigung derartiger Gewichtsverluste würde revolutionäre Auswirkungen haben (Z 18.62.1).

In der Sowjetunion laufen seit Jahren intensive Forschungsprogramme, um dem Geheimnis der Gravitation und ihrer künstlichen Beeinflussung auf die Spur zu kommen. Insbesondere der Leningrader Astrophysiker Dr. Nikolai Kosyrew scheint mit seiner neuen „Zeitfluß-Theorie" einen wesentlichen Beitrag zur Lösung des Schwerkraft-Phänomens zu liefern. Nach ihm ist der Zeitablauf nicht eine starre physikalische Größe, sondern durch geeignete Methoden beeinflußbar. Da aber die Zeit im Sinne der Quantentheorie ein Träger von Energie ist, kann ein System bei Änderung des Zeitflusses zusätzliche Energie aus der Zeit aufnehmen.

Nach 17jährigen streng kontrollierten Experimenten stellte Dr. Kosyrew das Postulat auf, daß die Zeit um die Ursache mechanischer und chemischer Vorgänge „dünner" und um die Wirkung „dichter" wird. Bei seinen Versuchen zeigte sich auch, daß die „Zeitdichte" sogar psychokinetisch beeinflußbar ist, was vielleicht Hinweise zur Klärung vieler parapsychologischer Erscheinungen gibt. Dr. Kosyrew experimentierte vor allem mit sogenannten Gyroskopen, das sind kardanisch aufgehängte Kreisel. Sobald er den Rotor bzw. die Aufhängung zusätzlich zur Drehung in mechanische oder elektromagnetische Vibration versetzte, traten weitere Kräfte in Richtung der vertikalen Kreiselachse auf. Nach Kosyrew sind diese Kräfte (die die Gravitation verkleinern bzw. vergrößern) durch den Zeitfluß bedingt. Er konnte einwandfrei nachweisen, daß das Gewicht einer Probemasse, die eine Vibrationsbewegung ausführt und an einer elastisch aufgehängten Balkenwaage befestigt ist, geringer wird (B 42.30,32).

Nach Kosyrews Theorie wäre auch die Levitation von Personen und Gegenständen erklärlich. Er sagt: „Wenn sich die Geschwindigkeit des Zeitflusses durch eine Substanz ändert, geht Gewicht verloren. Das bedeutet, daß die Schwerelosigkeit eine durchaus praktische Möglichkeit ist. Die Wissenschaft versucht Schritt um Schritt, das Geheimnis der Schwerelosigkeit zu ergründen." (B 63.152)

Dr. Albert Wilson von den Douglas-Laboratorien in Kalifornien meint zu diesen außergewöhnlichen neuen Ideen über die Natur der Welt und der Zeit: „Ich habe das Gefühl, daß etwas, das den Hypothesen Dr. Kosyrews weitgehend gleicht, in den nächsten Jahrzehnten in der physikalischen Theorie festgelegt werden wird. Die Folgerungen daraus werden revolutionär sein. Es könnte die Arbeit einer Generation erfordern, ehe der Sprung, den er gemacht hat, von der Wissenschaft allgemein akzeptiert wird. Ob er nun recht hat oder nicht, Kosyrew besitzt die spekulative Phantasie, die auf neue Wege der Weltbetrachtung weist — und das ist immer höchst wertvoll."

Schon vor dieser russischen Entdeckung hat der 1963 verstorbene kanadische Forscher Wilbert B. Smith ganz ähnliche Gedanken geäußert. Smith war Leiter der Abteilung „Fernmeldewesen" im kanadischen Verkehrsministerium sowie Koordinator des „Projektes Magnet", eines UFO-Untersuchungsprojektes der kanadischen Regierung. Während seinen Forschungsarbeiten scheint er auch Informationen aus außerirdischer Quelle erhalten zu haben. U. a. wurde ihm mitgeteilt, daß „Zeit" in Wirklichkeit eine Feldfunktion ist — das Resultat der Existenz eines Universums. Man erzählte ihm auch, daß die Zeit künstlich geändert werden kann. Insbesondere seien zur Erzeugung von Gravitationsgefällen, mit denen Außerirdische ihre Raumschiffe betreiben, Zeitgefälle nötig. Zuweilen entstünden dabei auch Feldkombinationen, welche die Festigkeit von Materialien bis auf einen Wert reduzieren, bei denen sie nicht mehr die Belastungen aushalten, für die sie berechnet waren. Fliegt beispielsweise ein Flugzeug in eine solche „Material-Auflockerungszone" (zone of reduced binding), dann kann es u. U. auseinanderbrechen (Z 58.65.106.4) (B 126).

Ein führender amerikanischer Wissenschaftler ist ebenfalls mit der Hypothese „Zeit als Energie" hervorgetreten. Der theoretische Physiker Dr. Charles A. Muses sagt in seinem Vorwort zu „Communication, Organization and Science" von Jerome Rothstein, daß die Zeit, obwohl sie subjektiv sei, doch quantitativ meßbare Eigenschaften besitze. „Wir werden schließlich sehen, daß die Zeit als das letzte ursächliche Schema aller Energieentladungen definiert werden kann." Muses glaubt, daß die Energie, die durch die Zeit freigegeben wird, vibriert oder oszilliert (B 63.154).

Vergleicht man diese Formulierungen mit den Behauptungen, die in alten Schriften und Legenden zu finden sind, so wird man erstaunliche Übereinstimmungen feststellen. Alte indische Bücher berichten über das Wissen der Atlantiden um eine „Sternkraft", die sie Mash-

Mak nannten. Auch die arischen Rischis wiesen in ihrem „Astra Vidya" auf diese „vibrierende Kraft" hin, durch die alles in Staub verwandelt werden konnte. Unter „Vril" verstanden unsere Vorfahren das Auf-den-Plan-Rufen der eigenen Vibration, und zwar in genügendem Maße, um z. B. die Schwerkraft der Erde zu überwinden (Z 16.72.4.298) (B 97.423).

Folgen wir den Angaben über die Technologie des versunkenen Erdteils „Atlantis", dann scheint es früher auch noch andere Energieumwandlungen gegeben zu haben. Nach Edgar Cayce „existierte damals bereits vieles, was in der jetzigen Zeit noch nicht einmal ausgedacht worden ist". (B 81.239,240) Damals soll der Mensch bereits so weit entwickelt gewesen sein, um die kosmischen Strahlen der Sonne als primäre Kraftquelle zu nutzen. Nach den medial überlieferten Berichten des englischen Obersten Percy H. Fawcett war die Religion der Atlantiden Sonnenanbetung, denn aus der Sonne schöpften sie die materiellen Kräfte. Fawcett behauptete weiter: „Kein heutiger Wissenschaftler weiß genau, was Elektrizität ist. Die Atlanter wußten mehr um sie, benutzten sie aber auf eine andere Weise — nicht nur um Licht zu erzeugen, sondern auch um Lasten zu heben. Der Bau der Pyramiden wird erklärbar, wenn man weiß, daß die riesigen Steinquader durch eine Art „Schubelektrizität" bewegt werden konnten. Ihr werdet glauben, ich sei verrückt, wenn ich von elektrifizierter Luft spreche, denn ihr wißt nicht um die Gesetze zwischen Luft und Elektrizität und die Rolle, die das Sonnenlicht dabei spielt. Die moderne Wissenschaft ist noch nicht darauf gekommen, daß komprimierte Luft und gespeicherte Elektrizität sich miteinander verbinden lassen und dann ein ungeheures Kraftreservoir darstellen. Ich bin in die unterirdischen Hallen hinabgestiegen, in denen die Atlanter Elektrizität und Luft miteinander verbanden („fused"). Glaubt mir, diese Zivilisation verstand mehr von Materie, Licht und Äther, als das zwanzigste Jahrhundert es sich träumen läßt."

Fawcett beschreibt weiter, wie er zahlreiche weiße Türme bemerkte, die dazu dienten, der Atmosphäre Elektrizität zu entziehen und sie in die unterirdischen Reservoirs weiterzuleiten. Die konzentrierten Elektronen wurden für tausend verschiedene Zwecke benutzt, zum Heizen, Beleuchten, zur Lastenförderung, zum Kochen, Reinigen, für medizinische Zwecke, aber auch für kriegerische. Die Waffen waren unsichtbar. So wie die Sonne die Erde mit Elektronen bombardiert, so konnten die Atlanter ihre Feinde mit „Elektronenwerfern" bedrängen, und zwar über sehr beträchtliche Entfernungen (B 2.56.57).

Vielleicht hat er damit die Laser-Strahlen gemeint, die 1960 erstmals von Dr. Maimann vorgestellt wurden. Bereits 1957 hatten Dr. Butayeva und Dr. Fabrikant von der Akademie der Wissenschaften in der UdSSR theoretische Arbeiten hierzu durchgeführt. Heute ist ein ganzer Industriezweig mit der Weiterentwicklung und Anwendung solcher Lichtverstärker beschäftigt. Der Moskauer Ingenieur A. K. Abramow äußerte einmal: „Eine andere kosmische Kultur hat vielleicht neue Methoden der Energieerzeugung anzuwenden gelernt. Möglicherweise verfügen sie über Raumschiffe, die das Licht unmittelbar in Antriebskraft umwandeln." (B 87.96 f.)

Schon Albert Einstein forderte für eine neue Lichttheorie die Vereinigung des Korpuskel- und Wellenbildes, da sich das Licht in „gerichteten Nadelstrahlen" ausbreitet. Auch der französische Nobelpreisträger L. de Broglie vertritt eine ähnliche Forderung nach einer „Theorie der doppelten Lösung". Die Entwicklung wird zeigen, ob und wie sich diese neuen Wege realisieren lassen. „Das Ideal wäre ein Prinzip", sagt von Laue (1879—1960), „welches den Atomismus der Materie und der Elektrizität und, damit verknüpft, die Beziehungen der Materie und des elektromagnetischen Feldes zur Gravitation deduktiv abzuleiten gestattet". (Z 27.63.8. Nr. 21. S. 410)

Einige Wissenschaftler und Futurologen unserer Tage geben sich bereits recht optimistisch in ihren Zukunftprognosen zu einer einheitlichen Feldtheorie. So verwies George S. Trimble, Vizepräsident der Glenn L. Martin Company, auf die Erfolge der Kernphysik, als er die praktischen Möglichkeiten der Elektrogravitations-Forschung (die seine Gesellschaft als erstes amerikanisches Industrieunternehmen in Angriff nahm) erörterte. Er sagte: „Ich glaube, wir könnten jederzeit unser Vorhaben in annähernd der gleichen Zeit bewältigen, die seinerzeit für die Konstruktion der ersten Atombombe erforderlich war, vorausgesetzt, daß geschulte Wissenschaftler ausreichender Zahl über diese Probleme nachdenken und Schritte zu ihrer Lösung einleiten. Das größte Hindernis des wissenschaftlichen Fortschritts ist jedenfalls die Weigerung bestimmter Leute, Wissenschaftler nicht ausgenommen, an die Verwirklichung von Ideen zu glauben, die ihnen ungewöhnlich erscheinen."

Trimble sagte im besonderen voraus, daß bis zum Jahre 1985 praktisch alle Linienmaschinen die künstliche Schwerkraft benützen und mit fast unvorstellbaren Geschwindigkeiten fliegen würden. Ungefähr zur gleichen Zeit wurden ähnliche Passagierflugzeug-Geschwindigkeiten von Dr. Walter Dornberger prophezeit, der früher Chefwissenschaftler für Fernlenkgeschosse bei Bell Aircraft war und dann Präsident der Bell Aerospace Co. wurde. Grover Loening, ein Pionier des Flugzeugbaues und Berater der Air Force, sagte es noch deutlicher: „Ich bin der festen Überzeugung, daß in nicht allzu langer Zeit die Menschheit die Fähigkeit erlangen wird, ein elektromagnetisches Anti-Schwerkraftgerät zu konstruieren, welches tatsächlich funktioniert." (Z 58.69.155.3)

Diese Meinung vertreten auch die Wissenschaftler der RAND Corporation, die in ihrem „Report on a Long-range forecasting Study" mit Hilfe der sogenannten Delphi-Technik eine Vorschau auf den Entwicklungstrend der Menschheit erarbeitet haben. Nach ihnen wird zwischen 2011 und 2020, also in etwa 45 Jahren, die Möglichkeit der Beeinflussung des Gravitationsfeldes der Erde und der Himmelskörper entscheidende Auswirkungen im Flug- und Raumverkehr nach sich ziehen (Z 56.67.7.281).

Folgt man den weniger sicheren Zukunftsvoraussagen von Personen mit hellseherischen Fähigkeiten, dann müßten bereits in den nächsten Jahren entscheidende Fortschritte auf dem Gebiet der Schwerkraftbeherrschung erzielt werden. Die weltbekannte amerikanische Hellseherin Jean Dixon aus Washington, D.C. (die den Tod John F. Kennedys vorausgesehen hat), behauptet in dem 1969 erschienenen Buch „Leben und Prophezeiungen": „Ein umfassender Durchbruch auf dem Gebiet der Antriebsenergien — wobei man sich magnetische und kosmische Kräfte nutzbar machen wird — ermöglicht es uns, zu weit entfernten Planeten zu reisen, mit einer Einfachheit, die vorher niemals für möglich gehalten wurde." (B 60. 159)

Ein anderer Hellseher, der vor allem im Süden der Vereinigten Staaten seit vielen Jahren bekannt ist, brachte 1970 eine Publikation mit dem Titel: „The Man Who Sees Tomorrow" heraus. Darin gibt er folgende Vorhersagen über „EM-Schwerkraft-Motoren": „In einem Laboratorium in der Nähe von Boston wird man einen Durchbruch zu einer elektromagnetischen Form des Antriebs erzielen. Diese geheime Entwicklung wird Fahrzeuge befähigen, die Schwerkraft zu überwinden. Das gesamte Weltall wird damit der Erforschung zugänglich gemacht werden. Es wird jedoch noch etliche Jahre dauern, ehe die „EM-Antriebskraft" verwendet werden wird. Personenautos und Lastwagen werden durch diese neue wissenschaftliche Erfindung angetrieben werden." Dieser Hellseher,

„Doc“ Anderson, sieht den Bau derartiger Luftfahrzeuge für das Jahr 1978 voraus und schreibt darüber wie folgt: „Ein völlig neuartiger Typ eines Flugzeugmotors wird 1978 in Georgia (Südoststaat der USA) hergestellt werden; er wird völlig lautlos im Betrieb sein. Dieser vollkommen neuartige Motor wird den Überschallflug der großen Luftlinien ermöglichen und den Knall beim Überschreiten der Schallmauer verhindern. Noch etwas später wird die Luftfahrtindustrie in Georgia aufblühen, wenn ein kleines, preiswertes Luftfahrzeug gebaut werden wird. Anstelle von zwei Autos wird jede Familie ein Auto und ein Luftfahrzeug besitzen ...“ Ein weiterer amerikanischer Hellseher sagt die Erfindung von lautlosen Luftfahrzeugen innerhalb der nächsten 10 Jahre in Deutschland voraus. Er bezeichnet diese Erfindung als das größte technische Ereignis der nahen Zukunft (B 81.241 ff.).

Die Entwicklung wird zeigen, wie schnell sich diese Visionen verwirklichen lassen. Erste experimentelle Studien über eine Beziehung zwischen Schwerkraft und Elektromagnetismus hat es schon in den Anfängen dieses Jahrhunderts gegeben. So veröffentlichte die Akademie der Wissenschaften von St. Louis bereits am 28. 7. 1916 einen Artikel, in dem es u. a. heißt: „Diese Ergebnisse scheinen daraufhinzudeuten, daß die gravitive Anziehung zwischen materiellen Massen von deren elektrischer Aufladung abhängt.“

Daraufhin finanzierte das Carnegie Institute in Washington eine wissenschaftliche Untersuchung durch Francis E. Nipher. Dieser verwendete eine abgewandelte Cavendish-Waage, wobei die großen massiven Kugeln aus leitendem Metall bestanden. Trotz perfekter, elektrostatischer Abschirmung konnte Nipher nun nachweisen, daß das Gravitationsfeld um die Kugeln sich verminderte, wenn er sie positiv oder negativ auflud. Dies äußerte sich in einer Positionsänderung zweier kleiner Probemassen, die an einer speziellen Vorrichtung aufgehängt waren. Bei höheren elektrischen Potentialen ergab sich sogar eine gravitive Abstoßung, die fast doppelt so stark wie die Anziehungskraft bei fehlender Aufladung war (Z 51.17.9. 293).

Weitere Experimente auf dem Gebiet der „Elektro-Gravitation“ unternahm der amerikanische Ingenieur und Korvettenkapitän Thomas Townsend Brown. Sein ehemaliger Mentor, Dr. P. A. Biefeld, Prof. der Physik und Astronomie an der Denison Universität in Granville, Ohio, ehemaliger Kommilitone von Einstein in der Schweiz, wollte ausfindig machen, ob ein an einem Faden hängender Kondensator eine Eigenbewegungs-Tendenz zeigen würde, wenn er unter sehr hohe elektrische Spannung gesetzt wird. Sein Mitarbeiter, Townsend Brown, hat die Antwort dazu geliefert. Das Bemühen, diese Eigenbewegungen zu begreifen und zu erklären, hat ihn in 28jähriger Forschungsarbeit zu zahlreichen eigenen Entdeckungen geführt. Seine erste erstaunliche Beobachtung war, daß ein frei aufgehängter Kondensator, mit seinen Polenden in der Horizontalen, eine Vorwärtsbewegung in Richtung seines positiven Poles zeigte, wenn er unter Spannung gesetzt wurde. Umkehrung der Polarität verursachte auch eine Umkehrung der Richtung der Schubkraft. Auf der Basis weiterer experimenteller Arbeiten in den Jahren 1923 bis 1926 beschrieb Thomas T. Brown bereits im Jahre 1926 etwas, das er als „Raum-Fahrzeug" bezeichnete. Die Flugeigenschaften eines solchen Fahrzeugs zeigt das folgende Bild.

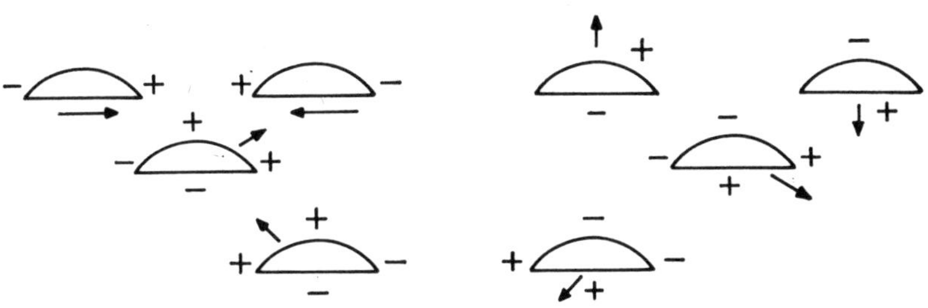

Da sich die Scheibe stets in Richtung des positiven Pols bewegt, wird die Steuerung (Navigation) ganz einfach durch Richtungsänderung der positiven Spannung ermöglicht. Brown hat mit den verschiedensten Formen experimentiert und schließlich ein Profil entwickelt, das sich zur Erreichung einer Elektrogravitationsform für vertikale Schubkraft am geeignetsten erwies. Erstaunlicherweise zeigte sich gerade jene Form als ideal, die immer wieder bei den modernen UFOs registriert wurde (B 81.33 ff.) (Z 59.58.6.77 ff.).

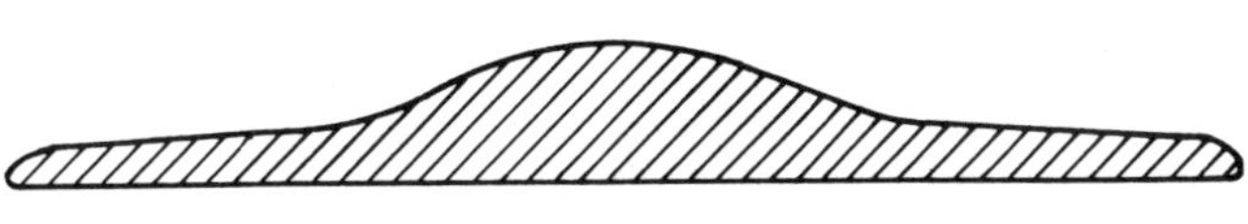

Schließlich konstruierte er eine fliegende Scheibe, die um einen Mast im Kreise herum flog, Jahre bevor überhaupt fliegende Untertassen begonnen hatten, Schlagzeilen für die Zeitungen zu liefern. Unter der Überschrift „Dem schwerelosen Flug entgegen ...“ beschreibt die Flug-Zeitschrift Interavia technische Details. Man bediente sich hierzu scheibenartiger Körper mit einem Durchmesser von bis zu zwei Fuß (60 cm), die zu einer Variante des Zwei-Platten-Kondensators ausgebildet wurden. Bei 50 kV Elektrodenspannung und einer konstanten Energiezufuhr von 50 Watt erzielten die Körper auf einer kreisförmigen, waagrechten Bahn von 6 Meter Durchmesser und im luftgefüllten Raum Geschwindigkeiten von 5,2 m/sec (19 km/Stunde). Kürzlich vergrößerte man nun den Scheibendurchmesser auf drei Fuß (90 cm), lud die Elektroden auf 150 000 Volt auf und ließ die Scheiben auf einer (atmosphärischen) Kreisbahn von 15 Meter Durchmesser zirkulieren, wobei ungleich eindrucksvollere Ergebnisse erzielt worden sein sollen ... (sie werden geheimgehalten). Ferner scheinen ähnliche Versuche in verdünnter Luft zu noch besseren Ergebnissen geführt zu haben, und zur Zeit stehen Methoden und Geräte in Entwicklung, um die Elektrodenspannung auf 15 000 kV zu erhöhen ... (Z 28.56.5.373). Viele Physiker vermuten zunächst, daß sich der Biefeld-Brown-Effekt durch eine Art „elektrischen Wind“ erklären läßt. Nachdem aber Versuche im Vakuum genauso erfolgreich verliefen, scheint es sich tatsächlich um ein neues Prinzip zu handeln. Inzwischen wurden 75 Patente für Browns Erfindungen in 12 Industrieländern beantragt. Die Schub- oder Gravitationskraft, die anfangs lediglich ein Prozent betrug, ließ sich allmählich auf 110 % des Eigengewichtes der Vorrichtung steigern. Bei einer Spannung von 50 kV soll sich der Apparat vom Boden abheben (B 81.53).

Thomas T. Brown erklärt die Wirkungsweise seiner Flugapparate mit einer lokalen Veränderung des Gravitationsfeldes. Die Scheibe bewegt sich dabei wie ein „Surfboard“ (Brett zum Wellenreiten) am Hang eines Wellenberges entlang, der selbst jede gewünschte Richtung und Geschwindigkeit annehmen kann. Da sich die gesamte Scheibe „unisono“ auf dem örtlich veränderlichen Schwerkraftfeld bewegt, würden Insassen eines solchen Flugzeugs überhaupt keine Belastung spüren, ganz gleich, wie scharf die Flugkurve oder wie groß die Beschleunigung wäre.

Eine weitere Bestätigung für den elektrogravitiven Effekt wurde 1964 durch eine Forschungsarbeit des gebürtigen Wiener Physikers Dr. Erwin Saxl bekannt. In der angesehenen britischen Fachzeitschrift „Nature“ veröffentlichte er einen bemerkenswerten Aufsatz über ein Experiment zur Beeinflussung der Gravitation. Für den wissenschaftlichen Laien brachte die Bostoner Zeitung „Boston Sunday Globe" am 14. Juni 1964 einen Bericht über die Forschungsarbeit Dr. Saxls unter dem Titel: „Schwerkraft ist nicht konstant, entdeckt ein Schüler von Einstein." Der Bericht lautet wie folgt: „Ein ehemaliger Schüler von Albert Einstein erbrachte den experimentellen Beweis, der einen der am besten fundierten Begriffe der modernen Physik auf den Kopf stellt; dies wurde der „Globe" berichtet. Er entdeckte, daß die sogenannte „Gravitations-Konstante" — eine Zahl, die bisher als unveränderlich galt — unter dynamischen Bedingungen veränderlich erscheint. Gleichzeitig erhielt er damit den Beweis, daß zwischen Schwerkraft und Elektrizität wechselseitige Beziehungen bestehen, obwohl man bisher angenommen hatte, daß sie völlig unabhängig voneinander seien. Wenn diese Experimente bestätigt werden, so würde das bedeuten, daß die Lehrbücher von A bis Z umgeschrieben werden müssen. In toto, es wird sich um eine der wichtigsten wissenschaftlichen Entdeckungen in der Geschichte handeln, vergleichbar mit Newtons Gesetzen der Schwerkraft und Einsteins Relativitäts-Theorie, und diesen beiden Universalbegriffen wird eine neue Dimension hinzugefügt werden."

Saxl führte seine Versuche über einen Zeitraum von zehn Jahren äußerst sorgfältig durch und verwendete im wesentlichen folgenden Aufbau: Er konstruierte ein System mit einer großen keramischen Scheibe, die frei aufgehängt ist und eine Pendel-Rotation erlaubt. Die Aufhängung ist derart durchgeführt, daß alle Vibrationsschwingungen und Außen-Einflüsse abgeschirmt sind. Dann ersann er eine elektronische Impuls-Methode, die eine konstante Pendel-Rotation des (Drehmoment-)Pendels mit außerordentlich präzisen Kontrollbedingungen ermöglicht.

Unter Verwendung eines Lichtstrahles und einer photoelektrischen Zelle war er schließlich in der Lage, die Zeitmessung einer Pendel-Amplitude bis auf eine Genauigkeit von 1/10 000 000 sicherzustellen. Seine Absicht war, ausfindig zu machen, ob ein Pendel mit regelmäßig präzisem Start-Impuls stets die gleiche Zeitspanne braucht, um über den gleichen Kreisbogen zu schwingen. Da die Masse des Pendels unveränderlich ist, stellt der Pendel-Ausschlag ausschließlich eine Funktion der Schwerkraft dar und sollte sich auf Grund der Newtonschen Gesetze nicht ändern. Wie Saxl feststellen mußte, änderte er sich aber trotzdem ...

In eingehenden Experimenten entdeckte er ein parabolisches Gesetz zwischen der Spannung, auf die das Pendel aufgeladen war, und der relativen Abweichung der Schwingungsdauer. Das folgende Diagramm zeigt die Zunahme der Schwingungsdauer, was auf eine Verminderung der Erdanziehung hindeutet. Auffallend dabei ist, daß eine positive Aufladung zu größeren Änderungen führt als eine negative Aufladung (Z 36.64.11. Juli 136 ff.) (B 81.63 ff.).

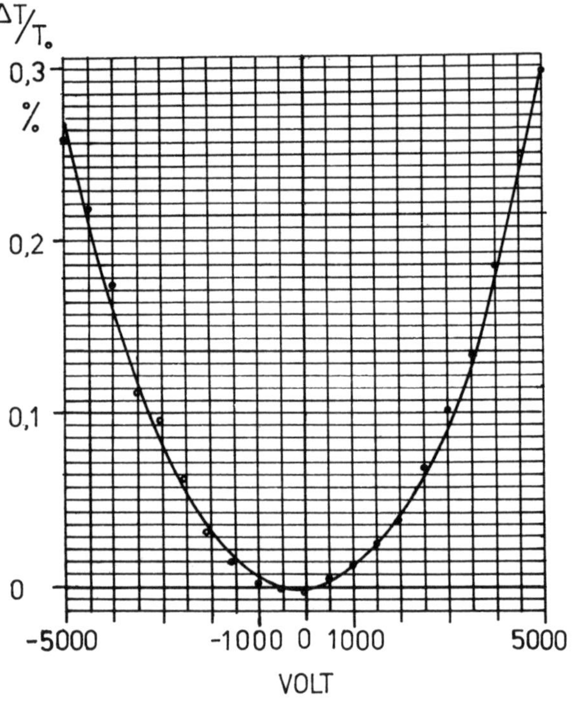

Verlauf der relativen Änderung der Periodendauer in Abhängigkeit vom elektrischen Potential des Massependels

Die bisher bekannt gewordenen elektro-gravitiven Effekte scheinen zu bestätigen, daß zwischen Schwerkraft und Elektromagnetismus Wechselbeziehungen vorhanden sind, wie sie schon vor Jahrzehnten von Laue und Einstein vermutet hatten. Eine Reihe von Theoretikern wie B. S. DeWitt, Heisenberg und Pauli, H. E. Salzer, H. J. Kaeppeler, St. Dereser, R. Anrowitt und V. Hlávatý versuchen seit Jahren, durch eine Erweiterung der Einsteinschen Ansätze eine allgemeingültige Kraftfeldtheorie aufzustellen. Die teilweise äußerst komplizierten mathematischen Arbeiten führen alle zu Feldtheorien mit mehr als vier Dimensionen (Z 63.58.4.1027).

Der wahrscheinlich einzige Physiker in der Welt, der von einer allgemeinen und voraussetzungslosen Grundlage ausgeht, um alles Geschehen mathematisch zu erfassen, ist Burkhard Heim, Direktor des Instituts für Kraftfeldphysik und allgemeine Kosmologie in Northeim bei Göttingen. Er entwickelte eine umfassende Theorie mit einem System von 92 nichtlinearen tensoriellen Differentialgleichungen, welche alle raumzeitlichen Strukturen zu beschreiben gestatten. Aus diesem Gleichungssatz folgen 36 Eigenwertspektren metrischer Strukturstufen, die wegen den notwendigen Invarianzforderungen eindeutig auf einen sechsreihigen Tensor zweiten Grades zurückgeführt werden können. Da die Komponenten dieses sechsreihigen Tensors energetische Zustände der Elementarstrukturen sind, muß unsere Welt in Wahrheit über sechs Weltdimensionen verfügen. Im besonderen zeigt sich, daß die drei Transdimensionen imaginär, also zeitartig, sind. Reelle Komponenten würden zu Instabilitäten der Gravitationsbewegungen und der Grundzustände der Atomhüllen führen. Heim gelingt es, mit Hilfe dieser zeitartigen Dimensionen das gesamte Naturgeschehen einschließlich einiger heute noch ungeklärter paranormaler Phänomene zu beschreiben.

Insbesondere ergeben sich aus den Heimschen Gleichungen bei Vernachlässigung bestimmter Größen sowohl die allgemeine Relativitätstheorie als auch die Quantentheorie. Damit dürfte der bisher bestandene Antagonismus (Widerspruch) zwischen den physikalischen Theorien für die Bereiche des Makro- und Mikrokosmos aufgehoben sein. Als einziger in der Welt vermag Burkhard Heim auch alle Elementargrößen des Kosmos bis auf acht Dezimalstellen genau wiederzugeben. Seine aus der Theorie konsistent ableitbare Formel, die sämtliche Massen der Elementarkorpuskeln und Resonanzen exakt beschreibt, wird von der Fachwelt als starker Beweis für die Richtigkeit seiner kosmologischen Theorie gewertet.

Als außerordentlich bedeutsam im Zusammenhang mit künftigen Raumantrieben erweist sich die Verknüpfung des Phänomens Gravitation mit den Quanten der Materie. Heim zeigt in seiner Theorie, daß der Feldvektor jeder Elementarfläche aus zwei zueinander orthogonalen Anteilen besteht, von denen sich der eine als echter Gravitationsvektor, der andere aber als Vektor eines Zusatzfeldes erweist, das von ihm als Zwischenfeld oder Mesofeld bezeichnet wurde. Dieses Mesofeld bedingt eine dynamische Wechselwirkung zwischen einer Gravitationsfeldwirkung und einer Materiefeldwirkung. Aus den zugehörigen Operatorgleichungen folgen zwei duale Erscheinungsformen des

Mesofeldes, welche Heim mit kontrabarischem und dynabarischem Zustand bezeichnet. Unter dem Einfluß des kontrabarischen Feldzustandes läßt sich elektromagnetische Strahlungs-Energie unmittelbar in eine gravitive Beschleunigung umwandeln. Bei Überkompensation des irdischen Schwerefeldes kann ein Aggregat aus kontrabarischen Transformatoren vom Boden abheben und sich mit wachsender Geschwindigkeit in den Weltraum hinausbewegen. Da die gravitive Bewegung auch bei hoher Beschleunigung ein Analogon zum freien Fall bildet und *andrucklos* erfolgt, sind auch extrem hohe Beschleunigungen von zum Beispiel 100 g denkbar. Solche Werte führen in relativ kurzer Zeit zu relativistischen Geschwindigkeiten, wodurch eine interstellare Raumfahrt in den Bereich des Möglichen rückt (Z 72.59.6.166).

Die Umwandlung von elektrischer Strahlungsenergie in Kraftwirkungen aufgrund des kontrabarischen Effektes kann auch zur Trennung elektrischer Ladungen benutzt werden. Damit ließe sich ein Stromgenerator konstruieren, der elektrische Wellen direkt in elektrischen Kraftstrom umsetzt. Möglicherweise verfügten die alten Atlanter über Methoden, um diesen kontrabarischen Zustand auf einfache Weise zu erzeugen. Nach Aussagen des amerikanischen Trancemediums Edgar Cayce vermochten die alten Atlanter mit Hilfe eines großen Kristalls oder „Feuersteins" die Sonnenenergie einzufangen und die umgewandelte Energie an die verschiedenen Verbrauchszentren im Haushalt, in der Industrie und im Verkehr weiterzuleiten.

Eine weitere Möglichkeit der direkten Energieerzeugung sieht Burkhard Heim in der Ausnutzung des dynabarischen Effektes in der Form eines dynamo-kontrabarischen Kreisschlusses. Hierbei bewirkt das dynabarische Feld eine Umwandlung der atomaren Gravitationsfelder freier Metall-Elektronen in elektromagnetische Strahlungsenergie, die sich ihrerseits mittels kontrabarischer Transformatoren in elektrischen Strom zurückführen lassen. Ein Teil dieses erzeugten Stromes wird zur Aufrechterhaltung des dynabarischen Feldes benutzt, wodurch ein dynamischer Kreisschluß gewährleistet ist. Die Durchrechnung eines einfachen Beispieles zeigt, daß auf diese Weise aus einem Gewichtskilogramm Materie etwa eine Million Kilowattstunden gewonnen werden können. Ein nach diesem Prinzip arbeitender Elektrogenerator muß daher außerordentlich wirtschaftlich sein (Z 72.59.6.166).

Der bekannte Feldtheoretiker A. R. Weyl sagte in einer Analyse für die britische Zeitschrift „Aeronautics": „Heims Ausführungen laufen den bekannten Naturgesetzen nicht zuwider und stimmen mit der Quantentheorie überein. Sollte Heim recht haben, so wären die erstaunlichen Eigenschaften, die den rätselhaften UFOs allgemein zugeschrieben werden, in der Tat handfeste Physik und exakte Ingenieurkunst." (B 105.112)

Zur experimentellen Nachprüfung der mesobarischen Prozesse sind aufwendige Laborausrüstungen erforderlich, so daß eine staatliche Förderung der Heimschen Arbeiten notwendig wird. Möglicherweise ist ein anderes Physikerteam unter Leitung von Prof. Dr. Ing. W. Peschka, DFVLR-Institut für Energiewandlung und elektrische Antriebe, einem ähnlichen Antriebsprinzip auf der Spur. Dort wurden die von R. G. Zinsser in zehnjähriger sorgfältiger experimenteller Arbeit entdeckten kinetobarischen Effekte mit großem Aufwand erneut überprüft und bestätigt. Es handelt sich hierbei um ein Phänomen, bei dem durch Zufuhr von elektromagnetischer Energie Veränderungen in Materie bewirkt werden, welche über längere Zeit latent vorhanden sind und dynamische Effekte zur Folge haben können, wobei Gravitationswechselwirkung nicht auszuschließen ist (Z 79.74.2.72).

In jüngster Zeit scheint auch ein japanischer Physiker, Professor Shinichi Seike, eine Möglichkeit zur Erzeugung eines künstlichen Gravitationsfeldes und einer direkten Umwandlung von Schwere-Energie in elektromagnetische Energie gefunden zu haben. In seinem anspruchsvollen Werk „The principles of Ultra Relativity" (1972) entwickelt er direkte Beziehungen der vierdimensionalen Elementar-Spin-Felder zu den elektromagnetischen Wechselfeldern. Er ging dabei von der seit 1934 bekannten Kramer-Gleichung aus, die die vierdimensionale Gyrations-Bewegung der Atome in Abhängigkeit von äußeren elektrischen und magnetischen Feldern beschreibt. Praktisch ausgenutzt wird bisher nur die Änderung der räumlichen Elektronen-Spins in der magnetischen Kernresonanzspektroskopie (nuclear magnetic resonance = NMR). Hierbei wird der zu untersuchende Stoff in ein hochfrequentes Wechselfeld gebracht, wobei bei bestimmten für die Moleküle typischen Frequenzen Absorptionseffekte auftreten und dem äußeren Feld Energie entzogen wird.

Professor Seike hat nun in seiner elektrischen Kernresonanztheorie (NER) nachgewiesen, daß in ähnlicher Weise wie durch NMR der elementare axiale Drehimpuls (Spin-Wirbelfeld) auch der polare Drehimpuls beeinflußt werden kann. Dieser bildet in unserem Raum ein Quellenfeld, das über eine Divergenzgleichung direkt mit dem Energieoperator und damit auch mit dem Gravitationsfeld verknüpft ist. Seike entwickelt in seinem Buch eine Lösung der Bewegungsgleichungen in einem rotierenden elektrischen Wechselfeld, dem ein magnetisches Gleichfeld überlagert ist. Ab einer bestimmten Resonanzfrequenz, die der Larmorfrequenz entspricht, können negative Entropiezustände auftreten, d. h., es fließt Energie aus dem Erd-Gravitationsfeld in das System hinein. Die „negativen Energien" erzeugen damit ein künstliches Gravitationsfeld, das bei geeigneter Ausrichtung das Erdfeld schwächt und aufzuheben vermag (78.150).

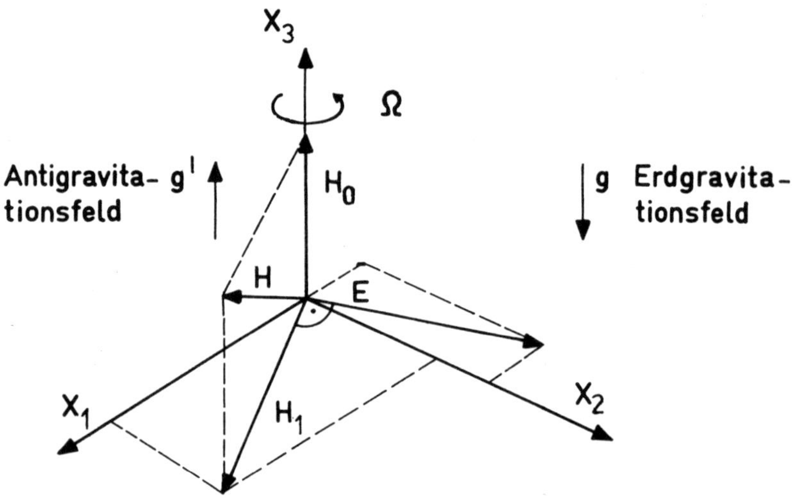

Genau das gleiche erwähnte schon viele Jahre früher der amerikanische UFO-Kontaktler Dr. Daniel Fry in seinem Buch „Das Erlebnis von White Sands". Darin heißt es, daß die Ufonauten starke magnetische und elektrische Felder verwenden, die um 90 Grad gegeneinander versetzt und auf Resonanz abgestimmt sind. Hierbei würde eine Vektor-Kraft erzeugt, die mit einem künstlichen Gravitationsfeld identisch ist. Der Schwerpunkt des Raumschiffes beginnt sich daher in Richtung auf das Zentrum des resultierenden Feldes zu beschleunigen (B 33.52).

Der Grund, weshalb der NER-Effekt bisher nicht entdeckt worden ist, scheint darin zu liegen, daß die elektrische Kernresonanzabsorption erst bei extremen elektrischen Spannungen und gleichzeitig hohen Feldfrequenzen auftritt. Unterhalb dieser Grenze ist die Wahrscheinlichkeit für negative Energiezustände außerordentlich gering. Aus der Quantentheorie ist bekannt, daß der oszillatorische

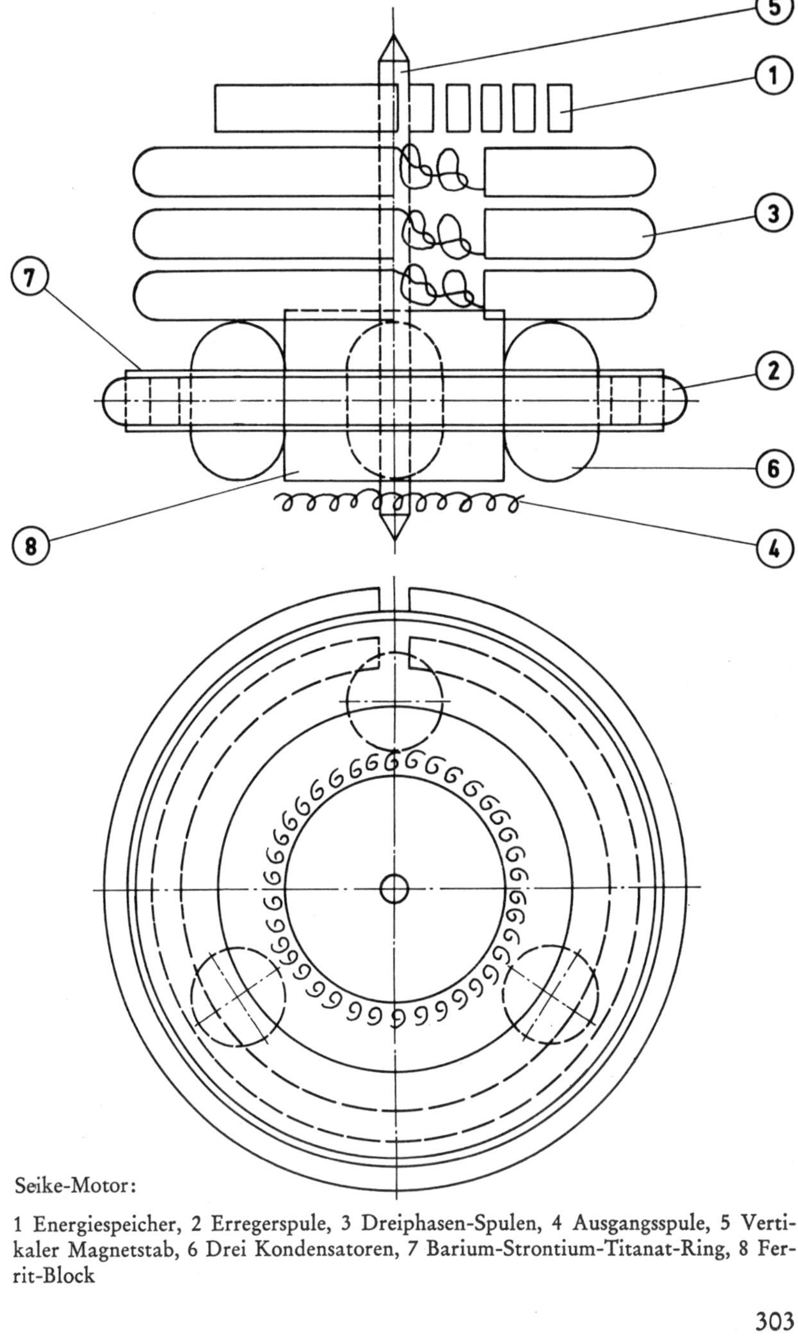

Seike-Motor:

1 Energiespeicher, 2 Erregerspule, 3 Dreiphasen-Spulen, 4 Ausgangsspule, 5 Vertikaler Magnetstab, 6 Drei Kondensatoren, 7 Barium-Strontium-Titanat-Ring, 8 Ferrit-Block

Anteil der wellenmechanischen Mittelwerte für die Lagekoordinaten eines Partikels sich nur dadurch erklären läßt, daß man dem Wellenpaket, das die Bewegung repräsentiert, Zustände negativer Energie beimischt. Diese Anteile bleiben jedoch in der Gesamtbilanz eines Körpers verschwindend gering und haben keinen Einfluß auf dessen Gravitationsverhalten. Oberhalb der Larmor-Frequenz kann jedoch bei geeigneter Feldanordnung Gravitationsenergie in das System hineinfließen, und zwar um so schneller, je besser das Material der Maschine elektromagnetisch polarisierbar ist.

Prof. Seike verwendet daher für seinen Anti-Gravitationsmotor einen ferromagnetischen Stoff (Ferrit, Feroxplana) sowie das ferroelektrische Material Barium-Strontium-Titanat. Das rotierende elektrische Feld erzeugt er mit drei sphärischen Kondensatoren, die alternativ über drei Magnetspulen geladen und entladen werden. Zum Starten des Motors ist eine externe Energiequelle erforderlich. Natürlich kann die im Resonanzfall zu gewinnende Energie teilweise auch in elektrische Energie umgesetzt werden, so daß der Motor zwar leichter wird, aber nicht abhebt. Auf den ersten Blick sieht der Apparat wie ein Perpetuum Mobile aus. Der Energiesatz wird jedoch nicht verletzt, weil nur eine Energieumwandlung von gravitiver Spannungsenergie in mechanische oder elektrische Energie stattfindet. Daß das Gravitationsfeld auf der Erdoberfläche beispielsweise sehr viel Energie enthält, hat bereits 1962 der sowjetische Physiker Landau gezeigt. So könnten aus einem Kubikmeter leeren Raumes, in dem das Schwerefeld aufgehoben wird, 15 000 Kilowattstunden gewonnen werden. Entsprechend groß fallen dann auch die Leistungen aus, die bei Seikes Motor auftreten. So errechnet er bei Verwendung von je einer Tonne Ferrit und Barium-Strontium-Titanat eine Gesamtleistung von $3 \cdot 10^9$ kW, was sehr

---

Zu Abbildung 39

Luftaufnahme einer Wiese bei Nourradons (Var.), Frankreich

Am Abend des 29. März 1971 sahen zwei junge Leute von Draguignan einen großen rötlichen Diskus in einer Höhe von etwa 150 Metern. Er vollführte mehrere zickzackähnliche Bewegungen und kam schließlich bis auf etwa 10 Meter herunter. Zwei Minuten später sahen die Zeugen, wie er zu oszillieren anfing und horizontal in Richtung Flayosc wegflog. Die kurz darauf angestellte Untersuchung ergab, daß das Gras innerhalb einer perfekten Kreisfläche von 5,60 Metern seine Farbe verloren hatte und niedergedrückt war — genau an der Stelle, wo der Diskus geschwebt hatte. Eine erhöhte Radioaktivität oder Verbrennungsspuren konnten nicht festgestellt werden.

39

viel mehr ist, als beispielsweise die Saturn-Raketen liefern. Dabei könnte der Motor mit einer Tonne Nutzlast noch in der Schwebe gehalten werden (B 78.108,160).

Beachtlich müssen auch die Magnetfelder in der Größenordnung von einigen Millionen Gauß erscheinen. Diese würden im übrigen durchaus derartige Fernwirkungseffekte hervorrufen, wie sie oft bei UFO-Vorbeiflügen geschildert werden. Auch das Flugverhalten der sogenannten „Fliegenden Untertassen" wäre mit Seikes Theorie erklärbar. Die Höhe der Drehfrequenz des elektrischen Feldes und damit die Stärke des Energieflusses aus dem Gravitationsfeld ist nach einer Resonanzbedingung direkt proportional zum magnetischen Gleichfeldvektor H_o. Dieser wird einerseits durch die magnetische Hauptachse des UFOs, andererseits durch das äußere statische Erdmagnetfeld bestimmt. Der Zustand des Schwebens kann nur dann aufrechterhalten werden, wenn der Summenvektor konstant bleibt. Jede lokale Änderung des Erdfeldes führt zu einem Absinken bzw. Aufsteigen des Flugobjektes, das sich dann wie ein im Winde auf- und niederschwebendes Blatt verhält.

In den UFO-Berichten aus aller Welt wird sehr oft auf ein derartiges Flugverhalten hingewiesen, wie die folgenden Beispiele zeigen.

26. September 1954, Col du Chat, Frankreich. Fünfzehn Menschen sahen eine diskusförmige umgedrehte Platte wie ein fallendes Blatt vom Himmel herabsteigen.

24. Februar 1958, Salvador. Drei Leute beobachteten ein halbkugelförmiges UFO, das aus einer Höhe von 30 Metern bis auf 3 Meter herunterkam und in seinen Bewegungen einem fallenden Blatt glich.

25. Dezember 1960, Cottonwood, Minnesota, USA. Eine Familie verfolgte einen halbkugelförmigen Ball, der langsam wie ein Blatt herunterflatterte (B 101.42).

Zu Abbildung 40

UFO-Landeplatz in Australien

In einem Moorgelände bei Tully in Queensland (Australien) entdeckte man drei Stellen, an denen rotierende scheibenförmige UFOs am 26. Januar 1966 landeten. Die Landungen wurden von einer Gruppe Lehrer einer höheren Schule beobachtet. Die Aufnahme zeigt, wie das bedeutende Gewicht der Objekte das Schilf in Kreisen von zehn Meter Durchmesser niedergedrückt hat (Z 68.66.9.16 ff.).

Die ungeheuren Beschleunigungen, mit denen die unbekannten Flugobjekte aus dieser Ruhelage zuweilen aufsteigen, werden nach der Theorie von Prof. Seike ebenfalls verständlich. Im Schwebezustand heben sich nämlich die positiven und negativen Massenanteile auf, so daß beliebig hohe Beschleunigungen mit einem Minimalaufwand an Kraft möglich werden. Auch plötzliche Richtungsänderungen sind bei einem solchen System denkbar, weil keine Reaktionskräfte auftreten, wenn jedes Atom in dem gesteuerten künstlichen Gravitationsfeld mitbeschleunigt wird. Bei maximaler Abstoßung drängt sich ein UFO sozusagen aus dem Erdfeld heraus, ähnlich wie ein umgepolter Magnetstab von einem Magnetfeld abgestoßen wird.

Die Passagiere in einem solchen Raumschiff bemerken dabei keinerlei Änderung ihres ursprünglichen Gewichtes, da sich das künstliche Feld additiv dem Gesamtsystem überlagert. Sie meinen daher, daß sich das Schiff unbeweglich wie ein Fels verhält, wie es der Ingenieur Dr. Daniel Fry anschaulich beschreibt. Erst beim Herausschauen entdecken sie, daß die Erde mit wachsender Geschwindigkeit von ihnen wegfällt. In höheren Zonen verringert sich natürlich die Erdfeldstärke, wodurch die Besatzung schließlich doch leichter bzw. ganz gewichtslos wird. In diesen feldfreien Gebieten ist es daher zweckmäßig, eine künstliche Gravitation zu erzeugen. Die Reisezeit zum Mond würde mit einem solchen Flugobjekt übrigens nicht mehr als 10 Stunden betragen, während die Apollo-Raketen hierzu noch rund drei Tage benötigten.

Eine Reihe praktischer Erfahrungen im Bau von diskusförmigen Flugobjekten dürfte auch das englische Privatunternehmen „National Space Research Consortium“ haben. Nach Angaben des Direktors John Searl sollen bis heute über 40 Flugmodelle mit Abmessungen zwischen 7 und 13 Metern gebaut und teilweise erfolgreich erprobt worden sein.

Seit 1973 arbeitet Searl mit seinem Mitarbeiterstab an einem Flugobjekt von 20 Meter Durchmesser, das für interplanetare Raumflüge bestimmt sein soll. Dr. Arthur Cain, der eigens aus Kalifornien nach England gekommen war, um Searls hochfliegende Pläne einer kritischen Bestandsaufnahme zu unterziehen, sagt:

„Ich war sehr skeptisch. Inzwischen habe ich mich von Searls Berechnungen überzeugen lassen und ich bin zu der Meinung gelangt, daß er es schaffen wird. „Searls elektrogravitives Antriebssystem“, meint er weiter, „werde die herkömmliche Raketenschubkraft so überholt erscheinen lassen wie das Bächlein auf des Müllers Rad." (Z 6. 72.1.6.)

Die ersten Anregungen zu seinen späteren Erfindungen gewann John Searl bei der Midland Elektrizitätsgesellschaft, wo er 1949 als Elektrotechniker beschäftigt war. Bei Untersuchungen an elektrischen Motoren und Generatoren bemerkte er zuweilen geringe elektrische Felder, die an rotierenden Metallteilen auftraten. Er vermutete, daß die Elektronen bei entsprechenden Drehzahlen durch die Zentrifugalkraft nach außen abgedrängt werden und so der Rand gegenüber dem Zentrum eine negative Ladung erhält. Um diesen Effekt genauer zu erforschen, konstruierte er 1950 zunächst verschiedene rotierende Gleitringe. 1952 entwickelte Searl schließlich einen etwa einen Meter großen, scheibenförmigen Rotor, der in Segmente unterteilt war und an seiner Außenseite eine Zahl von Elektromagneten passierte. Diese wurden von dem Strom gespeist, der durch die elektrische Potentialtrennung in radialer Richtung gewonnen wurde, wenn die Scheibe rotierte (Dynamoprinzip).

Den ersten Test der Maschine unternahm Searl mit einem befreundeten Mitarbeiter in einem Freigelände. Zum Antrieb des Rotors benutzten sie einen kleinen Elektromotor. Die Anordnung erzeugte dann tatsächlich die erwartete gewünschte Leistung, allerdings bei einem überraschend hohen elektrischen Potential. Bereits bei relativ geringen Umdrehungsgeschwindigkeiten entstanden Spannungen in der Größenordnung von 100 kV, was sich in typischen elektrostatischen Effekten äußerte. Insbesondere das deutliche Knistern in der Umgebung der Maschine sowie der charakteristische Geruch nach Ozon bestärkte diese Vermutung.

Dann jedoch trat plötzlich etwas völlig Unerwartetes ein. Der Generator erhob sich von selbst, wobei er immer schneller rotierte, zerriß die Verbindung zwischen sich und der Antriebsmaschie und stieg etwa 15 Meter hoch. In dieser Höhe verharrte er kurze Zeit, immer noch seine Drehzahl weiter beschleunigend, und hüllte sich nach und nach in einen rosafarbenen Lichthof ein. Umliegende Radiohörer beklagten sich später über starke Rundfunkstörungen, die sich entweder durch Ionisations-Entladungen oder elektromagnetische Beeinflussungen erklären lassen. Schließlich beschleunigte sich der gesamte Rotor auf eine phantastische Geschwindigkeit und entschwand letztlich aus dem Blickfeld. Seit jenem denkwürdigen Erlebnis arbeiten John Searl und seine vor einigen Jahren in Mortimer, Berkshire (England) gegründete Gesellschaft mit großem Eifer an einer technischen

Ausreifung und wirtschaftlichen Nutzung seines Antriebsprinzips (Z 39.68.1. Juni).

So unglaublich diese Erfindung zunächst auch erscheinen mag, sie deckt sich jedenfalls genau mit der elektrischen Kernresonanz-Theorie des japanischen Professors Shinichi Seike. Während dieser eine künstliche Anti-Gravitation durch ein mehrphasiges elektromagnetisches Feld ohne bewegte Massen erzeugt, benutzt John Searl rotierende elektrische Dipole, die in Magnetfelder eingebettet sind. Ab einer bestimmten Resonanzfrequenz nimmt der Motor Gravitationsenergie auf und erzeugt ein gegensinniges Feld, das den Diskus gewichts- und trägheitslos werden läßt. In diesem Zustand sind nur geringe Kräfte zur Beschleunigung des Objektes erforderlich. Das mit diesem Resonanzprozeß gekoppelte magnetische Feld nimmt kontinuierlich zu und erzeugt in geeigneten Spulenanordnungen entsprechend dem II. Maxwellschen Gesetz Induktionsspannungen. Diese wiederum dienen zur Aufrechterhaltung und Vergrößerung des elektrostatischen Feldes, das den Diskus entsprechend dem folgenden Bild umgibt.

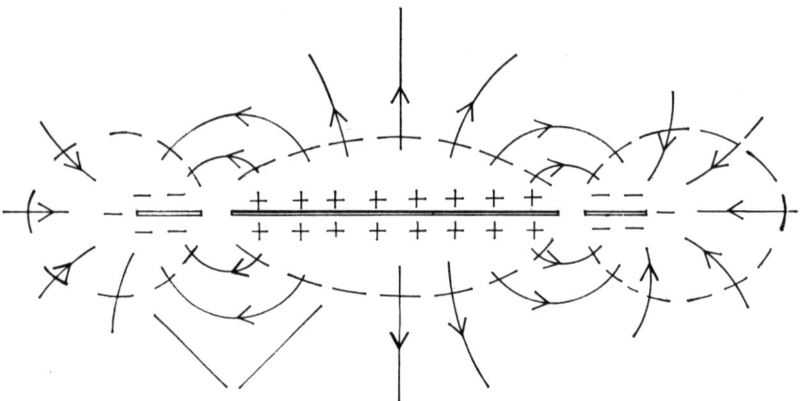

Der negative Pol des elektrostatischen Generators — der zum Starten der Maschine dient — ist mit dem Außenring des Diskus verbunden, während der positive Anschluß zum Zentrum geführt ist. Das kritische Potential, ab dem eine starke Gewichtsverminderung eintritt, liegt in der Größenordnung von 10^{10} bis 10^{14} Volt, weil erst bei derartig hohen Spannungen die thermodynamische Wahrscheinlichkeit für negative Energiezustände genügend groß wird. Normale Konduktorkugeln können natürlich aufgrund der ständigen Entladung in der Luft nicht viel höher als auf ein paar Millionen Volt aufgeladen werden. Dieses Problem hat John Searl durch die spezielle Gestaltung seiner Diskusscheibe gelöst. Wie das folgende Bild zeigt, werden Luftmoleküle, die sich der positiven Innenseite der Maschine nähern, ionisiert und danach sofort wieder vom positiven Feld abgestoßen.

Die abgegebenen Elektronen passieren den elektrostatischen Generator innerhalb des Diskus und werden zum Außenrand geleitet. Nachdem dieser aber eine scharf gepfeilte Form hat, entsteht dort ein außerordentlich konzentriertes, weit in den Außenraum hineinreichendes negatives Feld. Luftmoleküle, die sich dieser Außenzone nähern, werden daher schon in großem Abstand ionisiert und ebenfalls abgestoßen. Damit aber hüllt sich die Scheibe automatisch in ein Vakuum ein.

Der geometrische Aufbau des Searl-Diskus ist nun so ausgelegt, daß eine Stoßionisation (Blitzentladung) zwischen dem positiven und dem negativen Pol so lange unterbunden bleibt, bis sich diese Zone

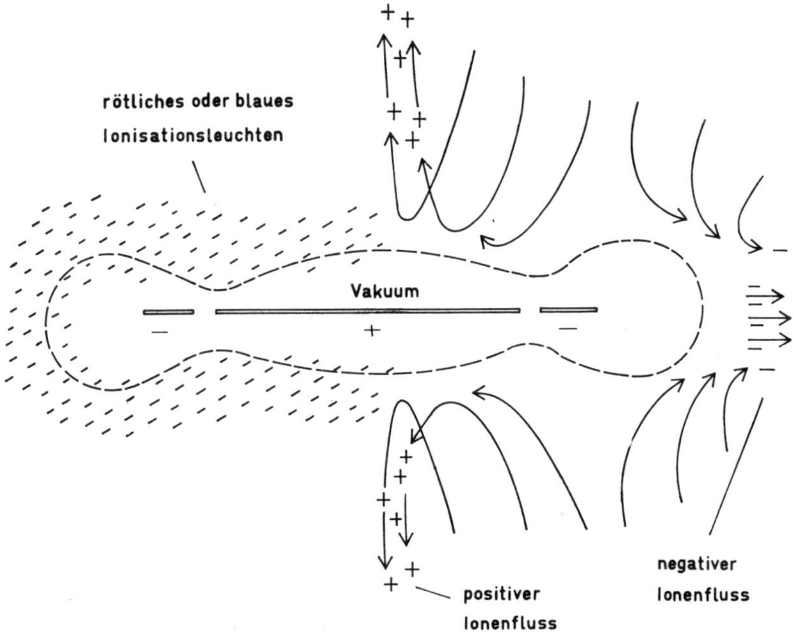

verminderten Drucks ausgebildet hat. Innerhalb dieses Vakuums aber treten keine Entladungen mehr auf, so daß auch extrem hohe elektrische Potentiale möglich werden. Außerhalb der Diskusscheibe finden natürlich Rekombinationsvorgänge statt, wobei die umgebende Luft zu einem intensiven, meist orange-gelben oder auch blauen Leuchten angeregt wird. Zu diesen elektrochemischen Prozessen kommt eine dauernde Paar-Entstehung und -Vernichtung von Elektronen und Positronen hinzu, was sich in einem transparenten Glühen der umgebenden Luft bzw. einem glühenden Schweif hinter dem fliegenden Fahrzeug äußert.

Dies erinnert uns an die zahlreichen Beschreibungen unbekannter Flugobjekte, deren Konturen merkwürdigerweise von starken Licht-, Farben- und atmospärischen Effekten verdeckt werden. Der zuweilen außergewöhnlich helle, widerspiegelnde Glanz, oft auch ein blendend weißer oder weißlich-bläulicher Schein, verhindern in den meisten Fällen die genaue Bestimmung der Konstruktionsform des Flug-Objektes. Der französische Offizier Jean Plantier, Ingenieur bei der französischen Luftwaffe, behauptet, mathematisch nachweisen zu können, weshalb die schnellen Beschleunigungen der UFOs rote Lichtstrahlen, recht- oder spitzwinklige Wendemanöver grüne Farben und die Schwebephasen ein weißes Glühen erzeugen (B 101.70) (B 124.120 ff.).

Beim Starten auf lockerem Untergrund werden zuweilen auch größere Erdbrocken herausgerissen und hochgewirbelt, weil direkt unterhalb der Maschine ein starkes Antigravitationsfeld entsteht. Wie die folgende Zeichnung illustriert, bilden sich auch neutrale Zonen (im Bild schraffiert) aus, in denen Materie schwebend gehalten wird. Durch Änderung der Potential-Verteilung an der Oberfläche des Diskus läßt sich auf einfache Weise eine horizontale Antriebskomponente gewinnen.

Die häufig auch bei UFO-Landungen berichteten Krater- und Bodeneffekte scheinen auf ähnliche Antriebsprinzipien wie bei der Searl-Maschine hinzudeuten. Ein typischer UFO-Fall mit solchen Begleiterscheinungen wurde beispielsweise aus Frankreich gemeldet und von zivilen und militärischen Dienststellen eingehend untersucht. Das Ereignis fand am 4. Oktober 1954, 20 Uhr, in Poncey-sur-L'ignon statt und wurde von Frau Fournet und weiteren Zeugen beobachtet. Sie berichtet:

„Etwa zwanzig Meter von meinem Haus entfernt schwebte und schaukelte über der Wiese von Herrn Cazet ein leuchtender Körper leicht in der Luft und wollte offensichtlich rechts von einem Pflaumenbaum zur Landung ansetzen. Soweit ich beurteilen konnte, schien das Objekt etwa drei Meter Durchmesser zu haben, langgestreckt zu sein und eine rötliche Farbe auszustrahlen. Es tauchte die Blätter und

Zweige des Baumes in ein fahles Licht.“ Als Frau Fournet weglief, um weitere Zeugen zu holen, begann das Objekt sofort mit einer unglaublichen Geschwindigkeit aufzusteigen, wobei es ein tiefes Loch an der Stelle hinterließ, über der es geschwebt hatte. Der Boden schien auf einer Fläche von etwa 1,5 × 0,6 Metern geradezu hochgesaugt worden zu sein. Die herausgeschleuderte Erde lag in Klumpen von 20—30 cm Größe etwa 4 Meter verstreut um den Krater herum. In der frischen Erde des ausgeworfenen Loches kringelten sich weiße Regenwürmer. Der Krater wies in halber Tiefe einen größeren Durchmesser auf als in Bodenhöhe. Erstaunlicherweise sind die Wurzeln im Innern des Loches völlig unbeschädigt geblieben, was beim normalen Ausheben eines Kraters dieser Form unmöglich erscheint. Alles deutete darauf hin, daß die Erdmassen durch ein gigantisches Vakuum herausgeschleudert worden sind. Von der Untersuchungsgruppe sind verschiedene Versuche gemacht worden, ein ähnliches Phänomen zu erzeugen, jedoch ohne Erfolg (B 124.134).

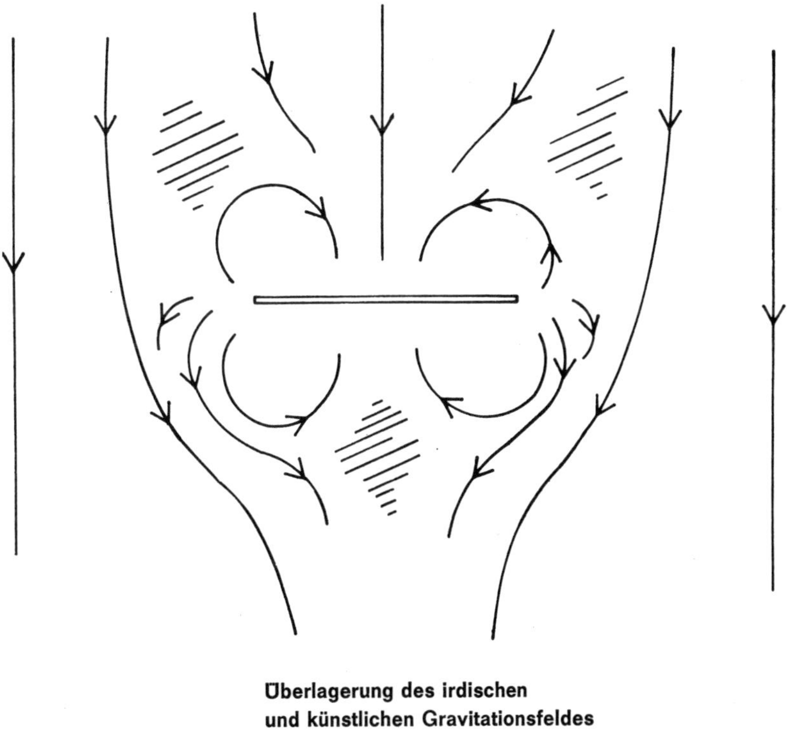

Überlagerung des irdischen und künstlichen Gravitationsfeldes

Derartige Levitations-Effekte sind auch schon über der Meeresoberfläche beobachtet worden. Ein Bericht dieser Art stammt aus Nordost-Brasilien und ereignete sich im April 1958. Herr Wilson Lustosa, ein brasilianischer Juwelier, wanderte gegen 6 Uhr in der Frühe an der atlantischen Küste entlang. An einem Ort namens Saude, in der Gegend zwischen dem Hafen von Maceió und Parapueira, befragte er einige Fischer, warum sie so verdutzt in eine bestimmte Richtung starrten. Sie sagten, sie hätten gerade eine fliegende Untertasse gesehen. Lustosa konnte zunächst nichts erkennen, als er plötzlich ein Brummgeräusch wahrnahm, das unvermittelt lauter wurde. Da erkannte er irgend etwas, das direkt vom Himmel herunter aus der Richtung des Meeres auf ihn zukam. Als die Maschine etwa 40 Meter von ihm und den Fischersleuten entfernt war und etwa 15 Meter über dem Wasser schwebte, begann sie auf einmal seitlich wegzudriften, stoppte und hing von neuem unbeweglich in der Luft. Sie war etwa 15 bis 20 Meter hoch, und ihr Durchmesser entsprach etwa der Größe des Zeltes von einem Wanderzirkus. Sie schien drei klar zu unterscheidende Teile aufzuweisen. Die obere Hälfte glich einer aluminiumfarbenen umgekehrten Schüssel, auf deren Spitze eine schmale Protuberanz oder eine Kuppel erkennbar war, die ein grelles Licht wie bei einem Schweißbrenner ausstrahlte. Der untere gleich große Teil hatte ebenfalls die Form einer Schüssel, zeigte jedoch eine dunkle Färbung. An dem äußeren Rand, wo beide Teile miteinander verbunden waren, verlief eine Reihe von viereckigen Öffnungen, aus denen ein rötliches Licht herausdrang. Das Erstaunliche war jedoch, daß das Wasser unterhalb der Maschine ständig hochgewirbelt wurde, wie wenn es kochen würde, ohne jedoch das Flugobjekt selbst zu berühren (B 107.133).

Einen besonders eindrucksvollen Beweis für die Wirkung eines Antigravitationsfeldes lieferte der Bericht einer amerikanischen Hubschrauberbesatzung, der von der UPI-Nachrichtenagentur in Cleveland, USA, verbreitet wurde. Kapitän Lawrence Coyne, ein Hubschrauber-Pilot der Armee-Reserve, der nie an UFOs geglaubt hatte, befand sich am 18. Oktober 1973 auf dem Rückflug von Columbus, Ohio, nach dem Hopkins-Flughafen in Cleveland. Gegen 23 Uhr erblickte der Besatzungs-Chef, Sergeant Robert Yanasek, ein rotes Licht am Horizont, das sich ihnen mit einer Geschwindigkeit von mehr als 1000 Stundenkilometern näherte. Als Coyne das UFO wahrnahm, flog er in einer Höhe von 2500 Fuß (750 m). „Innerhalb von 10 Sekunden war es vom Horizont aus bei uns. Wir waren auf Kollisions-Kurs." Der Pilot steuerte seinen Hubschrauber mit 20 Grad Neigung nach unten, da er einen Zusammenstoß mit dem unbekannten Luftfahrzeug befürchtete. „Wir schauten hinauf und sahen, daß es direkt über uns Halt gemacht hatte. Es zeigte einen großen, grauen, metallischen Rumpf von etwa 20 Meter Länge. An der Stirnseite hatte es ein rotes Licht, die Vorderkante glühte rot, und in der Mitte war eine Kuppel. Ein grünes Licht am Heck wurde vom Rumpf reflektiert."

Als Coyne noch mit seiner Mannschaft nach oben starrte, begann sich der Hubschrauber plötzlich ohne sein Zutun nach oben zu bewegen. „Ich habe nicht den geringsten Versuch gemacht, hinaufzuziehen", meinte Coyne vor den Untersuchungsoffizieren der Armee. „Die Steuereinrichtung war fest auf einen 20gradigen Abwärtsflug eingestellt. Trotzdem waren wir innerhalb von wenigen Sekunden aus einer Höhe von 1700 Fuß (500 m) auf eine Höhe von 3500 Fuß (1050 m) hochgestiegen, ohne irgendeine Beschleunigung oder irgendeine andere Belastung zu verspüren (Z 77.73.12). Glaubwürdige Berichte dieser Art gibt es aus verschiedenen Ländern. Sie unterstreichen eindrucksvoll die Theorie, daß es Raumflugzeuge geben muß, die ein uniformes Antigravitationsfeld erzeugen können und sogar auf größere Entfernung auszudehnen vermögen. Eine intensive Unterstützung der Forschungsarbeiten von Heim, Seike und Searl würde wahrscheinlich in absehbarer Zeit zur Entwicklung ähnlich wirkungsvoller Flugmaschinen führen.

Außer den revolutionären Antriebsprinzipien weisen solche Apparate auch noch besondere aerodynamische Vorteile auf. Viele Flugzeugexperten haben sich seit Jahren gefragt, warum die in aller Welt gesichteten UFOs so außerordentlich geräuscharm zu fliegen pflegen und selbst bei extremen Geschwindigkeiten keinen Überschallknall hervorrufen. Schon 1956 vermutete der englische Erfinder John Searl, daß aufgrund der hohen elektrostatischen Felder um die „Levity-Discs" (Levitations-Scheiben) kein Überschallknall auftritt. In mehreren Windkanal- und Modelltrog-Versuchen konnte Searl in der Tat nachweisen, daß sich die Stoßwellen elektrisch geladener Profile deutlich in ihrer Form änderten; sie wurden weicher und in die Länge gezogen. Gleichzeitig registrierte die aerodynamische Waage ein drastisches Absinken des Luftwiderstandes (Z 39.71.1.Juli).

Dieser Effekt läßt sich recht einfach erklären. Ein normales Flugzeug muß sich, sobald es Schallgeschwindigkeit erreicht, in die Luft hineinbohren wie ein Nagel in Holz. „Die ‚ungewarnten' Luftmoleküle können nicht mehr allmählich ausweichen, sondern prallen unvermittelt auf die Vorderkante der Maschine auf. Damit entsteht eine

Druckwelle, die dann in Form eines Kegelmantels abfließt. Wo sie über den Erdboden zieht, erzeugt der plötzliche Druckanstieg die gefürchtete ‚Knallschleppe'. Die elektrische Fernwirkung dagegen ist der Geschwindigkeitsbeschränkung, die für das Drucksignal gilt, nicht unterworfen. Bei hohen Feldstärken werden die Luftteilchen schon vor Erreichen der Profilkanten ionisiert und durch elektrostatische Abstoßung zur Seite gelenkt. Bei vollständiger Ionisation — wie sie bei den ‚Levity-Discs' auftritt — entfällt daher der Überschallknall. Dies würde im übrigen auch verständlich werden lassen, weshalb sich die ‚Fliegenden Untertassen' selbst bei extremen Geschwindigkeiten völlig geräuschlos bewegen." (Z 25.68.71).

Seit einigen Jahren experimentieren auch amerikanische Flugzeug- und Raumfahrtfirmen mit diesem Verfahren. Die Northrop-Ingenieure Dr. Gustav M. Andrew und Maurice S. Cahn sprachen 1968 andeutungsweise schon von Flugzeugen, die bereits fliegen sollen und Spannungen von + 30 kV voraussenden. Um die Konturen dieser Flugzeuge, so erklärten sie, entsteht ein bläulicher Schein, der nachts bei klarer Sicht sogar vom Boden aus deutlich erkennbar ist, ähnlich dem Elmsfeuer. Seit sich die US-Luft- und Raumfahrtbehörde NASA für diese Erfindung interessiert, ist allerdings der Schleier der Geheimhaltung über diese Versuche gefallen (Z 25.68.23.68 ff.) (Z 61.68.25.729 f.).

Man darf wohl vermuten, daß in den geheimen Forschungszentren der Weltmächte schon viel weitergehendere Erkenntnisse, auch über das Gebiet der Elektrogravitation, vorliegen, als offiziell bekannt wird. Der theoretische Physiker Robert L. Forward von den Hughes Research Laboratories in Kalifornien schrieb bereits 1963, daß die magnetische Spinkopplung in einem Atom durchaus dazu benutzt werden könnte, elektromagnetische Wechselfelder in zeitlich veränderliche Gravitationsfelder umzuwandeln (Z 2.63.31.170). Angesichts der ungeheuren Möglichkeiten, die dem Menschen mit der Entdeckung der Antigravitation gegeben sein werden, können wir nur hoffen, daß sie ausschließlich für friedliche Zwecke verwendet wird.

Utopie und Wirklichkeit der interstellaren Raumfahrt

„Das kosmische Zeitalter wird eine Morgendämmerung des Wissens bringen, das jetzt noch unvorstellbar ist. Dieses Wissen wird unsere jetzigen Kenntnisse und Ideen zwergenhaft erscheinen lassen." Dr. Wernher von Braun

Wohl die meisten Menschen, die ihre Augen zum nächtlichen Firmament erheben und fasziniert die majestätische Pracht der funkelnden Sterne bestaunen, werden von der unendlichen Weite des Alls in einer seltsamen Weise berührt und zum Nachdenken angeregt. Sollte das Leben auf unserer Erde wirklich nur ein unerhört seltener Ausnahmefall im ganzen Kosmos sein — wie manche Forscher vermuten —, oder stehen wir vielleicht schon im Blickpunkt außerirdischer Superzivilisationen, worauf manches hinzudeuten scheint?

Zu keiner früheren Zeit fand diese Frage so erregende Aktualität wie in unserer Generation, die bereits die ersten Schritte zur Eroberung der Planetenräume unternommen hat. Dabei steht unsere Raumfahrttechnologie — in kosmischen Zeitmaßstäben betrachtet — sicherlich erst am Beginn eines weiteren stürmischen Aufschwungs. Allzuleicht vergessen wir, daß unsere eigene Menschheit nicht viel weiter als 5 Millionen Jahre zurückreicht, was nur ein Promille der Erdgeschichte ausmacht. Die Anfänge unseres kulturellen Aufstiegs begannen vor wenigen tausend Jahren, während entscheidende Entdekkungen wie die Gesetze der Himmelsmechanik und der Gravitation nur einige Jahrhunderte zurückliegen. Der alte Wunschtraum des Menschen — die Überwindung größerer Entfernungen mit Flugmaschinen — konnte erst zu Beginn dieses Jahrhunderts verwirklicht werden. Der entscheidende Sprung ins All dagegen sowie die Wochenendausflüge irdischer Astronauten zu unserem Nachbargestirn war der krönende Abschluß einer ins Gigantische gesteigerten Raketentechnik. Diese gewaltigen Fortschritte erreichte unsere Generation in wenigen Jahrzehnten oder in einem hundertmillionstel Teil der Erdgeschichte. Kaum einer vermag sich recht vorzustellen, welchen „magischen" Entwicklungsstand eine vielleicht Millionen Jahre früher Raumfahrt betreibende Zivilisation eines anderen Planeten erreicht haben könnte. Die irdischen Maßstäbe seriöser Wissenschaftsautoren und selbst die spekulative Phantasie versierter Science-Fiction-Schreiber dürften bei solchen Schätzungen völlig versagen.

In einem jedoch sind sich heute alle Zukunftsprognosten weitgehend einig: die bisherigen konventionellen, chemischen Raketenantriebe sind für größere Raummissionen viel zu unwirtschaftlich. Schon das Saturn-Apollo-Unternehmen erforderte eine sechsstufige Raketenkombination mit nur 1,6 Promille Nutzlastanteil, was deutlich die Grenzen der heutigen Raumfahrttechnologie aufzeigt. Die zweite Dekade irdischer Astronautik wird daher den Einsatz anderer Antriebssysteme bringen, insbesondere nukleare und elektrische Triebwerke. Diese erzielen im freien Weltraum höhere Fluggeschwindigkeiten und einen besseren Gesamtwirkungsgrad. Die geplanten Erkundungsflüge durch unser Sonnensystem — etwa von irdischen Raumstationen aus — lassen sich auf die Weise mit sinnvollem Zeit- und Energieaufwand durchführen. In einer Zukunftsstudie der RAND-Corporation wird die erste bemannte Landung auf dem Mars für das Jahr 1985 vorausgesagt. Eine Landung auf einem Jupitermond sowie der Vorbeiflug an Pluto dürfte um die Jahrtausendwende erfolgen (Z 37.67.7.281).

Wesentlich pessimistischer lauten die Prognosen für eine Verbindungsaufnahme mit außerirdischen Zivilisationen. Unter der Annahme, daß diese Zivilisationen mindestens 800 Lichtjahre von uns entfernt sind, rechnet man mit einem ersten Kontakt im Jahre 3520. Dr. Condon von der Universität Colorado geht sogar noch weiter mit seiner Vermutung, daß kein intelligentes Leben außerhalb unseres Sonnensystems irgendeine Möglichkeit hätte, unsere Erde in den nächsten 10 000 Jahren zu besuchen (B 18.28). Es versteht sich von selbst, daß den Wissenschaftlern, die an dieser Prognose beteiligt waren, das umfangreiche Indizienmaterial für extraterrestrische Raumfahrer entweder nicht bekannt war oder als wissenschaftlicher Unsinn abgestempelt wurde.

Sicherlich ist schon ein Flug zu dem uns nächsten Fixstern Alpha Centauri mit den bisherigen Antriebssystemen nicht mehr durchführbar. Selbst mit einem nuklear-elektrischen Antrieb sehr fortgeschrittener Konstruktion würde eine Reise zum Alpha Centauri und zurück etwa 600 Jahre dauern. Die Entfernung dieses Sterns von unserem Sonnensystem beträgt 4,27 Lichtjahre. Eine interstellare Raumfahrt wird daher erst mit der Entwicklung fast lichtschneller Fahrzeuge denkbar, die infolge der relativistischen Zeitverschiebung die Flugdauer — jedenfalls für die Astronauten — drastisch verringern.

Sebastian von Horner hat die Auswirkungen dieser Zeitdilation für verschiedene 1 g-Rundreisen berechnet. Ein solches Raumschiff würde von der Erde aus mit einer konstanten Beschleunigung von 1g starten, so daß die Besatzung normales Gewicht fühlt. Auf halbem Wege müßte das Raumschiff seine Geschwindigkeit mit einer Verzögerung verringern, die wiederum 1g entspricht. Die folgende Tabelle zeigt die faszinierenden Ergebnisse (B 16.306) (Z 51.62.7.21).

Eine Hin- und Rückreise zum Alpha Centauri würde danach 7 Jahre, zum Zentrum der Milchstraße 38 Jahre, zum Andromeda-Nebel 52 Jahre und eine Rundreise durchs Universum schließlich 84 Jahre dauern. Damit würde unser gesamtes bekanntes Weltall durchaus innerhalb eines Menschenlebens erreichbar sein.

Interstellare Reisen mit einer konstanten Beschleunigung von 1g:

Dauer der Hin- und Rückreise in Jahren		Zurückgelegte Entfernung in Lichtjahren
an Bord	auf der Erde	
1	1,0	0,06
2	2,1	0,25
5	6,5	1,7
10	24	10
15	80	37
20	270	137
25	910	455
30	3 100	1 560
40	36 000	17 500
50	420 000	208 000
60	5 000 000	2 470 000

Die an sich bestechende Methode der relativistischen Zeitverkürzung darf uns allerdings nicht darüber hinwegtäuschen, daß die Kosmonauten nach ihrer Rückkehr keinen ihrer Zeitgenossen, ja möglicherweise überhaupt kein intelligentes Leben auf der Erde mehr antreffen werden.

Aber ganz abgesehen von diesem Zeitparadoxon erscheint auch aus energetischen Gründen ein derartiger Raumflug kaum denkbar. Wenn wir von einer Photonenrakete mit einer Beschleunigung von 1g ausgehen und 10 t Nutzlast, 10 t Antriebssystem und 200 Tonnen Startgewicht ansetzen, dann brauchen wir eine Leistung von $600x10^6$ MW, um in 2x3 Jahren 98 Prozent der Lichtgeschwindigkeit zu erreichen. Das ist etwa das Tausendfache dessen, was die gesamten irdischen Kraftwerke heutzutage produzieren (B 47.109).

Nach unseren bisherigen wissenschaftlichen Kenntnissen können derartige Antriebsleistungen nur bei vollständiger Zerstrahlung der Materie, d. h. 100 %iger Umwandlung von Masse in Energie, erzielt werden. Bis heute ist es allerdings noch nicht gelungen, ein einfaches Verfahren zur ausreichenden Produktion der hierzu notwendigen Antimaterie zu entwickeln. Ein anderes Problem hingegen scheinen der Moskauer Prof. Staniojukowitsch und seine Mitarbeiter gelöst zu haben. Bisher stellte die unvollkommene Reflexion von Licht und anderer elektromagnetischer Strahlung an einem Spiegel ein gewichtiges Hindernis bei der Entwicklung einer Photonenrakete dar. Staniojukowitsch zeigte nun einen Fall auf, in dem die Strahlungen praktisch zu 100 Prozent reflektiert werden; weniger als ein Milliardstel wird vom Reflektor absorbiert. Dies geschieht, wenn die Wellen eine Länge von einem Zehntelmillimeter haben, bei elektromagnetischen Wellen an der Grenze zwischen Radiowellen und Infrarotstrahlen und wenn als Reflektor ein dicker Block aus poliertem Kupfer verwendet wird. Äußerst präzise Messungen haben ergeben, daß man mit einem solchen Kupferspiegel ein Strahlenbündel entsprechender Wellenlänge mit fünfmillionenfacher Intensität der Sonne praktisch total reflektieren kann, ohne daß das Kupfer schmilzt. Dies entspricht einem Lichtdruck von 500 Atmosphären pro cm^2. 1963 wurden im Laboratorium erstmals Werte von einer Atmosphäre pro cm^2 bei Laserstrahlen erreicht. Heute gibt es bereits Multi-Kilowatt-Laser, die Holzplanken in einer Entfernung von bis zu 3 Kilometer in Brand setzen (B 67.181.) (B 69.421) (Z 65.72.12.86). Schätzungsweise 300 Millionen DM lassen sich die USA die Entwicklung einer richtigen Laserkanone kosten, die noch in zehn Kilometern Entfernung einen Panzer in Stücke zu brennen vermag (Z 25.73.11.61).

Beträchtliche Schwierigkeiten bei der Entwicklung von Photonenraketen dürften die Schutzmaßnahmen gegen kosmische Strahlung bereiten. Wie unschwer einzusehen ist, wird ein Raumschiff, das sich fast mit Lichtgeschwindigkeit fortbewegt, von weit mehr kosmischen Strahlen und Partikeln getroffen als ein Raumschiff mit einer Geschwindigkeit von 10 bis 15 Kilometern in der Sekunde. Nach Ansicht russischer Experten könnte ein starkes, künstlich erzeugtes Magnetfeld einen wirksamen Schutzwall bilden.

Das gleiche erwähnt übrigens auch der Holländer Stefan Denaerde, Verfasser des utopischen Buches „Menschen vom Planeten Jarga“.

Diese Wesen aus einem etwa zehn Lichtjahre von uns entfernten Sonnensystem verwenden hochenergetische Magnetfelder, um ihre Raumschiffe vor Materiestrahlung aus dem All zu schützen. Gerade die Diskusform der „Fliegenden Untertassen“ sei besonders geeignet, um solche Felder aufzubauen (B 23.213).

Bei allen bisherigen Überlegungen wurde als selbstverständlich vorausgesetzt, daß die Vakuum-Lichtgeschwindigkeit eine Universalkonstante ist, deren Betrag von $c = 2{,}99792460 \cdot 10^8$ m/s seit Anbeginn der Schöpfung unveränderlich blieb. Nach Einsteins Relativitätstheorie kann sich kein Körper, gleich welcher Art, in bezug auf einen anderen Körper mit größerer Geschwindigkeit als der Lichtgeschwindigkeit fortbewegen. Diese Theorie basiert auf der Beobachtung, daß die Lichtgeschwindigkeit im Vakuum, unabhängig von der Bewegung des Bezugssystems, gleichbleibend ist. Die relativistische Mechanik zeigt, daß die Masse eines Körpers mit der Geschwindigkeit zunimmt und unendlich wird, wenn sie Lichtgeschwindigkeit erreicht.

Daher kann eine Rakete, die nach dem Impuls-Reaktions-Verfahren arbeitet, d. h. Materieteilchen oder auch Lichtphotonen ausstößt, sich dieser Grenze nur asymptotisch nähern. Denn wegen der wachsenden Masse steigt der erforderliche Energieaufwand ins Unermeßliche. Der Reaktionsantrieb ist somit für interstellare Reisen denkbar ungeeignet.

Die einzig sinnvolle Möglichkeit für längere Weltraumreisen liegt daher in der Anwendung gravitiver Antriebe, die beispielsweise nach dem Prinzip der Dynamischen Kontrabarie des deutschen Physikers Burkhard Heim arbeiten. Nach diesem Verfahren wird ein eigenes gravitives Führungsfeld relativ zur Umgebung erzeugt, in dem das gesamte Raumfahrzeug einschließlich der Besatzung eine Relativbeschleunigung erfährt und dadurch mit wachsender Geschwindigkeit von einem Himmelsköper „wegfallen“ kann. Ein Vergleich mit einer optimal extrapolierten Nuklearrakete zeigt, daß selbst bei schlechtem Wirkungsgrad der Antigravitationsmaschine diese eine um das 57 200fache höhere Schubkraft zu liefern vermag, wobei Beschleunigungen bis zum Hundertfachen der Erdbeschleunigung möglich erscheinen (Z 72.59.7.219 ff.).

Heim errechnet als Beispiel eine Marsexpedition beim ungünstigsten Fall einer Planetenkonjunktion und einer Interstellarsprunghöhe von $2 \cdot 10^8$ km. Bei einer gesamten Expeditionsdauer von 14 Tagen würde eine Überfahrt von der Erde zum Mars nur 111 Stunden dauern, wenn die Beschleunigung zu $10\,m/sec^2$ angenommen wird. Das Raumschiff mit einer Leermasse von 50 Tonnen würde für die Hin- und Rückfahrt sowie für einen hundertstündigen Betrieb auf der Marsoberfläche lediglich eine Treibladung von 285 kg benötigen (Z 72.59.8.246).

Bei interstellaren Reisen wären mit höheren Beschleunigungswerten von etwa $1000\,m/sec^2$ bereits in ziemlich kurzer Zeit relativistische Geschwindigkeiten erreichbar. Damit aber müßten die von der speziellen Relativitätstheorie vorausgesagten Effekte der Zeitkontraktion eintreten. Wie deren Auswirkung geometrisch veranschaulicht werden kann, zeigt das Diagramm auf S. 321. Der dreidimensionale Raum ist hier auf eine einzige Koordinate x reduziert, während die normierte Zeitachse senkrecht dazu aufgetragen ist. In der Galileischen Transformation zwischen verschiedenen Bezugssystemen bleibt das Raumzeit-Koordinatenkreuz stets unverändert. Einstein hat nun nachgewiesen, daß aufgrund der Konstanz der Lichtgeschwindigkeit Beobachter in verschiedenen Bewegungszuständen neue schiefwinklige x, ct-Koordinatensysteme benutzen müssen.

Bewegt sich beispielsweise ein Raumfahrer auf der Strecke OQ', dann hat er vom System S (x, ct) aus betrachtet eine konstante Geschwindigkeit, glaubt sich selbst aber im Ruhezustand zu befinden. Seine eigene Zeitachse ct' geht daher durch OQ'. Nach der Lorentztrans-Transformation erscheint nun einem Beobachter im System S ein Zeitintervall in S' um den Faktor $t/t_0 = 1/\sqrt{1-v^2/c^2}$ verlängert. Um genau den gleichen Faktor scheinen sich auch die Einheitslängen zu verkürzen, wenn sie vom jeweils anderen Bezugssystem gemessen werden.

Diese merkwürdigen Eigenschaften lassen sich leicht aus dem Diagramm ableiten. Zieht man zum Einheitszeitpunkt Q' (1') im System S' eine zu x parallele, d. h. in „S" gleichzeitige, Gerade, dann schneidet diese die ct-Achse im Punkt R. Das Zeitmaß im bewegten

---

Zu Abbildung 41

Schwerkraft-Stromgenerator

Der japanische Professor Shinichi Seike, Verfasser des Standardwerkes „The Principles of Ultra Relativity", hat verschiedene Modelle von Stromgeneratoren entwickelt, die nach dem Prinzip der elektrischen Kernresonanz arbeiten. In einem hochfrequenten elektrischen Wechselfeld erzeugt die Schwerebeschleunigung bei Anwesenheit einer dazu parallelen statischen Feldkomponente (z. B. das Erdmagnetfeld) einen konstanten Gleichstromanteil. Der Apparat besteht aus einer gesinterten Bariumtitanat-Scheibe, mehreren Ferritkernspulen und drei Ladekondensatoren, die zusammen mit den Torroidspulen ein rotierendes elektrisches Wechselfeld aufbauen.

41

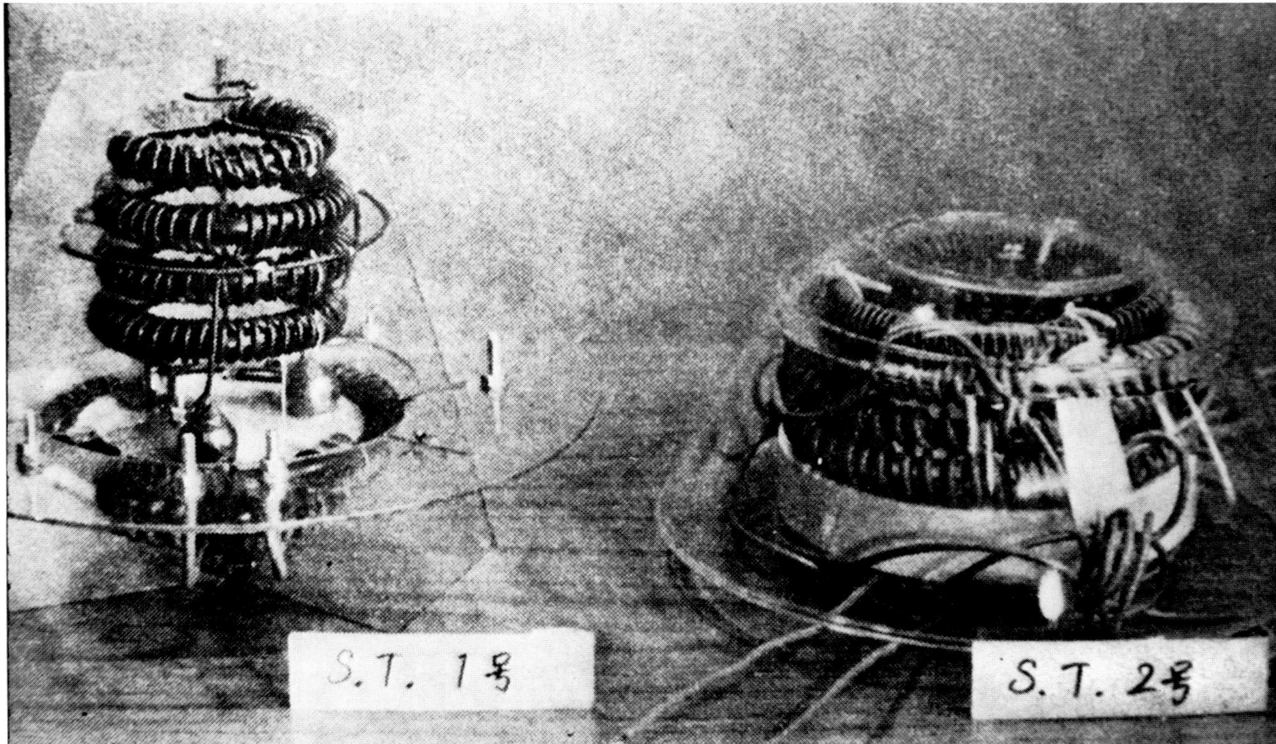

42

43

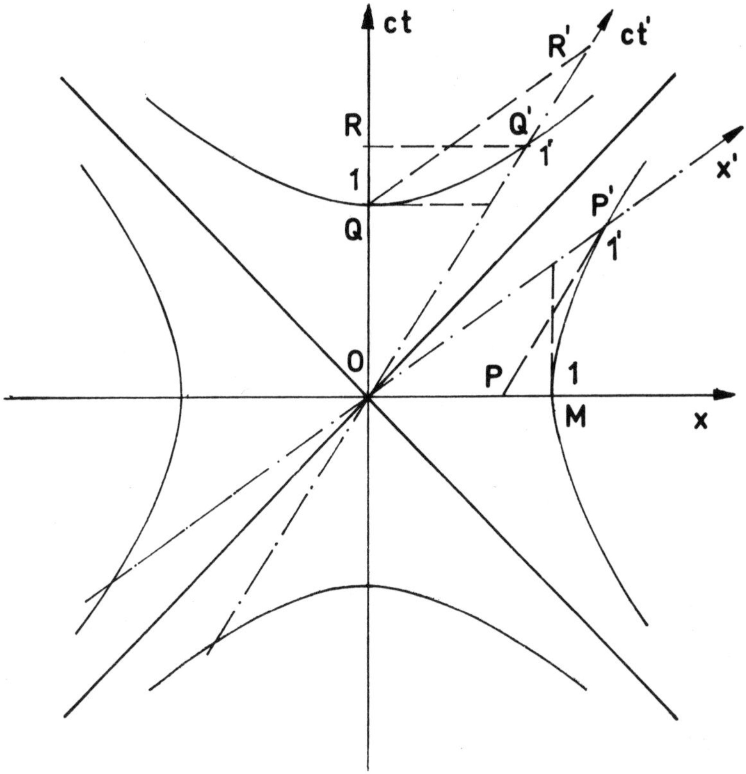

Raum-Zeit-Diagramm

System S′ verläuft also von S aus betrachtet um das Verhältnis OR/OQ langsamer.

Andererseits erscheint die Einheitslänge OP' (1'), parallel zu ct'-Achse auf x projiziert, um den Faktor OM/OP verkürzt. Daß diese Zeitdilation und Längenkontraktion in analoger Weise vom bewegten Raumfahrzeug im System S' beobachtet werden können, möge der Leser selbst verifizieren. Will man in ein beliebiges anderes x, ct-System übergehen, dann findet man die dort gültigen Einheitslängen und -zeiten aus den Schnittpunkten der neuen Koordinaten mit den sogenannten Eichhyperbeln.

Abbildung 42 links oben, Abbildung 43 links unten

Demonstrations-Modell einer „Fliegenden Scheibe" des englischen Erfinders John Searl.

Für eine Weltreise im vierdimensionalen Raum-Zeit-Kontinuum steht uns derzeit nur der obere durch die Diagonalen der Lichtgeschwindigkeit begrenzte „Vorkegel“ zur Verfügung. Alle Vorgänge, die in der Zeit rückwärts laufen und sich im sogenannten „Nachkegel“ abspielen, können in der Sprache der Quantenfeldtheorie als der Ausbreitungsraum von Antiteilchen interpretiert werden. Ereignisse, die sich außerhalb dieses Doppelkegels abspielen, werden als raumartig bezeichnet, weil hier die Zeit still steht. In diesem Hyperraum sind die „Tachyonen“ zu suchen, die nach Professor Feinberg von Haus aus mit Überlichtgeschwindigkeit fliegen und von einem mit Unterlichtgeschwindigkeit bewegten Beobachter als Partikel mit negativer Energie erscheinen können. Derzeit kennt man allerdings noch keine erfolgversprechenden Verfahren, um diese hypothetischen Teilchen experimentell nachzuweisen.

Professor Shinichi Seike aus Japan, der in seiner Ultra-Relativitätstheorie eine vierdimensionale Metrik im Raum-Zeit-Kontinuum entwickelt hat, zeigt eine Möglichkeit auf, um mit reaktionsfreien Antrieben die Lichtgeschwindigkeit zu erreichen. Hiernach könnte ein Raumschiff, dessen reduzierte Masse sich im negativen Energiezustand befindet, in einem gravitiven Führungsfeld sogar auf Überlichtgeschwindigkeit beschleunigt werden. Im Schwerefeld eines weißen Zwergsternes, wo die Gravitation millionenfach stärker als auf der Erde ist, wäre die Grenze der Lichtgeschwindigkeit für energetisch negative Partikel bereits nach Bruchteilen von Minuten überschritten.

1949 hat Dr. Kurt Gödel wohl als erster Physiker ein relativistisches Weltmodell konstruiert, in dem ein Individuum — zumindest theoretisch — auf geschlossenen Zeitkurven in seine eigene Zukunft oder Vergangenheit reisen könnte. Derartige Überlegungen lassen sich an Hand des folgenden Diagramms anschaulich interpretieren (Z 52. 70.9.376). Die stark ausgezogenen Linien stellen hypothetische Flugkurven eines „Chrononauten“ oder Raum-Zeit-Reisenden dar. In allen drei Fällen treten Abschnitte mit Überlichtgeschwindigkeit auf. Ein Raumfahrer auf der Kurve AOB passiert den Zeitpunkt t = O eines externen Beobachters am Ort O mit $v < c$, erreicht bei Punkt 1 Lichtgeschwindigkeit und fliegt fortan mit $v > c$ weiter. Hierbei holt er im Punkt 2 die von Punkt O ausgesandten Lichtstrahlen ein und bewegt sich danach im zeitlosen Hyperraum weiter. Ein Passagier auf der Linie COD erreicht zum Zeitpunkt t_2 die Geschwindigkeit $v = \infty$, was in diesem Gebiet, wo Raum und Zeit ihre Bedeutung vertauschen, dem Ruhezustand entspricht. Ein Chrononaut auf der Weltlinie

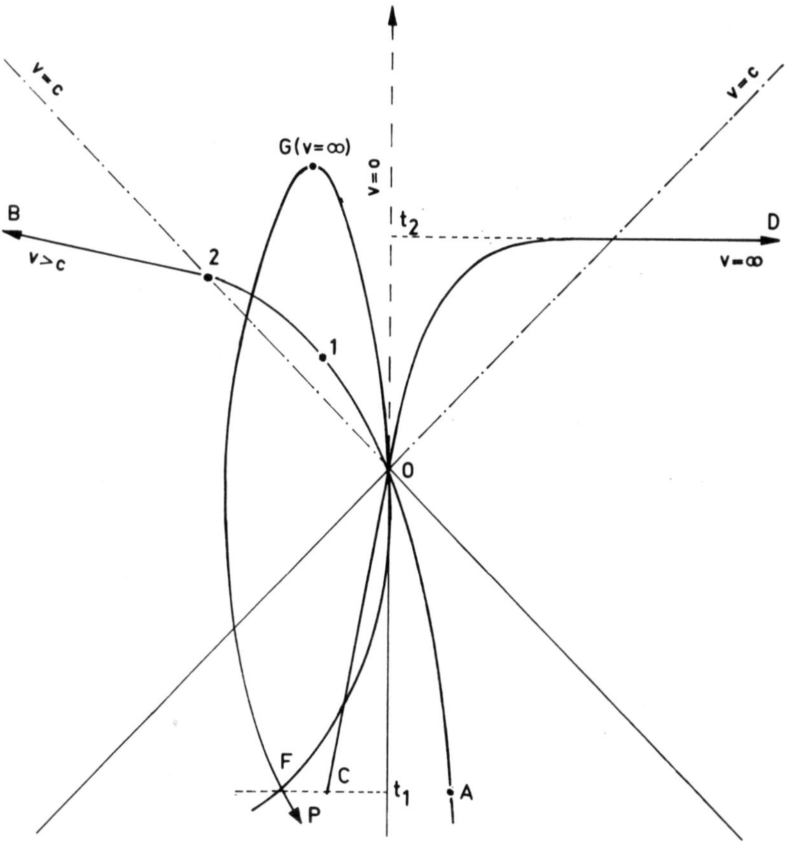

FOGF dürfte die meisten Überraschungen erleben. Sobald er den Punkt G mit v = ∞ erreicht hat, bewegt er sich rückwärts in der Zeit durch den Gegenwartskegel mit v > c und erreicht schließlich den Bereich der absoluten Vergangenheit in Bezug auf den Beobachter O. Bei Punkt F durchkreuzt er den Startzeitpunkt seiner vierdimensionalen Weltraumreise. Kausal betrachtet könnte er einen in seinem Ereignisablauf vergangenen raumzeitlichen Zustand von der Zukunft her ein zweites Mal beeinflussen. Dies wirft natürlich eine Reihe von logischen Schwierigkeiten auf, solange man sich auf ein vierdimensionales Raum-Zeit-Kontinuum beschränkt.

Unter anderem stellt sich auch die Frage, ob das zukünftige Geschehen in unserer Welt bereits eindeutig festliegt oder von der Gegenwart her noch abgeändert werden kann. Einige Parapsychologen neigen zu der Ansicht, daß die Struktur der Raumzeit durch eine unbekannte Macht vorgeformt ist und der Bewußtseinsimpuls des einzelnen Menschen nur über diese Struktur hinwegzulaufen scheint. Vielleicht vermögen Intelligenzen, die uns räumlich und zeitlich weit entfernt sind, mit Hilfe von Energiestrahlen in unsere Gegenwart und Zukunft einzugreifen und neue Informationsmuster nach ihrem Willen zu schaffen. Dies wäre durchaus plausibel, nachdem jeder Punkt O einer Zeitgeraden von einem Lichtkegel getroffen wird, auf dem die Zeit selbst stillsteht.

Dem bekannten amerikanischen Parapsychologen Dr. Andrija Puharich sollen extraterrestrische Intelligenzen mitgeteilt haben, daß der dynamische, sich oftmals spontan entwickelnde zeitliche Ablauf der Dinge in Wirklichkeit Millionen von Lichtjahren im voraus von ihnen bis ins Detail geplant wurde. Das Psychokinese-Medium Uri Geller, mit dem Dr. Puharich zusammenarbeitet, erzählte vor einem Gremium von Wissenschaftlern, zu denen auch der amerikanische Astronaut Dr. E. D. Mitchell gehörte: „In unserer fernen Zukunft, in einer völlig anderen Zeitzone, existieren computerähnliche Einrichtungen, deren Daten mich in meiner heutigen Zeit erreichen können. Jeder meiner Entschlüsse kann daher von ihnen schon vorausbestimmt werden. Wenn Andrijas Autoschlüssel jetzt plötzlich im Innern einer Plastiktüte erscheint, dann war dieses Ereignis in Wirklichkeit schon Tausende von Jahren in der Zukunft festgelegt. Es mußte einfach so kommen.“ (B 127.197,203)

Die erstaunlichen Psychokinese-Leistungen Uri Gellers, dem angeblich auch Materialisationen zu 75 % und Dematerialisationen zu 60 % gelingen, werfen die Fragen auf, ob es außer dem bekannten Raum-Zeit-Kontinuum noch weitere Dimensionen gibt, durch die derartige Phänomene erklärbar werden (Z 17.73.12.44). Einige Forscher wie der Mathematiker M. E. Falinski meinen, daß eine unendliche Anzahl von Weltsystemen denkbar wäre, die sich gegenseitig durchdringen, weil in ihrem stofflichen Aufbau der leere Raum — wie beim Atom — gegenüber dem materieerfüllten Raum vorherrscht. Solche Systeme sind unserer Welt parallel, jedoch räumlich und zeitlich verschoben (B 15.279).

Zwischen den verschiedenen Welten würde es keine Kraftfelder geben, welche die gegenseitige Durchdringung von Gegenständen verhindern, so daß die Reise in die Zeit und das Hindurchgehen durch Mauern dort von jedem Wesen ausführbar sind, dem es gelingt, von der einen in die andere Welt hinüberzuwechseln. Solche Kraftfelder spielen nur für die inneren Elemente und innerhalb derselben Welt eine Rolle. Die Tatsache, daß zwischen zeitlichen Abläufen auf Parallel-Welten keine Übereinstimmung besteht, ist gleichsam das „Sieb", durch das ein mit supernormalem Wahrnehmungsvermögen begabtes Individuum hindurchgehen kann, um die Vergangenheit oder die Zukunft zu erforschen (zu sehen und zu hören).

Diese Theorie Falinskis deckt sich auffallend mit den Lehren der Kabbala. Nach ihr existiert eine unserer sichtbaren Welt unbekannte andere, mehrdimensionale Welt, die von höheren Mächten bewohnt ist und in der hinter dem kosmischen Vorhang oder Schleier die Bilder aller praeexistierenden Dinge verborgen sind.

Prof. J. A. Wheeler von der Princeton-Universität glaubt, daß die Struktur des Raumes von „Löchern" durchzogen ist, die verborgene Eingänge zu einem anderen Universum sind. Dieses fremde Universum, das mit unserem Seite an Seite liegen soll, nennt er „Superraum". In seiner Geometrodynamik zeigt er, daß in dieser unbeschreiblichen Welt alles gleichzeitig und sofort passiert, so daß im Superraum der Reisende Raum und Zeit hinter sich gelassen hat. Wheeler, Träger der Albert-Einstein-Medaille und der Enrico-Fermi-Auszeichung der US Atomic Energy Commission und Miterfinder der Wasserstoffbombe, hat allen Anspruch darauf, mit seiner „Superraum-Hypothese" ernst genommen zu werden. Der Superraum würde auch erklären, wohin die überdichten Neutronensterne durch das „schwarze Loch" verschwinden, bevor sie wahrscheinlich an einer anderen Stelle unseres Universums wieder auftauchen (Z 29.63.12.62 ff.).

Vielleicht ist es einer fortgeschrittenen Zivilisation bereits gelungen, nach Belieben den Übergang von unserer dreidimensionalen Welt in ein anderes Universum zu vollziehen. Deuten etwa die mythischen Berichte von „Verwandlungen" und „Hautwechsel" auf solche „Teleportationen" hin? Nach einer Sage des Indio-Stammes der Cashinava am Amazonas soll irgendein Gott einmal mehrere Menschen mit hinauf zum Himmel genommen haben, wobei er ihnen einschärfte, an einem bestimmten Punkt der Reise aufzupassen, wenn er ihnen zuriefe: „Wechselt die Haut, wechselt die Haut!" (B 84.142)

Von einem ganz anderen Punkt der Erde, nämlich aus Griechenland, stammt der Bericht von der „Himmelfahrt" des Helden Herakles (Herkules), der nach Vollendung seiner Heldentaten auf der Erde von seinem Vater Zeus heraufgeholt wurde. Das soll auf dem Berge Oita geschehen sein, von einem „Scheiterhaufen“ aus, von dem Herkules unter Feuer und Rauch mit einem „Wagen“ zu Zeus abfuhr. Bemerkenswert an diesem Start (es gibt unzählige ähnlicher Berichte) ist, daß ausdrücklich gesagt wird, Herakles habe dabei nicht mehr einem Menschen geglichen, sondern einer Schlange, die ihre Haut abgeworfen hat (B 84.142). Gerhard Steinhäuser meint in seinem Buch „Heimkehr zu den Göttern“, daß es sich bei diesem Hautwechsel um die äußeren Phänomene eines Überganges, beziehungsweise eines Sprunges durch und in höhere Dimensionen, um eine De- und spätere Rematerialisierung handelt, die zuweilen auch eigener Anstrengung bedarf.

Eine solche Art von Dematerialisation wird schon im Altertum von Apollonius von Tyana berichtet. Die byzantinische Kaiserin Domna von Philostratos ließ seine ganze Lebensgeschichte aufzeichnen. So wurde Apollonius während Domitians Herrschaft „unrömischer“ Handlungen bezichtigt. Beim Prozeß sah Apollonius den Kaiser, den er als Jungen gekannt hatte, voller Verachtung an. Schließlich trat er vor den römischen Kaiser hin, zog seine Toga fest um sich und sagte: „Du kannst meinen Körper zurückhalten, aber nicht meine Seele, und ich möchte hinzufügen, nicht einmal meinen Körper.“ Und dann verschwand er in einem Aufblitzen von Licht, das Hunderte im Gerichtssaal sahen (B 88.183).

Dieser Bericht ähnelt sehr stark den Erfahrungen indischer Yogis. So beschreibt Paramahansa Yogananda in seinem Buch „Autobiographie eines Yogi“, wie sich sein Meister Sri Yukteswar eines Tages in seinem Haus materialisierte. Das spärliche Sonnenlicht in Yoganandas Zimmer verwandelte sich plötzlich in eine strahlende Helligkeit, in der das vergitterte Fenster völlig verschwand. Und gegen diesen leuchtenden Hintergrund hob sich klar und deutlich die materialisierte Gestalt Sri Yukteswars ab. Yogananda berührte ehrfurchtsvoll die Füße seines Guru und fühlte auch deutlich den Stoff seines Gewandes. Der Meister sprach zu ihm: „Dies ist keine Erscheinung, sondern mein wirklicher Körper. Ich erhielt den göttlichen Auftrag, dir dieses Erlebnis zu vermitteln, das nur sehr wenigen auf Erden vergönnt ist. Geh jetzt mit Didschen zum Bahnhof! Dort werdet ihr mich beide in derselben Kleidung, die ich jetzt trage, auf euch zukommen sehen.“ Dann legte der Guru Yogananda die Hände auf den Kopf und sprach leise einige Segensworte. Als er mit den Worten „Taba asi“ (dann komme ich) schloß, hörte Yogananda ein seltsames dumpfes Rollen, und gleich danach begann sich des Guru Körper in dem blendenden Licht aufzulösen. Zuerst entschwanden die Füße und Beine, dann der Rumpf und der Kopf — so als ob eine Papierrolle aufgewickelt würde. Noch bis zuletzt konnte Yogananda die Finger spüren, die leicht auf seinem Haar ruhten (B 100.203,204).

Sir Ernest Wallis Budge, eine Autorität in Fragen des alten Ägypten und Chaldäa und früherer hoher Funktionär des Britischen Museums, erklärte am 17. 1. 1934 in einem Interview durch die Zeitung „Daily Expreß": „Ich kannte einen Afrikaner und einen Inder, die sich zu Nichts verflüchtigen konnten, während man mit ihnen sprach oder sie berührte ... Hypnose konnte nicht im Spiele sein, denn ich schritt über den Ort, wo sie eben gestanden hatten. Sie tauchten in derselben Weise wieder auf und drückten mich beiseite in dem Maße, wie sie sich verdichteten." (Z 16.70.8.706)

Aus neuerer Zeit wurde der Bericht des amerikanischen Kontaktlers Bob Renaud bekannt. Er beschreibt das Eintreten der Dematerialisation mit einem Gefühl kribbelnder Erregung, wie bei einem elektrischen Schock von Kopf bis Fuß. Ganz plötzlich folgte eine Art Desorientierung und geistige Leere, begleitet von einem Eindruck schlagartigen Auflösens in gewichtslosen, materielosen Dunst — wie bei einem Gespenst! „Für einen Moment konnte ich weder denken, hören und sehen noch irgendwelche Wahrnehmungen machen. Das einzige, was ich wußte, war, daß ich existiere. Das Gehirn ist in diesem Augenblick eine Masse elektrischer Impulse, die wie bei einem Funksender gesendet werden. Der Geist ist ohne diese physischen Wahrnehmungen selbstexistierend und vom Universum unabhängig. Er reist über das Ultrabewußtsein zu dem am anderen Ende wieder materiell zusammengefügten Körper. Das Kribbeln begann plötzlich wieder und schwand dahin. Ich war „durch" und wieder in einem Stück. Diese Übertragung hatte eine Sekunde gedauert. Eine Sekunde ... und 4 000 Kilometer waren wie nichts überbrückt!" (B 70.II.121)

Diese Reisemethode deckt sich auffallend mit der „Materiesendung" der Science-Fiction-Fernsehproduktion „Raumschiff Enterprise". Wollen die Weltraumfahrer auf einem Planeten landen, dann treten sie auf eine Metallplatte und werden entmaterialisiert — das heißt, sie lösen sich scheinbar in Nichts auf und rematerialisieren sich wieder am Bestimmungsort. Im filmischen Zukunfts-Slang wird diese Technik „beamen" genannt.

Ein Erlebnis dieser Art scheint die Engländerin Mrs. Cynthia Appleton aus Aston, Birmingham, am 18. 11. 1957 gehabt zu haben.

Sie war damals gerade in ihr Schlafzimmer gegangen, um nach ihrer dort ruhenden kleinen Tochter zu sehen. In das Zimmer eintretend, hatte sie plötzlich das Gefühl der Gegenwart von etwas Fremdem. Ihr Blick blieb am Kamin haften. Es war, als ob dort ein Fernsehapparat eingeschaltet worden wäre — eine Figur wurde sichtbar, zunächst undeutlich, dann immer klarer werdend. Im ersten Augenblick war Mrs. Appleton zu Tode erschrocken, dann aber spürte sie einen beruhigenden Einfluß, der von der Figur auszugehen schien. Es war ein Mann, hochgewachsen und hellhaarig und in einen enganliegenden plastikartigen Anzug gekleidet. Er schien ihr telepathisch etwas vermitteln zu wollen, aber sie verstand nur so viel, daß er in friedlicher Absicht gekommen sei und ein bestimmtes Metall — Mrs. A. verstand „Titium" (Tritium?) — suche. Der Besucher vermittelte ihr auch das Bild eines „untertassenähnlichen" Fahrzeugs. Dann löste er sich wieder in Nichts auf. Einige Zeitungen, die dort lagen, wo er gestanden hatte, wiesen deutliche Brandspuren auf.

Noch unheimlicher wirken Berichte über Teleportationen. Ein geradezu als „klassisch" geltender Fall hat sich in Argentinien abgespielt. Der Rechtsanwalt Dr. Gerardo Vidal aus Buenos Aires war an einem Tag im Mai 1958 mit seiner Frau im Wagen von einer Familienfeier zurückgefahren; vor ihnen fuhren zwei Freunde in einem anderen Wagen. Die Freunde kamen am Ziel an, die Vidals nicht. Das Absuchen der Strecke in umgekehrter Richtung blieb ergebnislos.

48 Stunden später erreichte die Freunde ein Telefonanruf vom argentinischen Konsulat im 5000 Kilometer entfernten Mexiko City — die Vidals hatten sich dort gemeldet! Tage später kehrte das Ehepaar zurück und schilderte, was geschehen war: Beim Passieren einer Ortsausfahrt hatte sich plötzlich ein „dichter Nebel" über ihren Wagen gesenkt. Beide verloren das Bewußtsein. Als sie wieder zu sich kamen, befanden sie sich mit ihrem Wagen am Rande einer Straße in völlig unbekannter Landschaft. Sie hielten Vorbeifahrende an, fragten, wo sie seien, fragten ungläubig noch einen zweiten und dritten, aber die Antwort war jedesmal dieselbe: in Mexico! Ihre Uhren waren stehengeblieben, aber mit Hilfe des Kalenders stellten sie fest, daß zwei volle Tage vergangen sein mußten.

Der Wagen lief übrigens unverändert gut, nur der Lack war verbrannt, als wenn jemand mit einem Schweißgerät darübergefahren wäre. Dr. Vidal und seine Frau fühlten sich so, als seien sie nach einem langen Schlaf aufgewacht. Außer einem Schmerz im Nacken zeigten sich keine physischen Veränderungen. Über den Fall Vidal liegen beeidete Aussagen vor, doch wurde das Ehepaar von amtlichen Stellen ermahnt, nicht über seine Erlebnisse zu sprechen. Dr. Vidals Peugeot 403 wurde zur Untersuchung nach den Vereinigten Staaten gebracht (Z 16.74.1.24 ff.).

So unwirklich und unglaublich solche Berichte auch klingen mögen, es gibt sie zu Dutzenden aus aller Welt. Mehr und mehr Forscher beginnen zu ahnen, daß unsere physikalische Wirklichkeit phantastischer sein könnte, als jeder Zukunftsroman auszumalen vermag. Der Physiker Pascual Jordan hält es für möglich, daß der menschliche Geist zu höheren Parallelwelten Zugang hat und sich bestimmte parapsychologische Phänomene dadurch erklären lassen (B 67.51).

Nach der Kosmologie von Burkhard Heim läßt sich sogar heute schon mathematisch schlüssig die Existenz zweier weiterer Zeitdimensionen nachweisen. Über unserer vierdimensionalen Lebenslinie liegt danach in der 5. Dimension ein entelechales Feld, dessen ständige Neuaktualisierung aus der äonischen 6. Dimension gesteuert wird. In der entelechalen Dimension finden wir eine große Mannigfaltigkeit latenter Ereignisse, die unter gewissen Bedingungen die kausalen manifesten Geschehnisse in der projizierbaren Raumzeit zu beeinflussen vermögen.

Vielleicht läßt sich mit dieser Theorie auch das Eintauchen in eine andere Zeitdimension erklären, was Ende 1972 dem jungen Israeli Uri Geller widerfuhr und die größte Erfahrung seines Lebens bildete. Er hörte damals einem Streitgespräch zwischen seinen Freundinnen Shipi und Melanie und Dr. Andrija Puharich zu, der sich in einer inneren Krise befand. Schließlich konnte sich Uri nicht mehr zurückhalten, sprang erregt auf und bewarf Andrija mit einer Zuckerschale, die jedoch ihr Ziel verfehlte. Zwei Sekunden später setzte er sich nieder. In diesen zwei bis drei Sekunden spielte sich für Uri ein völlig anderes Ereignis ab, das nach seinem Zeitgefühl mindestens eine Stunde gedauert hat. Er erzählt: „Ich lief mit Shipi zu meiner Linken und Andrija zu meiner Rechten etwa eine halbe Stunde lang durch einen endlosen Korridor. Überall waren gelbe Lichter zu sehen. Schließlich betraten wir einen Raum, der rundum von einem purpurnen Licht erfüllt war, das aus einem schmalen Spalt zu kommen schien. Wir gingen etwas hinunter und entdeckten drei Liegen, auf denen wir uns niederließen. Die Rücklehnen gaben automatisch nach, und mein Kopf neigte sich nach hinten. Dann kam von oben ein bildschirmähnlicher Apparat mit verschiedenen orangenen Lichtern herunter. Plötzlich ertönte eine mechanisch klingende Stimme und sprach zu uns die

Worte: ‚Dies ist erst der Anfang. Dies ist erst der Anfang'. So ging es ständig weiter. Als ich zurückkam, stand ich immer noch da und hielt die Hand erhoben, die gerade die Zuckerschale auf Andrija geworfen hatte. Für mich war eine Stunde vergangen. Die anderen behaupten, es wären zwei oder drei Sekunden gewesen." Uri schwörte, daß sein Erlebnis völlig real gewesen sei und keinesfalls mit einem Traum oder einer Astralwanderung verglichen werden könne. Zum Beweis zeigte er seine Handflächen, die zwei runde Flecken mit je drei kleinen Einschnitten aufwiesen. Er hatte die Hände beim Niedersetzen auf die Couch in der „Anderen Dimension" auf zwei Knöpfe aufgestützt, die die Eindrücke verursacht hatten (B 127.212 f.).

Derartig utopisch klingende Zeit-Experimente lassen erahnen, daß unsere Sinnesorgane nur einen Teil der Wirklichkeit zu erfassen vermögen und wir einmal mit einer ganz anderen Realität konfrontiert werden können. Der große indische Meister Sri Yukteswar beschreibt nach seinem physischen Tod seine neuen Erfahrungen: „Mein neuer Körper ist ein genaues Abbild des alten. Ich materialisiere und entmaterialisiere diese Gestalt nach Belieben — viel häufiger, als ich es auf Erden tat. Durch augenblickliche Entmaterialisierung kann ich per „Lichtexpreß" von einem Planeten zum anderen oder auch vom astralen zum kausalen oder physischen Kosmos reisen." (B 100.437)

Vielleicht handelt es sich bei vielen extraterrestrischen Wesenheiten um kosmische Intelligenzen, die soweit entwickelt sind, daß sie sich in jeder gewünschten Form manifestieren können. In einer grandiosen, fast religiösen Zukunftsschau drückt Arthur Clarke die Möglichkeiten künftiger interstellarer Kommunikation aus: „Können, da nur die Struktur wichtig ist, Geist und Intelligenz nicht ohne Behinderung der Materie existieren und funktionieren? Können sie nicht wie elektronische Ströme und Strahlungsquanten in einer Beziehung zwischen reinen Wesenheiten existieren? So würde der Geist, der sich bei materiellen Wechselwirkungen herausbildet und die Materie als tragendes Element so lange benutzt hat, eines Tages dieser Materie entsteigen wie ein Schmetterling der Puppe. Und wie der Schmetterling zum Sommerhimmel aufsteigt, könnte der Geist sich Experimenten zuwenden, die sich in einer Größenordnung bewegen, die sich mit jener seiner früheren Verwandlungen in keiner Weise vergleichen läßt." (B 67.84,85)

Die Ethik einer Superzivilisation

„Wir können uns kein Bild davon machen, wie groß die Gewalt des Menschen über die Natur in tausend Jahren sein wird. Wir lernen vielleicht, großen Massen ihre Schwerkraft zu nehmen, sie absolut gewichtslos zu machen, um sie einfacher transportieren zu können. Ach, wollte doch auch die Moral so segensreich fortschreiten, daß die Menschen aufhörten, einander wie Wölfe entgegenzutreten."

Benjamin Franklin

Diese Worte des großen Forschers und Staatsmannes haben auch heute nichts an ihrer Aktualität eingebüßt. Mehr denn je stellt sich unserer wachsenden Weltgesellschaft die Frage, ob die andauernde Beschleunigung des technisch-wissenschaftlichen Fortschrittes zu einem Abbau sozialer, rassischer und religiöser Diskriminierungen führt, oder ob die politischen Auseinandersetzungen und militärischen Machtzusammenballungen weiter in gefährlichem Maße zunehmen werden.

Das Kritische und Neuartige unserer heutigen Situation liegt in der unheimlichen Geschwindigkeit gesellschaftlicher und technologischer Entwicklungsprozesse, die immer mehr den steuernden Händen der verantwortlichen Führer zu entgleiten drohen. Während früher Veränderungen ganz allmählich eintraten und es genügte, sich im Laufe der Zeit „organisch" den neuen Verhältnissen anzupassen, ist heute in allen Lebensbereichen eine weitsichtige Vorausschau und kluge Abwägung aller denkbaren Möglichkeiten erforderlich. Selbständiges Gewinn- und Erfolgsstreben, bislang treibender Motor eines gesunden Wirtschaftswachstums und Garant eines stabilen Staatswesens, reichen nicht mehr aus, um den gewaltigen Problemen der Wohlstandskriminalität, Drogensucht, der Verstädterung und Bevölkerungslawine, des Rassenfanatismus und politischen Terrors Herr zu werden. Das große „ethische Ereignis", das nach Meinung vieler Kulturphilosophen seit der Renaissance ausgeblieben ist, wird heute zur sachlichen Notwendigkeit. Bisher beschränken sich die Zielsetzungen des Durchschnittsmenschen auf einen überschaubaren persönlichen Bereich und werden nur wenig von übergeordneten Leitvorstellungen beeinflußt. Vor allem bei schlechten wirtschaftlichen und sozialen Verhältnissen zeigt der Normalbürger keine Bereitschaft, sich um langfristige und außerfamiliäre Belange zu kümmern. Erst bei gehobenem finanziellem und moralischem Standard gelingt es vielleicht, sich mit den Sorgen und Nöten anderer zu identifizieren und bewußter sein Leben vorauszuplanen. Je größer allerdings der räumliche und zeitliche Abstand zu einem bestimmten Problemkreis ist, um so weniger Leute wollen sich aktiv in der Sache engagieren. Madame Germaine de Maria, eine französische Wohltäterin, sagte resignierend: „Es ist eine traurige Tatsache, daß selbstlose Beweggründe den von modernen Werten pervertierten Menschen vollkommen unbegreiflich sind." (Z 56.68.26. Juli)

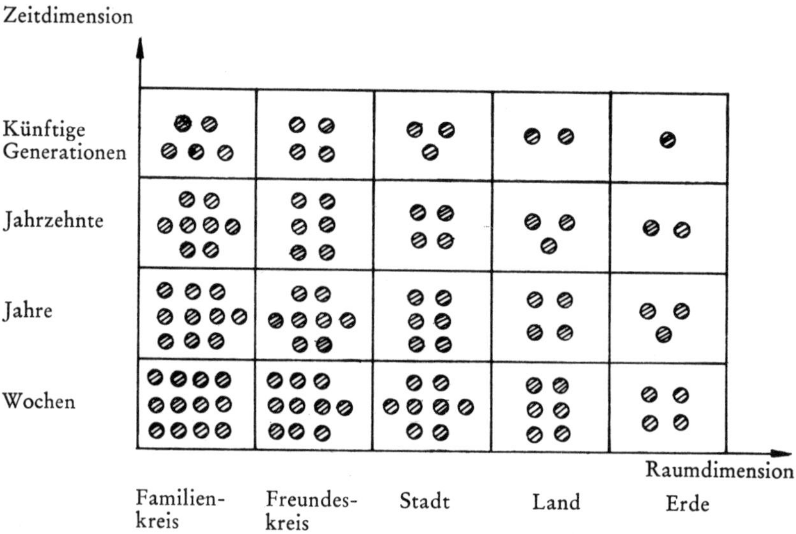

Unsere Aufgabe muß es daher sein, die Zahl der Menschen mit einer klaren Zukunftsorientierung zu vervielfachen — Menschen, die nicht allein elitäres Machtdenken und egoistische Wirtschaftsprogramme kennen, sondern die gesellschaftliche und moralische Weiterentwicklung jetziger und künftiger Generationen im Auge haben. Solange wir einer chaotischen Vielfalt unkoordinierter und sich oft gegenseitig widersprechender Ziele nachjagen, stolpern wir immer weiter von Krise zu Krise. Es ist ein tragisches und beschämendes Kennzeichen unserer irdischen Rasse, daß sie zur Aufrechterhaltung chauvinistischer Besitzansprüche und ideologischer Bastionen jährlich 700 Milliarden Mark für militärische Rüstung ausgeben muß; daß sie der traurigen Kette von 14 513 Kriegen, die zwischen 3600 v. Chr. und 1960 n. Chr. geführt wurden und die 3,064 Milliarden Menschen das Leben kosteten, immer noch kein Ende zu setzen vermag. Außerirdische Beobachter dürften daher den gegenwärtigen Erdbewohnern mit Sicherheit die Reife absprechen, die für eine Integration in ein intergalaktisches Kommunikationszentrum notwendig wäre.

Der französische Denker Louis Pauwels glaubt, daß die Kernfrage unserer Zeit die Entwicklung einer zukunftsorientierten Philosophie ist. Die meisten Probleme unserer Zivilisation liegen nicht im technisch-organisatorischen, sondern im menschlichen, psychologischen Bereich. Ein echter Evolutionssprung erfordert daher eine Änderung der ethischen Zielsetzungen und moralischen Vorstellungen in jedem einzelnen.

Anzeichen für die Bildung einer neuen Bewußtseins-Dimension, einer „planetarischen" Denkweise im nunmehr unendlich und allumfassend werdenden Wirkungsbereich von Wissenschaft und Technik gibt es bereits. So befaßt sich beispielsweise die Arbeit der Carbondale Universität unter der Leitung von Buckminster Fuller mit einer gerechteren Verteilung der Reichtümer der Erde. Der Club of Rome, ein informeller Zusammenschluß von gegenwärtig etwa 70 Mitgliedern (Wissenschaftler der verschiedensten Provenienz, Industrielle, Wirtschaftler, Humanisten) aus 25 über die ganze Erde verteilten Staaten, der 1968 in der Accademia dei Lincei in Rom gegründet wurde, untersucht mit modernen Computertechnikern die Ursachen und inneren Zusammenhänge der sich immer stärker abzeichnenden kritischen Menschheitsprobleme. Mit seiner öffentlichen Tätigkeit verfolgt der Club of Rome die Absicht, die politischen Entscheidungsträger in aller Welt zur Reflexion über die globale Problematik der Menschheit anzuregen (B 57.9).

Von Kanada ausgehend versucht die „Pugwash-Gruppe", über die Köpfe der Regierenden hinweg, die bedeutendsten Gelehrten der Welt zu gemeinsamem Handeln zu bringen. Seit 1957 wurden internationale Konferenzen abgehalten, an denen auch Chinesen und Russen teilnahmen. Unter die bereits verwirklichten Ergebnisse von Pugwash kann man die Hilfe rechnen, die die Konferenz bei folgenden Verhandlungen geleistet hat:

Verbot von Kernexplosionen im Luftraum;
Neutralisierung der Ozeane;
Nicht-Weiterverbreitung der Atomwaffen;

Pariser Vietnam-Konferenz;
bilaterale Verhandlungen zwischen der Sowjetunion und den Vereinigten Staaten über die Begrenzung der strategischen Rüstung (SALT: Strategic Arms Limitation Talks) (B 86.234)

Jay Forrester, Wissenschaftler am Massachusetts Institute of Technology (MIT), schlägt vor, eine weltweite Institution aufzubauen, die neue Möglichkeiten für ein Überleben der Menschheit erarbeiten soll. Forrester würde die Schaffung eines Komitees aus 100 Menschen begrüßen — darunter die begabtesten und qualifiziertesten —, die eine psycho-soziale Analyse des Problems des Weltgleichgewichts machen sollen. Er meint, das könnnte innerhalb von zehn Jahren geschafft werden (Z 65.72.11.80). Wesentlich mehr Mitglieder zählt eine andere internationale Organisation, die keine sozialen, politischen oder gar konfessionellen Vorbehalte kennt. Es ist der „MENSA-Club", dem 18 000 Menschen mit einem Intelligenzquotienten über 140 angehören (normal intelligente Menschen haben einen IQ von 100, nur zwei Prozent erreichen mehr als 140). Sicherlich könnten diese Hirnheroen — gezielt eingesetzt — einen wesentlichen Beitrag zur Lösung vieler Weltprobleme liefern (B 86.207).

Der amerikanische Astronaut Edgar D. Mitchell, der als Pilot der Mondfähre „Antares" im Februar 1971 den Erdtrabanten betrat, hat nach seinen Weltraumerfahrungen eine eigene Gesellschaft gegründet, die den Lauf der Geschichte von ihrem derzeitigen katastrophalen Kurs zu immer größeren Krisen abbringen soll. Es gelang ihm, die Arbeit namhafter Fachleute auf acht Gebieten im Rahmen einer neuen „Wissenschaft vom Bewußtsein" (Noetik) zu koordinieren — einer Verschmelzung von subjektiver Erfahrung mit objektivem Wissen auf allen Grenzgebieten. Ein neues Institut, dessen Präsident Mitchell ist, soll einschlägige Forschungsprojekte entweder selbst ausführen oder unterstützen; es soll ferner als ein „Clearing-House" für Informationen dienen und im Bildungswesen wie in der breiten Öffentlichkeit dafür wirken, daß die Anwendung „noetischen" Wissens Allgemeingut wird.

Kapitän Mitchell, der am Massachusetts Institute of Technology einen Doktorgrad in Aeronautik und Astronautik erworben hat, ist überzeugt, daß die Lösung der enormen Weltprobleme in einer tiefgreifenden Änderung des einzelnen liegt. „Der Mensch muß sich von seiner jetzigen, egozentrischen Gesinnung freimachen und seinen Beitrag in der Funktion des Planeten und darüber hinaus der Funktion des Weltalls zu begreifen beginnen. Andernfalls sind wir zum Untergang verurteilt. Es ist nicht Sache des Weltalls, sich vor dem Menschen zu beugen. Es ist Sache des Menschen, der einen unbedeutenden kleinen Planeten bewohnt, es fertigzubringen, seine Gesinnung, sein Bewußtsein individuell und kollektiv in Harmonie mit dem Weltall zu bringen." (Z 16.73.11.967) (Z 78.74.2.62 ff.)

Eine solche integrale Philosophie scheint in Auroville, einer im Aufbau begriffenen Weltstadt in Südindien, konkrete Gestalt anzunehmen. Die UNESCO, die dieses Vorhaben unterstützt, hat alle Mitgliedstaaten und nichtstaatlichen Organisationen aufgefordert, sich am Aufbau Aurovilles zu beteiligen. In dieser internationalen Stadt, deren Grundsteinlegung am 28. Februar 1968 erfolgte, sollen einst die Kulturen aller Völker in einer harmonischen Umgebung friedlich nebeneinander bestehen. Die Verwirklichung dieser Traumstadt geht auf die Ideen Schri Aurobindos zurück, eines indischen Gelehrten und Humanisten, der die Vitalität des Westens mit der Erleuchtung des Ostens zu verbinden suchte. Er verkündete in seinen Schriften und philosophischen Werken, daß unsere Zukunft vom Ideal der menschlichen Einheit als einer ausschlaggebenden Kraft bestimmt sein wird (Z 85.72.10).

Sicher wäre es eine historische Sensation, wenn jede der hochtechnisierten Nationen eine fünfjährige Periode der intensiven nationalen Selbstprüfung machen und nach Ablauf der fünf Jahre ein provisorisches Zukunftsprogramm vorlegen würde, wobei nicht nur wirtschaftliche, sondern ebenso alle denkbaren gesellschaftlichen Ziele berücksichtigt wären — wenn jede Nation der Welt erläutern würde, was sie im verbleibenden Viertel des Jahrtausends für ihr Volk und für die Menschheit als Ganzes erreichen will!

Wahrscheinlich klingt dieser Wunschgedanke Alvin Tofflers (Autor von „Der Zukunftsschock") zu optimistisch und trägt dem meist selbstbezogenen Bewußtseinszustand der politischen Entscheidungsträger nicht genug Rechnung. Daher erhoffen sich große Teile der enttäuschten und unterprivilegierten Menschheit eine Änderung der Verhältnisse durch die Einführung radikaler Ideologien. Andere, sektiererische Gruppen suchen das Heil in einem massiven Eingreifen höherentwickelter Kräfte, die die politische Szenerie des Erdballs mit einem Schlag ändern könnten.

Vermutlich ist der heutige Durchschnittsmensch noch nicht darauf vorbereitet, die Begegnung mit einer solchen Super-Kultur ohne schockierende Erfahrungen zu überstehen. Wenn eine Zivilisation urplötzlich mit einer anderen Welt konfrontiert wird, die andere soziale Verhaltensweisen, andere Raum- und Zeitbegriffe, andere Auffassungen über Arbeit, Liebe, Religion und Sex kennt, dann kann diese Begegnung ein beträchtliches Chaos verursachen.

Schon um die Jahrhundertwende hat der wissenschaftliche Schriftsteller Kurd Lasswitz in seinem Bestseller-Roman „Auf zwei Planeten" mit einer bezaubernden dichterischen Phantasie ausgemalt, welche vielfältigen Konflikte beim Zusammenprall zweier verschiedener Kulturkreise entstehen können. Seine „Marsbewohner", die bereits eine hohe ethische Reife erreicht hatten, kamen durch die Berührung mit dem Menschengeschlecht in die große Gefahr, wieder auf ein tieferes Entwicklungsniveau herabgezogen zu werden. Vielleicht scheuen sich die „Ufonauten" unserer Tage aus ähnlichen Gründen, in näheren Kontakt mit uns zu kommen.

Alle bisherigen Berichte über die „Besucher aus dem All" deuten jedenfalls darauf hin, daß außerirdische Rassen zur Zeit nicht die Absicht haben, in irdische Angelegenheiten unmittelbar einzugreifen. Andererseits dürfen wir nicht ausschließen, daß manche Führungskreise unserer Gesellschaft geistig-telepathisch von kosmischen Wesensheiten beeinflußt werden und teilweise auch schon Direktkontakte zu Einzelpersonen stattgefunden haben. Die Mehrzahl derartiger Erfahrungen gelangt aus naheliegenden Gründen nicht an die Öffentlichkeit.

In Spanien gibt es eine Forschungsgruppe, die seit 1954 technisch und telepathisch von Außerirdischen aus einem 14,6 Lichtjahre entfernten Sonnensystem überwacht wird und inzwischen ein umfangreiches Archiv über die Kultur dieser extraterrestrischen Intelligenzen besitzt. Den größten Teil der Mitteilungen erhielten die spanischen Forscher auf dem Postweg zugestellt. Angeblich sollen diese Planetarier zum Teil unter uns leben und den Irdischen nicht unähnlich sehen, obwohl sie sich durch einige anatomische Besonderheiten identifizieren ließen. Eine Aufgabe der Außerirdischen bestand darin, herauszufinden, wie die so unterschiedlichen sozialen Gruppen die Nachricht von der Existenz außerirdischer Wesen auf unserer eigenen Erde auffassen würden, da geplant war, sich offiziell bekannt zu geben. Die Testergebnisse sind allerdings derart negativ ausgefallen, daß von einem solchen Plan abgesehen wurde und die Kontakte bisher auf einzelne Menschen beschränkt blieben. Außerdem wurde jede publizistische Auswertung ihrer bisherigen Durchgaben mit der Androhung des sofortigen Kontaktabbruches vereitelt.

Ganz anders scheint es dem holländischen Verkaufsdirektor Stefan Denaerde ergangen zu sein, der durch reinen Zufall mit fremden Wesen aus einem anderen Sonnensystem konfrontiert wurde. Begonnen hat die denkwürdige Geschichte auf der Osterschelde, wo der Verfasser der Reportage „Menschen vom Planeten Jarga" häufig zu segeln pflegt.

Eines Tages schien plötzlich der Bordkompaß gestört zu werden. Der dann folgende Zusammenstoß des Bootes mit einer unter dem Wasserspiegel operierenden „Fliegenden Untertasse" war der Anfang seiner seltsamen Odyssee. Innerhalb weniger Tage übermittelte ihm die Besatzung des seltsamen diskusförmigen Gefährts über Computer und Television ein phantastisches Bild über die Welt ihres Planeten. Infolge der bedeutend größeren Schwerkraft und anderer klimatischer Verhältnisse unterscheidet sich das Äußere der etwa 1,40 Meter großen Jarganer ziemlich von den irdischen Menschentypen. Trotz ihrer etwas tierhaften Gesichtszüge spiegelt sich in ihrem stolzen, überlegenen Blick die Selbstsicherheit einer uns um viele tausend Jahre weiterentwickelten Rasse wider (B 23).

Eine der ersten Fragen des überraschten Holländers bezog sich auf die Möglichkeit offizieller Kontakte zu unseren Regierungen. Doch die Jarganer erklärten ihre Zurückhaltung damit, daß jede intelligente Rasse zunächst aus eigener Kraft und ohne Hilfe von außen ein Stadium der Reife, der sozialen Stabilität erreichen muß, bevor sie aus der kosmischen Isolierung aufgehoben werden darf. Jeder frühere Eingriff in eine labile Gesellschaftsordnung würde zu unerwünschtem Zwang, zu Chaos und Diskriminierung führen. Denn nur in voller Freiheit können sich Selbstlosigkeit, Glückserfahrung, immaterielle Kreativität (Liebe) und Friede mit sich selbst entwickeln. Die Freiheit einer Rasse anzutasten, die einmal zur kosmischen Integration berufen ist, erscheint den Jarganern als das größte Verbrechen, das eine Superkultur begehen kann.

Die Außerirdischen fühlen sich derzeit lediglich berechtigt, ein gewisses Randgebiet zu betreten und sich von Zeit zu Zeit auf unserem Planeten sehen zu lassen. Sie hoffen dabei, daß wir Menschen einmal den Grund herausfinden, warum sie mit uns nicht in öffentlichen Kontakt treten wollen. Allein die Tatsache ihrer Anwesenheit müßte eigentlich schon einen sichtbaren Bewußtseinswandel und ein neues kosmisches Selbstverständnis in uns auslösen. Bis heute allerdings herrscht in den irdischen Sub-Kulturen eine Vielzahl diskriminierender und konfliktgeladener Zustände vor. Arrogante Dummheit und übersteigerter Geltungsdrang in allen Ebenen gesellschaftlichen Planens und Handelns bremsen die ethische Weiterentwicklung, die unserem technologischen Wissensstand angemessen wäre.

Die Jarganer vermeiden von klein an jede einseitige Aufklärung und das Ausüben geistigen Zwangs. Ihrer Meinung nach können echte Überzeugungen und freie Meinungen nur aus einem selbständigen und schöpferischen Denken erwachsen. Erst bei äußerer und innerer Freiheit ist ein Mensch auch zu selbstlosem Handeln und zu spontanen Gefühlsäußerungen fähig. Er kann sich für andere aufopfern, nicht aus blinder Treue oder aus natürlichen Instinkten, sondern aufgrund einer Geistesverfassung, die sich in Freundschaft, Liebe, Bewunderung, Wohlwollen, Mitleid und anderen Formen sozialer Regungen äußert.

Im langfristigen Selektionsprozeß wird die Selbstsucht immer aus den Gehirnen einer lebenden Zivilisation gefegt. Dies geschieht entweder durch Selbstvernichtung der Rasse, so daß es keine lebenden Gehirne mehr gibt, oder durch Vernichtung der Selbstsucht infolge von Eheselektion und Erziehung. Künstliche Fortpflanzung und Züchtung ist allerdings nach Auffassung der Jarganer nicht akzeptabel. Denn letztlich gehe es nicht darum, das biologische Phänomen Mensch hervorzubringen, sondern einen schöpferischen Verstand, der mit anderen in selbstloser Weise zu kommunizieren vermag. Diese schwierige und komplizierte Aufgabe kann nur durch Elternliebe im Rahmen der Mannigfaltigkeit eines Gruppenmilieus sinnvoll gelöst werden.

Um daher die Voraussetzungen für eine optimale Entwicklung des Kindes zu schaffen, melden sich die erwachsenen Menschen des Planeten Jarga zu einem Ehetest an. Dieser analysiert die Körperbeschaffenheit, Erblichkeitsmerkmale und geistiges Niveau. So entsteht eine Karte, die auf eine besondere Weise perforiert ist. Wenn nun zwei Menschen, die nach diesem Test geeignete Ehepartner sind, ihre Karten in der angegebenen Weise aufeinanderlegen, dann muß die Perforation der einen Karte durch die der anderen abgedeckt sein. Das Ziel dieser Selektion ist zweifacher Art. Der medizinische Test ersetzt die natürliche Selektion der Urzeit, und der Charaktertest selektiert die Ehepartner so, daß sie optimal aufgrund einer echten Kameradschaft zusammen leben können.

Damit entsteht im Lauf von Generationen eine kraftvolle Bewußtseinsatmosphäre uneigennütziger Liebe. Die Erfahrung der Jarganer und aller sozial-stabilen Rassen in unserer Milchstraße zeigt, daß sich Selbstlosigkeit ab einem bestimmten Schwellenwert von alleine vervielfältigt und mit wachsender Schnelligkeit wie ein Ölfleck auf dem Wasser ausbreitet.

Dies erinnert uns an die optimistischen Worte des großen englischen

Philosophen Bertrand Russell in seinem Buch „Dennoch siegt die Vernunft“: „Es besteht kein Grund, warum nicht in kommenden Zeiten der heute außergewöhnliche Menschentyp zum gewöhnlichen werden sollte, und wenn dies geschieht, dann stände der außergewöhnliche Mensch in der neuen Welt ebenso hoch über Shakespeare, wie dieser heute über dem Durchschnittsmenschen steht.“

Die Bewohner des Planeten Jarga scheinen dem Ideal eines solchen Übermenschen schon recht nahe gekommen zu sein. Ihr höchstes Ziel besteht darin, eine Rasse von Milliarden intelligenter Wesen mittels Kontemplation zu einer homogenen und untrennbaren Gruppe zu verbinden und ihr Zusammenleben so zu vervollkommnen, daß die Rasse in ein Stadium permanenter „Ommikreativität“ gelangt. In diesem Zustand kollektiven Bewußtseins beginnt das individuelle Bewußtsein zu zerfließen und in einen suprapersonalen Organismus einzumünden.

Eine solche Super-Kultur ist dann nicht mehr bloß Empfangsapparat der Natur, sondern wird zu einem Sender immaterieller Energie universaler Kreativität. Die Beherrschung dieser Energieform verleiht eine enorme Macht, weil dieser alle Materie untergeordnet ist. Sie kann Berge versetzen, Planeten aus ihrer Bahn zwingen und umgekehrt. Sie kann sogar Tote zum Leben erwecken, Blinde sehend machen und Stürme beruhigen. Es erscheint nichts mehr unmöglich. Wenn der Mensch an diesem Punkt Omega angelangt ist, wie Teilhard de Chardin ihn nennt, dann hat er teil an einem neuen Himmel und einer neuen Erde, an einer vollendeten Schöpfung.

Ähnliche utopische Fähigkeiten scheinen die außerirdischen Super-Intelligenzen zu besitzen, die sich dem Psychokinese-Medium Uri Geller und seinem Biographen, dem bekannten Wissenschaftler Dr. Andrija Puharich, geoffenbart haben. Diese Kräfte vermögen jede gewünschte Form anzunehmen und können über Radio, Tonband, Fernsehen, Telefon oder Computer zu uns sprechen. Materialisation und Dematerialisation eines Objektes sei für sie kein Problem.

Die ersten Kontakte dieser Hoova-Wesen mit der menschlichen Rasse liegen 20000 Jahre zurück, wo sie in einer planmäßigen Mission die Erde besuchten. Damals fanden sie auch Spuren von anderen Außerirdischen vor, die schon Millionen Jahre früher hier gewesen sein sollen. Die Hoovas kehrten alle 6000 Jahre zurück, um die Entwicklung des Menschengeschlechts zu verfolgen und neue kulturelle Anstöße zu geben. So besuchten sie die Stammväter Israels, die alten Ägypter, die Vorfahren der Chinesen und die Inder. Seit 800 Jahren haben sie ein für uns unsichtbares Raumschiff, Spectra genannt, in Erdnähe stationiert.

Als einen ihrer Botschafter und Mittler erwählten sie den jungen Uri Geller aus Israel. Als dieser drei Jahre alt war, begannen sie bereits, ihn auf seine spätere Aufgabe unterbewußt vorzubereiten und sein Gehirn entsprechend zu programmieren. Erst Ende 1971 konnte der Neurologe Dr. Andrija Puharich in mehreren Hypnosebefragungen die wahre Quelle der pänomenalen Fähigkeiten Uri Gellers aufdecken. Seit damals empfangen Andrija und Uri konkrete Instruktionen über ihre Mission auf der Erde. Ursprünglich wollten die Hoova-Wesen in wenigen Jahren eine offizielle Landung durchführen, wie sie es 3000 Jahre früher in Süd-Amerika getan hatten. Nach eingehender Prüfung der heutigen menschlichen Gesellschaften kamen sie jedoch zu dem Ergebnis, daß bei einer derartigen Massenlandung mit ihren Raumschiffen nur Panik und Verwirrung ausgelöst würde. Zwar wüßten amerikanische und russische Regierungsstellen im Prinzip, daß die sogenannten unbekannten Flugobjekte existieren, über Einzelheiten seien sie allerdings kaum informiert.

Die meisten der in den letzten Jahren beobachteten UFO-Landungen müssen im übrigen anderen außerirdischen Wesen zugeschrieben werden. Einige dieser Besucher, die aus verschiedenen Räumen bzw. Schwingungsebenen stammen, seien nur für uns Menschen, nicht jedoch für die Hoovas erkennbar. Meist handelt es sich bei diesen Landungen um kurzfristige Aufenthalte, während die Hoovas uns seit Jahrhunderten überwachen. Heute bedienen sie sich einiger weniger Auserwählter, um sie auf eine noch geheim gehaltene Mission vorzubereiten.

Dr. Puharichs Frage nach der wahren Natur der menschlichen Seele wurde von diesen Kräften wie folgt beantwortet: Im Laufe ihrer Existenz bewohnt jede Seele eine Vielzahl verschiedener Welten. Wenn der physische Körper stirbt, geht sie als Ganzes in ihre eigentliche Sphäre zurück, wo sie sich auf die nächste Phase vorbereitet. Sie mag in andere Dimensionen aufsteigen oder zu einer neuen irdischen Inkarnation zurückkehren. Was ihr im einzelnen bestimmt ist, wird von höheren Wesen entschieden. Das Hauptziel ihrer Existenz besteht letztlich darin, sich immer mehr Gott zu nähern (B 127.247).

Solche fast religiös klingenden Aussagen einer uns weit überlegenen Intelligenz mögen für sensible und nachdenkliche Menschen Anlaß zu einer Neubesinnung und Änderung ihrer Philosophie werden. Andere, mehr oberflächlich dahin lebende Zeitgenossen werden für solche Worte nur ein ungläubiges Kopfschütteln und mitleidiges Lächeln übrig haben. Sie verkennen, daß die entscheidende Voraussetzung für den nächsten Quantensprung im kosmischen Entwicklungsprozeß in einer umfassenden Symbiose zwischen technischem Fortschrittsdenken und geistig-seelischer Reifung liegen muß. Wir können nur wünschen, daß der Eintritt ins Raumfahrtzeitalter nach und nach ein Erwachen aus dem ptolemäischen Dornröschen-Schlaf bringt und uns allen die neue existentielle Lage in einem größeren kosmischen Bezugssystem bewußt werden läßt.

Bereits 1920 hat einer der führenden Revolutionäre der Weltgeschichte, Wladimir Iljitsch Lenin, in prophetischer Weise gegenüber dem Science-Fiction-Autor H. G. Wells geäußert:

„Alle menschlichen Anschauungen sind den Maßstäben angepaßt, die für unseren Planeten gelten. Sie sind auf der anmaßenden Behauptung fundiert, daß das technische Potential, auch wenn es noch so weiterentwickelt wird, niemals die Grenzen der Erde überschreiten wird. Sollten wir es fertigbringen, interplanetarische Verständigungen herzustellen, dann müßten alle philosophischen, moralischen und sozialen Konzepte revidiert werden. Das mit diesem Schritt ins All unbegrenzt werdende technische Potential würde der Gewalt als einem Motor des Fortschritts ein Ende bereiten."

Literaturverzeichnis

1 Allen, Tom: Wesen, die noch niemand sah; Lübbe 1966
2 Andreas, Peter/Adams, Gordon: Was niemand glauben will: Ullstein 1967
3 Armstrong, Collins, Aldrin: First on the Moon
4 Bergier, Jacques: Wissenschaftsspionage und Geheimwaffen; BLV 1972
5 Berman, Artur I.: The physical principles of astronautics; New York 1961
6 Blumrich, Josef, F.: Da tat sich der Himmel auf; Econ 1973
7 Braghine, A.: Atlantis; Stuttgart 1939
8 Buckel, Werner: Supraleitung; 1972
9 Büdeler, Werner: Aufbruch in den Weltraum; Ehrenwörth 1968
10 Buttlar Brandenfels, Johannes von: Schneller als das Licht; Econ 1972
11 Cameron, A.G.W.: Interstellar Communication; W. A. Benjamin 1963
12 Charroux, Robert: Die Meister der Welt; Econ 1972
13 Charroux, Robert: Phantastische Vergangenheit; Fischer-Taschenbuch Nr. 1138, 1970
14 Charroux, Robert: Unbekannt-geheimnisvoll-phantastisch; Knaur-Taschenbuch Nr. 302, 1973
15 Charroux, Robert: Verratene Geheimnisse; Herbig 1970
16 Clarke, Arthur: Unsere Zukunft im Weltall; Lübbe 1970
17 Columbus, F.: The Life of the Admiral Christopher Columbus; Rutgers University, New Brunswick, 1959
18 Condon, Edwards: Scientific Study of Unidentified Flying Objects; Bantam Book by arrangement with the University of Colorado, 1969
19 Cox, James E.: The Space Drive Handbook; Pomona 1972
20 Däniken, Erich von: Aussaat und Kosmos; Econ 1972
21 Däniken, Erich von: Erinnerungen an die Zukunft; Knaur Taschenbuch Nr. 253, 1971
22 Däniken, Erich von: Zurück zu den Sternen; Knaur Taschenbuch Nr. 290, 1972
23 Denaerde, Stefan: Menschen vom Planeten Jarga; Econ 1971
24 Dokumentarbericht: 7. Internationaler Weltkongreß der UFO-Forscher in Mainz 1967; Ventla 1968
25 Edwards, Frank: Fliegende Untertassen — eine Realität; Ventla 1967
26 Engel, Leopold: Mallona — Untergang eines Asteroiden-Planeten; Turm 1961
27 Erler, Rainer: Die Delegation; Bertelsmann 1973
28 Ford, Arthur: Bericht vom Leben nach dem Tode; Scherz 1972
29 Fragner, Wolfram: Energietheorie; München 1967
30 Friedman, Stanton B.: UFO's — Myth & Mystery; St. Louis 1971
31 Frischler, Kurt: Geisterstunde der Gelehrten; Herbig 1971
32 Fritz, Alfred: Der Weltraumprofessor; 1969
33 Fry, Daniel: Erlebnis von White Sands; Ventla 1970
34 Gartmann, Heinz: Träumer, Forscher, Konstrukteure; Econ 1958
35 Glemser, Kurt: Flying Saucers from beyond our dimension; Galaxy Press 1970

36 Guieu, Jimmy: Blackout sur les soucoupes volantes; Paris 1972
37 Hermann, Joachim: Astronomie; Bertelsmann 1960
38 Hobana, I. / Weverbergh, J.: UFO's in Oost en West, Deel I; Deventer 1971
39 Hobana, I. / Weverbergh, J.: UFO's in Oost en West, Deel II; Deventer 1972
40 Hynek, Allen J.: The UFO Experience; Henry Regnery Company, Chicago 1972
41 Inman, Thomas: Ancient Pagan and modern Christian Symbolism; Kennepunkport, Maine 1970
42 Jefremow, Iwan: 17 Welträtsel; Deutsche Verlagsanstalt, Stuttgart 1972
43 Jones, Ernest: Sigmund Freud — Leben und Werk; Frankfurt 1969
44 Kaufmann, Richard: Das Übersinnliche als Ärgernis; Diederichs 1970
45 Keyhoe, Donald E.: Flying Saucers from Outer Space; Tandem-Taschenbuch, London 1970
46 Keyhoe, Donald E.: Der Weltraum rückt uns näher; Blanvalet 1954
47 Khuon, Ernst von: Waren die Götter Astronauten? Knaur-Taschenbuch Nr. 284, 1972
49 Koestler, Arthur: Die Wurzeln des Zufalls; Scherz 1972
50 Kohlenberg, Karl F.: Enträtselte Vorzeit; Langen-Müller 1970
51 Kolosimo, Peter: Schatten auf den Sternen; Limes 1966
52 Kolosimo, Peter: Sie kamen von einem anderen Stern; Limes 1969
53 Kolosimo, Peter: Woher wir kommen; Limes 1972
54 Krause, Arthur: Himmelskunde für jedermann; Stuttgart 1970
55 Langelaan, George: Die unheimlichen Wirklichkeiten; Scherz 1959
56 Leslie, Desmond / Adamski, George: Fliegende Untertassen sind gelandet; Ventla 1962
57 Meadows, Dennis: Die Grenzen des Wachstums; Deutsche Verlagsanstalt, Stuttgart 1972
58 Mialki, Werner: Raumfahrttechnik; Ullstein
59 Monroe, Robert A.: Der Mann mit den zwei Leben; Econ 1972
60 Noorbergen, René: Leben und Prophezeiungen der Jeane Dixon; Turm 1969
61 Norman, Eric: Bibel, Götter, Astronauten; Heyne-Taschenbuch Nr. 906, 1973
62 Official Guide to UFO's: Ace Book, New York 1968
63 Ostrander, Sheila / Schroeder, Lynn: PSI; Scherz 1971
64 Pakraduny, T.: Die Welt der geheimen Mächte; R. Löwit, Wiesbaden
65 Pauwels, L. / Bergier, J.: Aufbruch ins dritte Jahrtausend; Scherz 1969
66 Pauwels, L. / Bergier, J.: Die Entdeckung des ewigen Menschen; Scherz 1971
67 Pauwels, L.: Der Planet der unmöglichen Möglichkeiten; Scherz 1968
68 Planeten, die: rororo-Bildsachbuch Nr. 11, 1970
69 Pointner, Josef: Das 1x1 der Weltraumfahrt; Econ 1966
70 Renaud, Bob: Meine Fernseh-, Radio- und Direktkontakte mit Außerirdischen; Ventla 1964 Band I/II
71 Rocca, Anette di: Unterwegs zu den Sternen; Hacker-Taschenbuch Nr. 23, 1967
72 Sänger, Eugen: Raumfahrt — heute — morgen — übermorgen; Econ 1963
73 Sänger-Bredt, Irene: Ungelöste Rätsel der Schöpfung — die kosmischen Gesetze; Econ 1971

74 Sänger-Bredt, Irene: Ungelöste Rätsel der Schöpfung — Spuren der Vorzeit; Econ 1972
75 Saunders, David R./Harkins, R. Roger: UFOs? Yes! Signet Book Nr. 3754, New York 1968
76 Schneider / Middlehurst: Lunar International Observers Network operating during the Apollo 10 mission; NASA Houston, 27. Juni 1969
77 Schrödter, Willi: Grenzwissenschaftliche Versuche, Hermann Bauer 1960
78 Seike, Shinichi: The Principles of Ultra Relativity; Uwajima 1972
79 Sheran, Ashtar: Giganten im All; Berlin
80 Sievers, Edgar: Flying Saucers über Südafrika; Pretoria 1955
81 Sigma, Rho: Forschung in Fesseln; Ventla 1972
82 Stearn, Jess: Der schlafende Prophet; Ramòn F. Keller 1971
83 Steinbuch, Karl, Die informierte Gesellschaft; rororo-Taschenbuch 1968
84 Steinhäuser, Gerhard: Heimkehr zu den Göttern; Herbig 1971
85 Symposium on Unidentified Flying Objects, Ninetinth Congress Session; Juli 29, 1968, No. 7
86 Toffler, Tomas: Der Zukunftsschock; Scherz 1970
87 Tomas, Andrew: Das Geheimnis der Atlantiden; Günther 1971
88 Tomas, Andrew: Wir sind nicht die ersten; Hieronimi 1971
89 Treder, Hans Jürgen: Relativität und Kosmos; WTB-Taschenbuch 52 Vieweg 1968
90 Unsere Welt — gestern, heute, morgen; 1800—2000; Bertelsmann 1968
91 Unsöld, Albrecht: Der neue Kosmos; Springer 1967
92 Vallée, Jacques: Anatomy of a phenomenon; ace book, New York 1965
93 Vallée, Jacques: Chroniques des Apparitions Extra-Terrestres, Paris 1969
94 Veit, Karl: Erforschung außerirdischer Weltraumschiffe; Ventla 1963
95 Veit, Karl: Planetenmenschen besuchen unsere Erde; Ventla 1963
96 Vertregt, M.: Principles of Astronautics, Amsterdam 1965
97 Vestenbrugg, Elmar von: Eingriffe aus dem Kosmos; Hermann Bauer 1971
98 Westphal, Peter G.: UFO-UFO; Deutsche Verlagsanstalt 1968
99 Wheeler, J.: Gravation and Relativity; Benjamin, New York 1964
100 Yogananda, Paramahansa: Autobiographie eines Yogi; Barth 1971

101 Binder, Otto: What we really know about Flying Saucers; Greenwich, USA, 1967
102 Boncampagni, Solas: UFO in Italia; Firenze 1974
103 Buttlar, Johannes von: Reisen in die Ewigkeit; Econ 1973
104 Carter, Mary E.: Prophezeiungen in Trance; Scherz 1974
105 Charroux, Robert: Vergessene Welten; Econ 1974
106 Cramp, Leonard G.: Space, Gravity and the Flying Saucers; New York 1955
107 Cramp, Leonard G.: Piece for a jig-saw; London 1967
108 Davidson, Leon: Flying Saucers: An analysis of the Air Force Project Blue Book Special Report No. 14, Clarksburg, USA 1970
109 Edwards, Frank: Flying Saucers – here and now! New York 1968
110 Electro-Magnetic Effects associated with Unidentified Flying Objects; NICAP, Washington 1960
111 Fuller, John: Incident at Exeter; New York 1968
112 Fuller, John: The Interrupted Journey; New York 1966
113 Gadow, Gerhard: Der Atlantis-Streit; Fischer Nr. 6310, 1973

114 Glemser, Kurt: Alien Contact; Galaxy Press, Kanada 1971
115 Hall, Richard H.: The UFO Evidence; Washington 1964
116 Kaplan, S. A.: Extraterrestrial Civilizations – Problems of Interstellar Communication; Jerusalem 1971
117 Keel, John A.: Operation Trojan Horse; London 1971;
118 Kemmerich, Max: Moderne Kulturkuriosa; München 1926
119 Keyhoe, Donald: The Flying Saucers are real; London 1970
120 Krassa, Peter: Als die gelben Götter kamen; München 1973
121 Loftin, Robert: Identified Flying Saucers; New York 1968
122 Lore, Gordon: Strange Effects from UFOs – a NICAP special report; Washington 1969
123 Michel, Aimé: Flying Saucers and the Straight-Line Mystery; New York 1958
124 Michel, Aimé: The Truth about Flying Saucers; London 1958
125 Pagès, Marcel: Le defi de l'antigravitation; Paris 1974
126 Plantier, Jean: La propulsion des soucoupes volantes par action directe sur l'atome; Paris 1955
127 Puharich, Andrija: URI – the man who baffles the scientists; London 1974
128 Rehn, Gösta: Die fliegenden Untertassen sind hier; Sven Erik Bergh, 1973
129 Ribera, Antonio / Farriols, Rafael: Un caso perfecto; Barcelona 1968
130 Ruge, Gert: Das Astronautenbuch; Droemer Knaur 1965
131 Sagan, Carl / Page, Thornton: UFOs – a scientific debate; USA 1972
132 Schöpfer, Siegfried: Fliegende Untertassen – Ja oder Nein? Stuttgart 1955
133 Smith, Wilbert: The boys from topside; Amherst, Wisconsin, USA, 1969
134 Zinsstag, Lou: UFO-Sichtungen über der Schweiz; Basel/Zürich 1958

Zeitungen und Zeitschriften

1 Abendzeitung, München
2 American Journal of Physics, New York
3 Astronautics & Aeronautics, New York
4 Astronautik, Delmenhorst
5 Bild, Hamburg
6 Bon Jour, Luxemburg
7 Clypeus, Turin
8 Das Beste, Stuttgart
9 Der Flieger, Steinebach-Woerthsee
10 Der Spiegel, Hamburg
11 Der Weltraumbote, Zürich
12 Die andere Welt, Freiburg
13 Die Welt, Hamburg
14 Discos Voadores
15 Erfahrungswissenschaftliche Blätter, München
16 Esotera, Freiburg
17 FATE, Highland Park, Illinois, USA
18 Flying Saucer Review, London
19 Flying Saucers, Amherst, Wisconsin, USA
20 Flying Saucers International, Los Angeles
21 Fortschritte der Physik / Progress of Physics, London
22 Foto-Magazin, München
23 Gendarmerie nationale, Paris
24 Heim und Welt, Hamburg
25 Hobby, Stuttgart
26 Ideen des exakten Wissens, Stuttgart
27 Industrie-Elektrik & Elektronik, Heidelberg

28 Interavia, Cointrin-Genf
29 International Science and Technology, Stanford, Conn.
30 Journal of the Astronautical Science, Washington
31 Journal of the Medical Society of New Jersey
32 L'Aurore, Paris
33 Look, New York
34 Lumières dans la nuit, Paris
35 Natur und Kultur, München
36 Nature, London
37 Naturwissenschaftliche Rundschau, Stuttgart
38 Neues Zeitalter, München
39 Newsletters of the National Space Research Consortium, Rochester, USA
40 Notiziario UFO, Rio de Janeiro
41 Penthouse, London
42 Phénomènes Spatiaux, Paris
43 Physica, Amsterdam
44 Physical Review, New York
45 Physikalische Blätter, Mosbach
46 Planet, München
47 Praline, Hamburg
48 Proceedings of the IRE, London
49 Quick, Hamburg
50 SAGA, Brooklyn, New York
51 Science, Washington
52 Spaceflight, London
53 Sterne und Weltraum, Mannheim
54 Stuttgarter Illustrierte, Stuttgart
55 Süddeutsche Zeitung, München
56 Time Magazine, Atlantic Edition
57 UFO-Investigator, Washington
58 UFO-Nachrichten, Wiesbaden
59 The American Mercury, Torrance, Calif.
60 The National Tattler, Chicago
61 Umschau, Frankfurt
62 Understanding, Merlin, Ore.
63 Weltraumfahrt und Raketentechnik, Frankfurt
64 Wiesbadener Tagblatt, Wiesbaden
65 X-Magazin, Stuttgart
66 Zeitschrift für Parapsychologie und Grenzgebiete der Psychologie, Freiburg
67 Zeitschrift für Physik, Berlin

68 Australian Flying Saucer Review, Sydney
69 Canadian UFO Report, Duncan
70 Die Zeit, Hamburg
71 Fliegende Untertassen Revue
72 Flugkörper, Stuttgart
73 Frankfurter Rundschau, Frankfurt
74 Il giornale dei Misteri, Firenze
75 Kaddath, Brüssel
76 Kosmos, Stuttgart
77 National Enquirer, Lantana, USA
78 Probe the unknown, Los Angeles
79 Raumfahrtforschung, Stuttgart
80 Rheinpfalz, Ludwigshafen
81 SAGA's UFO Special, Brooklyn, New York
82 Spacelink, London
84 The New York Times, New York
85 UNESCO-Kurier, Paris

Zitier-Schlüssel

Die im Text enthaltenen Literaturhinweise beziehen sich auf Bücher (B) oder Zeitungen bzw. Zeitschriften (Z). Die Bedeutung der einzelnen Ziffern sei an zwei Beispielen erläutert.

(B 30.21)	= Buch Nr. 30, Seite 21
(Z 25.69.11.29)	= Zeitschrift Nr. 25, Jahrgang 1969, Heft Nr. 11, Seite 29

Personenverzeichnis

Sachverzeichnis

Bildquellennachweis

A. Baguhn, Hamburg: 8, 9, 20, 21, 22, 23, 40
A. Geigenthaler, Ottobrunn: 17, 18
J. Guieu, Paris, Frankreich: 31, 32

I. Hobana/J. Weverbergh, Amsterdam, Niederlande: 19, 35, 36
I. v. Jacobi, Frankfurt: 1, 2, 4, 7, 11, 14, 15, 16, 34
P. Kolosimo, Turin, Italien: 5
H. Ragaz, Minusio, Schweiz: 6
A. Ribera, Barcelona, Spanien: 37, 38
S. Seike, Uwajima City, Japan: 41
W. T. Sherwood, Rochester, USA: 42, 43

Heinrich Bauer Verlag, Hamburg: 25, 26, 27, 28
Hermann Bauer Verlag KG: 3
LOOK-Sonderausgabe „Flying Saucers“ 1967, USA: 10, 12, 13
NICAP, USA: 24, 33
Phénomènes Spatiaux, Dezember 1972, Frankreich: 30
SAGA, Juli 1972, USA: 29
Science et Avenir, September 1972, Frankreich: 39